JN082699

Dictionary of PC / ICT terms Basic Edition

最新基本パソコン用語事典

第5版
Revised 5th edition

秀和システム編集本部 編著

秀和システム

はじめに

情報家電やコンピュータ、インターネットに代表されるネットワークなど、私たちを取り巻く技術の世界は日々大きく進展しています。

本書では、コンピュータやIT（情報技術）を中心とした日常使われる用語や関連する用語を厳選し、最低限、知っておいてほしい情報技術用語を網羅しました。

これからパソコンを買おうかという人、また、スマートフォンやタブレットPCなどの情報機器を利用している人、日常的にコンピュータと接しているが、基本的にはSNSなどのインターネットサービスと、いくつかのアプリケーションを仕事の範囲内で利用するだけ、という人にも役立てていただけます。

また、人工知能やIoTといった新聞や雑誌をにぎわすIT関連用語など、パソコン用語からビジネスに至るまでの情報社会の「常識」となる用語をまとめました。

本書を座右に置いて、困ったときにいつでも利用していただければ幸いです。

（株）秀和システム編集本部

本書の構成

●用語解説部

五十音順／アルファベット／数字／記号

●巻末資料

コネクター覧／フェイスマーク（顔文字）一覧／単位一覧／ファイル形式一覧

●索引

五十音順／アルファベット／数字／記号

●見出し語の並べ方

- 用語はひらがな／カタカナ、英字、数字、記号の順で並べた。
- ひらがな／カタカナの見出し語の配列は五十音順に従った。
- 英字見出し語の配列はアルファベット順に従った。
- 数字は原則として数の小さいものから大きいものへと順番に置いた。
- 拗音「ゃ」「ゅ」「ょ」「ャ」「ュ」「ョ」、促音「っ」「ッ」は、それぞれ、「や」「ゆ」「よ」「ヤ」「ユ」「ヨ」「つ」「ツ」のあとに続くものとした。
- 人名はフルネームを原則としたが、通称やミドルネームなどが一般化している場合、一般的な呼び名を付記した。
- 長音引きは、その文字の手前の文字の母音に従い、母音のあとに続くものとした。「カー」は「かあ」のあととして扱う。
- 濁音、半濁音は清音のあとに続くものとした。

●用語解説の構成

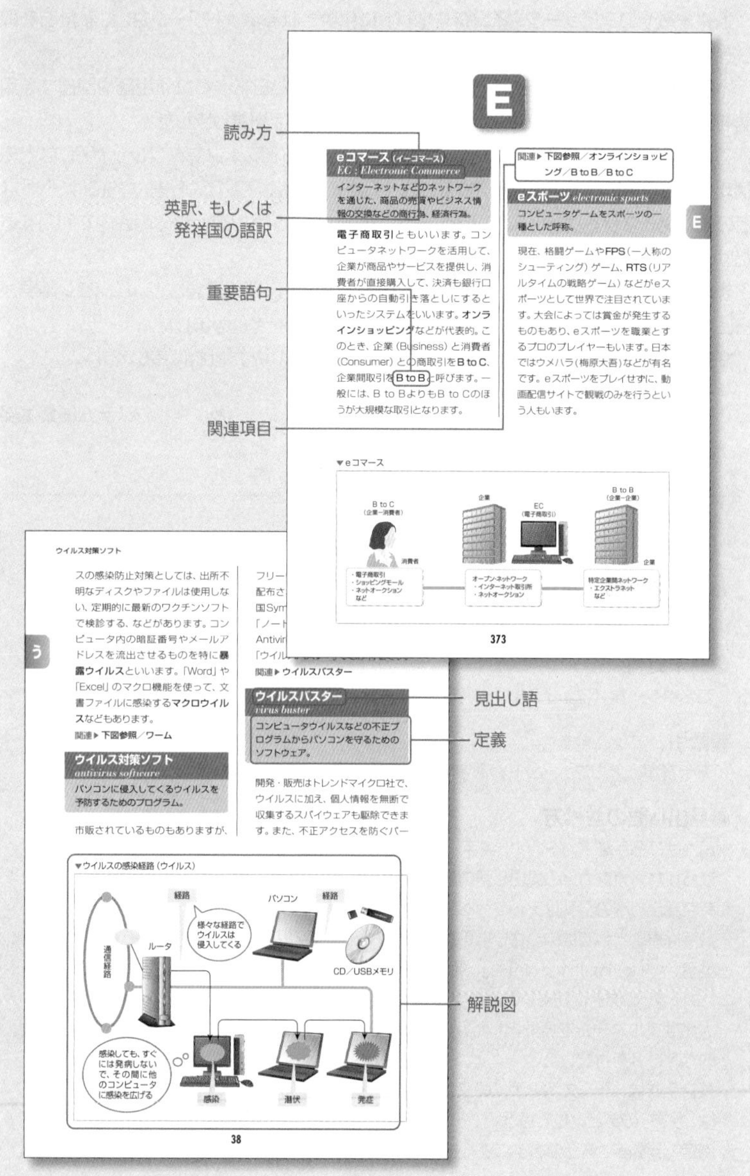

読み方
英訳、もしくは発祥国の語訳
重要語句
関連項目
見出し語
定義
解説図
E
eコマース（イーコマース）
EC : Electronic Commerce
インターネットなどのネットワークを通じた、商品の売買やビジネス情報の交換などの商行為、経済行為。
電子商取引ともいいます。コンピュータネットワークを活用して、企業が商品やサービスを提供し、消費者が直接購入して、決済も銀行口座からの自動引き落としにするといったシステムをいいます。オンラインショッピングなどが代表的。このとき、企業（Business）と消費者（Consumer）との商取引をB to C、企業間取引をB to Bと呼びます。一般には、B to BよりもB to Cのほうが大規模な取引となります。
関連▶下図参照／オンラインショッピング／B to B／B to C
eスポーツ electronic sports
コンピュータゲームをスポーツの一種とした呼称。
現在、格闘ゲームやFPS（一人称のシューティング）ゲーム、RTS（リアルタイムの戦略ゲーム）などがeスポーツとして世界で注目されています。大会によっては賞金が発生するものもあり、eスポーツを職業とするプロのプレイヤーもいます。日本ではウメハラ（梅原大吾）などが有名です。eスポーツをプレイせずに、動画配信サイトで観戦のみを行うという人もいます。
▼eコマース
B to C（企業−消費者）
消費者
企業
EC（電子商取引）
B to B（企業−企業）
・電子商取引
・ショッピングモール
・ネットオークション
など
オープン・ネットワーク
・インターネット取引所
・ネットオークション
特定企業間ネットワーク
・エクストラネット
など
373
ウイルス対策ソフト
う
スの感染防止対策としては、出所不明なディスクやファイルは使用しない、定期的に最新のワクチンソフトで検診する、などがあります。コンピュータ内の暗証番号やメールアドレスを流出させるものを特に暴露ウイルスといいます。「Word」や「Excel」のマクロ機能を使って、文書ファイルに感染するマクロウイルスなどもあります。
関連▶下図参照／ワーム
ウイルス対策ソフト
antivirus software
パソコンに侵入してくるウイルスを予防するためのプログラム。
市販されているものもありますが、
関連▶ウイルスバスター
ウイルスバスター
virus buster
コンピュータウイルスなどの不正プログラムからパソコンを守るためのソフトウェア。
開発・販売はトレンドマイクロ社で、ウイルスに加え、個人情報を無断で収集するスパイウェアも駆除できます。また、不正アクセスを防ぐパー
▼ウイルスの感染経路（ウイルス）
経路
パソコン
経路
様々な経路でウイルスは侵入してくる
ルータ
通信経路
CD／USBメモリ
感染しても、すぐには発病しないで、その間に他のコンピュータに感染を広げる
感染
潜伏
発症
38

BASIC EDITION

最新・基本パソコン用語事典

オールカラー

［第5版］

［用語解説］

アーカイバ *archiver*

複数のファイルをひとまとめにする機能を持つソフトウェアのこと。

一般にはファイルをまとめるだけでなく、ファイルの**圧縮**と**解凍**（**展開**）機能を持つソフトウェアのことで、**圧縮解凍ツール**などとも呼ばれています。圧縮することで記録容量を節約することができ、転送時間も少なくなります。圧縮機能を持つソフトウェアを特に**圧縮アーカイバ**といいます。Windows 10やmacOSの標準機能で圧縮・解凍ができます。

関連▶データ圧縮

アーカイブ *archive*

複数のファイルを1つのファイルにまとめること。

書庫ともいいます。もともとは「記録保管所」「公文書」などといった意味の英語です。一般的には保存、記録して利用することを前提とした文化や映像などの資料を意味します。

関連▶アーカイバ

▼アーカイブ

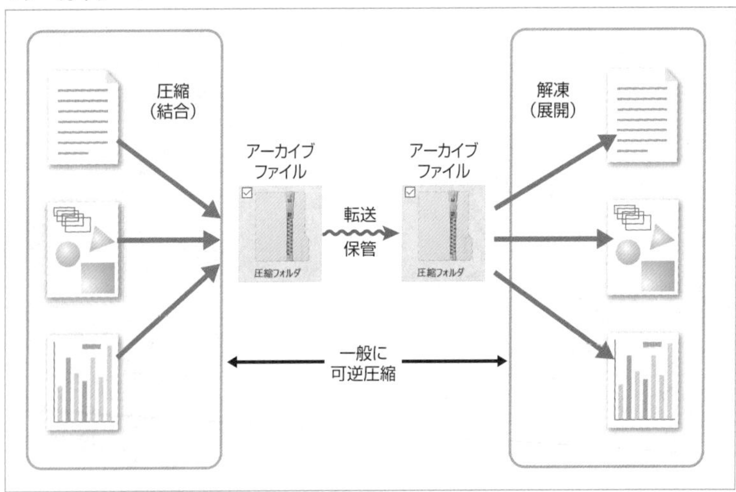

アーキテクチャ *architecture*

ハードウェアとソフトウェアの双方を含めた、システム全体の構築手法や設計思想のこと。

本来は「構造」を意味する建築用語です。似た言葉に**プラットフォーム**がありますが、これは、特定のアプリケーションを動作させるハードウェアやOS（オペレーティングシステム）、ミドルウェア（OSとアプリケーションの中間に位置するソフトウェア）、環境（インターフェースの仕様）を指すことが多いようです。

関連▶**オープンアーキテクチャ**

アーケードゲーム *arcade game*

ゲームセンターなどに設置されている業務用ゲーム専用機のこと。**アケゲー**と略称される。

もともとは「街角のゲーム機」を意味していましたが、「ブロック崩し」「インベーダー」「ギャラガ」「テトリス」などを経て、一般に浸透しました。「鉄拳」や「艦これ」、また「ガンダム」など、ゲーム機の中に乗り込んで操作する大型筐体（きょうたい）を持つアーケードならではのタイトルもあります。近年は、攻撃力や効果を発揮する条件などが書かれたトレーディングカードと組み合わせたオンライン対応のゲームなどもあります。

▼アーケードゲームの筐体

アイコン *icon*

ファイルやコマンドの内容を視覚化した小さな図柄。

OSやアプリケーション上で、ファイルなどの内容を直感的に理解できるように、デザイン的に対象（象徴）化したものです。カーソルを合わせてクリックすると、ファイルの選択やコマンドの実行ができます。コマンド実行の役目をするアイコンは**コマンドアイコン**、または**ツールボタン**

▼Windowsのアイコン例

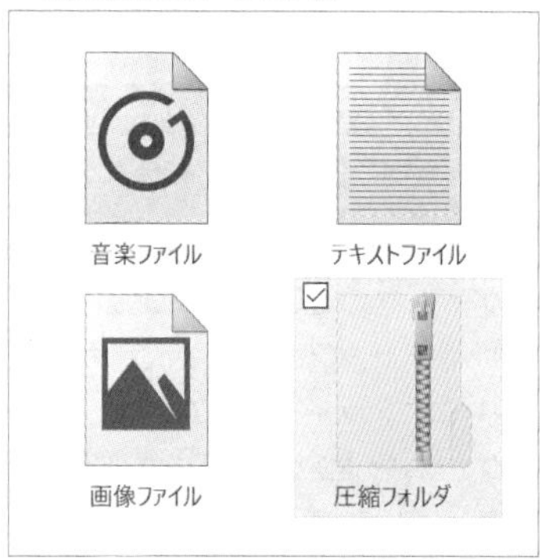

▼macOSのアイコン例

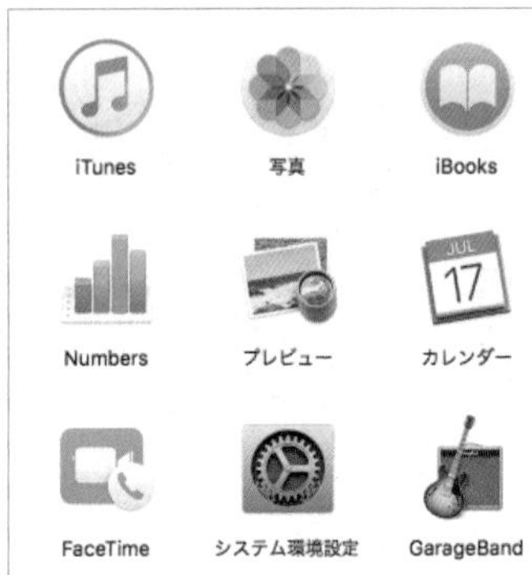

とも呼ばれます。アイコンは視認性を向上させ直観的な操作（**GUI**）をしやすくしてくれます。

関連▶**GUI**

相性（あいしょう） *affinity*

異なる機器間や、OSとソフトウェア間の組み合わせの適否のこと。

コンピュータと周辺機器の接続や、各種ソフトウェアのOSへのインストールなどにおいて、接続方法や操作が正しくても正常に動作しない場合や不具合のある場合に、「相性が悪い」などといいます。

アイテム課金 *microtransaction*

ゲーム内で使用するアイテムを現実の金銭で購入すること。

ゲームをしている間は課金をしてくれるチャンスがあるため、**ガチャ**と共にオンラインゲームやソーシャルゲームの運営会社の主な収入源となっています。普通にプレイしていては出にくいレアアイテムなどを購入することで、有利にゲームを進めることができます。

関連▶**ガチャ**／**基本プレイ無料**／**RMT**

アイビーム *I beam*

カーソルの一種。I字形の文字入力用のカーソルのこと。

関連▶**ポインタ**

▼アイビームの例

アイビームとはカーソルの一種
I字形の文字入力カーソルのことです。

アウトプット *output*

コンピュータ内のデータを目や耳で確認できるようにすること。

出力ともいいます。または出力されたデータそのものを指すこともあります。

関連▶**インプット**／**出力**

アウトラインフォント *outline font*

文字の形状を輪郭線で表すフォントデータ。

文字の輪郭線（アウトライン）が曲線データとして記録されていて、大きなサイズの文字を表示、印刷しても、輪郭線がなめらかに出力できる方式のフォント（書体データ）です。なお、フォントには文字をドット（点）の集まりとして記録した**ドット**

フォントと、線の集まりとして記録した**ベクタフォント**（**ベクトルフォント**）の2種類があります。アウトラインフォントはベクタフォントの一種です。

▼アウトラインフォントの例

フォント

▼ドットフォントの例

フォント

青色レーザー *blue laser*

青色に見えるレーザー。

400〜450ナノメートル（nm）の短波長のレーザーです。ブルーレイディスクでは405nmの青紫色に見えるレーザーが、データの読み書きに採用されています。CDやDVDで利用される赤色レーザーよりも波長が短く、情報の記録の密度、容量の点で優れています。

関連▶**ブルーレイディスク**

アカウント *account*

コンピュータやネットワークの各種サービスを利用する権利。

もともとは利用時間課金のコンピュータサービスやネットワークサービスにおいて、料金の請求対象となる単位のことですが、現在では、**ユーザーID**、**利用者ID**、**接続ID**と同じ意味で使われます。アカウントとパスワードを組み合わせることでサービスなどが利用できるようになります。「アカウントを持つ」ということは、ユーザー名やパスワードが登録されて、コンピュータやネットワークが利用できることを意味します。これにより、ユーザーに応じた環境設定やセキュリティが確保されます。

アクションゲーム *action game*

ゲームソフトのジャンルの1つで、瞬間的な判断力や反射神経を要求するゲームのこと。

プレイヤーがゲーム中のキャラクターの行動をボタンなどで直接操作してクリアするようなゲームをいいます。**格闘ゲーム**や**シューティングゲーム**などもアクションゲームに含まれます。

関連▶**ゲームソフト**

▼アクションゲーム「ゴーストオブ対馬」

by BagoGames

アクセサリ *accessory*

■パソコンの**オプション機器**、あるいはパソコン関連の小物類。

パソコン用クリーナー、マウスパッド、小物入れ、キャリングケースなどの周辺アイテムをいいます。

■ペイントツールなど、Windowsに最初からインストールされている**ミニプログラム**のこと。

デスクアクセサリ(**DA**)ともいいます。近年はスマートフォン用のミニプログラムも「アクセサリ」と呼びます。

アクセシビリティ
accessibility

製品やサービスに対するアクセスのしやすさを表し、それらの機能などが使用できることを保障すること。

高齢者や障害等を持った利用者のためのものと思われがちですが、一般利用者も対象となります。

関連▶**ユーザビリティ**

アクセス *access*

■ネットワークサービスに接続すること。

例えば、LANを介して記憶装置との間でデータをやり取りしたり、ネットワークを介してパソコンなどの端末をホストやインターネットに接続することを「アクセスする」といいます。

■入出力のために、CPUからメモリ、ディスク、I/Oポートなどに働きかけること。

特に、記憶装置に対するデータの読み出しや書き込みの動作を示しています。また、ハードディスクなどの動作中を示すランプ(またはランプ点灯回路)を**アクセスランプ**と呼びます。

アクセスポイント
access point

ネットワークとユーザーとの間の中継設備。

無線スポットサービスでは、サービスを利用できるエリアのことも**アクセスポイント**と呼ぶことがあります。

▼アクセスポイントの例

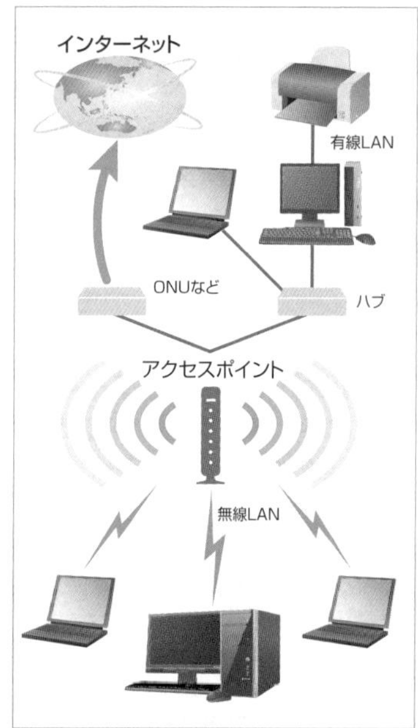

アクティブ *active*

入力を受け付ける状態であることや、使用中であること。

あ

アクティブウィンドウ
active window

直接の操作の対象となっているウィンドウ。

WindowsやMacにおいて最前面に表示されるウィンドウです。タイトルバーの色の違いや濃さなどで見分けられるようになっています。

関連▶**下画面参照**

アクティブセル *active cell*

表計算ソフトのワークシートで、現在、データが入力・編集できるマス目（セル）のこと。

アクティブセルは、マウスでクリックしたり、カーソルキーを使うことで移動できます。

関連▶**セル**

アクティブユーザー
active user

一定の期間内にインターネットのサービスを日常的に利用したことのあるユーザーのこと。

マーケティング用語の1つで、市場調査などに使われる言葉です。**DAU**（1日あたりのアクティブユーザー）、**WAU**（週間アクティブユーザー）、**MAU**（月間アクティブユーザー）などと表記されます。登録したもののサービスをほとんど利用していないユーザーなども多いことから、実際の利用状況を把握するのに重要視されます。

アクティブラーニング
active learning

学習者が受け身ではなく、積極的で能動的に学ぶことのできる授業や学習方法のこと。

▼アクティブウィンドウの例（Windows）

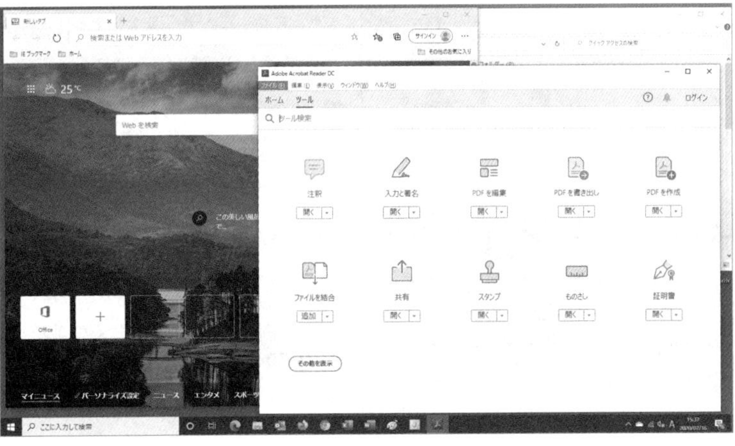

文部科学省では「学生にある物事を行わせ、行っている物事について考えさせること」としています。①主体的に学ぶことや興味、関心を持つ学び、②学習者同士の対話、教職員と学習者との対話によって考えを広げて深める学び、③物事の特性や特質に合わせた見方や考え方を踏まえて学びを深める、などによって質の高い教育を実現します。

▼アクティブラーニングの定義

アクティブラーニング

自ら学ぶ能力を養う

・主体的・対話的に深く学ぶ。
・獲得した知識への応用力を身につける。
・複数人で協同して学び合う。
etc.

従来の学習

与えられた課題をこなす

・受動的な授業・学習

アクティベーション *product activation*

ソフトウェアを購入したユーザーがインターネットなどを通じてライセンス認証をして使用できるようにすること。

指定したパソコンのみでソフトウェアを使用できるようにする技術です。不正な利用の防止や、会員契約によるソフトウェア利用の促進を目的としたもので、正式には**プロダクトアクティベーション**といいます。システム構成の変更やアップグレードのたびに要求されることもあります。

アジャイル（開発） *agile*

ソフトウェア開発で、よいものを素早く無駄なく作ることを重視する手法の総称である。

アジャイルとは「機敏な」という意味を持つ英語です。プログラムを小さい単位で作ることで、素早く柔軟なアプリやソフトの開発ができます。エクストリームプログラミング（XP）など、いくつもの手法が開発され、実際の現場でも使われるようになってきています。いま発生している新しい要求や、要求の変更に対応することを問題意識として持っており、Webサービスなど短期で状況が変化するものの開発に向いています。

アスキー *ASCII ; American Standard Code for Information Interchange*

関連▶ASCIIコード

アスキーアート *AA ; ASCII Art*

文字や記号を組み合わせて作成された絵のこと。略称「AA」。

▼アスキーアートの例

```
Σ(ﾟдﾟ|||)ｶﾞｰﾝ
ｷﾀ━━━━(ﾟ∀ﾟ)━━━━!!!!
⊂(ﾟДﾟ⊂⌒｀つ≡≡≡
```

アスタリスク／アステリスク
asterisk

「＊」記号の読み。

Windowsなどで検索するとき、**ワイルドカード**として任意の文字列を表します。例えば、「＊.txt」なら、拡張子が「.txt」のファイルすべてとなります。プログラム中の演算記号として**乗算**にも用いられます。

関連▶**ワイルドカード**

アスペクト比 *aspect ratio*

主にテレビ（TV）やパソコンの画面に関して用いられる、横と縦の長さの比を表す言葉。

テレビ（TV）のアナログ地上波放送や古いコンピュータのモニタは、アスペクト比が4：3でした。ハイビジョン（HDTV）については、国際規格として16：9の横長画面とすることが決まっています。

関連▶**ハイビジョン**

アセンブラ言語（アセンブラげんご）
assembler language／assembly language

プログラミング言語の一種。

アセンブリ言語とも呼ばれます。機械語と一対一に対応した**ニーモニック**という記号（動作を連想させる英数字の文字列）で組み立てるプログラミング言語です。コンピュータは基本的に0と1を組み合わせた**機械語**の命令で動作しますが、機械語は人間にとって理解しにくいので、命令をニーモニックで記述して、記号でプログラミングできるようにしたのがアセンブラ言語です。ハードウェアの機能を直接的に活用するような使い方に適しています。

関連▶**機械語**

▼アセンブラ言語プログラム例

```
LOOP1: LD    HL,200H
       PUSH  HL,0FE00H
       PUSH  DE
LOOP2: LD    (HL),B
       INC   HL
       DEC   E
       JR    NZ,LOOP2
       DEC   D
       JR    NZ,LOOP2
       POP   DE
       POP   HL
```

アセット（素材） *asset*

■コンテンツ開発での素材の総称。

2Dや3Dのコンピュータゲームなどにおいては、モデル、テクスチャーなどのデータの総称です。自分で作るほかに、**アセットストア**という、モデル素材や画像などを購入できるショップがあります。

■資産や財産のこと。

証券会社などに預けている資産を**アセット**といいますが、この資産残高をWebページから確認するためのサービスを**アセットレビュー**といいます。オンライン証券会社が資産運用の組み合わせ例でよく使用しています。

圧縮アルゴリズム (あっしゅくアルゴリズム) *data compression method*

ファイルや画像データなどを、情報の重複や無駄を利用して圧縮するための方法。

完全に元に戻す必要のあるテキストやバイナリデータなどに対する**可逆圧縮（無歪圧縮）**と、画像や音楽など、多少の欠損があっても大きな違いのないデータに対して使用される**非可逆圧縮（有歪圧縮）**とがあります。前者の例は**ZIP**（ジップ）、後者の例は**JPEG**（ジェイペグ）です。

関連▶下図参照／JPEG／ZIP

圧縮率 (あっしゅくりつ) *data compression ratio*

圧縮ツールを使ってファイルを圧縮したときの、圧縮前のデータ量と圧縮されたデータ量の比率。

テキストと画像では、一般に画像のほうが圧縮率が高くなります。

アットマーク *at sign*

「@」記号の読み。

インターネット上のメールで相手のアドレスを示すときなどに使います。「ユーザー名@サーバー名（ドメイン名）」のかたちが一般的です。単価を示すのに使われていた記号で、**単価記号**ともいいます。

▼有歪圧縮の例（圧縮アルゴリズム）

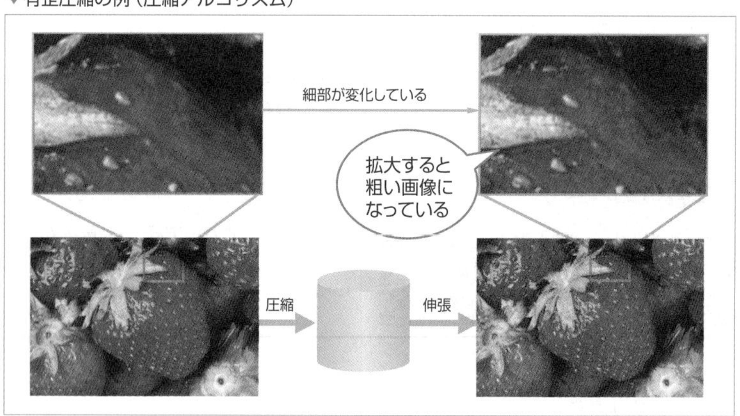

関連▶**電子メール（システム）**

アップグレード *upgrade*

ソフトウェア、ハードウェアなどを、さらに高性能、高機能なものに変更すること。

ソフトウェアでは**バージョンアップ**ともいいます。メーカーは、より使いやすく品質の高いものにするために、製品の機能を増やしたり、変更したりしますが、このとき製品に付ける識別のための数字を**バージョン**といいます。

関連▶**バージョン**

アップデート *update*

新しいデータに書き換えること。

ソフトウェアを新しいバージョンに置き換えたり、データの一部をネットワークからダウンロードして更新すること。またはプログラムを書き換えること。**更新**ともいいます。

アップル *Apple Inc.*

関連▶**Apple**

アップロード *upload*

パソコンからネットワーク上にデータを転送すること。

略して**アップ**ともいいます。パソコンに保存されているデータを、ファイル単位でネットワークのホストコンピュータに送信することをいいます。

関連▶**ダウンロード**

アドインソフト *add-in software*

アプリケーションソフトに組み込んで、あとから新たな機能を付加するためのソフトウェア。

表計算ソフトの「Microsoft Excel」に組み込むアドインソフトが有名です。なお、グラフィックソフトやWebブラウザでは、アドインソフトにあたるものを**プラグインソフト**と呼ぶ場合が多いようです。

アドベンチャーゲーム *AVG ; AdVenture Game*

ゲームのジャンルの1つ。ヒントを集め、謎を解いていくゲーム。

プレイヤーはゲーム中の主人公となり、冒険をすることでゲームが進行するというものです。**ロールプレイングゲーム**（RPG）のような、キャラクターの能力が成長するのを楽しむ要素は少なく、一般に物語性の強いのが特徴です。近年は、アクションなど他の要素との複合型（アクションアドベンチャー）が主流です。ADVやAVGと略されます。

関連▶**ゲームソフト**

▼アドベンチャーゲーム「L.A.Noire」

by The GameWay

あ

アドホックモード
ad hoc mode

基地局を用いず、端末同士が直接通信する方式のこと。

ニンテンドー3DSの**すれちがい通信**が代表例になります。基地局を用いる通信方式は**インフラストラクチャモード**と呼び、この基地局のことを**アクセスポイント**と呼びます。基地局は無線LAN上ではブリッジの役割を果たします。これにより、インフラストラクチャモードでは相互に通信できない距離の2つの端末同士で通信を行えるようになります。

関連▶ **ブリッジ／リピータ**

アドミニストレータ
administrator

コンピュータシステムや、LANなどのネットワークシステムの管理者。

システムの利用計画、運用、保守を推進する担当者のことで、コンピュータを利用するための専門的知識を備えた人材が割り当てられます。一般にWindowsではユーザー名ではなく、「アカウントの種類」(ユーザー名は自由)、LinuxなどのUNIX系OSではroot(ルート)という特別なユーザー名が割り当てられています。

関連▶ **アカウント**

アドレス *address*

■ネットワーク上で接続機器識別のために割り当てられる固有の番号。

インターネットやLANなど、複数のコンピュータが接続したネットワーク上で、機器を識別するために割り当てられた番号です。Webサイトなどは、URLの文字からIPアドレスに変換されて管理されます。

関連▶ **ドメイン名／IPアドレス**

■磁気ディスクやメモリ中でデータの位置を示す番号。

番地ともいい、0から始まる16進数で表されます。磁気ディスクにおけるアドレスは、記憶容量を一定サイズごとのブロックに区切って表しますが、この方式を**セクタアドレス**と呼びます。メモリにおけるアドレスは、先頭からの位置を表す**絶対アドレス**と、現在ポインタがある番地からの相対的な位置を表す**相対アドレス**の2種類があります。

▼絶対アドレス／相対アドレス

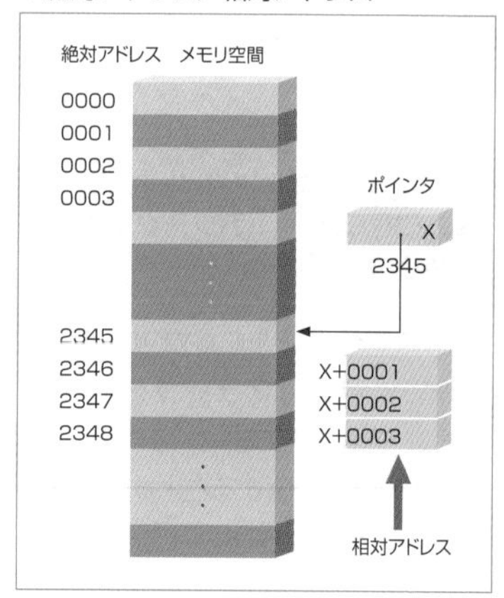

アトリビュート *attribute*

関連▶**属性**

アドレス帳 *addressbook*

メールアドレスを一括して管理する電子メールソフトの機能。

メールアドレスを登録しておくことで、送信先の一覧から選択するだけでメールを送ることができます。姓名のほかに、住所や電話番号などの個人情報を管理するデータベース機能も持っています。

関連▶**メールアドレス**

アドレスバー *address bar*

Webブラウザのタスクバー上に表示されるツールバーの1つで、表示中のWebページのURLを示す。

URLを先頭から数文字入力すると、過去に入力、あるいはアクセスしたURLを表示する機能などを備えています。

関連▶**URL**

アナログ *analog*

電圧や電流など、大小や強弱が連続的に変化する値を意味する言葉。

デジタルに対する連続的な変化を表す言葉で、「類似」「相似」といった意味の「analogy（アナロジー）」に由来しています。自然界に存在する長さや重さなどの値は連続しているため、**アナログ量**といいます。センサーやマイクから電圧変化の信号を入力したり、コントローラやスピーカーに電圧変化の信号を出力することを、**アナログ入出力**といいます。

関連▶**デジタル**

アニメーションGIF *animation GIF*

画像形式「GIF」の拡張仕様の1つで、複数の画像を簡単な疑似動画のように連続表示させて動いているように見せる仕組み。

1つのファイルの中に保存した複数のGIF画像を順に表示していくことで、動画のように表現します。1990年代末から2000年代はじめにかけて、インターネット上のバナー広告などで広く利用されていました。

関連▶**GIF**

アバター *avatar*

各種コミュニティサイトで、自分の分身として画面上で利用されるキャラクターのこと。

SNS、ブログ、オンラインゲームサイトなどで利用されています。利用者はアバターを操作することで、ネット上での会話や買い物を楽しむことができます。髪型、服装などを選んで、ユーザーに模したキャラクターにすることもありますが、性格や姿などを自由に設定できる場合もあります。

アフィリエイト（プログラム） *affiliate program*

リンクを張ってクリックを誘導するWeb上の広告形態の1つ。

バナーなどのリンクをWebページに張り、そのリンクを経由したユーザーが、販売サイトで商品やサービスなどを購入し、売上があった場合に、リンク元のWebページ管理者が報酬を得られるシステムです。**成功報酬型広告**。**アソシエイト**（associate）と呼ばれることもあります。

関連▶**バナー**

▼アフィリエイトの流れ

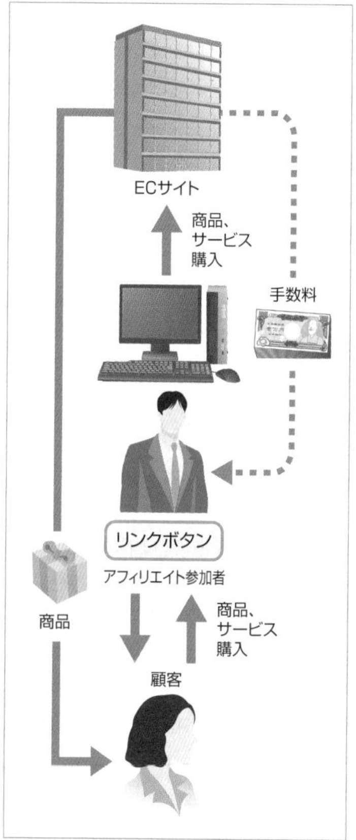

アプライアンス *appliance*

IT分野では、特定の用途に向けて、ハードウェアとソフトウェアをセットにして販売される専用装置のこと。

もともとの語義は「家電製品」のことですが、あたかも家電製品を扱うように、コンピュータに対する深い専門知識がなくても利用できるよう、ユーザーインターフェースを工夫し、構成を専用化することで信頼性を向上させた装置のことです。具体的な製品としては、メールサーバー、ファイアウォール、VPN（社内専用線）装置、URLフィルタリング装置、IDS（侵入検知）装置などがあります。

アプリ *application*

ペイント（作画ソフト）などのミニプログラムのこと。

アクセサリともいいます。アプリケーションソフトウェアの略称ですが、スマートフォンなどで利用できる容量の小さいソフトのことを指します。

関連▶**アクセサリ／アプリケーションソフトウェア**

あ

▼スマホアプリの例

アプリケーションキー
application key

104／109キーボードに装備された、マウスの右クリック代用キー。

関連▶**キーボード／109キーボード**

▼アプリケーションキー

日本マイクロソフト（株）提供

アプリケーションソフトウェア
application software

ワープロや表計算、データベース管理などの特定の目的のために作られたソフトウェアのこと。

アプリケーション、**アプリケーションソフト**、**アプリケーションプログラム**、またスマートフォンやタブレット用のソフトは、特に**アプリ**といわれています。コンピュータシステムの管理を行うOS、およびコンピュータの動作環境やデータを一元的に処理する**ツール**や**ユーティリティ**とは異なり、汎用性があって、大規模なデータを柔軟に加工できるソフトウェアを指します。OSなどの基本ソフトウェアやシステムソフトウェアと区別して、**応用ソフトウェア**と呼ぶこともあります。

関連▶**ツール／ユーティリティ**

アプリ内広告
in-app advertising

スマートフォンのアプリの画面の中で表示される広告のこと。

広告を出稿する企業から収入を得ることで、アプリやサービスを無料で提供できます。画面の下側や上側に表示されているもの、ページを移ると表示されるものもある。アプリ内に埋め込まれたバナー広告、アイコン広告と何らかのアクションで表示されるフルスクリーン広告、オファーウォール広告などがあります。

あ

アプレット *applet*

小さなプログラムを意味する造語。

多くの場合、Javaアプレットを意味します。

関連▶Java

アマゾン・ドット・コム *Amazon.com*

関連▶Amazon.com

アメブロ *Ameba blog*

サイバーエージェント社が提供するレンタルブログサービス。

アメーバブログの略称。コミュニケーションサービスサイト**Ameba**のサービスの1つで、日本最大級のブログサービスです。芸能人が多く利用していることでも知られています。

アラートボックス *alert box*

エラーの際に表示されるダイアログボックス。

警告ボックスともいいます。エラーメッセージの一種です。WindowsなどのGUIの処理系で、入力値の有効範囲を超えていたり、処理中に予期せぬエラーが発生した際に表示される、エラー内容やユーザーが行うべき対策を示したメッセージウィンドウです。

関連▶**エラーメッセージ／ダイアログボックス／GUI**

アラーム *alarm*

操作の間違いや誤った入力があったとき表示される警告、警報。

アリババ *Alibaba*

中国のAlibaba Groupが運営する世界有数のシェアを誇るECサイト。

アリババの主なサービスとしては、ショップやオークションを行う「淘宝網市場(タオバオ)」、オンライン決済を行う「支付宝(アリペイ)」、ネット通販を行う「天猫(テンマオ)」などがあります。

アルゴリズム *algorithm*

ある問題を解くための一連の手順。**算法**と訳す。

一般に、アルゴリズムと**プログラム**はほぼ同じ意味で使われますが、実際のプログラムは特定の言語で書かれた、コンピュータで実行できるもので、アルゴリズムは、そのプログラムのもとになった問題解決の手順や考え方をいいます。論理学や数学基礎論、計算理論などの学問分野においての「アルゴリズム」という言葉は、機械的に実行でき、かつ有限時間内に必ず答えを出して終了する**計算規則**を指します。

関連▶**プログラム**

アルファ版 *alpha version*

ソフトウェアやハードウェアの開発段階で使われる、性能を評価する最初期の版のこと。

とりあえず動作するようになった段

階でテストするためのもので、完成品に比べて機能が足りないことがほとんどです。使用者の意見を取り入れバージョンアップしていくためのもので、ほぼ製品と同じ状況になったものの、不具合がまだ残っている段階になると、**ベータ版**と呼ばれるようになります。

関連▶**ベータ版**

暗号 *cipher*

ネットワーク上において、そのままでは解読できないようにされているデータのこと。

暗号にする（暗号化）前のデータを**平文**、暗号にした文を元に戻すことを**復号**といいます。盗聴などによる情報漏れを防ぎ、通信を安全に行います。また動画などの有料コンテンツの配信にも用いられます。暗号文を元に戻す際には、暗号化の際に使用した鍵（キー）が必要です。

関連▶**暗号化**

暗号化（あんごうか） *encryption*

暗号鍵を用い、解読不可能な情報（暗号文）に変換すること。

暗号化の方法には、暗号化と復号で同じ鍵（キー）を使う**共通鍵暗号方式**と、別の鍵を使う**公開鍵暗号方式**とがあります。暗号化された情報を元の情報に復元することを**復号**といいます。

関連▶**共通鍵暗号方式／公開鍵暗号方式**

暗号資産 *cryptocurrency*

インターネット上で流通する電子マネーのこと。**仮想通貨**ともいう。

インターネット上での支払いや決済などで利用することができます。ただし、国家が発行するお金と違って、法律的な保証がないのが特徴です。また、投資や投機にも利用されるため価値が不安定なこともあります。**ビットコイン**(Bitcoin)が特に有名です。2020年5月1日の改正資金決済法と改正金融商品取引法により、仮想通貨ではなく暗号資産と表現されるようになりました。暗号資産の種類は1500種類以上といわれています。日本国内では12種類が主要な暗号資産として扱われています。

▼通常の通貨と暗号資産の違い

国家が発行する通貨	暗号資産
国家が発行	中心的な発行者はいない
国家が管理	利用者たち自身が管理
国家が価値を保証	国家が価値を保証していない

関連▶**次ページ下表参照**

暗号資産取引所 *virtual currency exchange*

暗号資産の売買を仲介する取引所のこと。

法定通貨を暗号資産に交換する、暗号資産を別の種類の暗号資産に交換する、などの業務を行っています。証券取引所と同じようにチャートを確認しながら取引することができ、レバレッジ取引などを行うこともできます。

関連▶ 下表参照

アンシャープマスク
unsharp mask

ピンぼけした写真などに使用する、画像を鮮明化させる処理。

隣接したピクセルの階調の差分を拡大することで画像をクッキリと見せることができます。ぼかした画像（アンシャープ処理した画像）を使用して鮮明にするためこう呼ばれています。

アンドゥ *undo*

文書編集や画像処理において、実行した操作や処理を取り消し、実行前の状態に戻す機能。

やり直し、**元に戻す**、**取り消し**などのコマンド名で呼ばれる場合もあります。アプリケーションソフトのアンドゥ機能を実行すると、直前に実行した、複写や削除などの編集作業の結果がキャンセルされ、編集前の状態に戻ります。通常は直前に実行した操作を取り消すだけですが、アプリケーションソフトによっては、複数回前の操作まで順次取り消せるア

▼アンドゥ（左）とリドゥ（右）

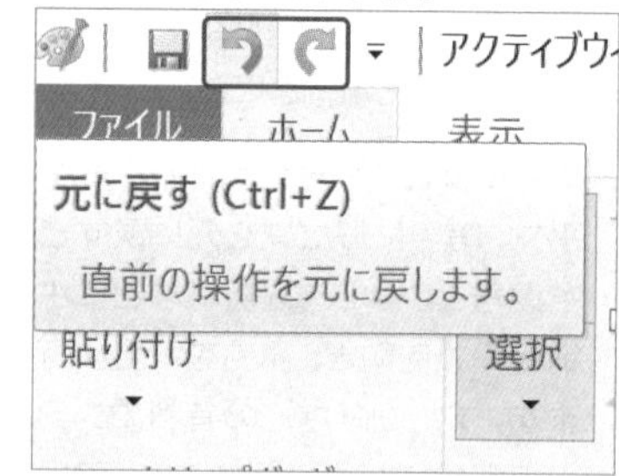

▼日本で取引される暗号資産の例（2020年8月）

順位	名前（読み方）	単位	時価総額（億円）	1単位の値段（円）
1	Bitcoin（ビットコイン）	BTC	224035	1212902.35
2	Ethereum（イーサリアム）	ETH	45959	40902.95
3	XRP（リップル）	XRP	12595	27.99
4	Bitcoin Cash（ビットコインキャッシュ）	BCH	5202	28114.79
6	Stellar（ステラ）	XLM	2070	9.99
5	Litecoin（ライトコイン）	LTC	3895	5961.29
7	NEM（ネム）	XEM	890	9.89
8	Ethereum Classic（イーサリアムクラシック）	ETC	789	678.01
9	Basic Attention Token（ベーシックアテンショントークン）	BAT	504	34.55
10	Qtum（クアンタム）	QTUM	348	358.73
11	Lisk（リスク）	LSK	218	173.68
12	MonaCoin（モナコイン）	MONA	121	183.69

ンドゥ機能もあります。アンドゥで取り消した操作を再度実行することを**リドゥ**といいます。ショートカットキーは、WindowsではCtrl＋Z、MacではCmd＋Zです。

アンドロイド *Android*

関連▶Android

アンフォーマット *unformat*

フォーマットされていない状態、またはフォーマット前の状態に戻すこと。

関連▶フォーマット

イーサネット *Ethernet*

LANの標準規格。

DIX規格とも呼ばれます。小規模のLANが簡単に構築できるもので、LANの代表ともいえます。名前の由来はエーテル（ether）ネットワークからです。電気、電子、通信などを研究領域とする国際的な組織である米国電気電子技術協会（**IEEE**）にて、**IEEE 802.3**として標準化され、その後、ISO（国際標準化機構）やJISでも規格化されています。

イーパブ *EPUB*

電子書籍のファイル形式のこと。

関連▶**EPUB**

イジェクトボタン *eject button*

DVD-ROMやCD-ROMなどをドライブから取り出すためのボタン。

機械式と電動式がありますが、近年は電動式が主流です。また、ボタンの代わりにキーボード上にキーとして配置したものを**イジェクトキー**といいます。

▼イジェクトボタン

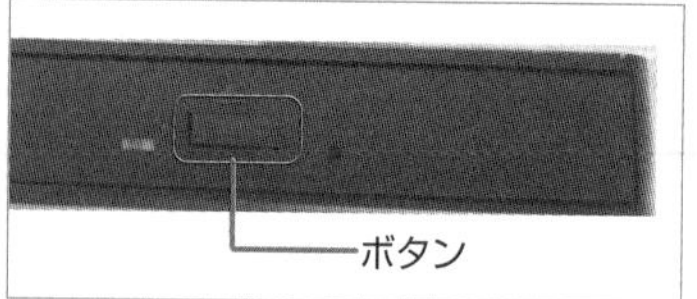

異常終了（いじょうしゅうりょう） *ABEND ; ABnormal END*

予定外の障害により、実行中の処理が中断され、終了すること。

アベンドともいいます。コンピュータシステムやハードウェアの欠陥による途中終了の場合をいいます。また、ユーザーが正常な手続きを通さずに処理を終了させることは**強制終了**といいます。障害が発生し、復旧が困難な場合には、コンピュータシステムを再起動します。

関連▶**強制終了**／**正常終了**

イタリック *italic*

斜めに傾いている書体。

斜体と同義とされるが、もともとは欧文フォントの一種で、筆記体の本文用書体です。

関連▶**フォント**

▼イタリック体の例

Italic

一眼レフ（いちがんレフ）
single-lens reflex

1つのレンズで撮影とのぞき穴（**ビューファインダー**）への投影を同時に行うカメラ。また、その機構のこと。

一眼レフでは、ビューファインダーから見た映像がそのまま撮影画映像になるため、**視差**（**パララックス**）が生じないメリットがあります。また、ミラーをなくして軽量コンパクトになったものを**ミラーレス一眼**と呼びます。

関連▶デジタルカメラ

位置情報サービス
LBS ; Location-Based Service

スマートフォンやタブレットの現在地を分析して、その場所周辺にあるサービス情報を提供するサービス

GPS機能やWi-Fi基地局との通信を分析して現在地を割り出し、その近辺で提供されているグルメや遊び、お店などの情報をユーザーに提供します。カーナビやゲームなどでも活用されています。また、位置情報を使ったゲームを**位置ゲー**と呼び、ポケモンゴー、ドラゴンクエストウォークなどが有名です。

関連▶次段表参照／GPS／Pokémon Go

▼主な位置ゲー

Pokémon Go 	実際の地図上を歩いてポケモンを捕まえるゲーム。現実世界のスポットでアイテムを手に入れることができます。
イングレス 	Pokémon Goのもとになった位置情報ゲーム。各地の名所を占領していく陣取り合戦が楽しめます。
コロニーな生活 	現実の世界を歩くことでゲーム内通貨が手に入る位置情報ゲーム。貯めた通貨を使ってコロニーでの生活を充実させることができます。
国盗り合戦 	日本全国を踏破する位置情報ゲーム。他の位置ゲーに比べて移動距離が長く、公式が世界屈指の難易度と呼ぶだけあって、他のアプリで満足できない人におすすめです。
ドラゴンクエストウォーク 	ドラゴンクエストの世界と化した現実世界を主人公となって歩き、冒険を進めていく体験型RPGです。フィールド上のモンスターを倒して成長していきます。

一太郎（いちたろう）

ジャストシステム社が販売する代表的な日本語ワープロソフト。

高度な文書添削機能などをサポートしています。日本語変換システムにはATOK（エイトック／エートック）シリーズを搭載し、文書作成の機能が充実しています。

関連▶ATOK

一括変換 *batch conversion*

日本語入力システムを使って日本語を入力する方法の1つ。

あらかじめ読みを入力しておいて、あとでまとめて漢字に変換する方法です。ある程度の量の読みを入力し

い

てから、コマンド操作で逐次的に変換する**一括入力逐次変換**や、読みの入力に伴い自動的に一気に変換していく**全自動一括変換**など、様々な手法があります。

関連▶**逐次変換**

移動体通信 (いどうたいつうしん)
mobile communication

固定体〜移動体間や、移動体同士での通信全般のこと。

携帯電話などによる音声を中心に、スマートフォンやモバイルコンピュータなどによる、デジタル移動体通信なども普及しています。

関連▶**モバイルコンピューティング**

イベント *event*

■ゲーム中の特別な場面や仕掛け、出来事。

作為的に用意された事件のことです。

■メニューの選択やマウスのクリックなど、ユーザーやシステムからのリクエストによって発生する処理。

このリクエストなどのイベント発生に応じてプログラムを制御するソフトウェア構造を、**イベントドリブン**といいます。

関連▶**イベントドリブン**

イベントドリブン
event driven

イベントに対する処理手順を通して、アプリケーション全体を構成するプログラムの形態。

WindowsやmacOSはイベントドリブンなOSであり、ユーザー側からの操作のすべては、OSを経由してイベントというかたちで各ソフトウェアに渡されます。**イベント駆動**ともいいます。

関連▶**イベント**

違法コピー (いほうコピー)
illegal copy

著作権者の定めた複製ルールに逆らってコピーされたプログラム、およびソフトウェア。**不正コピー**ともいう。

著作権フリーをうたったプログラム以外のプログラムコードは、書籍や映画のように著作権が保護されています。プログラムやデジタルデータの場合、いくらコピーを重ねても質が劣化しないため、違法コピーの横行は、オリジナルの開発者にとって深刻な問題となります。近年はDVD、BDをまるごとコピーしてしまう悪質な例が目立っています。

関連▶**カジュアルコピー**

イメージ検索 *image search*

入力したキーワードに関連したインターネット上の画像を表示するシステムやサービスのこと。

現在のイメージ検索は、画像に付されているキャプションや画像の周辺のテキストから画像との関連性を推測して表示しているため、検索結果にキーワードとは無関係な画像も表示される場合があります。また、所持している画像と似たものを探す**画像検索**というサービスもあります。

関連▶**検索／Google**

イメージスキャナー
image scanner

写真や図版を光学的に読み取り、デジタルのグラフィックデータに置き換える装置。

画像入力装置の1つで、特に平面的な図版を読み取る装置を指します。コピー機のように透明なガラス板上に対象を置く**フラットベッド型**、小さな機器を対象の上を走らせる**ハンディ型**のほか、**フィルム専用スキャナー**などがあります。**光学式走査器**の意味で**オプティカルスキャナー**ということもあります。単に**スキャナー**ともいいます。イメージスキャナーの性能を示すには、1インチあたりのドット数を表す**dpi**(dot per inch) が用いられます。

関連▶**印字解像度**

イメージファイル *image file*

ハードディスクやCD、DVDなどの内容を、ファイルやフォルダ構造を維持した状態で、1つのファイルにまとめたもの。

ディスクイメージともいいます。国際標準化機構 (ISO) が策定したISOイメージなどの形式があり、バックアップのためにハードディスクのデータをCD-Rに複製するときなどに用いられます。イメージの対象をハードディスク全体といったかたちで指定して、1つのファイルにまとめることができます。

色分解 (いろぶんかい)
color separation

カラー原稿を色成分に分けること。

印刷では減法混色になるので、通常はカラーインクのC(シアン)、M(マゼンタ)、Y(イエロー)、K(ブラック)の4色に分解しますが、ディスプレイでは光の三原色 (RGB) で分解します。なお、印刷原稿では色の再現性や再現領域を広げるため、はじめから混ぜ合わせられたインク (**特色**) を加えて分解、印刷することもあります。

関連▶**三原色／CMYK／RGB(信号)**

インクカートリッジ
ink cartridge

プリンタ用のインクを内蔵したはめ込み部品。

印刷ノズルヘッドとインクが一体化したものもあり、インク交換とヘッドのメンテナンスが同時にできます。インクジェットプリンタなどで利用されています。

関連▶**インクジェットプリンタ**

インクジェットプリンタ
Inkjet printer

用紙に液状のインクを吹き付けて文字を印刷するプリンタ。

細い**ノズル**からドットごとにインク

を噴出して印刷します。インクの噴出方法はメーカーによって異なりますが、代表的な方法は2つあります。圧電素子を使って押し出す方法（**ピエゾ方式**）と、発熱体によって発生させた気泡の圧力で噴出する方法（**サーマル方式**）です。現在は6色以上のインクを使った、写真画像のカラー印刷が可能な機種が主流になっています。

関連▶ **ドット／プリンタ**

▼ピエゾ方式とサーマル方式

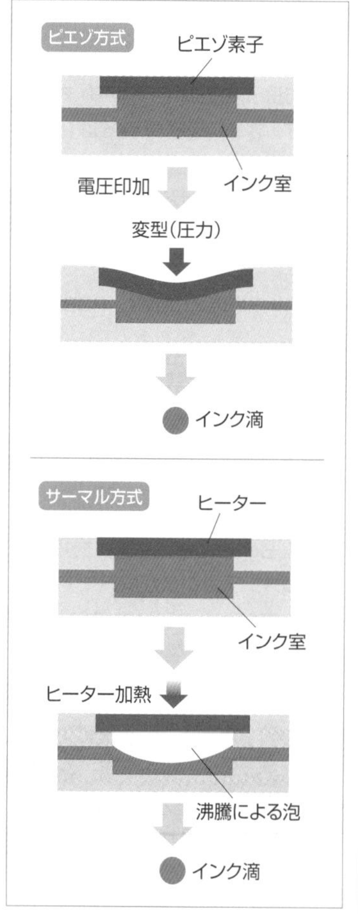

印字解像度 (いんじかいぞうど)
print resolution

印刷物の文字品質の目安となるもので、1インチに印刷される点（ドット）の数。

単位は**dpi**（**dot per inch**）で表現され、この値が大きいほど印字品質は高くなります。**印刷解像度**ともいい

▼印字解像度

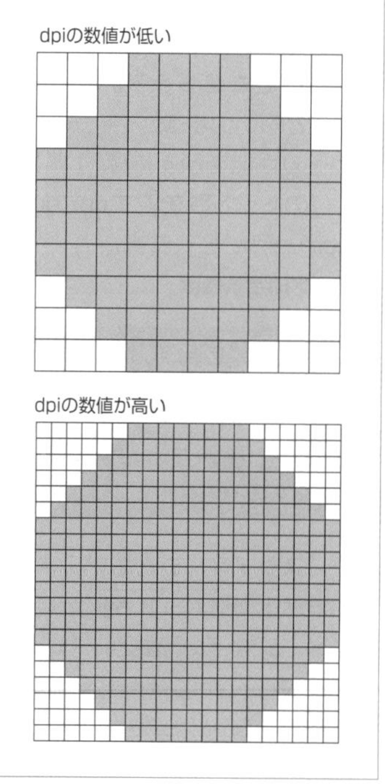

ます。ディスプレイとは異なり、1ドットで多くの階調を表現できないため、複数のドットを組み合わせて1つの画素（ピクセル）を構成することが一般的です。

関連▶dpi

インシデント制 *incident system*

サポートセンターへの問い合わせを質問の時間や回数でとらえるのではなく、1つの問題とその解決までを1単位としたサポート方式のこと。

インシデント1件につきいくらと、有償サポートにすることで、企業は不要な問い合わせを減らし、ユーザーは問題の解決まで何回でもやり取りを続けることができます。インシデントは、「事故」「出来事」「事変」などと訳されます。

関連▶サポート

インスタグラム *Instagram*

米国Burbn社が運営する、写真の投稿がメインのSNSサービス。

スマートフォンなどで、撮影した写真を投稿するSNSサービスであるため、言語を問わず交流を図れることから人気となっています。ツイッターやFacebookなどの文字主体のSNSと連携することもできます。全世界で10億人を超えるユーザーがいます。Facebook社が買収しましたが子会社として独立して運営されています。

関連▶Facebook／SNS

▼インスタグラム

インスタ映え *instagrammable*

インスタグラムに投稿される写真の中で、鮮やか・画質がよい・キレイな写真のことをいう。

インスタグラム（Instagram）は画像共有サービスであり写真共有SNSアプリです。たくさんの「いいね」やコメントをもらうために、見栄えのよい風景や食事、珍しい動物、美人などを投稿することが行われています。一方で、反応をもらいたいという欲求が過熱して、進入禁止の場所に入り込んだり、写真だけをとって食べ残しを生んだり、他人の顔写真を無断転載するなどの問題も起きています。

インスタンス *instance*

オブジェクト指向における実体のこと。オブジェクト指向言語でクラス定義に基づいて生成される、実メモリが割り当てられたオブジェクトをいう。

クラスは型を定義しただけであり、実際に処理されるデータや、それを管理するメモリ領域、ディスク領域など、すなわち変数や関数が実体となります。プログラミングの現場では、クラスを定義したあと、変数などの実体を用意しますが、この処理を「インスタンスを生成する」といいます。

▼クラスとインスタンスの概念

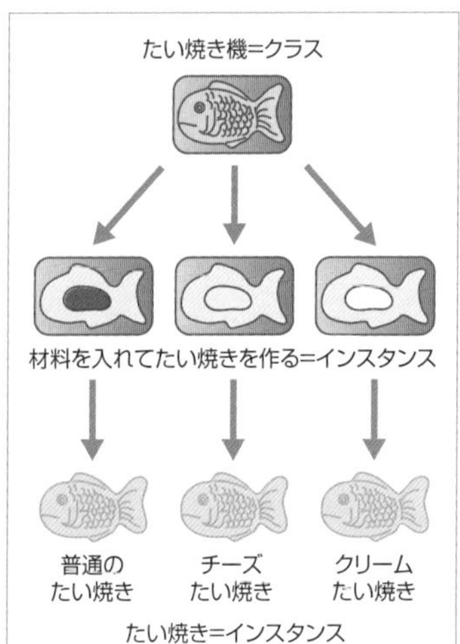

関連▶**オブジェクト**

インストーラ *installer*

ハードディスクなどにアプリケーションソフトをインストールするためのプログラムのこと。

インストールプログラムともいいます。市販ソフトウェアのほとんどには、専用のインストーラが付属しています。インストールしたいドライブやファイルを指定するだけで、自動的にインストールを行ってくれます。

関連▶**インストール**

インストール *install*

ハードディスクなどにプログラムをコピーして、必要な設定を行う作業。

市販のソフトウェアなどを、コンピュータ上で使用できるようにします。

インダストリアルIoT *IIoT ; Industrial IoT*

製造業や機器メーカーなどがインターネットを通じて提供するサービスやビジネスのこと。

ロボットや製造機械の遠隔管理や時間管理、車両・機材のリアルタイム管理によって物流最適化などを図ります。一方で、IoTに詳しい人材の育成や、インターネットを利用することによるセキュリティの確保などが課題として挙げられます。

関連▶IoT

インダストリー4.0
Industry 4.0

「スマートファクトリー（考える工場）」をコンセプトに、ドイツ政府が主導し、産官学共同で進める国家プロジェクトのこと。

少量多品種、高付加価値の製品を大規模生産することを目指して、工場のライン生産、セル生産と固定せずに、あらゆる方向でリアルタイムに連携する（ダイナミックセル生産）生産方式です。

インターネット *the Internet*

世界中にまたがる複数のネットワークを結ぶ、仮想的な巨大ネットワーク。

世界中の大小のネットワークを互いに結んだものです。当初は学術用の限られた人々が利用するものでしたが、1990年代に入って通信事業者による接続サービスが普及したことで、ユーザーが爆発的に増加しました。主な機能には、電子メールのほか、インターネット人気の中心ともいえるWWW、FTPなどがあります。インターネットに参加している各ネットワークは、IPアドレスで区別されています。

▼インターネットのサービス

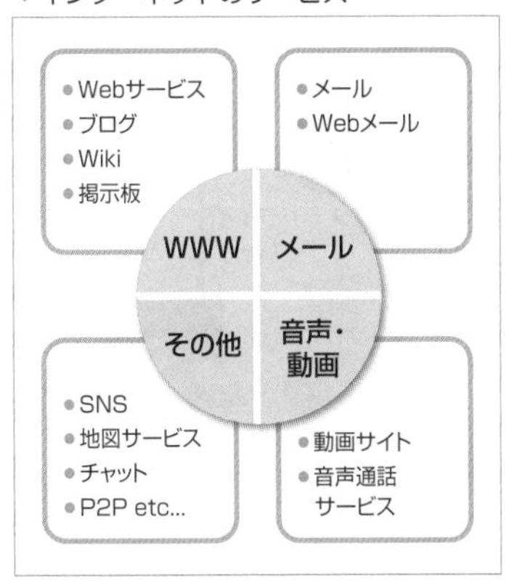

関連▶ゲートウェイ／ルータ／IPアドレス

インターネット依存症
（インターネットいぞんしょう）
internet addict

インターネットを離れて生活できず、コンピュータに向かっていない時間は情緒が不安定になる精神疾患。

ネット依存、または**インターネット中毒**という呼び方もありますが、「中毒」とは本来、物質の毒性によって障害を起こす疾患であるため、正確な呼称ではありません。ギャンブル依存症に近いとされていますが、精神医学の主流では正式な病気として認められていません。

関連▶オンラインゲーム

インターネットエクスプローラー
Internet Explorer

関連▶Internet Explorer

インターネットサービスプロバイダ
ISP ; Internet Service Provider

関連▶プロバイダ

インターネットテレビ
internet television

インターネットを通じて番組を放送するテレビ配信サービス。

アニメ、経済番組、ドラマ、スポーツなど、各放送局ごとに特定のジャンルを放送していることが多いです。テレビ局が運営している**AbemaTV**や**Hulu**、コンテンツ制作会社などが運営する**バンダイチャンネル**、インターネットメディアなどが運営する**DAZN**などがあります。

関連▶**ストリーミング（配信）**

インターネット電話
internet telephone

インターネットを使ったIP電話。

Skype（スカイプ）に代表されるPCを使ったものから、スマートフォンで使えるもの、通常の電話機が使えるものまで幅広い種類があり、音声だけでなく映像を使えるものもあります。距離の長短を問わず、基本的にインターネットの接続料金だけで利用できるため、格安となります。一般の電話などへの通話も可能なも

▼インターネット電話

▼インターネット両端の公衆電話網（インターネット電話）

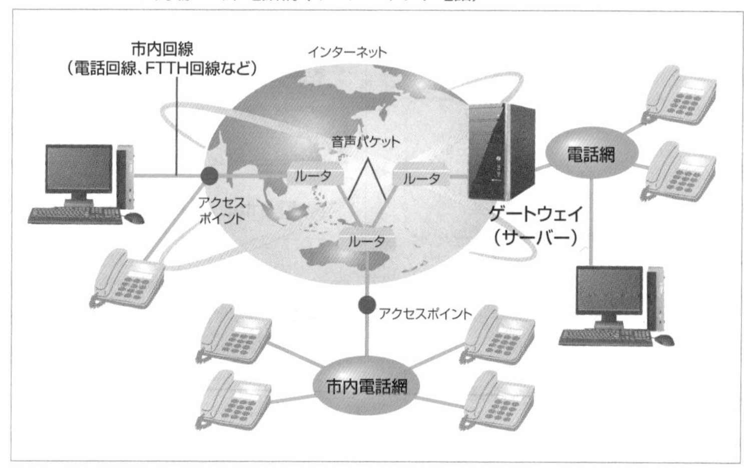

のも多いですが、この場合は別途通話料金が必要となります。

関連▶**前ページ下図参照／IP電話／Skype**

インターネットラジオ *internet radio*

インターネットを通じて、音声で番組を提供するコンテンツの形態。ネットラジオ、ウェブラジオともいう。

従来の、電波を受信して聴取するラジオとは異なり、パソコンやスマートフォンなどで聴取します。国内ではradikoなどのサービスが有名です。サービスによっては、録音やストリーミング形式で、期間を設けて好きな時間に聴取できるものもあります。

関連▶**radiko**

インターフェース *interface*

コンピュータにおいて、あるまとまった装置から外部へのデータの出入口をいう。

もともと接合点や境界面を意味する言葉で、一般にはコンピュータと周辺機器を接続する際の端子やデータの規格、接続に必要な装置などを指します。装置と装置を接続する際には、配線をつなぐ端子の形状やデータの伝送方式が一致しなければならず、そのための規格が必要です。このハードウェア的な規格とソフトウェア的な規格を合わせてインターフェースといいます。USBもその1つです。また、OSとアプリケーション、プログラム間でのデータの引き渡し方法など、ソフトウェアの領域でも用いられます。アプリケーションソフトやコンピュータとユーザーの間でのやり取りを示す、**ユーザーインターフェース**や**マンマシンインターフェース**（**ヒューマンインターフェース**）という言葉も、広く「インターフェース」と総称されることがあります。

関連▶**次ページ図参照／ユーザーインターフェース**

インターフェースボード *interface board*

コンピュータに周辺機器を接続するための拡張用ボード。

ハードディスクなどを増設する場合に使うIEEE 1394ボード、USBボードなどがあります。

関連▶**IEEE 1394**

インタープリタ *interpreter*

直訳すると「通訳」のこと。

ソースプログラムを機械語に逐次変換しながら実行する言語プロセッサです。高級言語によるソースプログラムの命令を1つずつ解釈し、それに対応してインタープリタが持つ機械語のサブルーチンを実行します。そのため、メモリ効率は優れていますが、プログラムの処理速度はコンパイラに比べて遅くなります。しかし、オブジェクトコード（実行プログラム）を生成しないため、開発途中でプログラムの実行と修正を繰り返すようなデバッグ作業には適しています。

関連▶**次ページ下図参照／機械語／高級言語**

インターレース *interlace*

インターネットで用いられる画像の表示方式。

はじめにデータを間引きした粗い画像が現れ、徐々に精細なものとなるもので、回線速度が遅い場合でも画像全体のイメージを早い段階で把握できる利点があります。

関連▶**GIF**

インタラクティブ *interactive*

ソフトウェアやサービスなどを対話的に操作できること。

ユーザーもしくはプレイヤーの意思決定がなければストーリーが進行し

▼インターフェースの例

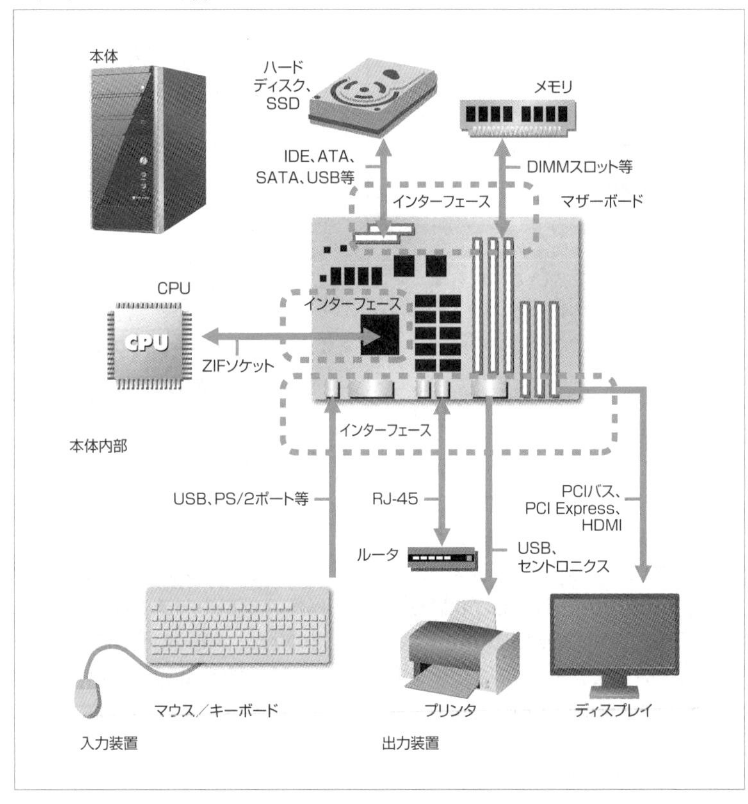

ないゲームや、デジタル放送などのマルチメディアサービスなどの操作をいいます。**会話型**、**参加型**と訳すこともあります。

インチ *inch*

長さの単位で、1インチは、12分の1フィート、約2.54cm。

dpiやppiなど、解像度の単位は、1インチにいくつの点（dot）や画素（pixel）が入っているかで示します。また、モニタのサイズを表す数字は、画面の対角線の長さをインチで表示したものです。

関連▶**ディスプレイ**

インデント *indent*

文書整形において、段落の左右の位置を設定すること、またはその機能。

字下げともいいます。ワープロソフトやDTPソフトなどでは、段落ごとに左インデント位置、右インデント位置のほか、1行目だけのインデント位置が設定できます。プログラムのコードを記述する場合には、**入れ子**（**ネスティング：あるプログラムの中に別のプログラムブロックがあること**）の上下関係を明確にするため、下位ランクの行には行頭に**タブ**（文字表示を所定の位置へジャンプさせる機能）や空白文字を挿入してインデントすることがあります。

関連▶**タブ**

▼インデント例

```
#include < stdio.h >
int main ( void )
{
	int s = 0 , i = 0 ;
	for ( i <= 100 ; i++ ) {
		s += i ;
	}
	printf("10 までの合計は% d。¥n",s) ;
}
```

行頭タブを挿入

▼インタープリタの処理

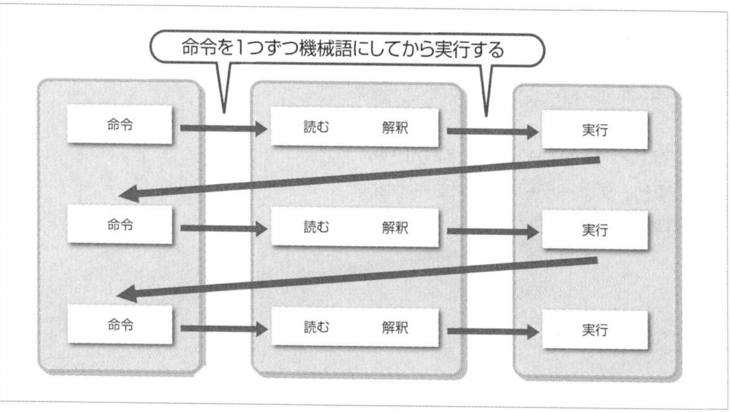

インバータ *inverter*

直流電源から交流電源を作るための装置や回路。

また、交流電流をいったん直流に変換(**整流**)し、さらに必要な周波数の交流に変換するための回路(本来のインバータ)までを、総称してインバータと呼ぶ場合もあります。

関連▶**ダイオード**

インプット *input*

コンピュータにデータを送り込むこと。

キーボード、**OCR**(光学式文字読み取り装置)、スキャナーなどの入力装置を使って、データをコンピュータシステム内部に送り込むことです。**入力**ともいいます。入力されたデータそのものを指すこともあります。

関連▶**アウトプット**

引用記号 (いんようきごう) *Quatation mark*

電子メールの返信などで、相手の文章を引用する際に、引用であることを明示するために、行頭に付ける符号。

通常、「>」が使われます。ほかにも「|」など、クォーテーションマークを使う場合があります。

ウィキペディア *Wikipedia*

関連▶Wikipedia

ウィザード *wizard*

対話形式で、何段階かの複雑な操作を容易に実行できるガイド機能。

また、コンピュータに関する様々な知識を持ち、他の人の質問にも親切に答えてくれる人も、ウィザード（魔法使い）などといいます。

ウィジェット *widget*

macOSのDashboardやAndroidのホーム画面に配置して利用できるアプリのこと。

カレンダーや計算機、翻訳機などがあります。Mac OS X 10.4から搭載されました。

ウィッシュリスト（ほしい物リスト） *wish list*

利用者が通信販売サイトなどで興味を持った商品などをリスト化しておき、それを他の人にも教えられる機能。

代表的なものに、Amazon.comの「ほしい物リスト」などがあります。また、指定したメールアドレスに自分の「名前」「メールアドレス」「ほしい物リスト」を送信する、という機能などもあります。

ウイルス *computer virus*

ネットワークやディスクなどを介して、コンピュータからコンピュータへ勝手にコピーして増殖していくようなプログラムのこと。

病原体のウイルスが伝染する様子にたとえて、こう呼ばれています。ネットワークを使って自己増殖するものを、特に**ワーム**といいます。コンピュータウイルスは、プログラムそれ自体がソフトウェアやOSに寄生し、データ交換した他のコンピュータに自分のコピーを寄生させる働きをするプログラムをいいますが、システムの停止やデータの破壊など、悪意のある目的で作成されたものが多いです。ウイルスは、システムに侵入（**感染**）してもすぐには目に見えるような働きをせず、一定期間潜伏（**潜伏期間**）して、特定の操作をした場合や特定の期日になると、メッセージを表示したり、破壊的な活動を開始（**発症、発病**）します。このようなウイルスの感染を防止したり、感染してしまったウイルスの検出や除去（治療）をするプログラムを**ウイルス対策ソフト、ワクチン（ソフト）**といいます。コンピュータウイルスの感染防止対策としては、出所不明なディスクやファイルは使用しない、定期的に最新のワクチンソフトで検診する、などがあります。コンピュータ内の暗証番号やメールアドレスを流出させるものを特に**暴露ウイルス**といいます。「Word」や「Excel」のマクロ機能を使って、文書ファイルに感染する**マクロウイルス**などもあります。

関連▶**下図参照／ワーム**

ウイルス対策ソフト
antivirus software

パソコンに侵入してくるウイルスを予防するためのプログラム。

市販されているものもありますが、フリーウェア、シェアウェアとして配布されているものもあります。米国Symantec（シマンテック）社の「ノートンアンチウイルス（Norton Antivirus）」、トレンドマイクロ社の「ウイルスバスター」などが有名です。

関連▶**ウイルスバスター**

ウイルスバスター
virus buster

コンピュータウイルスなどの不正プログラムからパソコンを守るためのソフトウェア。

開発・販売はトレンドマイクロ社で、ウイルスに加え、個人情報を無断で収集するスパイウェアも駆除できます。また、不正アクセスを防ぐパー

▼ウイルスの感染経路（ウイルス）

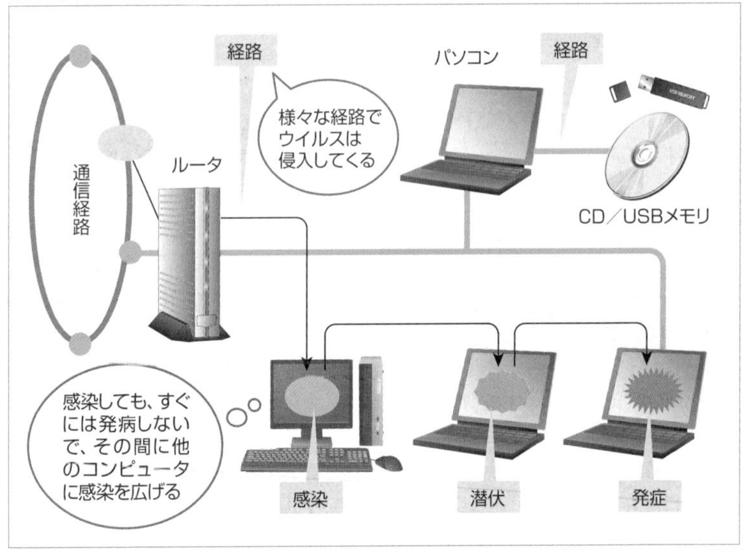

ソナルファイアウォール機能など、セキュリティ的要素も含まれます。

関連▶ファイアウォール

ウィンドウ *window*

アプリケーションソフトを稼働する際のディスプレイの表示形式の1つ。

アプリケーションソフトごとに表示される領域を窓にたとえて「ウィンドウ」と呼びます。複数のアプリケーションソフトを同時に起動した場合には、それぞれに個別のウィンドウが表示されます。

関連▶次ページ図参照

ウィンドウズキー *Windows key*

米国マイクロソフト社製品に対応するWindowsのロゴ入りキー。

他のキーと組み合わせて使うことで、Windowsアプリケーションの切り替え操作など、便利な機能が利用できます。

関連▶キーボード

▼ウィンドウズキー

日本マイクロソフト(株)提供

う

ウェアラブルカメラ *wearable camera／sousveillance*

身体に付けることで両手を自由に使えるようにした小型カメラのこと。

ヘッドストラップやヘルメットに固定したり、自転車やスノーボードなどの乗り物に取り付けて使うことが多いです。両手を自由に使えることから特にスポーツのジャンルで使われることが多く、衝撃や雨などの水に強いのが特徴です。GoProなどが有名です。撮影した動画は主にWeb上で配信されます。

関連▶GoPro

ウェアラブルコンピュータ *wearable computer*

身に着けて持ち歩くことができるコンピュータのこと。スマートフォンなどとは異なり、衣服や肌に身に着けるものを指す。

Apple Watchのように腕に装着して利用するものが存在します。心拍数や運動強度など主に自身の健康管理情報を収集するのに役立ちます。現在、AR技術を応用して、視線を向けた店舗の情報の表示や外国語の自動翻訳など、実生活の中で様々な情報を表示するウェアラブルコンピュータの研究が進められています。

関連▶Apple Watch

▼Windows 10とmacOSのウィンドウ各部の名称（ウィンドウ）

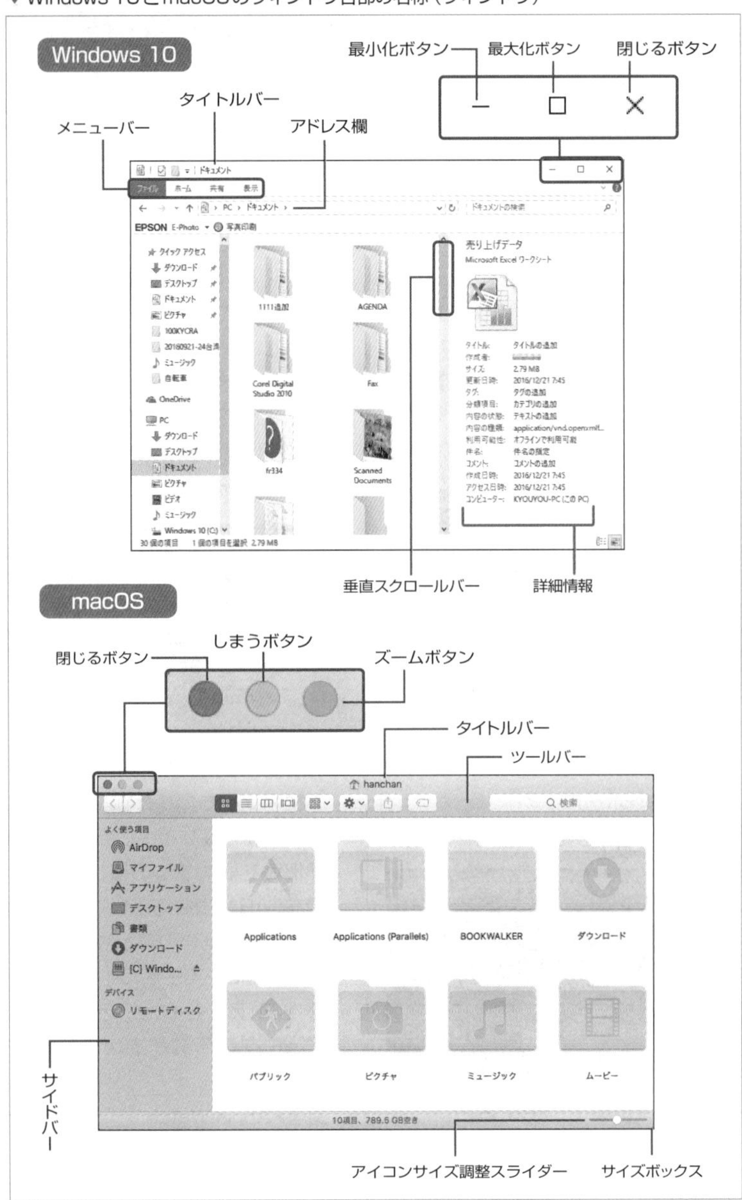

▼Apple Watch

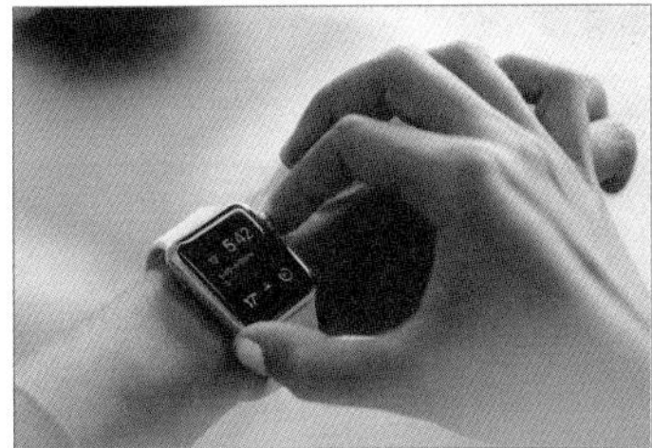

上付き文字（うえつきもじ）
superscript

通常の文字に添える小さな文字で、行の上寄りの位置に印刷される。

例えば、累乗を表す「A^1」や「A^2」に付けられる「1」と「2」などです。ほとんどのワープロには、**上付き文字**や**下付き文字**の入力機能があります。文字の大きさは、通常の文字の4分の1（縦横が半分）が多いようです。

関連▶下付き文字

▼上付き文字の例

$$A^2 \times A^8 = A^{10}$$

豊島区 〒171

ウェハ *wafer*

半導体集積回路を製作する際のもととなる半導体の薄い板。

半導体集積回路は数mm角のシリコン板の小片（これを**シリコンチップ**、または**チップ**という）からできています。まず、シリコンを精製して高純度（99.999999999%以上）のシリコン棒を作って薄く切り、表面を研磨して、さらに規則的な結晶を生成させます。こうしてできたウェハの表面に、様々な加工を施して切断することでチップを製造します。チップは通常、樹脂やセラミックなどのパッケージに納められて基板に実装されます。

▼ウェハ（MEMC Japan製）

ウェブ *web*

関連▶Web

ウェブ（Web）デザイン
web design

Webサイトを設計すること。

ページを見に来たユーザーの気を引くだけではなく、テキストや図版など、見せたいものをわかりやすくすることも重要です。この中には、メニュー構成、ページ構成、全体の雰囲気をどうするか、音楽や効果音を使うか、などといった、サイト全体の方向性も含まれます。

関連▶ウェブユーザビリティ

ウェブ（Web）メール
web mail

メーラーを用いず、通常のWebブラウザで電子メールの作成、送信、受信ができるシステム。

プロバイダなどが提供しています。メールのデータは手元のPCやスマートフォンにダウンロードせず、メールサーバー上で管理するため、容量が課題となります。ただ、「Windowsメール」などの専用アプリケーションソフトやメーラーを使用しないため、自身のPC以外からでも、Webブラウザさえ使えれば利用可能で、出張先やネットカフェでも電子メールの送受信ができます。主なものにGmail（ジーメール）やYahoo!メール（ヤフーメール）があります。

関連▶電子メール／プロキシ

ウェブユーザビリティ
web usability

Webサイトの機能上、視覚上の利用のしやすさ。

関連▶ウェブデザイン／ユーザビリティ

ウォレット *wallet*

暗号資産や電子マネーにおける財布のこと。

「財布」「札入れ」と訳されます。暗号資産の保管だけでなく、送金するときや入金を受けるときにも必要です。買い物などの支払いに使うこともできます。**コールドウォレット**と**ホットウォレット**があります。

▼ホットウォレットとコールドウォレット

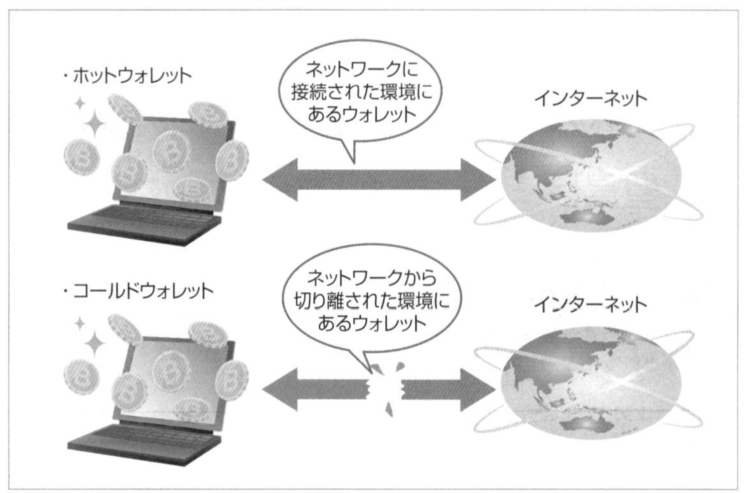

コールドウォレットは、インターネットに常時つながっていないため、取引まで時間がかかります。ハッキングのリスクはほとんどありません。ホットウォレットは、常時、インターネットにつながっているウォレットです。頻繁に利用するときには便利です。ハッキングされたりウイルスに感染したりするリスクがあります。

打ち込み（うちこみ）*step recording*

音の強弱、音程、タイミングなどのデータをMIDI（ミディ）に数値入力すること。

ステップレコーディングともいいます。

関連▶MIDI

裏技（うらわざ）*frick*

ソフトウェアやハードウェアのマニュアルには載っていない操作方法。

特にゲームソフトなどには、制作者側が作為的に組み入れる場合もあります。

関連▶隠しコマンド

上書き（うわがき）*overwrite*

■文字入力の際に、既存の文字の上に新しい文字を入力し、既存の文字を更新すること。

文字の入力モードには大きく分けて、既存の文字の間に新しい文字を入力する**挿入モード**（インサートモード）と、既存の文字と置き換える**上書きモード**があります。

■ファイル保存の際に、既存のファイルの内容を更新すること。

ファイル保存における上書きは、編集開始時に読み込んだファイルと同じ名前のファイルにデータを保存することで、編集前のデータは失われます。アプリケーションソフトによっては、通常の保存のコマンドを**上書き保存**、新規にファイルを作成して保存するコマンドを**別名で保存**と呼ぶものもあります。

▼文字入力での上書きの例

明日はになります。
カーソル位置
ここで「雨」を挿入する
上書きモード
明日は雨なります。
重ねられて「に」が消える

エアブラシ *airbrush*

エアブラシを模したパソコン用グラフィックツール。

ペイントソフトのアイテムで、霧吹きで吹き付けたような効果が出ます。

▼ペイントのエアブラシ

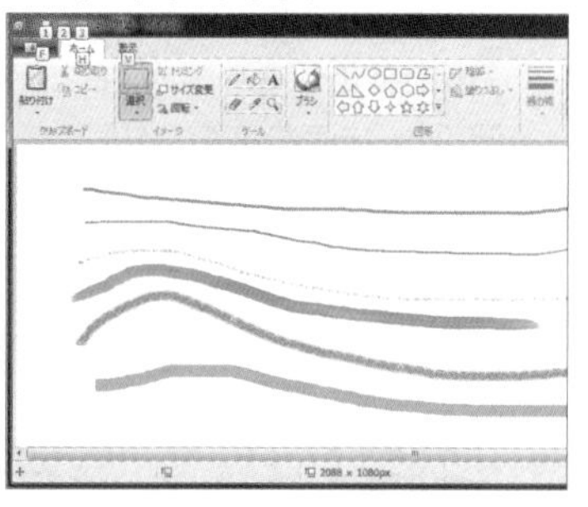

衛星放送（えいせいほうそう） *satellite broadcast*

静止衛星を使用した放送。

映像を中心としたテレビ（TV）形式のほかに、音声のみのラジオ形式やデータ通信形式もあります。はじめは放送衛星（**BS**）のみを使用していましたが、1992年から通信衛星（**CS**）を使用した放送も始まりました。地上から衛星に向けて放送電波を送り、衛星から地上に送り返して受信します。衛星はおよそ高度3万6000kmの上空にあります。全国をカバーするため、地域や地形による放送品質の差をなくすことができます。

▼衛星放送

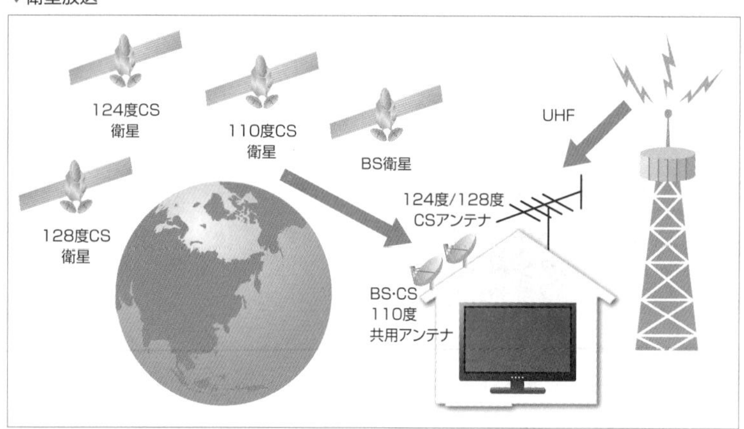

関連▶下図参照／通信衛星／BS

エイリアス *alias*

■本来は**変名**、**別名**という意味。

■Macで、プログラムを別のウィンドウから起動するためのアイコン。

オリジナルのアイコン1つに対して複数のエイリアスを作り、それぞれ別のフォルダに置くこともできます。各エイリアスをダブルクリックするだけで、オリジナルのプログラムの起動やデータの選択が可能です。エイリアスはコピーと異なり、本体を呼び出す情報だけを登録するので、それ自体は数Kバイト程度のファイルにすぎません。

関連▶ショートカット

▼Macのエイリアス

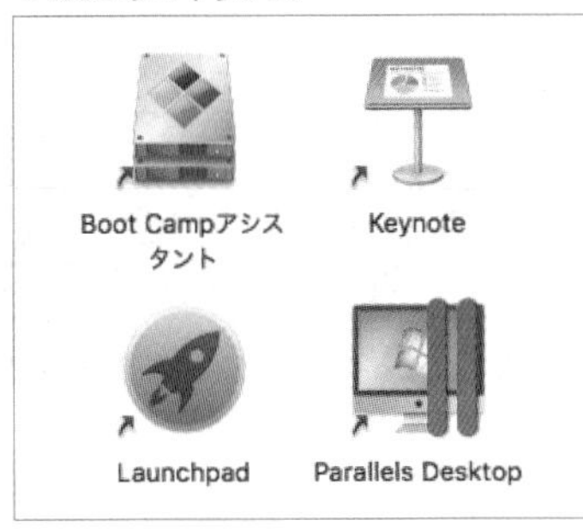

液晶ディスプレイ *liquid crystal display*

液晶（電圧に応じて液晶の向きが変わることで光の透過率が変化する物質）をガラス板にはさみ、表示装置にしたもの。

LCDともいいます。液晶のデジタル表示板は古くから用いられてきましたが、**液晶セル**の小型化により、コンピュータディスプレイにも使用可能になりました。低消費電力、軽量、薄型が特徴です。主な表示方式には、**単純マトリクス方式**（TN、STNなど）と**アクティブマトリクス方式**（TFT、MIMなど）の2種類があります。また、電圧をかけた際に液晶が垂直に回転するもの（**VA方式**）と水平に回転するもの（**IPS方式**）があります。コストや大きさ、用途に応じて使い分けられます。

関連▶反射型ディスプレイ／TFT（カラー）液晶ディスプレイ

▼液晶面の動作原理

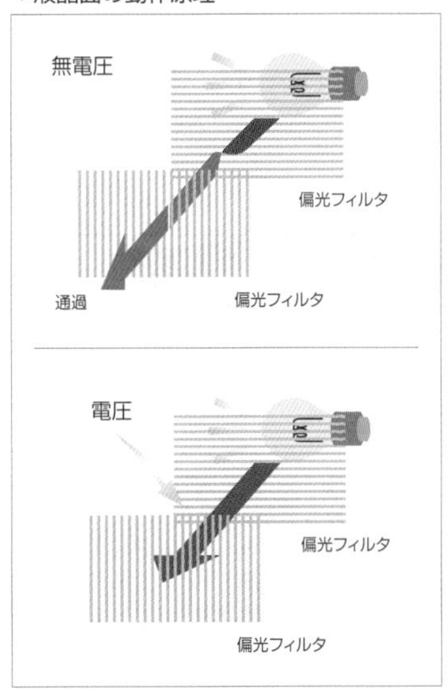

液晶パネル (えきしょうパネル)
liquid crystal panel

液晶ディスプレイの表示部。

関連▶液晶ディスプレイ

液晶プロジェクター
(えきしょうプロジェクター)
liquid crystal projector

液晶パネルを用いて映像を拡大投影する装置。

プレゼンテーションなどにおいて、パソコンと接続して大画面で見せることができます。かつてのプレゼンテーションの主流は**OHP**でしたが、液晶プロジェクターが取って代わりました。

関連▶**プロジェクター**

▼液晶プロジェクター (EB-U32)

セイコーエプソン(株)提供

エキスパートシステム
expert system

専門分野の知識を取り込んで、専門家のような推論や意思決定を行うプログラムのこと。

関連▶AI

エスアイアー *SIer*

システムインテグレーション(SI)を行う業者のこと。

関連▶SIer

エッジ *Microsoft Edge*

マイクロソフト社が提供する、インターネットを見るためのWebブラウザ。

Windows 10でインターネットを見る場合に使うデフォルトのブラウザで、HTML5に完全に対応しています。従来の**Internet Explorer**に比べて高速で動作します。

関連▶Internet Explorer

▼Edge

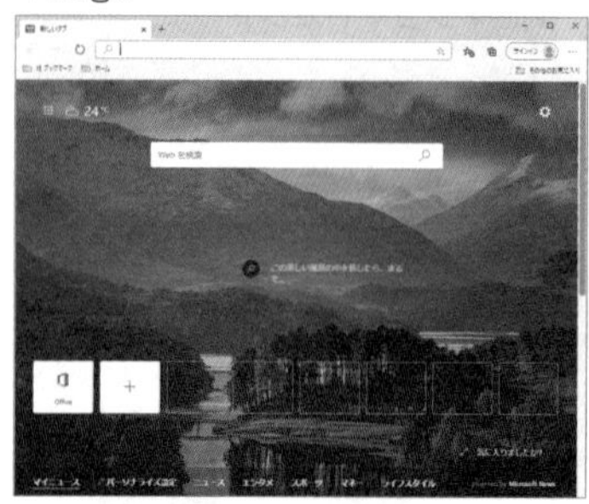

エッジコンピューティング
edge computing

端末の近くにサーバーを分散配置して処理を行うコンピューティングモデル。**エッジ処理**とも呼ばれる。

ユーザーのスマートフォンやその他の端末などインターネットにつながるIoT機器の近くでデータを処理す

ることで、上位システムへの負荷を軽減し、通信の遅延を解消します。場合によっては、ユーザー側の端末で処理を行うこともあります。
5Gによってデータの伝送速度が高速になるため、大量のデバイスからデータを収集し、効率よくデータを処理することが可能となります。

関連▶IoT

エディタ *editor*

文章や絵などを編集するためのツール。

単にエディタといった場合は、一般に**テキストエディタ**を指します。また、画像を編集するプログラムの場合は**グラフィックエディタ**ともいいます。

関連▶**テキストエディタ**

エフェクト *effect*

画像や音声などの入力情報に対して処理を施し、出力時に何らかの効果を出すこと。

画像を揺れたように変形させたり、音声を別人のようにしたりする処理をいいます。そのための装置を**エフェクタ**、複数の機能を持つ装置を**マルチエフェクタ**といいます。

エミュレーション *emulation*

構造や設計の異なるハードウェアの機能を、別のハードウェアでソフトウェア的に模倣して実行すること。

ハードウェアの機種が異なれば、それを制御する命令セットも異なります。しかし、その命令セットを逐次翻訳して別の命令セットに置き換えてやれば、ある機種を別の機種のように扱うことができます。これをエ

▼エミュレーション

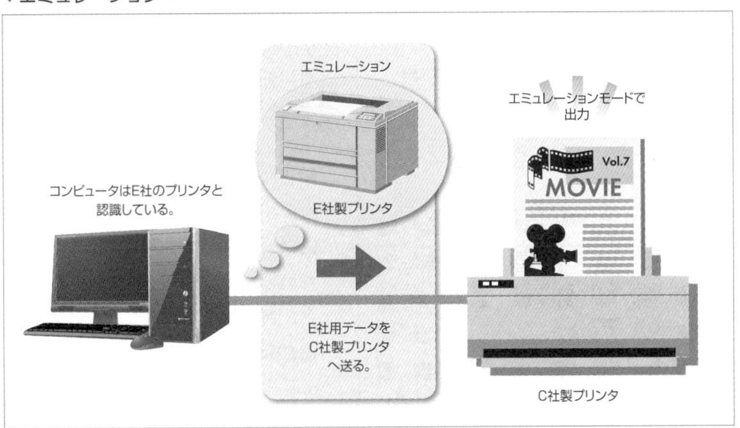
エミュレーション
E社製プリンタ
エミュレーションモードで
出力
Vol.7
MOVIE
コンピュータはE社のプリンタと
認識している。
E社用データを
C社製プリンタ
へ送る。
C社製プリンタ

ミュレーションといいます。プリンタは機種ごとに命令セットが異なるため、多くの場合、**エミュレーションモード**と呼ばれる機能で、別のプリンタのように動作させて利用します。エミュレーションを行う装置やプログラムを**エミュレータ**といいます。

関連▶**前ページ下図参照**

絵文字 *emoji*

メールなどの文章中で、表情や物をイラストで表したもの。

笑顔や泣き顔といった表情、ケーキや自動車といった物などを目で見てわかるように表現できます。iモードなど日本の携帯電話のメールサービスに収録されたものから爆発的に広まったため、英語でもemojiとなっています。携帯電話会社ごとに独自の絵文字を使っていましたが、スマートフォンの普及により、異なるキャリア間でのやり取りが多くなったことから、Unicodeで共通の絵文字が設定されるようになりました。

関連▶**顔文字／スタンプ／Unicode**

▼iPhoneの絵文字一覧

エラー *error*

コンピュータの運用中に生じる各種の誤り。通常は、プログラム上、およびデータ上の誤りをいう。

プログラム上のエラーは、多くの場合、プログラム作成中に生じるもので、アルゴリズムのミス、構文上のミスなどがあります。いずれも、プログラムそのものを修正する必要があり、この修正作業をデバッグといいます。また、エラーが生じた場合、被害を最小にとどめるための工夫もプログラムの役割で、常に人間に危害や損害がないようにする**フェイルセーフ**などの手法があります。データ上のエラーは、プログラムで規定した条件（データの種類、長さなど）を満たさないデータを入力した際に生じます。

関連▶**アルゴリズム／デバッグ**

エラーメッセージ *error message*

アプリケーションやシステム上でエラーが発生した場合に、画面に表示されるメッセージ。

診断メッセージ（diagnostic message）ともいいます。エラーの種類には、不適切な操作をした場合、演算回路に不当な数値が入力された場合、周辺機器とのデータ交換に不具合が発生した場合などがあり、種類に応じたメッセージが表示されます。エラーの検出とメッセージの表示は、使用中のアプリケーションソフトやシステムに付属している機能で行います。誤動作への警告である**アラートボックス**に比べ、システムに対する重大な不具合を表示します。なお、OSやドライバの不具合に起因する深刻なエラーで、システムそのものが停止してしまったような場合は、エラーメッセージは表示されずに**ハングアップ**などに陥ります。

関連▶**アラートボックス**

▼エラーメッセージ表示画面

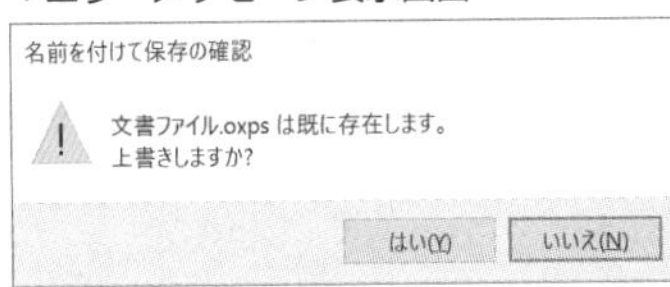

名前を付けて保存の確認
文書ファイル.oxps は既に存在します。
上書きしますか?
はい(Y)
いいえ(N)

エンコーダー *encoder*

信号やデータを変換(符号化)するハードウェアやソフトウェアのこと。

コンピュータに入力された電気信号を、コンピュータが扱える符号に変換する場合に使用されます。**符号器**ともいいます。

エンコード *encode*

入力された音声や映像などのデータを変換、圧縮したり、あるファイル形式を別のファイル形式に変換すること。

エンコともいいます。音楽CDを携帯オーディオプレイヤーに対応した音声ファイルに変換したり、デジタルビデオカメラで撮影した映像を動画サイトなどで公開するために圧縮したりする場合に、よく使われます。

関連▶**エンコーダー**

演算(えんざん) *operation*

加算、減算、比較などの処理を行うこと。

広義には、**論理演算**まで含みます。

演算装置(えんざんそうち) *ALU ; Arithmetic and Logic Unit*

算術演算、論理演算、比較などの演算をする装置。

算術論理ユニット、**演算論理装置**、**ALU**などともいいます。ノイマン型コンピュータを構成する基本装置(入力装置、出力装置、主記憶装置、演算装置、制御装置)の中で最も重要なものです。一般に演算装置、主記憶装置、制御装置を合わせて、1つのユニットにしたものが**CPU**です。

関連▶**コンピュータの5大装置**/**CPU**

炎上 *flaming*

インターネット上で社会的に不適切な発言をすることで、周りから一斉に非難や批判をされること。

故意の場合も意識していない場合もありますが、他者への悪口や攻撃、下品な発言や行動をすることで、周囲から非難されます。また、その非難の発言を見た人がさらに発言を取り上げることで、無関係な第三者に幅広く、不適切な発言が広まっていきます。なお、周囲の人が発言を周

え

りに広めてくれることから、商品のPRや個人の認知に利用するためわざと炎上させることを、**炎上マーケティング**、**炎上商法**といいます。

エンターキー *Enter key*

関連▶Enterキー

え

エンドユーザー *end user*

コンピュータシステムやアプリケーションソフトを利用する人。

一般には、アプリケーションソフトの**利用者**を指します。**ユーザー**という語は、システムを開発・管理する人にもあてはまりますが、エンドユーザーは、そのシステムを利用して作業（仕事）する最終的なユーザーをいい、コンピュータのための特殊な知識や技術を持たず、簡素化されたユーザーインターフェースに従って作業する者を指します。

関連▶**エントリー**

エントリー *entry*

■プログラム実行時に指定される開始アドレス。

OSやソフトウェアは、このアドレスからプログラムを読み込み、解読して実行します。

■入門者、初心者といった意味。

エントリーユーザーともいいます。

エンボス *emboss*

図案や模様が浮き出して見えるようなグラフィック効果。

布目のような手触りの型押紙（エンボス）に由来します。米国アドビ社のフォトレタッチソフト「Photoshop（フォトショップ）」などを使えば、エンボス効果を簡単に表現することができます。

▼エンボス処理の例

エンボス

欧文フォント（おうぶんフォント）
european font

英語、ドイツ語、フランス語など、欧米で使われているフォントの総称。

関連▶フォント

応用ソフトウェア
application software

特定の業務に使用するために作られたソフト。

応用プログラムともいいます。大きく分けると、多種多様な業務に共通する共通応用ソフトウェアと、個別の業務に対応する個別応用ソフトウェアの2つがあります。OSなどの基本ソフトウェアとの対比で「応用」といいますが、**アプリケーションソフトウェア**と同義です。

関連▶アプリケーションソフトウェア

オークションサイト
online auction

インターネット上でユーザーが商品を出品し、競売形式で別のユーザーが購入するためのサイト。

オークションサイトを運営する会社は出品手数料をとることで利益を上

▼オークションサイトの例（ヤフオク！）

げています。不要な商品をお金に換えたり、すでに販売されていない掘り出し物を手に入れたりできることから、利用者が急増しました。現在では**ヤフオク！**や**楽天オークション**、**モバオク**などのサイトがあります。一方でお金を振り込んでも商品を送らない詐欺や、法外な値段でチケットを転売するなどの問題もあります。

関連▶**前ページ画面参照**

オーサリング *authoring*

個々の要素のデータを、メディアで指定されたデータ形式に整えること。

マルチメディアタイトルの作成ではインデックスやメニューを作り、動画や音声データをメディアの指定する形式に変換します。また、Webページなどを作成することも意味します。

関連▶**オーサリングソフト**

オーサリングソフト *authoring software*

オーサリングシステムを作成するソフトウェア。

市販のDVD・BDタイトルでは、画像、音声、グラフィックスなどのマルチメディアデータを駆使して作成するものが主流となっています。代表的なものにはサイバーリンク社の「PowerProducer」、コーレル社の「Roxio MyDVD」などがあります。

関連▶**オーサリング**

オートコレクト *auto correct*

入力ミスや文法上の誤りなどを自動的に修正する機能。

ユーザーが誤った文字や文章を入力すると、自動的に文字を補ったり変換したりして正しい文章に修正します。米国マイクロソフト社の「Word」などに搭載されています。

▼オートコレクトによる修正

Something
無視(I)
文章校正(G)...
ハイパーリンク(H)...
コメントの挿入(M)

オートコンプリート *autocomplete*

過去に入力したことがあるデータを候補として表示して、入力の途中で選択できる機能。

一度入力したことのあるデータや文は最後まで入力しなくても、先頭から数文字分を入力すれば自動的に候補として表示され確定することができるので、長い文章の入力などを簡略化できます。

オートセーブ *auto save*

ワープロなどの機能で、作業中自動的にデータを保存する機能。

編集中のファイルを一定時間ごとに自動保存し、突然のシステムダウンなどが起きても、被害を最小限にします。**自動保存**ともいわれ、データベース、DTPソフトなどでもよく使われています。

関連▶**自動保存**

オートパワーオフ *automatic power off*

一定時間使用していない機器の電源を自動的に切る機能のこと。

キーボードやマウスなどからの入力信号をチェックし、一定時間にわたって入力信号が確認されないと、自動的に電源が切られるという仕組みです。この機能により電気の節約が可能となります。ノートパソコン、携帯端末などのバッテリー駆動機器では、バッテリー消費の節約のための有効な機能です。

オートフォーカス *auto focus*

カメラで、自動的に焦点(ピント)を合わせる機能。

シャッターボタン(レリーズ)を半押しすることなどによって作動します。大きく分けて、受像した映像のコントラストや位相をもとに焦点を合わせる**パッシブ方式**と、カメラから赤外線や音波を出して距離をはかる**アクティブ方式**の2つの方式があります。デジタルカメラにおいては、パッシブ方式の一種である**コントラスト検出方式**を用いるのが主流です。

関連▶**デジタルカメラ**

オートSUM *auto sum*

Microsoft Excel(マイクロソフトエクセル)で、数値が入ったセルを自動的に判断して合計値を求める機能。

この機能を利用すれば、関数の入力の手間を省けます。オートSUMで出力されるのはSUM関数の式であることから、式中の数値を書き換えることで範囲を変更することもできます。

オーバーフロー *overflow / arithmetic overflow*

数値が大きすぎて、表現不能となった状態。

桁あふれともいいます。数値は、数学的に見れば無限の広がりがありますが、コンピュータで扱える数値は有限です。最大値を超えてしまった場合を**オーバーフロー**、最小値を下回った場合を**アンダーフロー**(**下位桁あふれ**)といいます。

オーバーライド *override*

もとになるクラスを継承した際に、メソッドを上書きすること。オブジェクト指向プログラミングにおけるプログラミング手法の1つ。

オーバーライドを使えば、既存のコードを活かしつつ、必要な部分だけを書き加えて、まったく別の機能を持つ新たなプロパティやメソッドを作り出すことができる。

関連▶**オブジェクト指向プログラミング**

お

オープンアーキテクチャ
open architecture

ソフトウェアやハードウェアの仕様を公開すること。

仕様を公開することで、サードパーティによる関連商品やソフトなどの開発が進む効果があります。もともとは、1981年に発表された米国IBM社の戦略です。同年に「IBM PC」の仕様を公開し、これがDOS/V互換機の普及へとつながりました。

関連▶ **アーキテクチャ**

オープンソース *open source*

誰でも自由に使えるプログラムコードのこと。ソフトウェアの配布形態の1つ。

具体的には、①再配布が自由であること、②ソースコードが添付されるか、ソースコードを容易に入手可能であること、③ソースコードをもとに改変したソフトウェアも同一のライセンスで配布を許すこと、などの要件を満たすことが必要とされます。

関連▶ **ソースプログラム**

オープンプライス *open price*

メーカーが小売価格、定価を設定しないで、価格を各小売店に設定させる方式。

パソコンは技術革新が速いため、その時期によって価値が上下します。そのため、定価を設定しても意味がなく、値引率の表示によってブランドイメージ低下を招かないよう、オープンプライス制が導入されることが多くなっています。しかし、消費者にとっては、商品の適正価格がわかりにくい、比較が難しい、などの問題もあります。

オールインワン型パソコン
all-in-one personal computer

パソコン本体にディスプレイやハードディスクなどの、ひととおりの装置があらかじめ組み込まれたコンピュータ。

一体型パソコンともいいます。マルチメディアを意識したDVDドライブ、音源ボードなどが組み込まれている**ホームコンピュータ**がこれにあたりますが、多くの場合、多数のソフトウェアもインストールされています。

関連▶ **次ページ下図参照／タワー型パソコン／デスクトップ型パソコン**

お気に入り *favorites*

何度も訪れるWebサイトのアドレス（URL）を記録しておくためのもの。

「お気に入り」はインターネットエクスプローラーおよびMicrosoft Edgeでの名称で、他のブラウザでは**ブックマーク**と呼びます。ブラウザ上の「お気に入り」メニューから「お気に入りに追加」を選択することで、記録しておきたいURLを登録することができます。

関連▶ **ブックマーク**

おサイフケータイ
Wallet Mobile

ソニー社の開発した非接触式ICカード「FeliCa」の機能を搭載した携帯電話、スマートフォンのこと。

携帯電話やスマホにFeliCaのチップを搭載することで、「Suica」や「Edy」のサービスを利用できるほか、電子マネーを入金(チャージ)することができます。

関連▶**iモード/FeliCa**

オタク *otaku*

パソコンやアニメ、ゲーム、コスプレなど、特定の趣味や興味に極度に傾倒する人のこと。

一般にはサブカルチャーに没入する若者の総称です。もともとは、誰に対しても「オタクは」と話しかけることに象徴される没人格的な人、ともすれば社会性を失い、独善的な思考をする人の意味でしたが、近年は、興味の対象への広く深い知識と大衆文化への積極面から、海外でも高く評価され、世界語化しています。

関連▶**ナード**

落ちる (おちる) *down*

関連▶**ダウン**

落とす (おとす) *download*

電源を切る、またはダウンロードすることの俗称。

関連▶**シャットダウン/ダウンロード**

▼液晶一体型のオールインワンパソコン(オールインワン型パソコン)

必要な機能が
ひととおり
揃っている

Apple Japan提供

オフィシャルサイト
official site

企業や著名人（芸能人、文化人、政治家など）が自ら開設、公開しているWebサイト。

公認サイト、**公式サイト**ともいいます。著名人の場合は、特定のファンが運営するサイトを公認して、それをオフィシャルサイトとする場合もあります。また、個人的に趣味で企業や著名人に関係するWebサイトを開設する場合は、「オフィシャルサイトとは関係ありません」などと表記して、著作権や著作者人格権などを侵害しないように配慮することもあります。

関連▶**サイト**

オフ会 *off-line meeting*

インターネット上のSNSやチャットで知り合った者が、実際に集まること。

ネットワーク上（on-line）での会合と分ける意味で**オフ**（off-line）**会**といいます。**オフラインミーティング**と同義です。

関連▶**SNS**

オブジェクト *object*

各種アプリケーションなどで扱われる、グラフや図形などの視覚的データのひとまとまり。または、オブジェクト指向プログラミングでプログラムを構成する単位。

データとその操作系、処理などをひとまとまりとして広くとらえたものです。画像描画ソフトでは2D、3Dの物体を指します。オブジェクト指向プログラミングでは、プログラムが扱うあらゆる対象を指します。

関連▶**オブジェクト指向プログラミング**

オブジェクト指向
object oriented

ソフトウェア工学上、処理の対象となるデータを中心としてとらえた考え方や手法。反対に、操作を重視した考え方を**手続き向き**という。

ユーザーにとってのオブジェクト指向とは、画面上に表示される処理対象を直接的に操作できるインターフェースをいいます。なお、オブジェクト指向において、最下位オブジェクトはデータであり、このデータそのものとデータの処理手続き（メソッド）をひとまとめにして、外部には必要以上の情報を見せないようにブラックボックス化することを**カプセル化**といいます。カプセル化されたものもオブジェクトとなりますが、カプセル化を行うことで、コンピュータプログラムの部品化を促進することができます。OSもアプリケーションも、アプリケーションのデータも、GUIの部品であるボタンなども、変数や関数と共に、それぞれ1つのオブジェクトとして扱われていますが、カテゴリーの異なるこれらのオブジェクトをすべてオブジェクトと呼んでいることが、オブジェクト指向をわかりにくくする一因ともなっています。

関連▶**オブジェクト指向プログラミング／カプセル化**

オブジェクト指向プログラミング *object oriented programming*

オブジェクト指向をとり入れたプログラミング、および手法。

プログラムをアルゴリズムとデータに分離してとらえるのではなく、データとそれを操作するためのメッセージ、および処理をオブジェクトという単位でとらえ、そのオブジェクト単位でプログラムを作る技法です。その他の特徴として、元のクラス（**スーパークラス**）をもとに新しいクラス（**サブクラス**）を作成することができ、スーパークラスから機能を引き継ぐことを**継承**といいます。なお、クラスにメモリ領域などを割り当てたものを**実体**、または**インスタンス**といいます。代表的な言語には、**C++**（**シープラスプラス**）、**Java**（**ジャバ**）などがあります。

関連▶**プログラミング言語**

オプション *option*

基本的な構成の製品本体のほかに任意に選べる追加機能や追加機器。

ハードウェア、ソフトウェア共に使われる用語で、増設メモリ、アプリケーションソフトなどもオプションといわれます。

オプションスイッチ *option switch*

ハードウェアの増設など、コンピュータの構成を変えたときに必要な設定を行うスイッチ。

主なものに**ディップ**（DIP）**スイッチ**などがあります。

オプトアウト *opt out*

宣伝・広告などのメール配信や、サービスを利用する際の個人情報利用をユーザーが拒否することをいう。

以前は、広告メールに「未承諾広告※」と記載すれば違法ではありませんでしたが、「**特定電子メールの送信の適正化等に関する法律**」が2008年に改正されてからは、むやみに送ることはできなくなりました。なお、メールを受け取る側のユーザーが受信を許可する**オプトイン**の操作をしていれば、送付しても大丈夫です。

関連▶**オプトイン**

オプトイン *opt in*

ユーザーに事前に許可を求めること。

オプトは「選ぶ」「決める」という意味があります。宣伝・広告などのメール配信や、サービスの利用時に個人情報を利用することについて、ユーザーが許諾することをいいます。

関連▶**オプトアウト**

お

オプトインアフィリエイト
opt in affiliate

無料のメールマガジン（メルマガ）を紹介し、その紹介報酬を受け取ることで稼ぐアフィリエイト手法。

メールマガジン以外にもブログやNoteを紹介し、ユーザーが紹介記事経由でアクセスすることで紹介料収入を得られます。元となるサイトや商品が不要なため手軽に始められます。その半面、情報商材の販売などのトラブルやユーザーの流出などの問題もあります。

オプトインメール
opt-in mail

ユーザーがあらかじめ受け取りを承諾することにより、企業などが広告・宣伝のために送るメールのこと。

オプトインとは、送付にあたって承諾を得る必要性がある、という意味です。迷惑メールと区別できることから、広告メールはほとんど、この形式となっています。ユーザーの事前承諾なしに送付するメールは**オプトアウトメール**と呼ばれます。

オフライン *off-line*

物理的、または論理的に他の機器と切り離されている状態。

ネットワークでは、端末がホストコンピュータやネットワークに接続されていない状態をいいます。逆の状態は**オンライン**といいます。

関連▶オンライン

オペレーションシステム
Ops ; Operation system

システムやネットワークを管理し、業務システムを円滑に運用するための仕組みのこと。

オペレーティングシステム
Operating System

関連▶基本ソフト／OS

オムニチャネル
Omni Channel

店舗だけにこだわらず、通販、ネットアプリなどを含め、あらゆる場所で顧客と接点を持とうとする戦略。

スマートフォンの普及により、消費者の行動が多様化したため、小売業が「誰にどうやって買ってもらうか」という考えにシフトして生まれた戦略だといわれています。「ショールーム化」に悩んだ小売業における販売戦略の1つで、実店舗とECサイトの情報管理を1つにすることによって顧客をフォローし、顧客満足度を高めて機会損失を防ぎます。この場合のオムニとはすべて、チャネルとは接点を表します。ショールーム化（**ショールーミング**ともいう）とは、店舗で商品を見たあとネット通販で商品を購入することを意味します。

重い（おもい） *heavy*

プログラムの負荷が大きく、処理が遅い状態のこと。

ヘビーともいいます。逆を「**軽い**」といいます。また、インターネットやネットワークで、サーバーやネットワーク全体への負荷が大きく、処理やレスポンスが遅い場合も「重い」と表現します。

関連▶**軽い**

オリジナル *original*

原型、原作といった意味。

コンピュータにおいては一般に、正規ユーザーがシステムディスクなどの複製をとった場合の、元となる保存用マスターをいいます。

関連▶**違法コピー**

音楽ソフト *music software*

シンセサイザーや音源ユニットなどの電子楽器を制御して、コンピュータで作曲や演奏をするソフトウェア。

電子楽器とのインターフェースとしては、国際標準規格である**MIDI**（ミディ）が普及しています。

関連▶**ボーカロイド／MIDI**

音楽配信サービス *Music delivery through internet*

インターネットなどを通じて音楽をダウンロード販売するサービスのこと。

Webサイトなどで試聴して気に入った曲を購入する方式です。1曲あたりで購入するものと、月額使用料を払って聴き放題になるものがあります。専門の企業、パソコンメーカー、各レコード会社などがサービスを提供しています。米国アップル社の携帯オーディオプレイヤー「iPod」の普及が市場拡大に火を付けました。SpotifyやApple Musicなどのサービスがあります。

▼音楽配信サービス

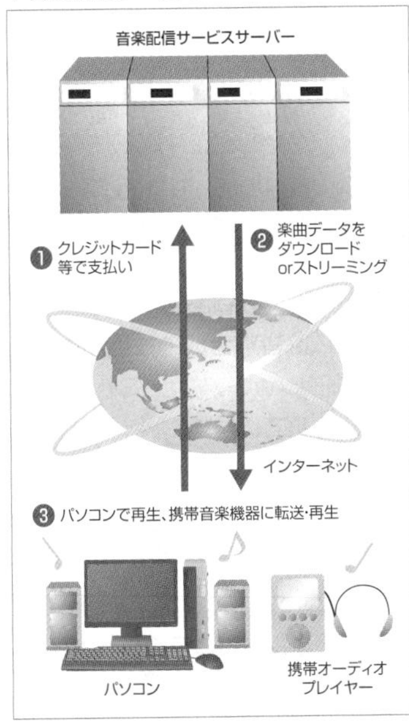

音声アシスタント *voice assistant*

ユーザーとの音声による対話により情報の検索や端末の操作などを行う機能やサービスのこと。

自然な会話形式で、音楽をかけたり電気やテレビをつけたり、グルメ情報や交通情報を検索したりすることができます。音声アシスタントとしては、アップルのSiriやグーグルのAssistant、マイクロソフトのコルタナ、アマゾンのAlexaなどがあります。スマートフォンのほか、タブレットやスマートスピーカーなどに搭載されています。

関連▶**音声認識**

音声応答システム *voice recognition and response system*

■人間の音声を使ってコンピュータに情報を入出力させるシステム。

一般に、入力には**音声認識**の技術が、出力には**音声合成**の技術が使われます。iPhoneのアプリ「Siri」などで実用化されています。

関連▶**音声合成**

音声合成 *speech synthesis, voice synthesis*

デジタル化された音声信号を使い、人工的に音声を作り出すこと。

微妙なアクセント等を問わなければ、そう難しいことではなく、Macにおける英文テキストの読み上げなど、はじめから音声合成機能が搭載されているパソコンもあります。

音声認識 *speech recognition*

音声をコンピュータで解析してデジタルデータに変換する機能。

これによりキーボードやマウスを使わずに、文字入力やコマンドの選択ができます。スムーズに利用するには、事前になまりや声の癖などを認識させておく必要があります。

関連▶**音声アシスタント**

オンデマンド *on demand*

■「要求があり次第」といった意味。

デジタル印刷機を使って必要なときに少部数でも印刷できる**オンデマンド印刷**などが注目されています。

■インターネット、CATVなどで、ユーザーの要求する画像や音声を提供するサービス形態。

映像の場合を**ビデオオンデマンド**、音声の場合は**オーディオオンデマンド**といいます。これまで一方的に情報を送っていたCATVなどにインタラクティブ性を持たせ、ユーザー側の求める情報をサービスするようにしたものです。

関連▶**ビデオオンデマンド**

オンプレミス *on premises*

自社で情報システムを保有し、自社内に設置したシステム設備を運用すること。

外部サーバーに対する自社サーバーのことです。クラウドサービスなどの外部サーバーを使用することが一般化してきていることと区別するため、自社での運用をオンプレミスと呼ぶようになりました。クラウドサーバーに比べて初期投資や運用費などのコストがかかりますが、セキュリティが高く自由なカスタマイズが可能で、社内ネットワークとの連携がしやすいなどのメリットがあります。

関連▶**クラウドコンピューティング**

オンライン *on-line*

機器同士がケーブル、または無線で接続された状態のこと。

一般には、インターネットのようなネットワークに接続され、利用できる状態をいいます。反対の状態を**オフライン**といいます。また、プリンタなどでは印字が可能な状態をいいます。「オンラインゲーム」「オンラインサインアップ」「オンラインシステム」「オンラインショッピング」などは、すべてオンラインの状態でのみ利用できる機能やサービスです。

関連▶**オフライン**

オンラインゲーム *on-line game*

不特定多数のユーザーがネットワークを通じて、同時に参加するゲーム。

オンラインで協力プレイや対戦プレイを楽しむことができます。**ネットワークゲーム**ともいいます。

オンラインサポート *online support*

企業がWebサイトや電子メールなどを利用して行うカスタマーサポート。

Webサイト上に用意された「よくある質問と回答」(FAQ)などで疑問点を整理してから相談できる、質問するタイミングが限定されない、といった長所があります。遠隔操作による画面共有、ビデオチャットなどを併用するオンラインサポートなどもあります。

オンラインショッピング *online shopping*

インターネットなどのネットワークを利用したショッピングサービス。

商品などの購入申込みをインターネットで行うことができます。オンラインショッピングサービスには、受注用の独自のWebサイトを設けている場合や、インターネットのショッピングモールの中に出店している場合などがあります。支払いには多くの場合、クレジットカードを使用します。主なショッピングモールとして**Amazon.com**や**楽天市場**などがあります。

オンラインストレージ *online storage*

インターネット上にファイルをアップロードし、共有する機能のこと。

クラウドストレージとも呼ばれます。インターネット上にファイルをアップデートすることで、円滑なデータ共有やバックアップの役割を果たします。Microsoft OneDriveやDropboxなどが有名です。

オンラインソフト（ウェア）
on-line software

ネットワーク上で入手できるソフトウェア。

ネットワークを利用した配布形態からこう呼ばれています。オンラインソフトには**フリーウェア**と**シェアウェア**の2種類があります。

関連▶**シェアウェア／フリーウェア**

▼オンラインソフト

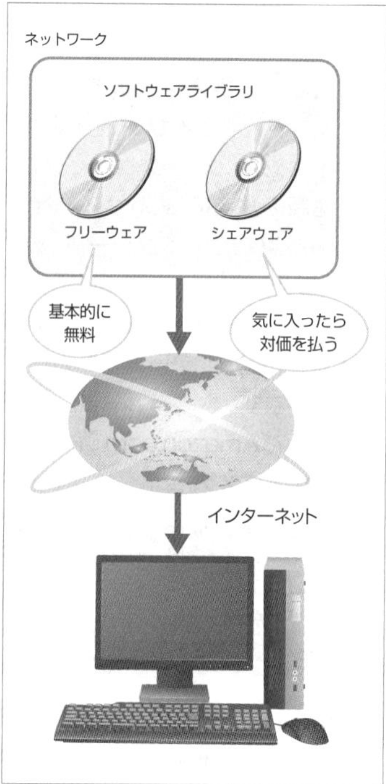

オンライントレード
on-line trade

個人投資家が回線を通じて株式などの売買を行うこと。

Webブラウザや携帯端末を使って、証券会社や投資会社のサイトに接続し、取引します。**ホームトレード**とほぼ同義です。情報提供や売買の手続きのほとんどが自動化されているので、これまでの取引より迅速に注文でき、手数料も安価に設定されています。1999年10月1日、証券取引に関わる委託手数料が完全自由化されたのを機に急成長しました。手数料だけでなく、株価や出来高などのリアルタイム情報の提供、さらには取引時間の拡大など、サービス面での付加価値が重視されています。

関連▶**デイトレーダー**

オンラインマニュアル
built-in documents

システムの内部に組み込まれている電子化された**マニュアル（取扱説明書）**のこと。

ユーザーが見たいときに、随時、ヘルプ機能やガイダンス情報として呼び出すことができます。「オンライン」といっても、必ずしもコンピュータネットワークを利用しているわけではありません。**オンラインヘルプ**ともいいます。

カーソル *cursor*

現時点での画面上の入力／操作位置を示すマーク類の総称。

文字を入力する場合は**文字カーソル**、マウス位置を示す場合は**マウスカーソル**と呼ばれます。カーソルの形状はアプリケーションごとに異なり、一般に文字カーソルの場合、入力位置を下線で示すもの、文字を反転表示させるもの、I型の記号（**アイビーム**）が文字と文字の間に表示されるものの3種類があります。また、マウスカーソルは**マウスポインタ**とも呼ばれ、矢印型や+字型のほかに、選択している機能によって様々な形状があります。

関連▶ **カーソルキー**

▼マウスカーソルの例

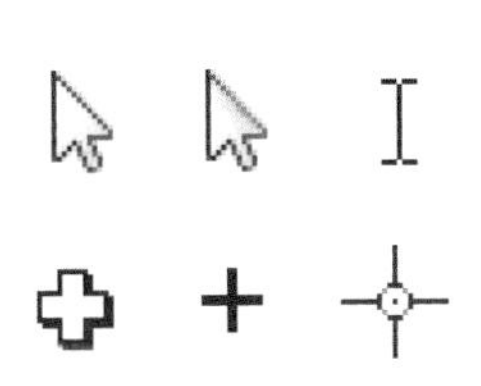

カーソルキー *cursor key*

カーソルを上下左右に移動させるキー。

方向キー、**矢印キー**がこれにあたります。

関連▶ **キーボード／矢印キー**

▼カーソルキー

日本マイクロソフト（株）提供

カートリッジ *cartridge*

消耗品の交換などに適するはめ込み部品のこと。

プリンタ用の**インクカートリッジ**やドラムカートリッジなどがあります。

▼インクカートリッジ

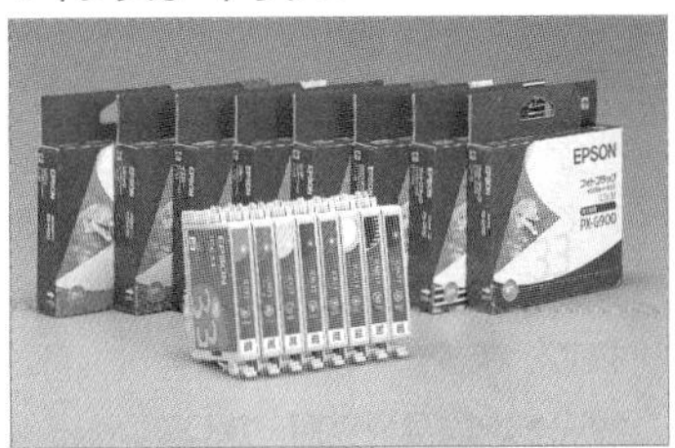

エプソン販売（株）提供

カーネル *kernel*

OSの中核部分にあたるもので、最も基本的で重要な部分を指す。

コア、**ニュークリアス**などともいいます。メモリやCPUの管理、プロセス間の制御や割り込み処理など、ハードウェアとソフトウェアがやり取りできるようにしています。

関連▶OS

▼カーネルの役割

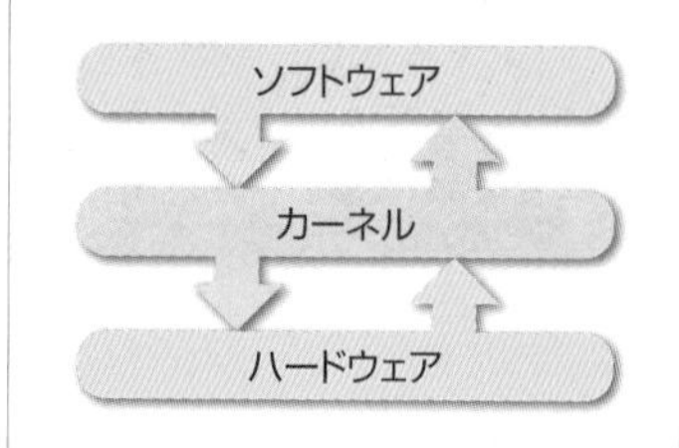

カーンアカデミー *Khan Academy*

2008年にサルマン・カーンによって設立された教育系非営利団体。

無料オンライン学習サービスの1つです。MOOCは大学の講義を配信していますが、カーンアカデミーでは、小学生から高校生向けの内容を配信しています。世界中の誰もが教育を受けられようにという趣旨で運営されています。

関連▶次段写真参照／MOOC

▼サルマン・カーン

by Steve Jurvetson

回帰分析 *regression analysis*

ある変数が別の変数から受ける影響の大きさを関係式によって求める方法のこと。

影響を受ける変数を**目的変数**、**従属変数**といい、影響を与える変数を**独立変数**、**説明変数**といいます。2つのデータの傾向を分析するのに利用されます。

関連▶機械学習

改行 *LF ; Line Feed*

プリンタやディスプレイ表示で1行送ること。

ラインフィード（**LF**）、**行送り**ともいいます。なお、1行送って、かつポインタを行の左端に移動することを**復帰改行**といいますが、**改行**と略すこともあります。

関連▶CRキー

改行幅 *line feed width*

文書印刷における改行時の紙送りの幅。

印字行の中心（上下端）から次の行の中心（上下端）までの間隔のことです。ワープロソフトなどでは、印刷設定時に用紙サイズや上下左右の余白、1ページの行数などを設定して改行幅を決めます。

▼改行幅の例

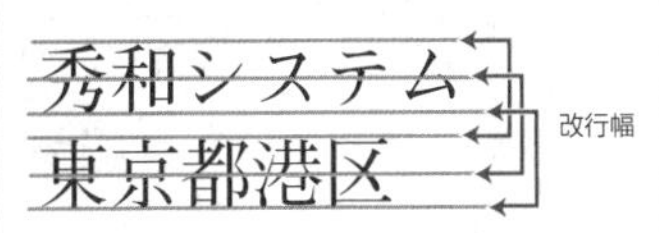

改ざん *falsify*

悪用を目的として、コンピュータ内の情報を書き換えること。

不正にネットワークやサーバーにアクセスして、データの消去や変更を行う行為を指します。愉快犯、政治的な目的、機密情報の収集などのために行われることが多く、特に金融系やオンラインショップなどのWebサイトの改ざんにより、パスワードや口座番号、クレジットカード番号などの個人情報を盗まれる被害などが発生します。

外字 *external character*

JIS等の文字コード表にない文字を独自に登録して、表示、印刷できるようにした文字。

ユーザー定義文字ともいい、ワープロなどの機能として付属しています。JIS第一、第二水準以外の漢字や旧字、特殊な記号などはJISコード表に定められていないため、かつては、画面表示したり印刷したりすることはできませんでした。そのため、ユーザーやメーカーが文字のデザインやコード番号を独自に定めてワープロに登録していました。ほかに、JISコードにないデザイン文字を集めた**外字フォント**もあります。外字を使用すると、他の環境ではうまく表示することができません。新しい文字コードであるUnicode（ユニコード）では、いままで外字でしか表示できなかった文字（第三水準以上の漢字や特殊な記号など）を多く表現できるようになっているため、外字の使用頻度は少なくなりました。

関連▶JISコード／Unicode

回線 *line／circuit*

コンピュータと端末機器、あるいはコンピュータ同士を結んで、情報を送受信するために利用される通信線。

通信回線とほぼ同義です。電気事業者が提供する広域通信回線や、LAN等の構内通信回線などがあります。

関連▶LAN

階層化 *layering*

ファイルやフォルダなどの構成を階層構造（**ツリー構造**）にすること。

一般に階層化することで、全体の概

観が容易にわかるようになります。Windowsのエクスプローラを使えば、フォルダの階層構造がよくわかります。

関連▶**ディレクトリ**

解像度 *resolution*

ドットの細かさ、または総ドット数をいう。

解像度には①コンピュータ、②ディスプレイ、③プリンタの能力を示すもの、などがあります。①コンピュータの解像度は一般に**レゾリューション**とも呼ばれ、画面を構成するドット数を指します。例えば、「640×480ドット」とは、横方向に640個、縦方向に480個のドットが表示できるという意味です。②ディスプレイの解像度はドットの大きさを示すドットピッチと、表示可能なドットの数で表されます。ドットピッチはドット間の距離(通常は0.32～0.21mmほど)を示すもので、狭いほど高精細な表示が可能です。③プリンタ、スキャナー、画像データの解像度は、1インチあたりの分解できるドット数で示され、単位には**dpi**を使用します。

関連▶**ドットピッチ**／**dpi**

▼解像度の例

高解像度の場合

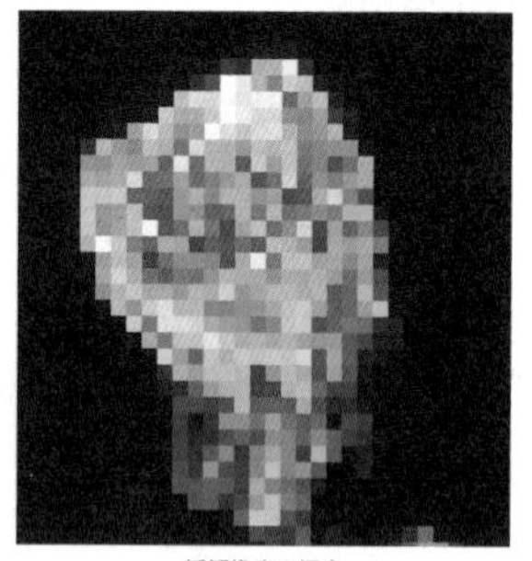

低解像度の場合

海賊版 *pirate edition*

違法コピーして作成したソフトやコンテンツのこと。

映画DVDや音楽CD、ゲームソフトなどの著作物を違法にコピーしたものを指します。海賊版をオークションなどで販売し、利益を上げる行為が問題となっています。

階層メニュー *hierarchical menu*

アプリケーションソフトなどの、階層構造を持ったメニュー体系。

最初に表示される項目を**メインメニュー**、メインメニューの下の項目を**サブメニュー**といいます。

関連▶**メインメニュー**

▼階層メニューの例

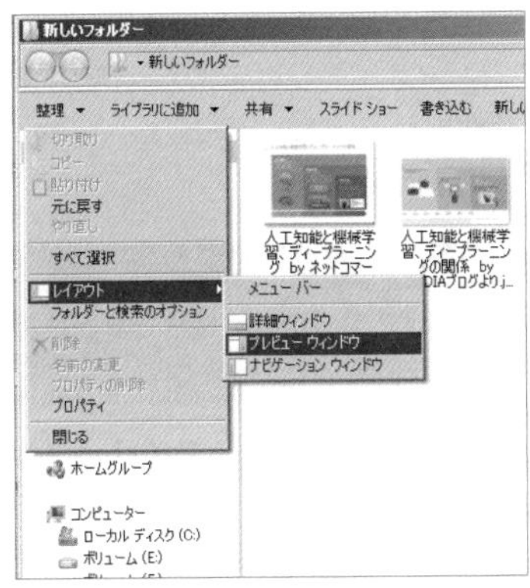

回転速度 *rotational speed*

物の回転する速さ。単位時間中に何回転できるかで表す。

単位は主に「回転／分；rpm」（1分あたりの回転数）で、記憶装置の性能指標としても使われます。ハードディスク、光学ドライブといった、メディアを回転させる記憶装置で用いられます。一般的に、回転速度の高さに応じて性能も高くなります。

解凍 *depression*

データ圧縮されたファイルを元の状態に戻すこと。

伸張、**展開**などと呼ぶこともあります。

関連▶**アーカイバ／アーカイブ／データ圧縮**

改ページ *FF ; Form Feed*

プリンタの機能の1つで、次の紙の先頭まで紙を送ること。

フォームフィードともいいます。ワープロソフトでは、文章中に改ページマークを入力すると、プリンタの制御機能によって改ページされます。

関連**CRキー**

解放 *release*

使い終わったメモリを空けること。

プログラムがメモリを利用していると、他のプログラムはそのメモリを利用することができません。そのため、使い終わったメモリは他のプログラムが利用できるようにします。「メモリを解放する」などといいます。また、スマートフォンにおいてバックグラウンドで起動しているアプリを終了させることを**メモリ解放**と呼びます。

回路図 *schematic*

電気回路、電子回路の構成要素である**能動部品**（IC、トランジスタ、ダイオードなど）や**受動部品**（抵抗、コンデンサ、コイル、スイッチなど）の接続を図形と線で表記した図。

会話型 *conversational mode*

インターフェース（コンピュータと人間との情報のやり取り）において、コンピュータ側が情報を示し、人間側がそれに応えると、次の情報が示される形式。

対話型ともいいます。会話型インターフェースの典型としては、**ウィザード**があります。

関連▶**ウィザード**

か

顔検出
facial recognition system

カメラで、自動焦点・露出合わせをするための機能。

撮影範囲から顔を検出して、焦点や露出を決定します。複数の顔を認識する、笑顔を認識してシャッターを切る、登録してある顔にフォーカスを合わせる、などの高度な機能を搭載した機種もあります。

関連▶**デジタルカメラ**

か

顔認識（システム）
facial recognition system

デジタル画像の中から、人の顔を抽出・識別するためのシステム。

画像から人間の顔を識別したり、顔データを解析して個人を識別したりする技術。顔や目、鼻、口、耳などの形、位置などを認識して数値化し、データベースに登録済みのデータや顔写真などと照合して、個人を識別します。選挙の複数回投票やIDカードの複数登録を防ぐ、監視カメラの群衆の中から犯罪者をピックアップする、あるいは自動販売機の年齢認証用として利用するなど、セキュリティシステムとして使用されることが多いです。近年ではチケット転売防止のために顔認識を導入しているところもあります。デジタルカメラの分野では、人の顔に対してフォーカスしたり測光したりして、手軽にスナップを撮影できるシステムとして実用化されています。ユーザー認証に人体の特徴を利用する生体認証（バイオメトリクス）の一種でもあります。

関連▶**生体認証**

顔文字 *face mark*

記号や文字の組み合わせで書かれた顔の表情のマークのこと。

フェイスマーク、**スマイリーフェイス**ともいわれ、電子メールなどでよく使われます。文中に自分の感情や状態を入れる場合に使われます。文字だけのコミュニケーションでは、冗談を書いても相手に本気と受け取られるなど、誤解されることが多いため、このマークを用います。例えば、(^_^)は「笑顔」など、組み合わせ次第で様々なバリエーションがあります。米国では、:-)は「冗談」、:-(は「悲しい」など横向きで書かれています。なお、「スマイリーフェイス」は和製英語で、正しくは**emoticons**（**エモティコンズ**）といいます。

関連▶**絵文字**

書き込み *writing*

■データを何らかの記憶媒体に記録すること。

CD-R、DVD-R、BD-Rなどへの書き込みを「**焼く**」と呼ぶこともあります。

■インターネットの掲示板（BBS）に意見を掲載すること。

掲示板などにおいて読むだけで書き

込まない人を「Read Only Members」の頭文字をとって「**ロム**（ROM）」と呼ぶことがあります。

書き込みエラー
write error／writing error

コンピュータから記憶媒体にデータが正確に記録されないこと。あるいはデータ転送に失敗すること。

書き出しエラーともいいます。データ送出が媒体の記録速度に追い付かなかったり（バッファアンダーラン）、媒体の欠陥等が原因で起こります。

関連▶**書き込み**

可逆圧縮 *lossless compression*

圧縮されたデータを元の状態に復元する際に、データの欠落が起こらない圧縮方式のこと。

ロスレス圧縮、あるいは**無歪圧縮**ともいいます。

課金

アプリやソフトを利用する権利を購入すること。また、アプリ内のコンテンツを購入すること。

近年では、スマートフォンで遊ぶゲームアプリなどでアイテムを購入する際に用いられます。課金をまったく行わないことを**無課金**、かなりの額をつぎ込むことを**重課金**と呼び、その中でも日常生活に支障をきたすようなユーザーは**廃課金**と呼ばれ社会問題となっています。

関連▶**アイテム課金**／**ガチャ**

架空請求メール
fictitious claim mail

債務のない相手に対し、架空の請求書を送り付ける詐欺行為の1つ。

アダルトサイトや出会い系サイトの大半は利用料を電子メールで請求するため、短時間に多数の相手に架空の請求書を送り付けることができます。利用者には勘違いや後ろめたさから公にできず支払う人がいることから、犯罪が成立してしまいます。架空請求メールを受け取ったら、第一に無視すること、しつこいなら、消費生活センターや各都道府県警察のサイバー犯罪相談窓口に相談します。

隠しコマンド
hidden command

マニュアルや仕様書などでは公表されていない、隠された機能や命令。

隠し機能ともいいます。特定のキー操作で実行される処理のことで、便利なものもありますが、一般ユーザーが実行すると危険なものやデバッグ目的のもので、ユーザーには公開しないコマンドをいいます。開発者のいたずらなど、特にジョーク色の強いものを**イースターエッグ**（Easter egg）といいます。

学習機能 *learning function*

ユーザーが使用するほどに、処理をより効率よく、正確に行えるようになっていくアプリケーションの機能。

か

かな漢字変換にも搭載されています。使う頻度の高い漢字ほど変換候補の上位に集まるようになって（頻度学習）、漢字変換の手間を減らしたり、読みの長い連文節変換も正確に変換できるようになるという利点があります。Windowsに標準で付いている「MS-IME」という日本語入力システムにも学習機能が搭載されています。

関連▶**かな漢字変換**

画数入力 *kakusuu input*

日本語入力システムで漢字を入力する方法の1つ。

漢字の画数を入力して、その画数の漢字一覧を呼び出し、目的の漢字を選択して入力します。読みや部首名がわからない漢字の入力に用いられます。

関連▶**IME**

▼MS-IMEでの画数入力例

IME パッド - 総画数
8画　MS 明朝
8画　並 乖 哲 乳 乳 事 争 亞
些 垒 享 京 佞 依 佾 侑
佳 侉 価 佪 侅 佸 侃 佹
佶 供 侠 侐 佮 佼 侊 佷
画 部

拡大文字 *enlarged character*

ワープロソフトやワープロ専用機で使われていた機能で、標準サイズの文字に対して縦横方向に整数倍拡大した文字をいう。

最近では、アウトラインフォントを用いてポイント指定で微細に文字サイズを指定できます。

関連▶**アウトラインフォント／倍角文字**

拡張 *expansion*

コンピュータに様々な機器を付加し、性能や機能を向上させること。

なお、パソコンには標準的なシステム構成を拡張できるように、拡張スロットが付いています。

関連▶**拡張スロット**

拡張現実 *AR ; Artificial Reality*

関連▶**AR**

拡張子 *extension*

OSやアプリケーションソフトでの、ファイルの種類を表す文字符号で、ピリオドの後ろ数文字のこと。

ファイル形式を示す「**.exe**（エグゼ）」「**.sys**（シス）」や、アプリケーションの種類を示す「**.xlsx**」「**.docx**」などがあります。Macでも、画像や圧縮ファ

▼拡張子とファイルの種類

拡張子	ファイルの種類
exe	EXE型実行ファイル
com	COM型実行ファイル
bat	バッチファイル
txt	テキストファイル
prn	プリントファイル
sys	システムファイル
drv	デバイスドライバ
dic	辞書ファイル
hlp	ヘルプファイル

イルなどの場合には使用されます。

関連▶**ファイル／ファイル形式**

▼拡張子の例

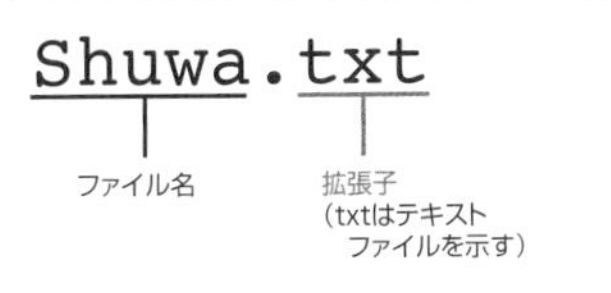

拡張スロット *extended slot*

パソコンに拡張インターフェースボード（拡張用ボード）を装着するための挿入口。

拡張することで、パソコンが本来備えているより高い機能を持たせることができます。拡張用ボードにはグラフィックボード、サウンドボード、LANボードなど、様々なものがあります。スロットには、それぞれの規格に合ったボードしか接続できません。

関連▶**拡張**

▼ノートパソコンの拡張スロット

格安SIM

スマートフォンのデータ通信量を安く抑えるためのSIMカード。

データ通信プランに制限をかけたり、サービスを最低限に絞ることで、月々に支払う通信料を安く済ませることができます。また、スペックを抑えた安価なスマートフォンを**格安スマホ**と呼びます。この2つは併用されることが多いです。

関連▶**SIMフリー**

▼FREETELの格安SIM

FREETEL提供

ガジェット *gadget*

目新しい・面白い小物、携帯用の電子機器の意味。

デジタルカメラや携帯オーディオプレイヤー、ICレコーダー、スマートフォン、タブレット、携帯ゲーム機など、一般に小型のIT機器のことをいいます。

カジュアルコピー *casual copy*

著作権者の権利侵害を意識することなく行われてしまうソフトウェアや音楽CDなどの違法複製行為。

友人から借りたものやレンタル品に

対して、何気なくコピー行為をしてしまうため"カジュアル"と呼んでいます。ライセンス数を超えて家庭内の複数のPCにソフトウェアをインストールすることなども含まれます。著作権者にとって1件あたりの被害額が小さいため表面化しづらいですが、件数は膨大なものと推定されています。

カスケード *cascade*

多段接続と訳される。

ある機器と機器をつなぐ際に、別の機器を経由して元の機器と直列につながった状態をいいます。

関連▶LAN

カスタマイズ *customize*

動作オプションや操作方式を、ユーザーが使いやすいように設定すること。

アプリケーションソフトでは、動作オプションやキー設定などをユーザーが変更できるように、**環境設定コマンド**が用意されています。これらを変更して初期条件を設定したり、操作しやすくすることを「カスタマイズする」といいます。マクロを登録することも広い意味でカスタマイズといいます。

関連▶環境設定

画素 *pixel*

画面、画像表示の最小単位。また、デジタルカメラなどの**受光素子**のこと。

ピクセル(pixel)ともいいます。モノクロ画像の場合は輝度の情報を、カラー画像の場合はR(赤)G(緑)B(青)やY(輝度)U(赤の色差)V(青の色差)といった色と輝度の情報を持っています。

関連▶pixel

画像圧縮 *image compression*

色データの間引きなどの方法で、画像データを圧縮すること。

カラー静止画像の圧縮方法に**JPEG**(ジェイペグ)や**GIF**(ジフ)、**PNG**(ピング)、動画の圧縮方法に**MPEG**(エムペグ)などがあります。

関連▶GIF/JPEG/MPEG/PNG

画像エンジン *image engine*

デジタルカメラなどで、電気信号に変換された画像を、保存可能な画像ファイルにする回路。

単純に画像ファイルへ変換するだけでなく、ノイズ除去や高画質化、高速撮影なども画像エンジンの処理によるものです。デジタルカメラなどでの機種ごとの画質の差は、この画像エンジンの違いによります。

関連▶半導体

仮想化 *virtualization*

1台のコンピュータを複数台あるかのように分割、もしくは複数のコンピュータを1台であるかのように見せること。

1台のサーバーを複数台あるかのよ

うに分割し、各コンピュータで別のアプリケーションソフトなどを動作させる**サーバー仮想化**と、複数のディスクを1台であるかのように扱い、大容量データの一括保存や耐障害性の向上を図る**ストレージ仮想化**などがあります。コンピュータシステムを構成する資源とそれらの組み合わせを、物理的にではなく論理的に分割あるいは統合して、ユーザーに提示する技術です。ハードウェアによる実際の環境を作る必要がないため、複数のOS環境や、異なるアプリケーションの運用を1台の物理サーバーで行うことで、省力化や省スペース化によるコスト削減を行うことができます。パソコンやサーバーなどを仮想化の技術を使って作り出すバーチャルな環境のことを**仮想環境**といいます。

仮想空間 *virtual space*

インターネット上で提供される、現実世界を模した空間。

会員登録したユーザーは、アバター（キャラクター）の操作などにより、その空間を動きまわったりチャットで会話したりすることができます。暗号資産を利用した買い物などもできます。PR、イベントの開催など、企業や教育機関などによる活用もあります。

関連▶**AR／VR**

仮想通貨 *virtual currency*

インターネット上で流通する電子マネーのこと。

ビットコイン（BitCoin）が特に有名で、インターネットでの決済で利用することができます。投資や投機にも利用されるため、価値が不安定です。2019年5月の資金決済法の改正に合わせて、**暗号資産**と呼ぶようになりました。

関連▶**暗号資産**

仮想現実 *VR ; Virtual Reality*

関連▶**VR**

画像認識 *image recognition*

デジタルカメラなどで撮影した画像から、点や線、特定の領域などを抽出し、対象物を認識する技術。

背景と対象物の分離、輪郭の抽出、既存データの参照による対象物の特定、文字の認識などの技術が含まれます。最近は人工知能分野の応用で、画像の一部から残りの部分を連想する技術なども研究されています。スマホやPCのログイン時のパスワード代わりやIoT化された住宅の鍵といった本人認証などにも活用されています。

画像認証 *CAPTCHA*

画像に表示されている英数字を入力させて認証を行う技術。

表示される文字はゆがんでいたり一

部が隠されていたりして、機械で自動的に読み取ることが難しくなっており、この文字を読み取れるかどうかで、ユーザーが人間であるか否かを判定しています。

▼画像認証

画像に表示されている文字を入力してください。

vittac

大文字と小文字は区別されません

画像ファイル *graphics file*

画像データを保存したファイル。

グラフィックソフトの種類や端末機器の機種によってフォーマット形式が異なりますが、**BMP**や**PNG**形式、データ量が大きい写真データなどを圧縮できる**JPEG**（ジェイペグ）形式などが一般的です。

関連▶**ビットマップ／JPEG／PNG**

加速度センサー *accelerometer*

物体の速度の変化率を検出するための装置。

一定時間に速度がどれだけ変化したかを計測します。加速度センサーの利用例として、ロボットの姿勢制御、乗用車のエアバッグシステム、エレベーターの地震探知機などがあります。また、現行のスマートフォンの多くには、加速度センサーが搭載されており、本体の動きの検知に利用されています。

ガチャ

主にオンラインゲームやソーシャルゲーム内で行われるくじのこと。

アイテム課金でも入手できないレアアイテムを得るために、多額の料金をつぎ込むプレイが問題視されています。有料のものがほとんどですが、プレイ開始特典など無料のものもあります。**ガチャ課金**ともいわれます。

関連▶**アイテム課金／基本プレイ無料／RMT**

カット紙 *cut sheet*

プリンタで使う印刷用紙で、A判やB判の定型紙のこと。

カットシートともいいます。プリンタ用紙には、**連続紙**、**ロール紙**、**単票**、**タックシール**などの種類がありますが、カット紙はこのうちの単票を指します。

カット&ペースト *cut and paste*

ワープロソフトやDTPソフトなど、文書や画像の編集ソフトで、指定した範囲の文字などを別の場所に移動させる機能。

切り取って（**カット**）貼る（**ペースト**）という意味です。切り貼りともいいます。ソフトウェア上では、**ペーストバッファ**（あるいは**クリップボード**）という、一時的な記憶領域を介して処理します。

関連▶**コピー&ペースト**

割賦販売 *installment sale*

毎月の支払いに分割して料金を支払う販売方式。

スマートフォンの販売などで利用されています。例えば、6万円のスマートフォンを12回に分割して購入した場合には、月々の通話料金に5000円を追加して支払います。携帯電話業界では、以前行われていた販売奨励金システムに批判が高まったことから、割賦販売のビジネスモデルへと転換が行われました。

関連▶**サブスクリプション/シェアリング**

家庭用ゲーム(機) *consumer game (machine)*

主に家庭用TV受像機を利用することで楽しむゲーム(専用機)の総称。

一般に**コンシューマゲーム**、**テレビゲーム**、**ビデオゲーム**ともいわれます。現在、代表的なものにNintendo SwitchやPlayStation、Xboxなどがあります。一方、業務用ゲーム(機)は**アーケードゲーム**(機)などといいます。

関連▶**アーケードゲーム**

家電リサイクル法 *recycling act for electronic appliances*

正式名称は「特定家庭用機器再商品化法」。

この法令により、家庭用のテレビ、エアコン、冷蔵庫・冷凍庫、洗濯機、乾燥機に関しては、廃棄されるときに製造業者が回収し、再資源化することが義務付けられました。また、廃棄時にかかる回収費用の一部を、廃棄する消費者自身が負担することになっています。また、2013年4月には**小型家電リサイクル法**が施行され、パソコンや携帯電話などの小型家電に含まれる有用な金属を再利用する動きが進んでいます。

かな漢字変換 *kana-kanji conversion*

キー入力された日本語の読みを、漢字かな交じり文に変換すること。

文字のコードを入力して日本語文字に変換する**コード変換**と区別しています。かな漢字変換の方法には、漢字の音読みや訓読みを入力して、1文字ごとに変換する**単漢字変換**(**音訓入力**)と、文節単位で読みを入力して変換する**単文節変換**、複数の文節が連なる読みを入力して変換する**連文節変換**などがあります。また、単漢字変換を一歩進めた方法として、熟語単位で読みを入力して変換する**熟語変換**もあります。現在では、日本語入力システムのほとんどが連文節変換に対応しており、文脈から最適な漢字の変換候補を自動選択する**人工知能**(AI)**変換**モードを備えたものとなっています。

関連▶**連文節変換**

かな入力 *kana letter input*

かな漢字変換をする際に、日本語の読みをかなで直接入力すること。

ローマ字入力と区別していいます。**日本語入力システム**の入力モードの1つです。JISキーボードの場合は、キーボードのカナキーを押してカナ入力モードにすると、キーボードから直接かなが入力できます。

関連▶**ローマ字入力**

壁紙 *wallpaper*

デスクトップ画面の背後（一番後ろ）に表示される絵や写真、模様などの画像。

デスクトップの背景となります。**ウォールペーパー**ともいいます。macOSでも同様の機能があり、**デスクトップピクチャ**と呼んでいます。

▼カナキー

日本マイクロソフト（株）提供

カプセル化 *encapsulation*

■オブジェクト指向のプログラムで、オブジェクト内部の情報をパッケージ化し、決められた手続きによってしかアクセスできないようにすること。情報の隠蔽ともいう。

プログラムのメンテナンス性が向上する。より正確には、オブジェクト内部のデータに対する処理を制限し、不正な処理を混在させないようにす

▼オブジェクト指向のカプセル化

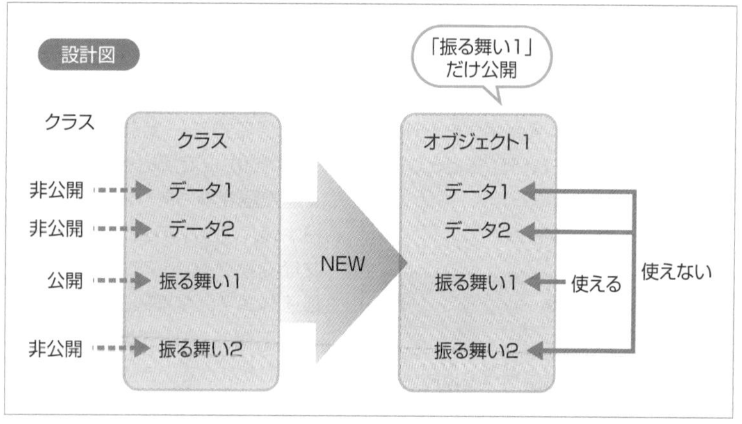

ることをいい、このデータに対する処理の隠蔽を**カプセル化**と呼びます。オブジェクト指向プログラミングでは、クラスの定義で情報と処理内容を組み合わせています。そのため、定義されていない処理が誤って実行されなくなると共に、処理内容が外から見えないため、修正が加えられても影響範囲が小さくなります。

関連▶**オブジェクト指向**

■階層型ネットワークのプロトコル間で扱うパケットやフレームなどの送信データに、プロトコルのヘッダーやトレーラーなどの制御情報をペイロード（積荷）して、下位のプロトコルに引き渡す技術。

カプセリング（capsuling）ともいいます。同位レイヤーや下位レイヤーをカプセル化して、プロトコル階層間を透過的に伝送することをトンネリングといいます。

▼通信分野のカプセル化

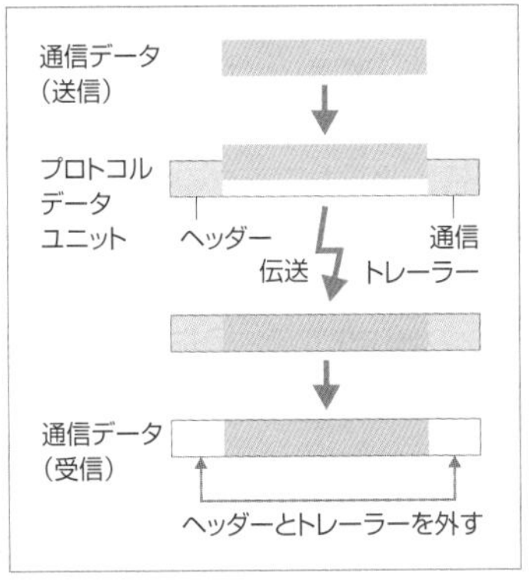

カラーパレット *color palette*

色を指定するためのツール、または選択ボックス。

DTPソフトやグラフィックソフトなどに付属する機能の1つです。

▼Illustratorのカラーパレット

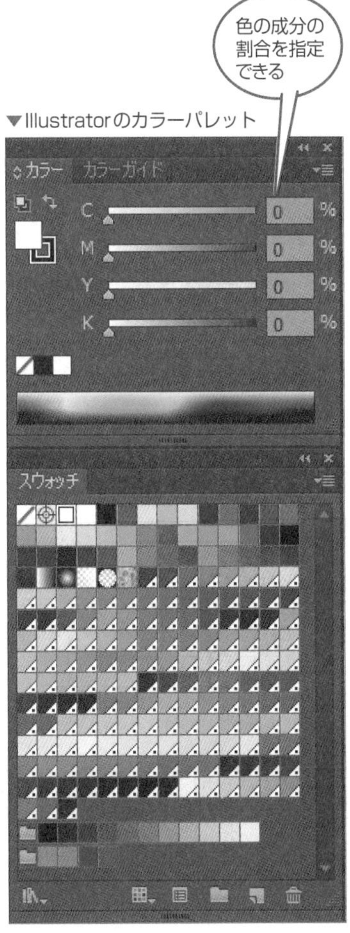

ガラケー
galápagos syndrome cellular phone

「ガラパゴス・ケータイ」の略称。独自の進化をした日本製の携帯電話を、「ガラパゴス化した携帯電話」と表現されたことから。

独自であっても機能的に劣っているわけではないため、**フィーチャー**（特徴的な）**フォン**と呼ぶこともあります。

関連▶**ガラパゴス化**

カラム *column*

ワープロやエディタでは文字の位置やデータの長さの単位。

表計算ソフトではデータを構成する縦列（フィールド）の数を表現する単位。ワープロやエディタの場合は、半角文字単位で数えます。

▼カラムの例

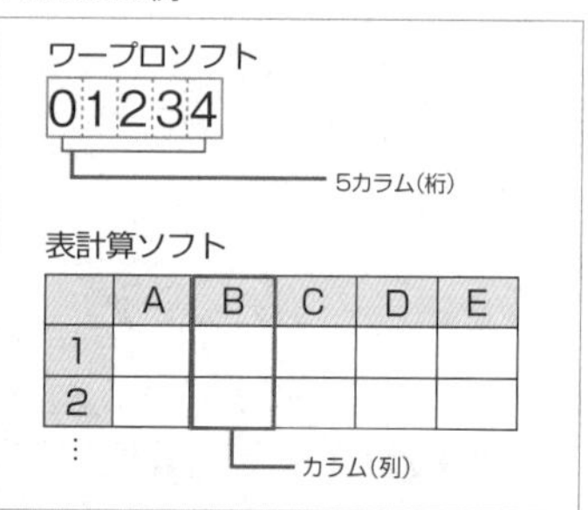

ガラパゴス化
Galápagos effect

情報技術などが海外市場との関係を持たず、ある地域で独自に発展進化すること。

日本市場で育った技術やサービスが、世界標準からかけ離れ、突出した独自の進化をとげてしまうことをいいます。メールやインターネット対応、音楽再生やデジカメ機能など、最先端技術を集約しながら、海外には普及しなかった、日本の携帯電話の規格の特異性の説明などに使われる言葉で、特異な進化をとげたガラパゴス諸島の動植物にたとえた表現です。

関連▶**ガラケー**

軽い *light*

プログラムの処理が速い状態を指していう。

逆を**重い**といいます。また、ネットワーク上で負荷が少なく、要求に対しての処理やレスポンスなどの反応が早い状態も、「軽い」と表現します。

関連▶**重い**

環境設定 *configuration*

ハードウェアやソフトウェアを自分の使用状況に合わせて設定すること。

ここで「**環境**」とはハードウェアとソフトウェアの設定状況、性能、メモリ容量、ネットワークの状態などを含めた、システム全体の利用可能状態をいいます。主にシステム全体が目的の動作をするようにソフトウェアを通して調節することをいいます。

漢字コード
kanji character code

漢字やひらがななど、コンピュータで日本語の文字を扱うためのコード体系。

ANK（アンク）文字、ASCII（アスキー）文字は1バイトのコードで扱える英数字などですが、日本語の文字は2バイトで扱います。日本国内では**JIS X0 208**で第1水準と第2水準の漢字コードが標準で定められています。主流はJISコード、SJISコード、EUCコードの3方式です。なお、これら3方式には互換性がなく、例えば、SJIS対応画面にJISコードの日本語テキストデータを出力しても、日本語を正しく表示することはできません。このことを**文字化け**といいます。

関連▶**JIS漢字コード／Unicode**

関数型言語
functional programming language

関数を定義することで、プログラムを表現する形式のプログラミング言語。

作用型言語(applicational language)ともいいます。純粋な手続き型言語とは反対の言語で、必ず引数と戻り値があり、その関数は値を返すだけで、ほかに影響を与えることがありません。このため、並列処理に向いています。代表的な言語に純LISPがあります。

関連▶**手続き型プログラミング**

感染 *infection*

コンピュータにウイルスが侵入した状態。

ネットワークやCD-ROMなどの媒体を通じて、コンピュータ上のソフトウェアに悪意ある不正プログラムが組み込まれることをいいます。通常、一定期間は異常が発生しないため、感染者が知らずに、さらに他のコンピュータにウイルスを感染させる、**二次感染**の原因となることがあります。

関連▶**ウイルス**

ガントチャート *gantt chart*

進行状況を管理するための工程表の一種。

横軸に年月日、縦軸に作業項目などをとり、予定作業時間（期間）と複数の作業項目間の関連を視覚化したものです。小規模プロジェクトの工程管理に利用されます。

関連▶**次ページ上図参照**

ガンマ（γ）補正
gamma correction

表示装置の特性（直線性）を補うため、γ値（ガンマち）を変更し、画像をより自然に近いかたちで再現する補正操作。

γ値とは、画像の明るさの変化に対する電圧換算値の変化の比で、直線的に変化させる場合が1となります。

か

▼ガントチャートの例

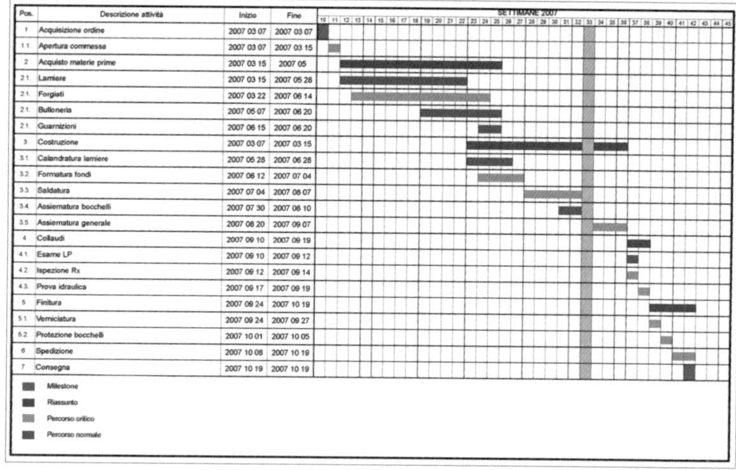

Pos.	Descrizione attività	Inizio	Fine
1	Acquisizione ordine	2007 03 07	2007 03 07
1.1.	Apertura commessa	2007 03 07	2007 03 15
2	Acquisto materie prime	2007 03 15	2007 05
2.1.	Lamiere	2007 03 15	2007 05 28
2.1.	Forgiati	2007 03 22	2007 06 14
2.1.	Bulloneria	2007 05 07	2007 06 20
2.1.	Guarnizioni	2007 06 15	2007 06 20
3	Costruzione	2007 03 07	2007 03 15
3.1.	Calandratura lamiere	2007 05 28	2007 06 28
3.2.	Formatura fondi	2007 06 12	2007 07 04
3.3.	Saldatura	2007 07 04	2007 08 07
3.4.	Assiematura bocchelli	2007 07 30	2007 08 10
3.5.	Assiematura generale	2007 08 20	2007 09 07
4	Collaudi	2007 09 10	2007 09 19
4.1.	Esame LP	2007 09 10	2007 09 12
4.2.	Ispezione Rx	2007 09 12	2007 09 14
4.3.	Prova idraulica	2007 09 17	2007 09 19
5	Finitura	2007 09 24	2007 10 19
5.1.	Verniciatura	2007 09 24	2007 09 27
5.2.	Protezione bocchelli	2007 10 01	2007 10 05
6	Spedizione	2007 10 08	2007 10 19
7	Consegna	2007 10 19	2007 10 19

素子の特性によりディスプレイ、カメラ、スキャナーなどで、それぞれ異なった値となります。このため、元データに忠実な画像の再現を行う場合は、これらの誤差を修正するγ補正が必須となります。

▼ガンマ補正

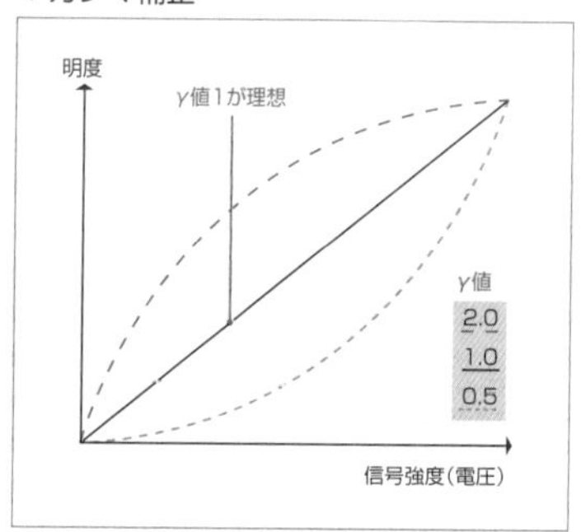

関連付け *association function*

ファイルの拡張子から、作成したアプリケーションを判断して起動したりする機能。

Macでも、Windowsで作成されたファイルの判別などに使用する場合があります。

キー *key*

■キーボード上のスイッチ。

アルファベット、数字、記号を入力したり、カーソルの移動、文字の挿入、削除をするためのキーボードの**ボタン**（**スイッチ**）をいいます。

関連▶**キーボード**

■アプリケーションソフトの不正コピー防止のために用いられる機器やIDのこと。

■データベースで目的の情報を検索するための手がかりとなる値。**検索キー**という。

文字列であれば**キーワード**といいます。

関連▶**キーワード**

▼検索キー機能

■暗号処理の「鍵」のことをキーと呼ぶ。

関連▶**暗号化**

キーアサイン *key assignment*

あるキーを押したときに、どのような機能を行うかのキーへの割り当てのこと。

キーバインドともいいます。

キーカスタマイズ *key customize*

よく使う機能を特定のキーに割り当て、自分用のキーとして設定すること。

ソフトウェア上でCtrlキーや英数字キーを組み合わせて、機能を割り当てたキーを押すことで、その機能が実行されます。この割り当てることを**キーアサイン**といいます。

キートップ *keytop*

キーボードのキー上面のこと。

通常、何らかの文字が記されています。広い意味でキーそのものを指すこともあります。

関連▶**キー入力**／**キーボード**

キー入力 *key in*

キーボードから文字などを入力すること。

キー入力待ちの場合は、一般にカーソルが点滅します。

関連▶**カーソル**

キーボード *keyboard*

キーが規格に基づいて並べられている入力装置。

キーの並べ方の規格によって、**JIS**（ジス）**キーボード**、**ASCII**（アスキー）**キーボード**などの種類があります。ノートパソコンを除くパソコンやワークステーションのほとんどは、コンピュータ本体とキーボードが分離しています。

関連▶**下図／次ページ上図参照**

キーワード *keyword*

データベースやWebページで情報を検索する際に入力する語句。

キーワードは情報の属するカテゴ

▼Windows用のJISキーボード例（キーボード）

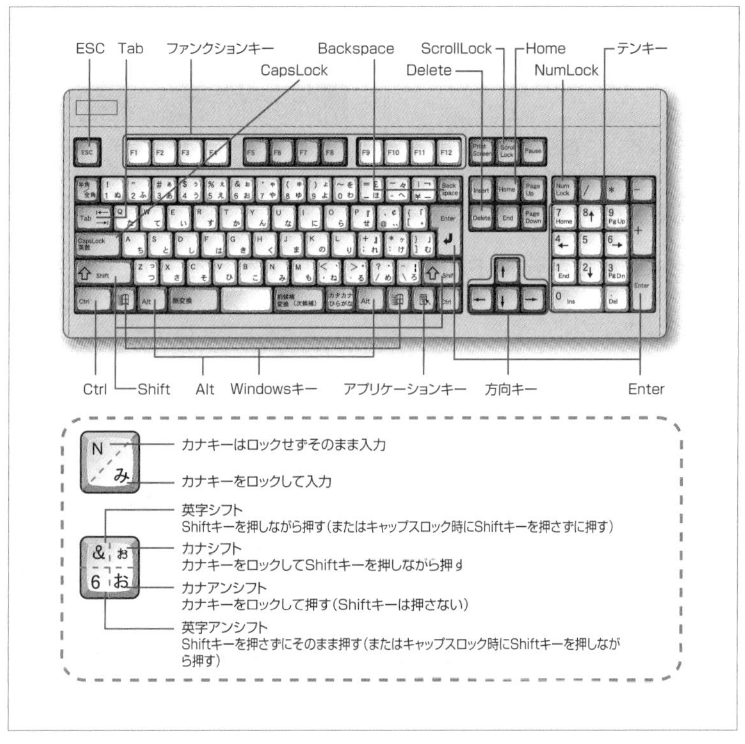

▼mac用のJISキーボード例（キーボード）

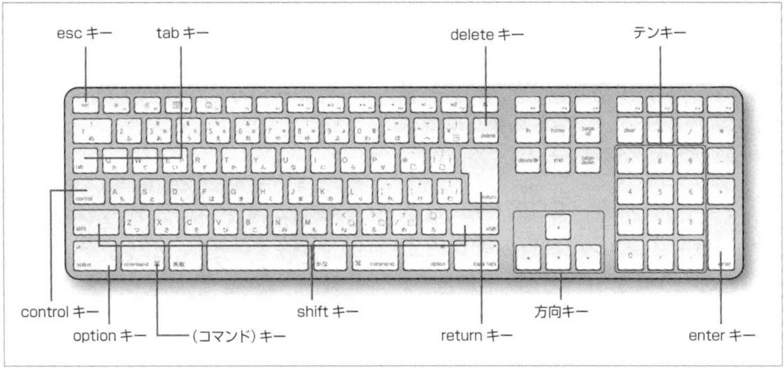

リーを示した単語で、必ずしも情報の中に含まれている単語ではありません。また、データベースであれば、管理する側があらかじめキーワードの種類を定義しておく必要があります。データベースでは、普通、1つの情報に対して複数のキーワードが設定されています。例えば、「東京のゴミ問題」に関する記事を記録する場合、記事そのもののデータのほかに、「東京」「ゴミ」「環境」「リサイクル」など、関連するキーワードも記録します。データベースから情報を検索する場合、記事内容を直接検索するのではなく、このキーワードをいくつか組み合わせて、条件に合致する情報を引き出します。

関連▶**キー／データベース**

記憶装置

storage／memory

情報を記憶するための装置。

CPUが直接操作できる主記憶装置（メインメモリ）と、ハードディスクなどの補助記憶装置があります。国際規格およびJISでは**ストレージ**と呼ぶように決めていますが、慣習的には、本体に直接組み込まれているものを**メモリ**、外付けのものを**外部メモリ**などと呼ぶことが多いようです。代表的なものには、RAM、ROM、ハードディスク、SSD、USBメモリなどがあります。

関連▶**コンピュータの５大装置**

記憶容量

memory capacity／storage capacity

1つの記憶装置に書き込める情報量の大きさ。

一般にはバイト（B）単位で表しますが、ワード単位で表すこともあります。主に2種類の記録媒体（**磁気媒体、光学媒体**）があり、記録媒体によって記憶容量に大きな差があります。磁気媒体、特にハードディスクの場合、数T(テラ)バイトの記憶容量を持つ製品も一般化しています。

ギガ *giga*

SI(国際単位系)で10億を表す接頭辞で、「G」と略される。

1G＝1000M＝100万k＝10億となります。コンピュータの世界では2の30乗を1G(ギガ)とします。「GHz(ギガヘルツ)」、「GB(ギガバイト)」などのように用います。

関連▶**巻末資料(単位一覧)／ギガバイト**

機械学習 *machine learning*

人工知能が人間と同じように経験から技術や知識を身に付けていく学習方法。

与えられた情報を分析することで、データごとの共通点を見付け出し、分類することができるようになります。目的や手法によって下表のような種類を使い分けます。身近なところでは検索エンジンや会話型学習ロボットなどで使われています。将来的には、医療診断や市場予測などでも実用化されると考えられ、そこへ向けての研究が盛んです。また、AI(人工知能)が自分で考えて特徴を抽出し、学習することを特に**ディープラーニング**と呼びます。

関連▶**下表参照／ディープラーニング**

機械語 *machine language*

コンピュータが直接理解し、処理することができる言語。

コンピュータのCPUごとに、用意されている命令(**インストラクション**)は異なります。**マシン語**とも呼ばれ、ハードウェアのための言語です。**低級言語**とも呼ばれます。0と1を組み合わせた2進数であるため、人間が機械語で直接プログラムを作成することは非常に困難であり、誤りも起こしやすくなります。このため、様々なプログラミング言語が開発されました。

関連▶**アセンブラ言語／高級言語**

ギガバイト *GB ; Giga-Byte*

データ容量を示す単位の1つ。

1GB＝2^{10}MB＝2^{20}KB＝2^{30}B。**ギガ**とは10億を指しますが、2進数を

▼機械学習の種類

	入力に関するデータ(質問)	出力に関するデータ(教師データ：正解)	主な活用事例
教師あり学習	与えられる	(○)与えられる	スパムメールフィルタ
教師なし学習	与えられる	(×)与えられない	アマゾンのおすすめ商品
強化学習	与えられる(試行する)	(△)間接的　正解はないが、報酬が与えられる	将棋、囲碁など

利用するコンピュータのメモリでは、2^{30}バイト（10億7374万1824バイト）＝1Gバイトとして扱います。ハードディスクやDVDの容量表示では10^{9}（10億）、2^{30}のいずれかを1Gとしており、混乱の原因となっています。

関連▶**巻末資料（単位一覧）**

ギガビットイーサネット *Gigabit Ethernet*

イーサネットの伝送方式に関する規格の1つ。

従来のイーサネット規格(10Mbps)の100倍、Fast Ethernet（ファストイーサネット：100Mbps）の10倍の1Gbpsの物理伝送速度を持っています。

ギグエコノミー *gig economy*

単発の仕事をインターネットで請け負う働き方のこと。

インターネットを通じて商品のデザインの依頼を受ける場合のほか、配車サービス、デリバリーサービスなどがあります。企業側から業務を受けて労働者を斡旋（あっせん）する仲介業者としてUBERやAirbnbなどがあります。仲介業者から業務を請け負う労働者を**ギグワーカー**といいます。ギグ(gig)は一度限りの演奏のことを意味します。組織に縛られない労働が可能となる半面、雇用保険やトラブル発生時の責任の所在などでの問題を抱えています。

機種依存文字 *platform dependent characters*

特定の環境（システムやOS、フォントセットなど）でしか正しく表示できない文字。

特殊文字とほぼ同義ですが、JIS漢字水準に定義されていない記号などの文字群をいいます。環境が異なる場合、**文字化け**の原因となります。「㈱」や「㌘」などが、これにあたります。

関連▶**特殊文字**／**Unicode**

偽装URL *URL Camouflage*

銀行やニュースサイトなどとよく似たアドレスをメールなどで送り付け、アクセスしてきた被害者の情報を抜き取るためのURL。

銀行の振込案内や「個人情報が漏れた」などのメールを送り付け、慌てたユーザーが表示されているURLをクリックすると、偽のサイトが開いて暗証番号や口座番号などの個人情報を入力させようとします。一見すると公式のサイトとよく似たデザインや内容のページとなっています。**フィッシングサイト**と呼ばれます。

関連▶**URL**

基地局 *base station*

携帯電話やスマートフォンなどのモバイル端末と直接交信をするための拠点。

アンテナや通信設備などを備えた建造物で、ビルの屋上、電柱、電話ボッ

き

クス、地下鉄構内などに設置され、郊外や山間部では鉄塔を使って設置されているものもあります。1つの基地局では数十m～十数kmの範囲に電波を発することが可能です。

▼基地局

キックオフミーティング *kickoff meeting*

プロジェクトを開始する際に行われる最初の会議のこと。

プロジェクトの概要や目標、日程や予算など基本的な説明を行うことが一般的です。

キッズスマホ（キッズケータイ） *kids smartphone*

auではジュニア・キッズ向けスマートフォン/ケータイ「miraie f」、格安スマホとしてトーンモバイルを出している。

GPSによって端末の現在位置を確認する機能や、カメラ付き防犯ブザー機能、出会い系サイトなどの有害サイトをURLフィルタリングにより閲覧不能にする機能、Webへのアクセスを時間で制限する機能など、子供が使用する上で安全を守ることを意識した機能が多く搭載されている。

輝度 *brightness*

■光などの明るさ。

発光するもの自体の明るさだけでなく、照明を受けて光っている二次的な明るさについてもいいます。cd/㎡（カンデラパー平方メートル）で表します。

■ディスプレイなどの、画面や画像の明るさ。

明るさを調節する機能を、輝度調節や**ブライトネス**といいます。パソコンやスマートフォンの機種によっては、輝度センサーが内蔵されていて、画面の明るさを自動的に調節するものもあります。

関連▶ディスプレイ

起動 *start up／boot*

コンピュータの電源を入れて作動させること。

ブートともいいます。これによりOSが読み込まれ、コンピュータが利用できる状態になります。また、アプリケーションソフトを立ち上げることも「起動（**スタートアップ**）」といいます。

関連▶立（起）ち上げ

起動ディスク *bootable disk*

システムを起動させるためのプログラムが入っている、ディスクなどのこと。

関連▶起動／システムディスク

既読 *already-read*

LINEやメッセンジャーアプリで、送信した内容を相手が読んだかどうかわかる機能。

受信者がメッセージを開くと送信内容に「既読」と表示され、読まれたことがわかります。また、既読を付けずに返事を保留することを**未読スルー**と呼びます。既読の表示機能によって受信者は、返信する義務感を抱いてしまうなど、近年は**SNS疲れ**が問題になっています。

関連▶次段画面参照

既読メール *already-read message*

受信メールの中で内容を確認したメールのこと。

開封した封筒のアイコンで表示されます。

関連▶未読メール

▼既読メールアイコン

▼既読のマーク（LINEの例）

揮発性 *volatile*

RAMなどの電気的な記憶媒体で、一定時間アクセスしなかったり、電源を切ると、内容が消えてしまう性質をいう。

その逆は**不揮発性**といいます。

関連▶RAM／ROM

揮発性メモリ *volatile memory*

電源を供給しないと記憶内容が失われるメモリのこと。

パソコンのメインメモリなどに使用されています。反対に、USBメモリやSDメモリカードなど、電源を供給さ

き

れない間も記憶内容が失われないメモリを**不揮発性メモリ**といいます。

関連▶ メモリ／メモリカード

基本情報技術者試験
FE ; Fundamental Information Technology Examination

情報処理技術の基本的な知識や技術力などを評価、認定する国家試験の1つ。

情報システムの開発プロジェクトにおいて、内部仕様に基づき、プログラムの設計、開発業務に従事し、プログラムの作成テストを実施するための国家資格です。プログラマーやシステムエンジニア向けの試験として、IT業界で広く認知されています。試験日は毎年4月の第3日曜日、および10月の第3日曜日となります。

関連▶ 情報処理技術者試験

基本ソフト *basic software*

コンピュータを動作させる上で基本的な機能を果たすソフトウェア。

一般には**OS**（オペレーティングシステム）を指しますが、コンパイラ、アセンブラ、ネットワークソフト、各種ツール群など、コンピュータが動作するために必要なソフトウェア、および応用ソフトに利用させるための根幹機能を提供するソフトウェアを含めることもあります。

関連▶ OS

き

基本プレイ無料

アイテム課金や広告収入などでプレイ料金を回収し、基本的なプレイ料金は発生しない方式のこと。

主にスマートフォンのゲームアプリやブラウザ上で遊べるゲームに見られる料金形態です。月額課金モデルに見られる一定期間無料体験とは異なります。

関連▶ アイテム課金／ガチャ

キャッシュメモリ
cache memory

CPUと記憶装置との動作速度が大きく異なるため、それらの間に置かれる緩衝用の記憶装置（回路）。

処理の高速化を図るため、データまたはプログラムの一部をコピーしておく場所として使われます。CPUには、外部メモリにアクセスする際に待ち時間が生じ、それが全体の処理

▼キャッシュメモリ

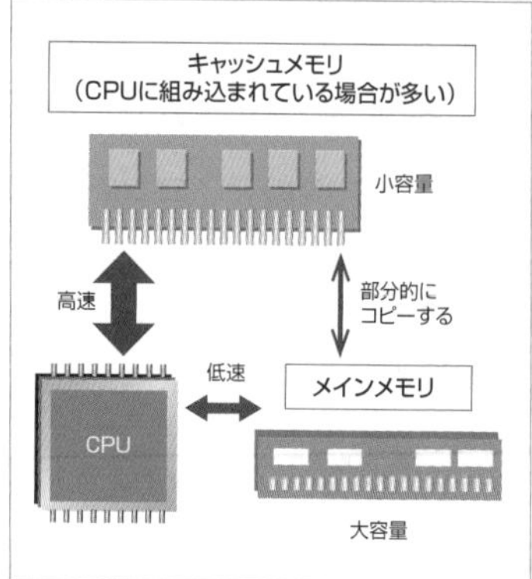

速度を低下させる原因になっています。そこで、待ち時間を解消するために、頻繁にアクセスするデータまたはプログラムの一部を高性能な緩衝装置に入れることで、全体の処理速度を向上させることができます。キャッシュメモリには、**CPUキャッシュ**、**ディスクキャッシュ**などがあります。

キャッシュレス決済 *cashless payment*

クレジットカードや電子マネー、金融機関の口座振替を利用して支払うこと。

カードやスマートフォンに保存された情報を専用の端末で読み取ることで支払いが完了します。
キャッシュレスには「前払い」「即時払い」「後払い」の3種類があります。「前払い」はプリペイド方式のことで、SuicaやPASMO、nanacoのように、一定の金額をチャージしておきます。「即時払い」は、デビットカードのように支払いと同時に銀行口座から代金が引き落とされます。「後払い」は、クレジットカードのように一定の期日以降に請求されます。

キャップスロック *caps lock key*

アルファベット入力時に自動的に大文字を入力する機能。

[Caps Lock]キーが押し下げられた状態になることでONとなるものや、LEDが点灯するものもあります。主に名称やタイトルなど、大文字の長文を入力する際に用いられます。なお、パスワード認証の失敗などは、キャップスロックがかかっていることが原因となっている場合があります。

関連▶キーボード

▼キャップスロックキー

日本マイクロソフト（株）提供

キャプチャー *capture*

ディスプレイに表示された内容を、画像データとして保存すること。

Windowsパソコンでは、[Print Screen]キーを押し、クリップボードを経由してグラフィックソフトに取り込むことができます。macOSでは、[⌘]キーと[shift]キーと[3]（数字）キーを同時に押すと、PNG形式として保存されます。**画面キャプチャー**（screen capture）、**スクリーンダンプ**（screen dump）ともいいます。また、動画をキャプチャーできる**ビデオキャプチャー**もあります。

キャラクタ *character*

数字、カナなどの文字を意味する。

ANK文字（1バイト文字）と漢字（2バイト文字）では、キャラクタを表現するデータのバイト数は異なっていますが、共に1キャラクタとして計算します。改行（LF）を示すコントロールコード「^J」なども1キャラクタです。

キャリア *carrier*

IT分野では、主に通信サービスを提供する事業者のこと。

電話会社、携帯電話会社など、通信設備を所有して広範囲にわたりサービスを提供する事業者が該当します。また、MVNOのように他社から通信設備を借りてサービスを提供する事業者も含まれます。

関連▶**電話会社**

キャリッジリターンキー *carriage return key*

入力を決定したり、文章入力で改行を行うためのキー。Enterキーまたは Returnキーのこと。

キャリブレーション *calibration*

ディスプレイで見えている画像と実際にプリントした際の色表現を正確に一致させるために、調整すること。

色合わせとも呼ばれ、デジタル写真などの印刷の際に行われます。

関連▶**次ページ下画面参照**

給紙 *paper feed*

プリンタに印刷用紙を供給すること。紙送りともいう。

プリンタに用紙を供給する装置には、①連続用紙を供給するもの、②単票用紙を連続的に供給するもの、③1枚もしくは少数枚ずつ手差しで供給するものがあります。それぞれ次ページの表のように呼び分けます。このほか、ハガキなどの特殊用紙を供給する装置もあります。

関連▶**下表参照**／**用紙寸法**

キュレーション *curation*

インターネットにある情報を、特定のテーマに沿って収集し、再構成してまとめること。

いわゆる**まとめサイト**のことです。もとは美術館などで展示物を整理し公開することからきた言葉で、キュレーションを行う人は**キュレーター**と呼ばれます。情報を取捨選択し、まとめる人（キュレーター）の好みが介入するという特徴があります。ニュースやつぶやき、イラストなど、いろいろなキュレーションが作られています。

▼給紙装置の機能別名称

機能	名称
①連続用紙を供給	トレイ、トラクタフィーダ
②単票用紙を供給	トレイ、カットシートフィーダ
③手差しで供給	シートガイド、手差しトレイ

関連▶**まとめサイト**

行 *row／line*

文字データ、数値データを扱う際の単位の1つ。

扱うデータによって意味が異なります。文書データでは、書籍の行と同じ扱いの場合と、段落（改行マークまで）を指す場合があります。表計算データでは、横方向への並びをいいます。

関連▶**カラム**

行送り *line feed*

改行すること。

あるいは、ある行から次の行までの送り幅を指します。

関連▶**改行／行間**

業界標準 *industry standard*

業界団体が「標準」と定めた仕様。**スタンダード**ともいう。

複数の規格が競合しているときに、その1つを指定したり、優れた部分を選択して、よりよい規格を作成したりすることもあります。圧倒的なシェアを持つ製品の仕様をあとから追認することもあります。

行間 *space between lines／leading*

行と行の間隔。

ワープロソフトやDTPソフトのスタイル設定機能で、そのサイズを任意に設定することができます。単位はインチ、ミリ、ポイントなどシステムによって異なりますが、ソフトウェ

▼Windowsのキャリブレーション

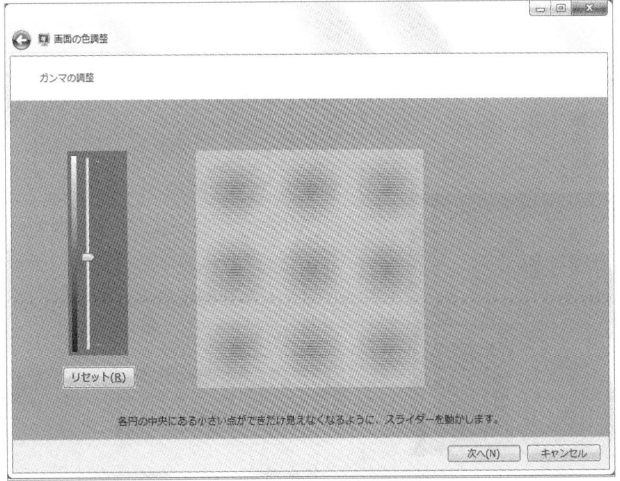

アによっては、任意のものを選べる場合もあります。

関連▶**行送り**

▼行間

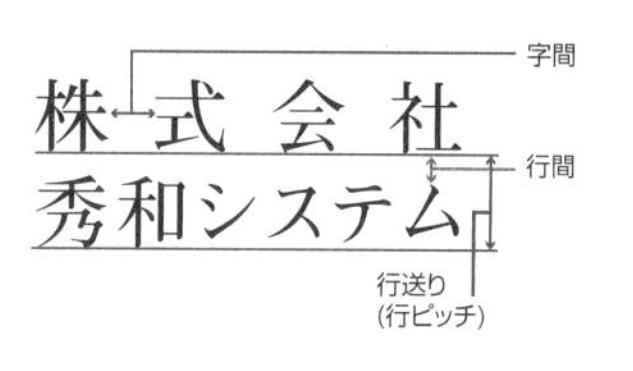

強制終了 *forced termination*

コンピュータやスマートフォンが作動しなくなったときに使う非常手段。

Windowsでは[Ctrl]+[Alt]+[Delete]キー、macOSでは[⌘]+[option]+[esc]キーを押すなどします。

関連▶**フリーズ**

筐体（きょうたい） *case*

ハードディスクドライブや光学ドライブ、マザーボード（基盤）などの部品を納めるための箱。

電子部品を衝撃やほこりなどから守る、いわゆるPCケースのことで、様々な材質や形状のものがあります。ノートパソコンの場合は、筐体（きょうたい）のデザインが使用感にも大きく関係してきます。

▼アルミニウム製のPCケース側面

共通鍵暗号方式 *conventional encryption system*

デジタルデータの秘密を守るための暗号方式の1つ。

秘密鍵暗号方式ともいいます。**暗号鍵**と**復号鍵**に同じものを使います。かつて米国商務省標準局が使っていた**DES**（Data Encryption Standard）は、この方式を採用しています。これに対し、暗号化と復号で異なる鍵を使うものを**公開鍵暗号方式**といいます。

関連▶**次ページ下図参照／公開鍵暗号方式**

キラーコンテンツ *killer application*

製品やサービスの普及に強い影響力をもたらすコンテンツのこと。

任天堂の家庭用ゲーム機における「マリオ」シリーズなど、多数のハードウェアがある中で特定のプラットフォームを優位にするようなコンテンツのことをいいます。

キロバイト *KB ; Kilo-Byte*

データの容量を示す単位の1つ。

1024B（バイト）のことです。本来

のk（**キロ**）は10^3ですが、2進数の場合、大文字の「K」を用いて記し、2^{10}＝1024となります。したがって、「キロバイト」とは呼ばず、正確を期すために「**ケーバイト**」ということもあります。

関連▶**巻末資料（単位一覧）**

キンドル *Kindle*

電子ペーパーを使用した電子書籍リーダー。

米国アマゾン社が発売する電子書籍リーダーです。モノクロモデルのディスプレイには液晶ではなく、電子ペーパーが採用されており、高い視認性を持っています。コミックなど大容量のものはWi-Fiが必要ですが、携帯電話回線に接続する機能を持っているため、Amazon.comで販売されている電子書籍を、パソコンを介さずに直接購入して読むことができます。カラーで映画や音楽も楽しめるAndroidタブレット端末**Kindle Fire**もあります。また、PCやスマホでKindle用の電子書籍を読むためのアプリも提供されています。

関連▶**電子書籍リーダー**

▼キンドル（第10世代）

Amazon.com提供

▼共通鍵暗号方式

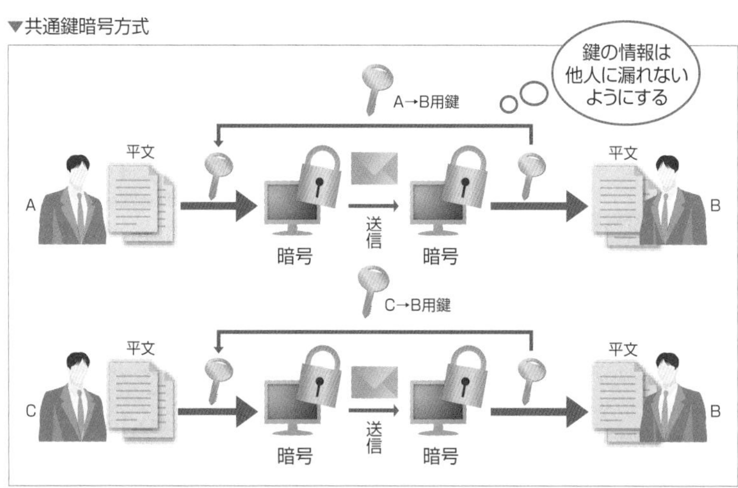

クイックアクセスツールバー *Quick Access Toolbar*

Office 2007以降に搭載された、ウィンドウ左上にある必要な機能がまとめられたツールバー。

素早く必要な機能にアクセスでき、自分で機能を追加することもできます。

▼クイックアクセスツールバー

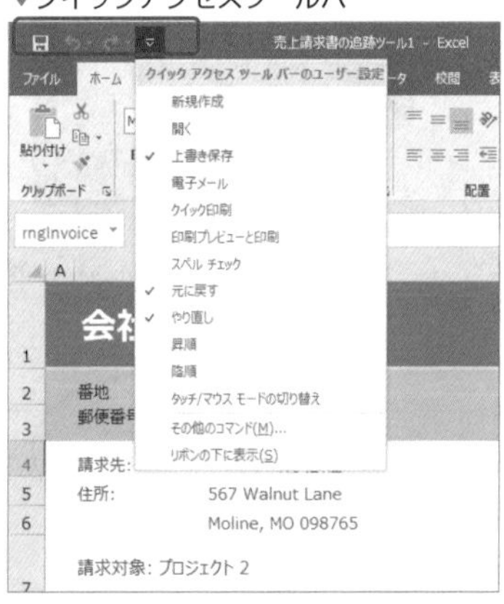

クイックリファレンス *quick reference*

アプリケーションの基本内容を簡潔にまとめたマニュアル。

簡易マニュアル。使いやすさ、引きやすさ、読みやすさなどの実用性を重視してまとめられたマニュアルの総称です。

クエリ *Query*

データベースの管理システムに対して操作する命令のこと。

Googleの検索サイトには**検索クエリ**が使用されており、対象となるデータベースによって様々なクエリが存在します。

グーグル *Google*

関連▶**Google**

空白文字 *blank character*

■プリンタやディスプレイへの表示上では見えない文字。

半角、全角1文字ぶんの**スペース**と、数文字ぶんの空白をスキップする**タブ**の2種類があります。

関連▶**スペース／タブ**

■プログラム中の空行や空白文字、**インデント**のこと。

ブランクともいいます。プログラムの可読性を高めるために使います。

関連▶**インデント**

クールジャパン *Cool Japan*

「かっこいい日本」という意味で欧米を中心に用いられている、日本のポップカルチャーへのほめ言葉。

アニメ、ゲーム、ファッションなどのポップカルチャーを中心とした、欧米人から見たかっこいいとされる日本独自の文化をいいます。人気を呼んでいるコンテンツを指す場合と、国際的に評価されている現象を指す場合があります。日本政府は2010年6月、日本の戦略産業分野である文化産業の海外進出促進、国内外への発信や人材育成などの施策の企画立案と推進を行う「クール・ジャパン室」を経済産業省製造産業局に設置しました。

口コミレビューサイト *word-of-mouth communication site*

商品やサービスについて、消費者が感想や評価を書き込み、それを掲載することで集客を行うサイトのこと。

実際に使用した上での生の声を確認できるため、消費者は、より役立つ情報を入手できますが、一方で、商品提供側が第三者に報酬を支払って、よい評価や感想を書かせる「やらせ」「サクラ」などの問題もあります。

関連▶ステルスマーケティング

クックパッド *Cookpad*

料理のレシピを共有するためのWebサイトおよびそれを運営する会社名。

様々な料理のレシピが登録されていて、335万品以上(2020年7月現在)のレシピがあります。利用者は自分のレシピ、レシピを見て作ってみた料理の写真やレポートなどを公開することができます。

組み込みシステム *embedded system*

機器メーカーが製品出荷時点で提供するハードウェアおよびそこに実装されている、メーカーが所有権または使用権を保有するソフトウェアのこと。

関連▶リアルタイムOS

クライアント *client*

処理要求を他のコンピュータ(サーバー)に出して、サービスを受け取る側のコンピュータ。

クライアントとは「依頼人」といった意味ですが、「仕える人」といった意味の、コンピュータネットワーク中のサーバーに対する概念です。

クライアントサーバーシステム *C/S : Client Server system*

特定の処理を実行する**サーバー**と、そのサービスを受ける**クライアント**で構成されたネットワークシステム。

サーバーが処理を分担しているので、ネットワーク内のデータ伝送速度が高速であれば、各クライアントマシンの負担は軽く、短時間で多くの業務遂行ができます。また、複数のサーバーを用意することで、コミュニケーションサーバーが通信を行っている間に、データベースサーバーが検索を行い、プリントサーバーが帳票を印刷するといった具合に、複数の作業を同時に処理することも可能です。**C/S**とも記します。

関連▶次ページ上図参照／クライアント／サーバー

クラウドアプリケーション *cloud application*

クラウド（クラウドコンピューティング）を通じて機能やサービスを提供するアプリケーションの総称。

関連▶クラウドコンピューティング

クラウドコンピューティング *cloud computing*

各種のソフトウェアやデータなどを、インターネットを通じ、必要に応じて利用する方式。

従来はユーザー各自が所有・管理していたソフトウェアやプログラムなどの機能を、インターネットサービスとして利用する形態です。Gmailなどのメールサービス、ファイルを保存するストレージサービスなど、いろいろなものが登場してきています。IT業界ではインターネット、TCP/IPネットワークをクラウド（cloud＝雲）と表現することがあり、あたかも雲の上からソフトなどが降ってきて、それを利用するというイメージから、このように呼ばれています。

関連▶次ページ下図参照

クラウドファンディング *crowdfunding*

インターネットなどを通じて、不特定多数の出資者から資金を調達する手法のこと。

日本では「CAMPFIRE」や「Kickstarter」などのクラウドファンディングサイトで、自分のプロジェクトを紹介し、共感してくれた人から出資を募ります。条件によっては、出資者に見返りのあるプロジェクトも存在します。

関連▶Kickstarter

クラス *class*

オブジェクト指向プログラミングにおいて、機能や属性で共通するオブジェクト型の総称。

これは、データ構造とメソッドの定義を結合したもので、複雑なオブジェクトの性質や機能を階層的に規定したものとなっています。クラスを実行してメモリ上に展開することをインスタンス化といい、実際にメモリ上に展開されたクラスの実体を**インスタンス**といいます。あるクラスから新しく定義されたものをサブクラス、もとになったものをベースクラス、**スーパークラス**といいます。なお、クラスで使用されるデータをフィールドまたはメンバ変数と呼び、メソッドのことをメンバ関数またはメソッドと呼びます。

関連▶オブジェクト指向

▼クライアント／サーバーシステム

サーバー
ファイルサーバー
サーバーからの
処理結果
クライアントからの
データ受け渡し
クライアント
プリンタ

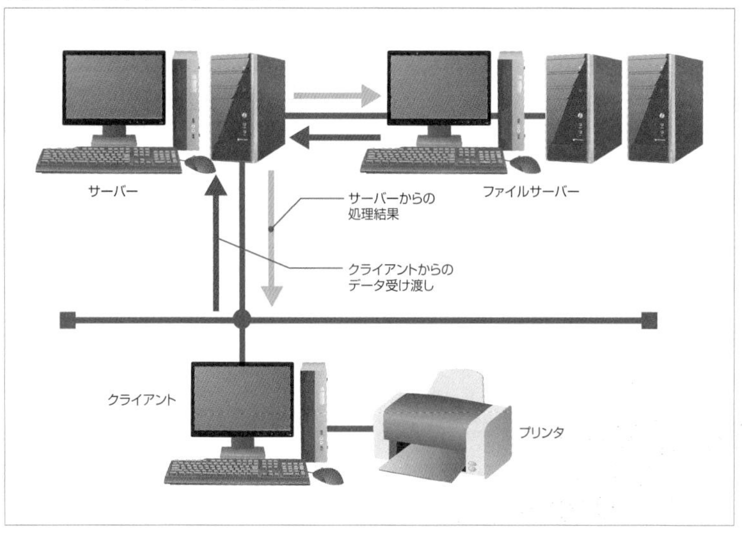

▼クラウドコンピューティングのイメージ

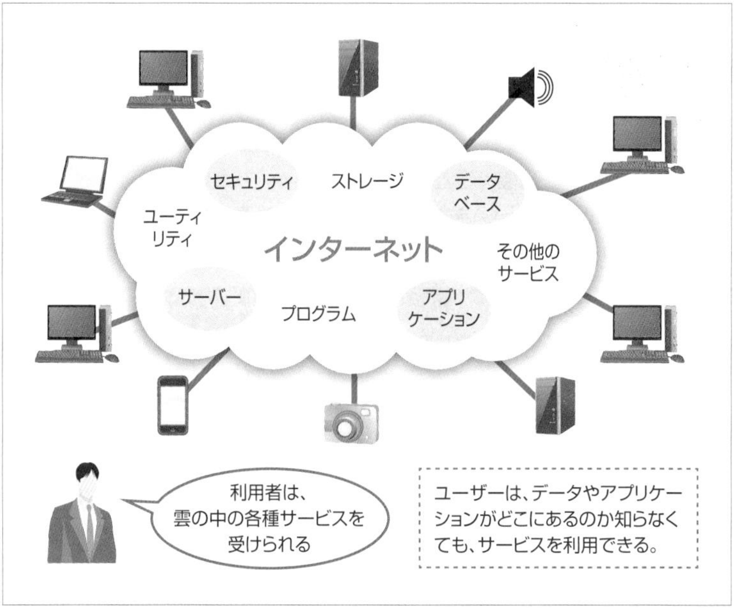

セキュリティ
ストレージ
データ
ベース
ユーティ
リティ
インターネット
その他の
サービス
サーバー
プログラム
アプリ
ケーション
利用者は、
雲の中の各種サービスを
受けられる
ユーザーは、データやアプリケーションがどこにあるのか知らなくても、サービスを利用できる。

クラスタ *cluster*

ツイッターなどのSNSで、同じ趣味や嗜好(しこう)を持つ人のグループを指す。

もともとのコンピュータ用語では、データを記録するディスク内などの、ひとまとまりのデータを呼ぶ単位でしたが、これが転じて、SNSなどのコミュニティサイトで同じような考えや好みを持つユーザーを、集団として「クラスタ」と呼ぶようになりました。

クラック *crack*

他人のデータやプログラムを不正に盗み見たり、破壊や改ざんなどの行為をすること。

多くの場合は、インターネットなどのネットワークを通じて他人のコンピュータに侵入し、上記のような行為をします。クラックを行う人を**クラッカー**といいます。また、他人のパスワードを不正に暴くことを「パスワードクラック」といいます。

関連▶**ウイルス対策ソフト／ハッカー**

グラデーション *gradation*

色または明暗が段階的に変化していく画像効果。

連続階調のことです。グラフィックソフトなどでは一般的な機能で、立体の奥行きなどを表すのに適しています。**グラデ**と略され、「グラデをかける」などと表現されます。

▼グラデーションの例

グラフ *graph*

表などを見やすく、わかりやすくするために、視覚化、図形化すること、あるいはその手法。

数値間の推移や比率を比較したり数値の量的な関係を表現する手法には、棒グラフ、折線グラフ、円グラフなどがあります。表計算ソフトには、数値や表を各種グラフに変換するツールが付属しています。

グラフィック *graphics*

文字ベースのテキストに対する視覚的なデータの総称。

イラストやグラフ、写真などの静止画像、アニメーションやムービーなどの動画像などを表します。

関連▶**コンピュータグラフィック(ス)**

グラフィックソフト *graphic tool*

グラフィック(図形や画像)の作成や処理を行うためのソフトウェア。

ペイント系と**ドロー系**があります。ペイント系は**ドット**(点)単位で描画し、ドロー系は線の方向や長さのデータ(**ベクトルデータ**)を処理して、直線や曲線で描画します。

関連▶ドロー／ペイント

グラフィックボード
graphics board

画像を描画し、ディスプレイに出力するためのボード。

GPU（Graphics Processing Unit）と呼ばれる画像描画チップと、高速アクセスのできるメモリで構成されています。かつては、CPUで描画処理を行っていましたが、グラフィックボードを使用することで、高速処理や高解像度化、多色化などGUI環境を整えることができるようになりました。CPUと共にグラフィックボードの性能がコンピュータの性能の多くを占めます。チップセットにGPUの機能を取り込み、低価格化を実現しているものもあります。**グラフィックカード**、**ビデオカード**などとも呼ばれます。

関連▶GPU／GUI

▼グラフィックボードの例

「ROG-STRIX-RX5600XT-O6G-GAMING」

グリーティングカード
greeting card

インターネットやメールを利用した年賀状、暑中見舞い、クリスマスカードなどの総称。

通常、Flash（フラッシュ）、GIF（ジフ）などのアニメーションやMIDI（ミディ）ミュージックなどが添付されたメールなどを送信するのが一般的で、近年はギフト券を兼ねているものもあります。

関連▶Flash

クリエイター奨励プログラム

ニコニコ動画へ投稿した作品に対して、視聴された回数に応じて投稿者に奨励金が支払われるシステムのこと。

ニコニコ動画に投稿した作品をクリエイター奨励プログラムに登録することで、登録された作品にスコアが付き、スコア1点＝1円として現金に交換できるシステムです。投稿内容や支払い期間などに制約があります。

クリエイティブ・コモンズ
CC ; Creative Commons

「新しい知的財産権の行使のあり方」を提唱する運動および運動を行っている非営利団体。

写真や音楽、文章など、著作権の一部、またはすべてを保持しない場合について、簡便な手続きで著作物の創造、流通などの便宜を図る試みです。著作権者が、作品の使用条件をネット上で事前に明示することで、利用者側の許諾手続きを簡便化できます。インターネットの普及により、著作権の一律の保護を望まない著作者が増えてきたため、米国で設立されました。

関連▶**著作権**

クリック *click*

マウスを移動させずにボタンを1回押すこと。

また、画面上のアイコンや任意の位置にマウスポインタを合わせてボタンを押し、それらを選択・指定すること。**シングルクリック**ともいいます。

関連▶**ダブルクリック**

▼クリック

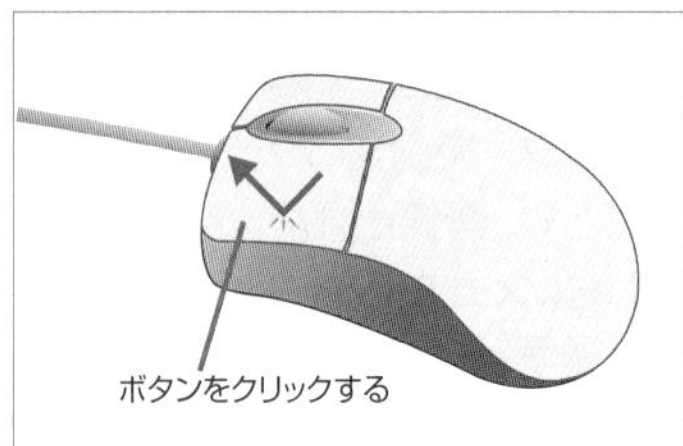

グリッド *grid*

直訳すると「格子」。一般には、レイアウトを整えるための格子状の線のこと。

グリッドコンピューティング *grid computing*

複数のコンピュータをネットワークで接続し、全体として高性能なコンピュータを作り上げること。

1台のコンピュータの処理能力は低くても、並列処理を行うことで処理能力を高めることができます。企業や団体などで、コンピュータが稼動していない時間帯をうまく活用して、演算能力を高める点が特徴です。

関連▶**ネットワーク**

グリッドレイアウト *grid layout*

Webページのデザイン手法の1つで、画面やページを縦横に分ける直線を使って格子状に分割し、それらを組み合わせてブロックの要素の大きさや配置を決定しながら要素や余白を構成していく方法のこと。

画面やページの内部に配置する文章や画像、余白などの構成要素の境界線が格子状の線（グリッドライン）に合うように配置します。画像や文章を整然と並べられるために、オンラインショッピングの商品一覧のページを作るときなどによく使われます。

関連▶**次ページ下図参照**

クリップアート *clip art*

ワープロソフトなどで利用される、イラストなどの比較的小さな画像データを指す。

クリップアートとは、もともと雑誌や新聞などの挿し絵のことです。ワープロで作成した文書などに飾りとして貼り込んで使うことができ、ワープロソフトに添付されていたりします。また、単独でDVDに収めたクリップアート集も市販されています。

▼ Microsoft.com のクリップアート

グリーン調達
green procurement

企業が地球の環境負荷に配慮した素材の調達や製品開発を実現し、それによって環境問題の解決につなげる企業の取り組み。

グリーン購入ともいいます。現代の環境には以下のような問題があります。気候変動、大気汚染、海洋汚染、魚の乱獲、外来種の侵入、森林減少、水不足、レアアース・その他資源不足、オゾン層破壊、放射性物質の廃棄。これらの問題と向き合い、企業としての社会的責任を果たす、環境問題に配慮した取り組みによって新しいビジネス価値を創出することが求められています。具体的には、資材や材料を調達する際に環境負荷の少ない製品を選んだり、環境対策をしている企業から購入するといったことを実行します。

グループウェア *groupware*

業務を効率的に処理するために、コンピュータや通信などのネットワークを利用して共同で作業するためのソフトウェア。

情報の共有、リアルタイム処理によって、部署やプロジェクト内の生産性を向上させることを目的として

▼グリッドレイアウトの考え方

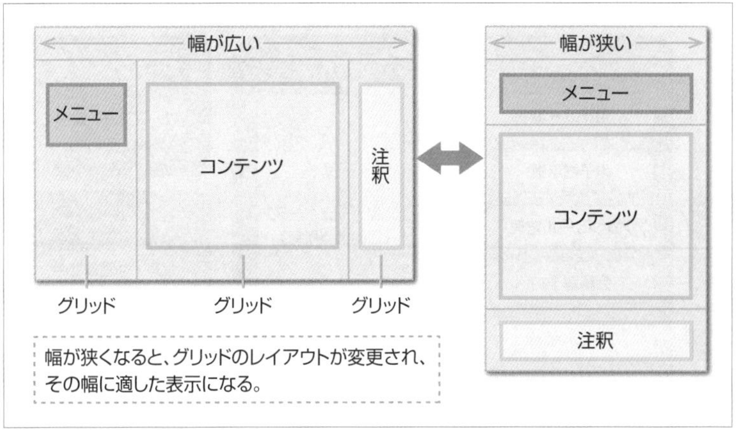

います。電子メール、電子会議、進捗管理などのシステムがあり、製品としてはサイボウズ株式会社のサイボウズOfficeなどがあります。

関連▶**下図参照**

グレースケール *gray scale*

色彩の情報を持たず、明度だけで画像を管理する手法。

通常、白から黒のモノクロ256階調で表示されます。

関連▶**彩度／明度**

グローバルIPアドレス *global IP address*

インターネットで使用されるIPアドレスで、世界中で重複がないアドレス。

インターネットの普及によりアドレスの数が足りなくなり、従来のIPv4から、より多くのアドレスを管理できる**IPv6**に切り替わっています。企業などでは、LANなどの閉じたネットワーク内ではプライベートIPアドレスを使い、外部ホストにアクセスするときに限り、IPマスカレードなどでグローバルIPアドレスにアドレスを変換して使用しています。

関連▶**プライベートアドレス／IPv6**

クロス集計 *cross tabulation*

マーケティングや統計で用いられる、複数の分析軸を用いた集計方法。

ほとんどの表計算ソフトは、クロス集計が行える**ピボットテーブル**機能を備えています。一般的には2つの項目で分析したときには縦（表側：

▼グループウェア

ひょうそく）に要因と思われる項目を、横（表頭：ひょうとう）に比較したいと考えている項目を選びます。

関連▶**ピボットテーブル**

クロック *clock*

コンピュータ動作時の基準になる周期的な信号。

クロックが発生する信号を**クロック信号**といい、この信号を一定の間隔で送り出す回路を**クロックジェネレータ**といいます。この信号は電圧などの波の形（**クロックパルス**）で、一定の間隔で送り出されます。クロック周波数が高いほど高速に処理が実行できますが、消費電流が増えるため発熱量が上がるという難点があります。

関連▶**クロック周波数**

クロック周波数 *clock frequency*

コンピュータの動作タイミングの基準となる信号の周波数。

1秒間に発生するクロック信号の数のことです。コンピュータでの処理時間の最小単位でもあり、CPUの計算能力を示す尺度として使われます。クロック周波数は通常、**MHz（メガヘルツ）**や**GHz（ギガヘルツ）**で表されます。基本的には周波数が高いほど処理時間は短いのですが、周辺機器とのデータの受け渡しなどに待ち（ウェイト）が発生するため、2倍の周波数なら実行速度も2倍というわけではありません。

関連▶**クロック**

京（けい）*K computer*

文部科学省を中心に開発された次世代スーパーコンピュータシステムの愛称。

2011年11月、ベンチマークにおいて世界初の10ペタフロップスを達成し、世界最速記録を獲得しました。2012年に完成し運用が開始されました。フロップスとは1秒間にできる浮動小数点演算の回数のことです。

関連▶スーパーコンピュータ／富岳

掲示板 *BBS ; electronic Bulletin Board System*

電子掲示板（BBS）の略称。

関連▶電子掲示板システム

罫線 *ruled line*

ワープロ、DTPソフト、表計算ソフトなどで使う線のこと。

ソフトウェア上では、文字として処理する方法、座標情報として処理する方法の2つの処理方式があります。また、方式によって編集の方法も異なります。折衷方式を採用しているものもあります。

▼罫線の例

携帯オーディオプレイヤー *portable audio player*

MP3などの音楽ファイルを再生するための携帯型機器の総称。

米国アップル社の「iPod（アイポッド）」やソニー社の「ウォークマン」に代表される、手のひらに収まる小型サイズのものが一般的です。

関連▶iPod／MP3

携帯ゲーム機 *portable game machine*

ゲーム画面とコントローラが一体となった携帯用ゲーム機。

ゲームボーイによって市場が確立しました。Nintendo Switchなど、家庭用ゲーム機並みの本格的なゲームが遊べる、低価格の携帯ゲーム機が発売されています。

▼ゲームボーイ

任天堂（株）提供

形態素解析
morphological analysis

ふだんの生活で使っている言葉（自然言語）で書かれた文を、（言葉が意味を持つまとまりの最小単位の単語である）形態素に分割する技術のこと。

▼形態素解析の例

私はキッチンで料理します

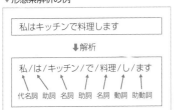

⬇解析

私／は／キッチン／で／料理／し／ます

代名詞　助詞　名詞　助詞　名詞　動詞　助動詞

IT分野における形態素解析の代表例として、かな漢字変換や全文検索、機械翻訳などで用いられます。

携帯電話
cellular phone／mobile phone

無線を利用した持ち運び可能な電話（機）。

ケータイとも呼ばれます。広義ではPHSも含まれます。日本では800MHz帯、または1.5GHz帯、1.7GHz帯、2GHz帯の周波数を用い、数十m～数kmごとに設置された無線基地局で中継して通話を行います。また、通信衛星を介しての通話ができる端末もあります。現行の主要事業者は、NTTドコモ、KDDIグループ（au）、ソフトバンク、楽天モバイルの4社となっています。

関連▶**次ページ上図参照**

ゲートウェイ *gateway*

複数のネットワークを接続する際に用いる装置、あるいはその機能。

相手のネットワークに合わせて、データ伝送方式やコードの変換処理も行います。特に、種類の異なるLANを接続する場合に使用されます。ただし、データ変換などを伴わない中継専用機は**ルータ**といい、上位のアプリケーションに近いプロトコルでの中継を行うゲートウェイと区別しています。商業ネットワーク同士の相互接続を**ゲートウェイサービス**といいます。

関連▶**次々ページ上図参照／ルータ／LAN**

▼携帯電話事業者の変遷（携帯電話）

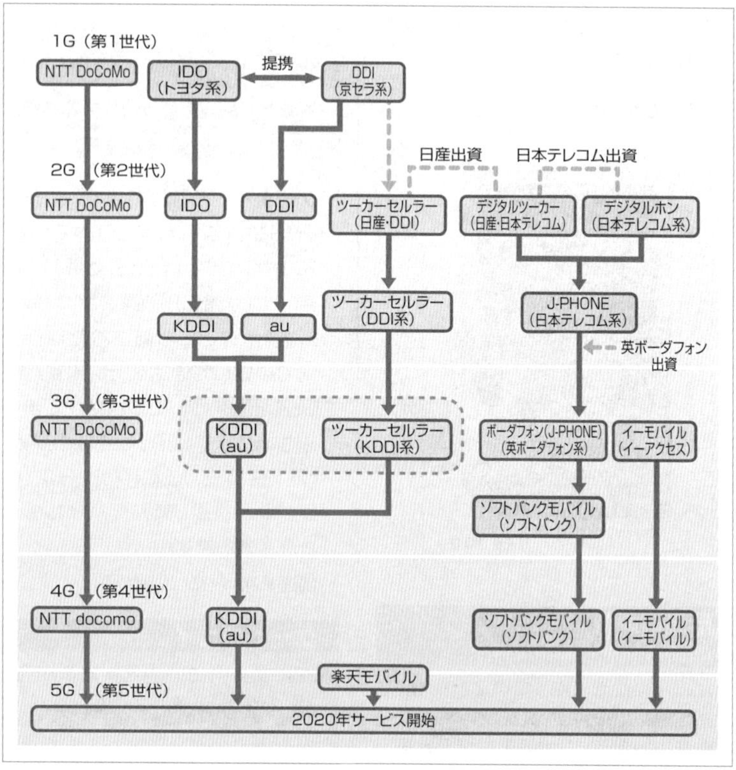

1G（第1世代）
NTT DoCoMo
IDO（トヨタ系）
提携
DDI（京セラ系）

日産出資
日本テレコム出資

2G（第2世代）
NTT DoCoMo
IDO
DDI
ツーカーセルラー（日産・DDI）
デジタルツーカー（日産・日本テレコム）
デジタルホン（日本テレコム系）

KDDI
au
ツーカーセルラー（DDI系）
J-PHONE（日本テレコム系）
英ボーダフォン出資

3G（第3世代）
NTT DoCoMo
KDDI（au）
ツーカーセルラー（KDDI系）
ボーダフォン（J-PHONE）（英ボーダフォン系）
イーモバイル（イー・アクセス）
ソフトバンクモバイル（ソフトバンク）

4G（第4世代）
NTT docomo
KDDI（au）
ソフトバンクモバイル（ソフトバンク）
イーモバイル（イーモバイル）
楽天モバイル

5G（第5世代）
2020年サービス開始

け

ケーブル *cable*

信号、または電流を通す導体を絶縁被膜、保護体で覆った接続線。

同軸ケーブル、**フラットケーブル**のように銅線を媒体に用いたものや、石英ガラスを媒体に用いた**光ケーブル**などがあります。電線部分だけでもケーブルと呼びますが、補強材を内包したり、コネクタ加工されているものを呼ぶことが一般的です。

関連▶ **コネクタ**

▼光ケーブル

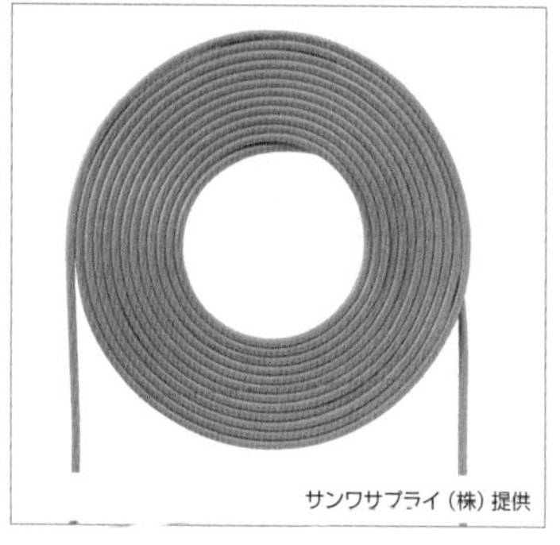

サンワサプライ（株）提供

▼LAN間のゲートウェイ機能（ゲートウェイ）

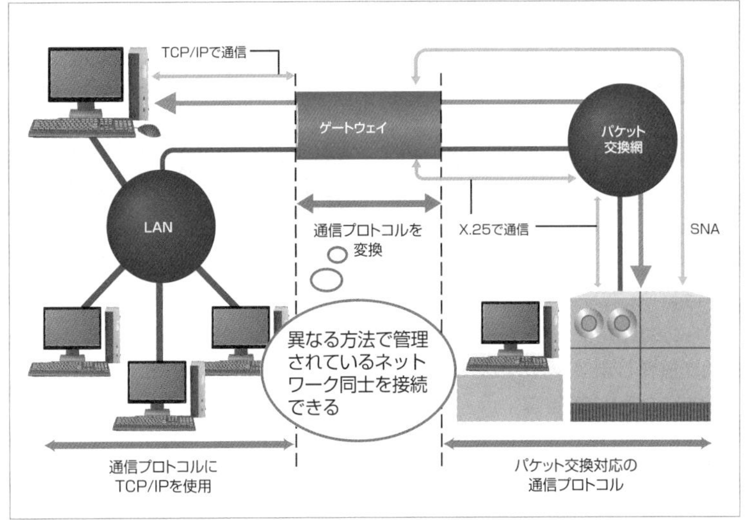

ケーブルテレビ *CATV ; CAble TeleVision*

関連▶CATV

ゲーミングPC *gaming PC*

ゲームに特化したパソコンのことで、通常のパソコンよりも高性能なパーツを使う。

一般的なパソコンとして利用することもできます。高性能なビデオカードの装着が必須であるため、PCI Expressがマザーボードに搭載されていることが実質上の必須条件となります。CPUやビデオカードなどが高温になるため、高性能な冷却装置も必要となります。PCケースは通気性が高い構造のものが利用されています。

ゲームエンジン *game engine*

コンピュータゲームを効率的に制作するための機能を有するフレームワークのこと。

素材（アセット）の取り込みから、シーン（場面）の作成、特殊効果、物理演算、アニメーション、ゲームプレイのロジック作成、デバッグ、最適化などまで行うことができます。ゲームを構成するために必要となる素材（アセット）を提供するアセットストアによってエコシステムも実現しています。ゲームエンジンには様々なものがあり、その主なものとしては、Unity、Unreal Engineがあります。

け

ゲーム機
game machine／game console

ゲーム専用に開発されたハードウェアの総称。

ゲームマシン、**ゲーム専用機**ともいいます。ゲームカートリッジやディスクを入れ替えることで様々なゲームが楽しめます。基本的にキーボードは付属しておらず、十字型の方向キーの付いた**ゲームパッド**などで画面を操作します。その性能は年々飛躍的に向上しています。

関連▶**アーケードゲーム／家庭用ゲーム（機）**

ゲームソフト *game software*

コンピュータゲーム、およびゲーム専用機用のソフトウェアの総称。

ワープロ、表計算ソフトなどの**実用ソフト**と区別して、「ゲームソフト」と呼ばれます。主人公が冒険をして成長するRPG（ロールプレイングゲーム）、クイズやパズル、シューティングやアクション、シミュレーション、アダルトなど、様々なジャンルのゲームがあります。

関連▶**アクションゲーム／アドベンチャーゲーム／シミュレーションゲーム／シューティングゲーム／RPG**

言語
language／programming language

コンピュータ分野では、プログラミング言語の通称。

機械語から、自然言語に近い構文規則を備えた言語までを、大きく**低級言語**、**高級言語**に分類することもあります。

関連▶**高級言語／プログラミング言語**

検索
find／reference／retrieval／search

■インターネット上で情報を探し出すこと。

ブラウザ上の検索エンジンなどを使って、目的のWebページを探し出すことをいいます。

関連▶**検索エンジン**

■データベースやワープロで、指定した条件に合致するデータを探し出すこと。

データベースでは、**整列**（**ソート**）と共に最も重要な機能です。ワープロなどでは、検索したデータを他のデータに置き換える**置換**と対になっています。

関連▶**置換**

検索エンジン *search engine*

インターネット上で効率よく情報を収集するための、Webページ検索用のサイト。

サーチエンジンともいいます。欲しい情報がどのサイトにあるかを探すため、その情報に関連するキーワードを入力すると、関連した情報がリストとして表示（**ナビゲータ**）されたり、直接、そのWebページにジャンプすることができます。代表的な検索エンジンに**Yahoo!**（ヤフー）、**Google**（グーグル）、**Bing**（ビング）などがあります。最近では、ページのデザインなどをカスタマイズできるようになっており、ポータル化が進んでいます。

関連▶**下表参照**

検索連動型広告
pay for placement

検索されたキーワードに対し、表示される関連の広告。

代表的なものとしてはGoogle（グーグル）の**Google広告**があります。既存のネット広告に比べて、費用対効果が高いとされています。

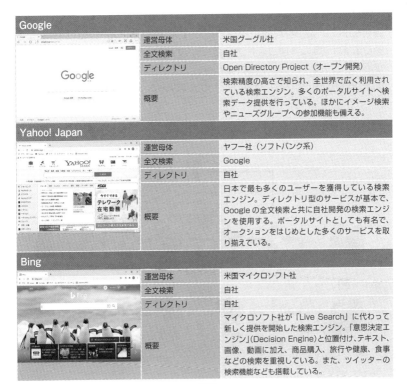

Google	
運営母体	米国グーグル社
全文検索	自社
ディレクトリ	Open Directory Project（オープン開発）
概要	検索精度の高さで知られ、全世界で広く利用されている検索エンジン。多くのポータルサイトへ検索データ提供を行っている。ほかにイメージ検索やニューズグループへの参加機能も備える。

Yahoo! Japan	
運営母体	ヤフー社（ソフトバンク系）
全文検索	Google
ディレクトリ	自社
概要	日本で最も多くのユーザーを獲得している検索エンジン。ディレクトリ型のサービスが基本で、Googleの全文検索と共に自社開発の検索エンジンを使用する。ポータルサイトとしても有名で、オークションをはじめとした多くのサービスを取り揃えている。

Bing	
運営母体	米国マイクロソフト社
全文検索	自社
ディレクトリ	自社
概要	マイクロソフト社が「Live Search」に代わって新しく提供を開始した検索エンジン。「意思決定エンジン」(Decision Engine)と位置付け、テキスト、画像、動画に加え、商品購入、旅行や健康、食事などの検索を重視している。また、ツイッターの検索機能なども搭載している。

公開鍵暗号方式
public key cryptosystem

データの秘密を守るための暗号方式の1つ。

データを暗号化する際に使う**暗号鍵**は公開しますが、暗号文を元のデータに復元する**復号鍵**は非公開とすることで、データの秘密を守ります。同一の鍵長で比較すると、暗号強度は鍵を秘密にする共通鍵暗合方式より劣りますが、鍵の管理コストが低くなるという大きなメリットを持っています。鍵の組み合わせを逆に使うことで本人認証を行う**電子署名**にも使われています。

関連▶**共通鍵暗号方式／電子署名**

光学式マウス *optical mouse*

光の反射で移動量を計測する方式のマウス。

光源としてLEDやレーザーなどが使用されます。移動検出精度が高く、可動部分が少ないためメンテナンスの必要がほとんどないのが特徴です。接地面にガラスや光沢がある場合に対応した製品もあります。

関連▶**次ページ上図参照**

こ

▼公開鍵暗号方式

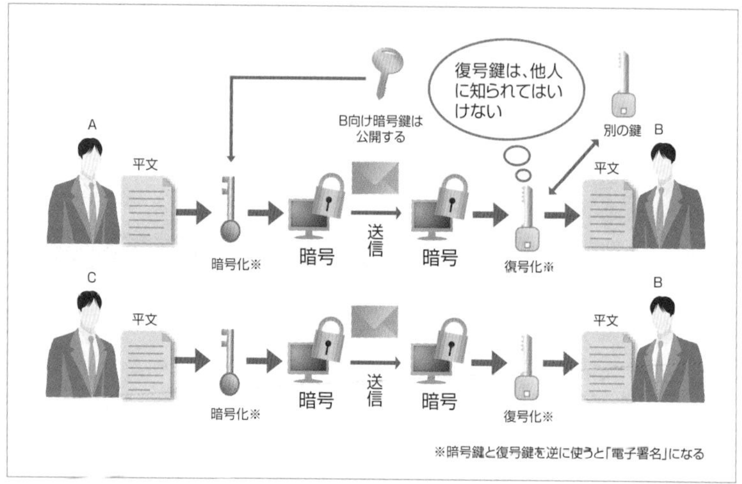

▼光学式マウスの構造

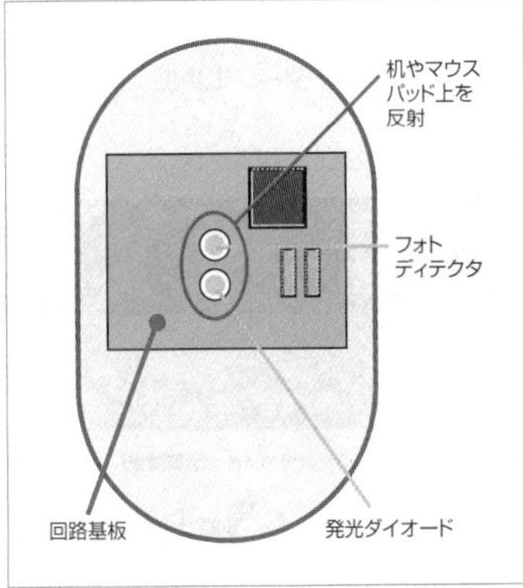

高級言語 *high-level language*

人の使う言葉に近いプログラミング言語のこと。

機械語やアセンブラ言語のように、機械（ハードウェア）の物理的な動きに近いプログラミング言語を**低級言語**、または**低水準言語**というのに対し、ハードウェアが抽象化されていて人間に理解しやすいプログラミング言語をいいます。自然言語に近い構文規則を備えており、移植性も高くなっています。主な言語としては、科学技術計算用のFORTRAN（フォートラン）、事務処理用のCOBOL（コボル）、教育用のPascal（パスカル）、人工知能用のLISP（リスプ）、システム記述用のC、オブジェクト指向のC++（シープラスプラス）、Java（ジャバ）、C#（シーシャープ）などがあります。低級言語に比べ、開発効率や移植性に優れていますが、実行速度やプログラムサイズ、CPUの特殊命令への対応において劣っています。**高水準言語**ともいいます。

関連▶**アセンブラ言語／プログラミング言語**

工業所有権 *industrial property*

特許、実用新案、商標登録、意匠登録のこと。

発明や創造の成果を保護し、産業への応用を支援するもので、具体的なモノ以上に、アイデアやオリジナリティ、信頼性といった無形財産を保護するものです。不当に侵害した場合は損害賠償の対象となります。

関連▶**知的所有権／著作権**

攻撃 *attack／cryptanalysis*

悪意をもってネットワークやシステムに不正に働きかけること。不正に暗号を解読することも含まれる。

アタックなどともいいます。ネットワークシステムの実施するサービスに大量の要求を送信して、システムやサービスを停止させる**DoS**（ディーオーエス）**攻撃**や、これを発展させ、複数のアドレスからサイトの許容量を超えてアクセスを集中させる**分散型DoS攻撃**（**DDoS攻撃**）などは、システム攻撃の代表的なものです。また、暗号の解読には暗号文から平文を解読する**暗号文攻撃**

や、暗号文と平文の組み合わせから対応鍵を推定する**平文攻撃**、ユーザーがインターネットに接続している際、外部のコンピュータからユーザーのコンピュータをハングアップ（機能停止）させる**コンピュータ攻撃**などがあります。

関連▶**サイバー犯罪対策室／DoS 攻撃**

公衆無線LAN
public wireless LAN

無線LANを使ってインターネットに接続できる環境を提供するサービス。

インターネットに接続された無線LANのアクセスポイント（AP）を、飲食店や駅など人の集まる場所に設置し、ノートパソコンやスマートフォンなどによるインターネット接続を可能にする仕組みです。**ホットスポットサービス**とも呼ばれます。近年では会員登録（料金が発生するものもあり）を行い、広範囲にわたってアクセスポイントを利用できるサービスもあります。

関連▶**ホットスポット／無線LAN**

公式アカウント
Official account

SNSなどのサービスにおいて、企業などがイベントやお得な情報をユーザーに対して発信するために取得するアカウントのこと。

LINEやツイッターなどで製品情報やキャンペーン情報を発信することで、企業のブランド力を高めたり、テレビ局や公的機関がサービス内容の理解を広めたりします。

関連▶**ツイッター／LINE**

▼LINEの公式アカウント

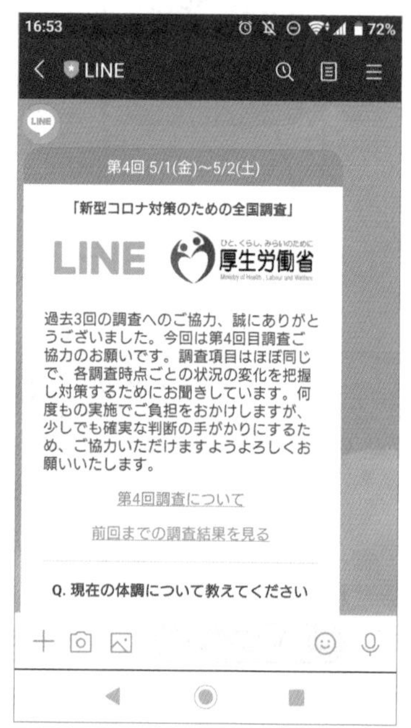

降順 *descending order*

データの値を大きいものから小さいものへという順に並べ替えること。

データの日付は新しいものから古いものへ、また、文字は五十音順の反対方向、アルファベットはZからAの方向に並べ替えられます。

関連▶**次ページ上図参照／昇順／並べ替え**

▼降順の例

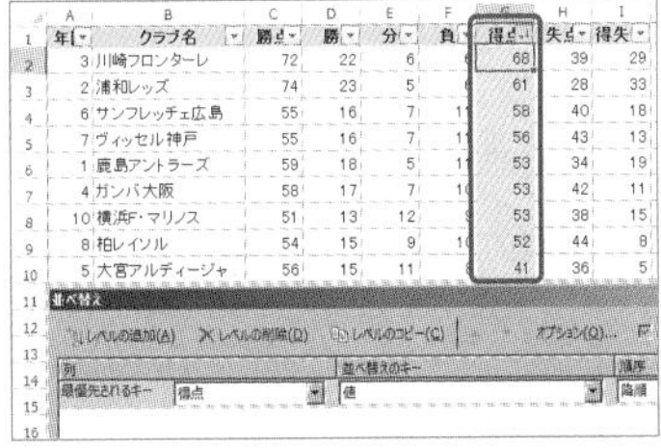

更新 *update*

関連▶**アップデート**

更新履歴 *update history*

ソフトウェアの機能拡張や、バグの修正等、その変更点を時系列にまとめたもの、またはそのための機能。

ソフトウェアの問題点やバグの修正状況が一目で把握できます。

関連▶**履歴**

構造化プログラミング *structured programming*

ソフトウェア工学におけるプログラム作成法の1つ。

goto(ゴートゥー)**レス**、**モジュール化**、**トップダウン設計**などが基本概念となっています。オランダのアイントホーフェン工科大学の**E.W.ダイクストラ**が提唱し、1970年代の米国IBM社によるソフトウェア開発の技術規範**IPT**(Improved Programming Technologies)によって広まった手法です。構造化プログラミングの基本的な考え方は以下の4つにまとめられます。

①**順次(連接)、選択、反復**の3つの基本構造で構成する。goto文はプログラムのリストと実行順序に不一致を引き起こすので、できるだけ使用しない。②大きく複雑なプログラムは人間の知的管理の限界を超えるので、小さなプログラムに分割する(**モジュール化**)。③モジュールの実現する機能を階層構造にしてプログラムを作成する(**トップダウン設計**)。④プログラムの正当性を証明する。

関連▶**仕様書**

▼順次(連接)、選択、繰り返し

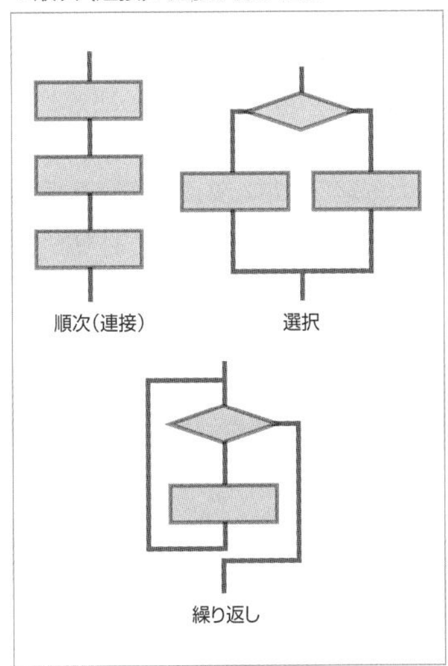

公認アカウント *Certified account*

サービス運営者(会社/個人)が、正式な本人または企業であることを確認したアカウントのこと。

認証済みアカウント、公式アカウントなどともいいます。
取引などを行う場合、なりすましを防止することを目的として公認アカウントを取得することがあります。健全な取引のために、サービス運営会社は公認アカウントの取得を推奨しています。

コーディング *coding*

仕様書や流れ図をもとに、プログラミング言語でソースプログラムを記述すること。

プログラムを作成する作業は、プログラムの構成を考える部分と、それをもとにプログラミング言語を用いてプログラムを記述する部分とに分けることができます。一般にコーディングとは、後者の作業を指します。プログラムの構成や仕様が与えられていて、それに従ってプログラムを記述するというニュアンスが含まれます。

コード入力 *input by codes*

ワープロやエディタで日本語を入力する際に、コード番号を指定して文字や記号を入力すること。

日本語入力システムの辞書変換機能を使わずに、読みのわからない漢字や特殊な記号などを入力する際に利用します。区点コードやJISコードなど、様々なコードがあります。

関連▶**日本語入力システム**

▼WindowsのIMEパッドのコード入力機能

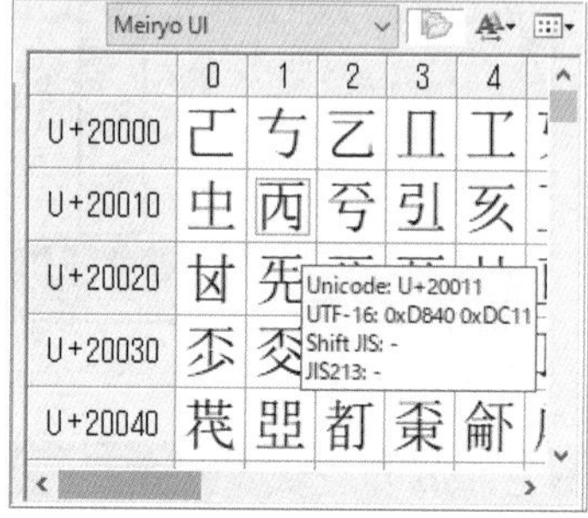

互換オフィス *Microsoft Office compatible office suite*

米国マイクロソフト社のMicrosoft Officeとのデータの互換性を備えたオフィスソフト。

Apache OpenOfficeやWPS Officeが有名です。Microsoft Officeで作成した文書の読み書きが可能で、WordやExcel、PowerPointに相当するアプリケーションソフトがあります。

互換性 *compatibility*

機能の共有性を示す言葉。**コンパチビリティ**ともいう。

ハードウェア、OS、ソフトウェアのいずれかを交換しても、同じように動作したり処理できることです。一般に、同じOSに対応していても、メーカーが異なれば、同一のソフトウェアが動作しなかったり、同じソフトウェアでも、バージョンが異なれば、同一の処理ができなかったり

こ

しますが、こうした異なる環境でも動作することを「互換性がある」といいます。例えば、Windows用のアプリケーションは互換性が高く、Windowsが動作する限り、どのメーカーのパソコンでも動作します。また、バージョンの異なるソフトウェアで、上位（最新）バージョンが下位（旧）バージョンで作成したデータを処理できることを**上位互換性**がある、逆の場合を**下位互換性**があるといいます。

関連▶**上位互換性**

互換モード
compatibility mode

コンピュータのソフトウェアにおいて、新式のシステム上で旧式のシステムを再現する機能の1つ。

例えば、Windows 10使用中に、Windows XPでなければインストール、起動などが行えないアプリケーションを使用したい場合、互換モードにより、その挙動を再現することで、動作させることができます。

関連▶**エミュレーション**

▼上位互換と下位互換

ゴシック体／ゴチック体
gothic font

一定の太さの線で表現された、線上に出っ張りのない文字書体。

文字の先端部分の形により、**角ゴシック**、**丸ゴシック**などがあります。

関連▶**フォント**

▼ゴシック体

個人情報保護
privacy policy／protection of personal information

個人の、それと識別できる情報（個人情報）を、本人が望まない利用から保護すること。

個人情報とは氏名、住所、電話番号だけでなく、生年月日や所属、血液型など、個人を特定するために利用できるあらゆるものが該当します。IT化に伴い、多くの組織が顧客の個人情報をデータとして蓄積していますが、自組織や他者による目的外利用、保管の不備による流出など、顧客が被害を受けるケースが増えています。これを受け、1998年3月に日本情報処理開発協会が**プライバシーマーク制度**を発足させ、個人情報の取り扱いに関して一定の基準を設けました。1999年3月にJISで「個人情報保護に関するコンプライアンス・プログラムの要求事項」(JIS Q 15001)も定められています。ただし、これらは組織内においての扱いを定めた基準にすぎず、罰則などは存在しません。

関連▶**個人情報保護法**

個人情報保護法

Act for Protection of Computer Processed Personal Data held by Administrative Organs

個人情報保護を目的として、2003(平成15)年5月に成立した法律。

事業者の義務や罰則規定などに関する事項は2005(平成17)年4月に施行されました。大量(5000人以上)の顧客名簿を抱える事業者に対し、個人情報の不正な取得の禁止や、本人の同意を得ずに第三者へ個人情報を提供することを禁止しています。漏洩(ろうえい)防止の策をとることや、本人からの苦情を迅速に処理することを義務付けました。また、行政機関に関しては、従来の行政機関電算処理個人情報保護法を大幅に改正した**行政機関個人情報保護法**が適用されます。保護の対象をコンピュータ上のデータだけでなく一般の文書にまで拡大し、また、従来もあった開示請求権に加え、訂正や利用停止の請求権もうたわれています。

関連▶**個人情報保護**

コストパフォーマンス

cost performance

価格対性能比のこと。

コスパともいいます。購入価格やランニングコストと性能とを対比させて、製品を総合的に比較する方法です。性能の数量化の基準が複数の指標から構成され、また、どの機能を重視するかによっても評価が大きく異なるため、特定の機能と対価との比較に絞らないと、客観性が薄れてしまうこともあります。

固定(定額)制

fixed charge system／flat rate system

電話網や商用ネットワークなどのサービス課金制度で、接続した時間に関係なく利用料金が一定となる仕組み。

長時間の接続が確実な場合には、**従量制**より有利です。

関連▶**従量(課金)制**

コネクタ *connector*

コンピュータと周辺機器を接続するときに使うケーブルの接続部分。

用途によって多くの種類があり、パラレル方式の場合、一般に同時に送られる信号が多いほど、内部の端子

(**ピン**) が増えます。

関連▶**巻末資料(コネクター一覧)**

コピー *copy*

■データを**複写**すること。

一般には、アプリケーションソフトの画面上で指定したデータを、別のところへ書き込むことをいいます。WindowsやMacの場合、クリップボードに新たなデータが書き込まれ、コピー元のデータはそのまま残されます。

■ファイル管理で、指定したファイルを別のドライブやフォルダに複製すること。

各種OSの基本機能の1つです。

コピーフリー *copy free*

提供元が提示した範囲内であれば、自由に複製、使用できること。

一見、自由に利用できるデータのように思われがちですが、提供元の利用規約に沿った用途に限られます。

コピープロテクト *copy protect*

ソフトウェアの著作権を保護するために、データを複製できないようにすること。

コピーガードとも呼ばれます。コピープロテクトされたソフトウェアの中には、専用のセットアッププログラムを使って、あらかじめ設定された回数しか複製できないものや、専用の**キー**と呼ばれる装置を使うものもあります。

関連▶**キー**

コピーライト *copyright*

著作権のこと。

関連▶**copyright**

コピーレフト *copyleft*

著作権は保持されるが、使用に制約のない著作物。

関連▶**copyleft**

コピーワンス *copy once*

1回に限り複製を許可されているコンテンツ、またはそのことを可能にするコピーコントロール技術のこと。

テレビ放送の場合、録画が一度目の複製となるため、録画した映像をコピーしたい場合は、元のデータは自動的に消去される「移動」となります。BSデジタル放送、地上デジタル放送では、2004年4月からすべての番組にコピーワンスが適用されていましたが、一部を除き2008年4月に「ダビング10」に移行しました。

関連▶**ダビング10**

コピー&ペースト *copy and paste*

文字や図などをクリップボードなどの**バッファ**にコピーし、必要に応じて取り出して文書にペーストすること。

コピペとも略します。コピーとペーストの組み合わせで、見かけ上の複

こ

写を行います。コピーの代わりに文書から文字を削除して、見かけ上の移動をすることを**カット&ペースト**といいます。

関連▶**カット&ペースト**

コマンド *command*

コンピュータに特定の処理を実行させるための命令語。または、アプリケーションのメニュー中の項目。

処理を実行させるための**命令語**であり、通常、コンピュータがコマンド入力を待っているとき（コマンドラインが表示されている状態）、キーボードから入力します。アプリケーションソフトなどでは、コマンドラインに入力する代わりに、コマンドをメニューの中から選択する方法がとられています。

コマンドキー *command key*

Macのキーボードにあるキー。

他のキーと同時に押すことで、割り当てられている機能が実行できます。例えば、[O]キーと同時に押すとファイルのオープンになります。

関連▶**キーボード／Appleキー**

▼コマンドキー

コマンドプロンプト *command prompt*

Windowsに標準装備されている文字ベースのインターフェース。

この文字によるインターフェースを**CUI**（キャラクタユーザーインターフェース）といいます。Windows上でコマンドをキーボードから入力するときに使われます。Windows 7からは新しいCUIとして、**Windows PowerShell**が標準搭載されています。

ごみ箱 *trash box*

WindowsやMacのデスクトップ画面にあるアイコンの1つ。

ファイルなどが不要になったときに、マウスでドラッグして捨てる場所のことです。捨てただけであれば、削除ではなく貯めておくだけなので、ファイルは必要に応じて復元できます。また、不要と判断したときに「空にする」機能を選択すれば、完全に削除できます。

▼ごみ箱

Windowsのごみ箱

Macのゴミ箱

コミュニティ *community*

ネットワーク上での情報交換を目的とした団体、またはその情報交換ネットワークそのものを指す。

SNSや電子掲示板、オンラインゲーム、出会い系サイトなどもコミュニティの一種です。

関連▶**クラスタ**

コルタナ *Cortana*

関連▶**Cortana**

コロン *colon*

「:」記号のこと。

Windowsの場合には、ハードディスクやメディアドライブを示す際に使われます。「C:」はCドライブのこと。インターネットでは、WWWの**URL**（**アドレス**）を表記するときにプロトコル名とホスト名の境界に「http://www.shuwasystem.co.jp」というように使います。

関連▶**URL**

コンデジ *Compact digital camera*

デジタルカメラのうち、レンズ交換ができない構造のものを指す。**コンパクトデジタルカメラ**の略。

レンズの交換ができない半面、複雑な設定が必要なく価格も安いことから、カメラの入門用として初心者に人気があります。近年のデジタルカメラはSNSに写真を投稿するユーザーが多いことから、インターネットに直接接続できるようにWi-Fi機能が付いているものがほとんどです。

関連▶**デジタルカメラ**

▼コンデジ

コンテナ型仮想化 *Container based virtualization*

1つのホストOS環境の上に、コンテナと呼ばれる独立の仮想空間を作り、そこに複数の環境システム（アプリケーション）を集約する技術のこと。

コンテナとホストOSとの間を取り持つコンテナ管理のソフトウェアとして**Docker**があります。

関連▶**Docker**

コンテンツ *contents*

情報の内容や中身のこと。

コンピュータにおいては、一般に、マルチメディアなど、電子的な手段によって提供される情報の内容や中身を指します。イメージデータや音声データ、文字情報がこれにあたります。

関連▶**動画**

コントラスト *contrast*

画面や画像データなどの表示で、明るい部分と暗い部分の明度差（比）。

コントラストが強いと、一般にメリハリのきいた画面となります。ディスプレイの場合、画面下のボタンやメニューなどで調節します。米国アドビ社のグラフィックソフト「Photoshop（フォトショップ）」では、色調補正コマンドの「明るさ・コントラスト」を使用します。

関連▶**明度**

コントローラ *controller*

■ソフトウェアやハードウェアを制御するインターフェース機器のこと。

ゲームコントローラなどがあります。

▼コントローラの例

DUALSHOCK® 4　マグマ・レッド（CUHZCT2J11）
©2016 Sony Interactive Entertainment Inc.

■ハードウェアをコントロールするICやLSI。

ハードディスクコントローラ（HDC）など。すべてのデバイスはコントローラを経由して制御されます。

関連▶**ドライバ**

コンパイラ *compiler*

ソースプログラムを機械語のオブジェクトコードに翻訳する言語プロセッサ。

ソースプログラムを読み込み、文法を解釈して、オブジェクトコードに変換します。「**コンパイル**する」といいます。一部の開発環境では**ビルド**ともいい、言語プロセッサには、コンパイラのほかに、ソースプログラムを逐次、機械語に変換しながら実行する**インタープリタ**があります。

関連▶**次ページ上図参照**／**インタープリタ**

コンパイラ言語 *compiler language*

高級言語の一種。

コンパイラによって機械語に変換される言語です。代表的なものにC言語やC++（シープラスプラス）などがあります。

関連▶**高級言語**／**コンパイラ**

コンピュータ *computer*

外部から設定された計算手順に従ってデータ処理を行う機械。

この計算手順を**プログラム**といいます。一般に**電子計算機**と訳され、単に**計算機**ともいいます。現在のコンピュータは、プログラム内蔵方式が特徴の**ノイマン型**と呼ばれるもので、制御装置、演算装置、主記憶装置、入力装置、出力装置の5つの要

▼インタープリタとコンパイラの翻訳の流れ（コンパイラ）

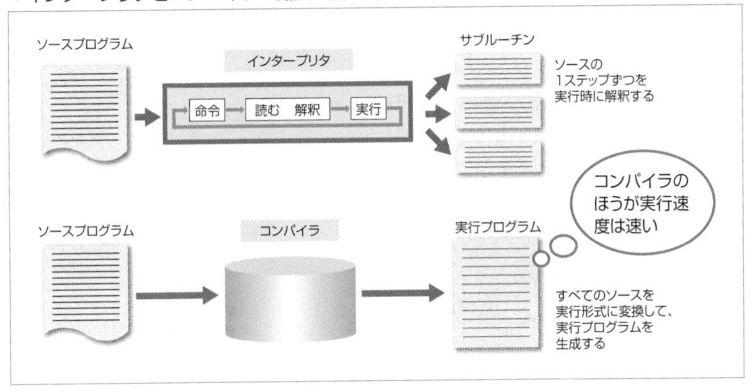

素からなっています。

関連▶ **コンピュータの５大装置／ノイマン型コンピュータ**

コンピュータの５大装置
five units of a computer

コンピュータの基本構成要素を示す概念。

パソコンからスーパーコンピュータまで、すべてに共通の基本機能を表現するために考案されました。図のような５つの基本装置で構成されます。

関連▶ **次段図参照／主記憶装置／出力装置／入出力装置／入力装置**

コンピュータグラフィック（ス）
CG ; Computer Graphics

コンピュータで画像を作成、処理すること。または、その結果得られた画像、映像のこと。

CGともいいます。三次元空間のオ

▼コンピュータの基本装置（コンピュータの５大装置）

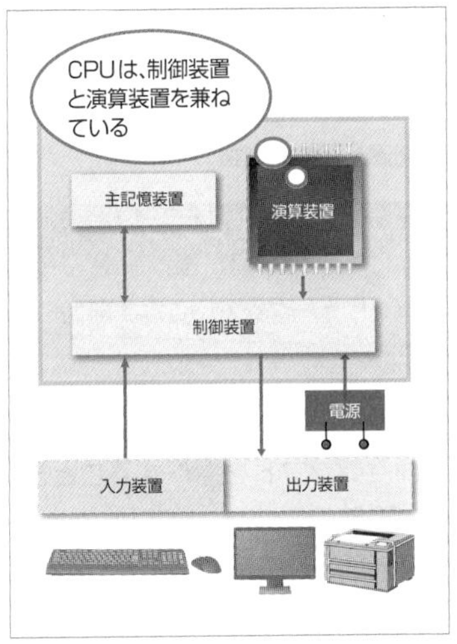

ブジェクトをコンピュータ内に構築し、オブジェクトの色や質感、照明やアングルを自由に設定して画像を作成することなどを指します。ハード

ウェアの高性能化に伴いCG技術は急速に発展しました。近年は特に、動画のコンピュータグラフィックスが盛んで、テレビ番組や映画、CM映像の多くにコンピュータグラフィックスが用いられています。

コンピュータソフトウェア著作権協会
ACCS ; Association of Copylight for Computer Software

コンピュータのソフトウェアに関する知的財産権を保護するための活動を行っている協会。

民間ベースの団体ですが、文部科学省など関係省庁の協力も得て、特に企業内の不正コピーの防止、摘発に力を注いでいます。1991年に社団法人として設立されました。

関連▶**知的所有権**

コンピュータリテラシー
computer literacy

コンピュータを使いこなす能力のこと。

プログラムの作成からアプリケーションソフトを操作することまで、と定義の幅はありますが、ある明確な目的を持ってコンピュータを操作できる能力をいいます。基礎教育の中でコンピュータの活用能力を培う必要がありますが、これを**コンピュータリテラシー教育**といいます。

サードパーティ *third party*

パソコンを製造しているオリジナルメーカー以外で、周辺装置、ソフトウェアなどを製造、販売するメーカー（ベンダー）のこと。

オリジナルメーカーの系列企業は含めません。また、あるパッケージソフトの付加機能を商品化した**アドインソフト**などを販売するメーカーもこういいます。一般に純正品に比べて流通価格が割安になっていることが多いのですが、本体メーカーから動作が保証されていない場合もあります。純正品保護のためにサードパーティを嫌うメーカーもあれば、サードパーティを組織化して市場を活性化させて、シェアを伸ばしたメーカーもあります。

サーバー *server*

クライアントに対してサービスを提供するコンピュータ、またはプログラムをいう。

サーバーとは、「サービスを提供するもの」という意味。サーバーはその役割分担によって、記憶装置を提供する**ファイルサーバー**、データベースを提供する**データベースサーバー**、プリンタを提供する**プリントサーバー**、アプリケーションを提供する**アプリケーションサーバー**、通信機能を提供する**コミュニケーションサーバー**などに分類され、1台のコンピュータで、これらのサーバーのうちのいくつかを兼ねていることもあります。また、インターネット上にはメールサーバー、WWW（Web）サーバー、FTPサーバー、DNSサーバー、タイムサーバーなどが存在し、インターネットをかたちづくっています。

関連▶ **クライアントサーバーシステム**

▼サーバーとクライアントの例（サーバー）

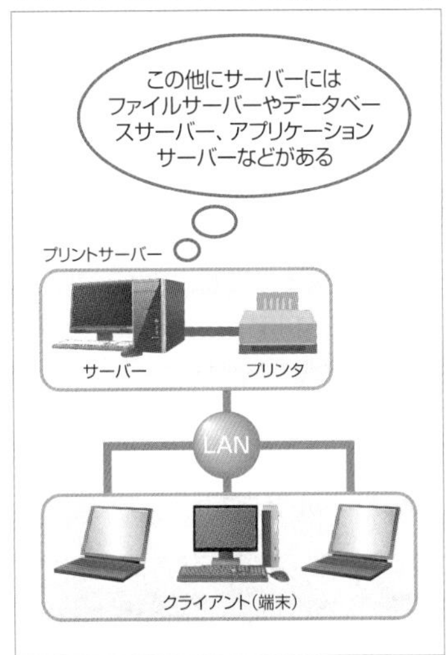
この他にサーバーには
ファイルサーバーやデータベー
スサーバー、アプリケーション
サーバーなどがある
プリントサーバー
サーバー
プリンタ
LAN
クライアント（端末）

さ

サーバーサイドJava *server side Java*

WWW(Web) サーバー側で動くJavaプログラムのこと。

従来のJavaはWebページに埋め込まれたアプレットとして、クライアント側で稼働させるものが大半でしたが、Javaをサーバーで動作させるためのJSP、サーブレットといった技術を使い、Java言語で書かれたプログラムをサーバー側で動作させることも、一般的になってきました。

関連▶**サーブレット／JSP**

サーバーレス *serverless*

サーバーの構築や保守などの管理をせずにシステム開発だけに専念する仕組みのこと。サーバーの管理が不要(レス)になるのでサーバーレスと呼ばれている。

ここでいうサーバーレスとは、サーバーが存在しないということではなく、サーバーの構築や保守を、サーバーを提供する会社がすべて担当するため保守が不要、という意味です。そのため利用者はサーバーを管理する必要がありません。

サービスデスク *service desk*

関連▶**ヘルプデスク**

サービスプロバイダ *service provider*

関連▶**インターネットサービスプロバイダ**

サーブレット *servelet*

JavaによるWebサーバーアプリケーション。

CGIとほぼ同様の目的で用いられますが、CGIがステートレス(1回の処理が終了するとサーバープログラムが終了し、次回呼び出しに情報を伝えられない)なのに対し、サーブレットではスレッドが常駐するため、状態を引き継げます。ログイン情報やカート内の商品情報についてはページ間での連携が必要となるため、Javaの豊富なAPI群を利用できることと合わせて、大規模なWebアプリケーションを比較的簡単に実現できます。

関連▶**アプレット／API／CGI／Java**

サーマルプリンタ *thermal printer*

高温の印字ヘッドのピンをインクリボンや感熱紙に押し付けて、印字するプリンタ。

インクやトナーが不要でランニングコストが低いことから、レジのレシート印刷やFAXで利用されています。

関連▶**プリンタ**

再インストール *reinstall*

OSやソフトウェアを、インストールし直すこと。

不具合や障害が発生したときに、この作業を行います。

関連▶**インストール**

再起動 *restart*

OSを終了し、再度起動すること。

リスタートともいいます。システムの設定値を変更した場合や、システムの復帰不能なエラーが発生した場合に行います。

最小化ボタン *minimize button*

開いたウィンドウを、アイコンやタイトルバーとして小さく表示するボタン。

Windowsでは各ウィンドウのタイトルバーの右端付近にあるボタンで、macOSでは**しまうボタン**として用意されています。

関連▶**下画面参照／最大化ボタン**

再生可能エネルギー *renewable energy*

法律でエネルギー源として永続的に利用することが認められているもののこと。

太陽光、風力、地熱などを指します。

最大化ボタン *maximize button*

Windowsの各ウィンドウのタイトルバーの右端付近にある、ウィンドウを画面いっぱいに広げるボタン。

なお、最大化したウィンドウを元に戻すには、もう一度、同じ場所にある、四角形が重なったマークのボタン（**元に戻すボタン**）をクリックします。macOSでは**ズームボタン**といいます。

関連▶**前ページ下画面参照／最小化ボタン**

サイト *site*

URLによって特定できる**アドレス**のあるWebページ、もしくはWebページの集合。

Web（ウェブ）**サイト**ともいいます。サイトは、入口となるトップページ（ホームページ）と一連のWebページから構成され、これらは互いにリンクで連結されています。

関連▶**URL**

▼Windowsのボタン

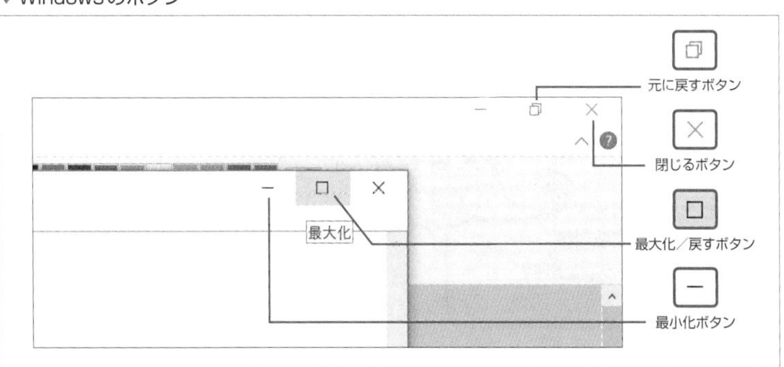

さ

彩度（さいど）
saturation／chroma

色の鮮やかさの度合い。

色の三要素（色相、明度、彩度）の1つです。色の強さやその色らしさを表すもので、各色相のうち、白、黒、グレーが混じらないものを**純色**といい、最も彩度が高い状態です。RGBでは3色それぞれの輝度差が大きいほど彩度は高くなります。

関連▶**三原色／色相／明度**

サイバースペース
cyber space

コンピュータのネットワーク上に作られた仮想的な世界のこと。

情報通信空間、**電脳空間**ともいいます。米国のSF作家**ウィリアム・ギブスン**による造語です。

サイバーテロ
cyber terrorism

インターネットなどのコンピュータネットワークでの破壊活動のこと。

コンピュータウイルスの配布やデータの破壊、ネット掲示板での犯罪予告、他人のWebサイトを改ざんして声明を発表する行為など。また近年は、インターネットバンキングの不正送金事件が急増しています。日本国内では、警視庁によるハイテク犯罪対策部署の設立や、2000年に施行された**不正アクセス禁止法**、2011年に新設された**ウイルス作成罪**などによって対応しています。また、2015年には、国の責務を明らかにした法律であるサイバーセキュリティ基本法が施行されました。これは国が地方自治体や関連業者と連携して対策する方針を示したものです。

関連▶**ウイルス／サイバー犯罪対策室**

さ

▼サイバーテロの防止策（サイバーテロ）

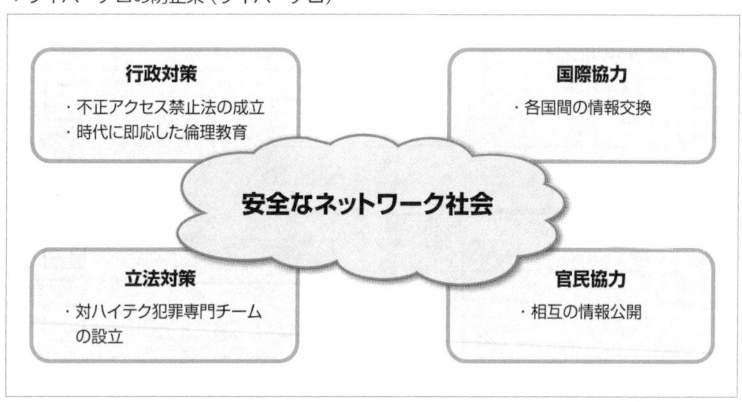

サイバー犯罪対策室
NPA Japan Countermeasure against Cybercrime

ネットワーク上で行われる各種の犯罪に対応する組織。

全国の都道府県の警察に設置されている部署です。コンピュータウイルスや、インターネットなどの情報通信技術を使用した犯罪（サイバー犯罪）の捜査・摘発を行うために設置されました。

再変換 *reconversion*

一度確定した文字を、読みに戻してから別の文字に変換し直すこと。

最初から再変換可能なモードにして入力することもいいます。変換前の入力文字を保持する必要があるため、処理方法はソフトウェアによって異なります。

サウンドボード
sound board

コンピュータに音源機能を持たせるための拡張ボード。

▼サウンドボード

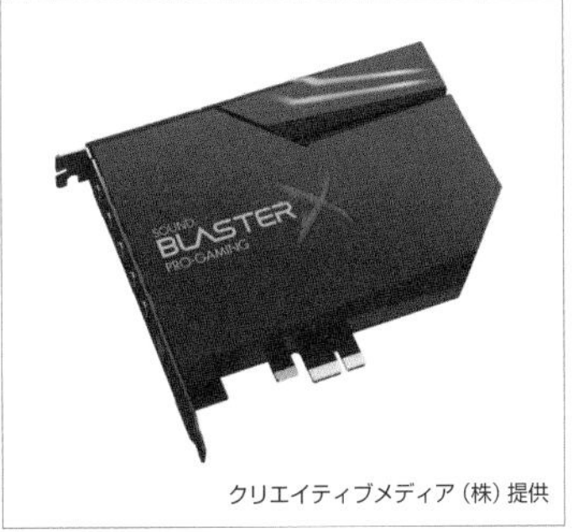

クリエイティブメディア（株）提供

サウンドカードともいいます。FM音源チップやWAVE（ウェーブ）テーブル（音声データ）用のメモリ、D/A（デジタル/アナログ）コンバータ、スピーカー駆動用のアンプなどが搭載されています。

関連▶**FM音源**

作業（用）ファイル
working file

編集途中の文書データなどを一時的に記録しておくファイル。

テンポラリファイルとも呼ばれています。ワープロソフトやグラフィックソフトは、編集対象のデータファイルのサイズが大きいので、これをメモリには展開せずに、一時的にハードディスク上にファイルとして展開する方法がとられます。この際のファイルを作業用ファイル（**ワークファイル**）、作業用ファイルが作られるディレクトリを**作業用ディレクトリ**（**ワークディレクトリ**）といいます。

作業領域 *working area*

プログラム実行中に、計算を行ったり、途中の結果を一時的に退避させるために確保されている記憶領域。

ワークエリアともいいます。通常はメインメモリ上に確保されますが、メインメモリが小さい場合は、ハードディスクなどの外部記憶装置上に確保されることもあります。

さ

差込み印刷
print with insertion

共通レイアウトに個別のデータを別文書で与えるワープロの印刷機能。

封書／ハガキの表書き、請求書、挨拶状などを効率よく生成する機能です。例えば、請求書などのレイアウトを作るとき、あらかじめ宛名の部分を「差込み可能」な設定の空欄にしておき、印刷時に名前や住所のデータを記録した差込みファイルを指定すると、差込みファイルから宛名や住所を読み込んで、空欄にあてはめた上で印刷されます。

関連▶ 下図参照

差出人 *sender*

受信したメールに表示される送信者の名前。

「Gmail」や「Microsoft Outlook」などでは**送信者**のメールアドレスや送信者が設定した名前が表示されています。電子メールのヘッダーには「From：」で示されるコンピュータ利用者のアドレスと、実際の差出人を表す「Sender：」で示されるアドレスが含まれています。「Microsoft Outlook」で正確なメールアドレスを知りたいときは、[ファイル]-[情報]-[プロパティ]で確認できます。

▼差込み印刷

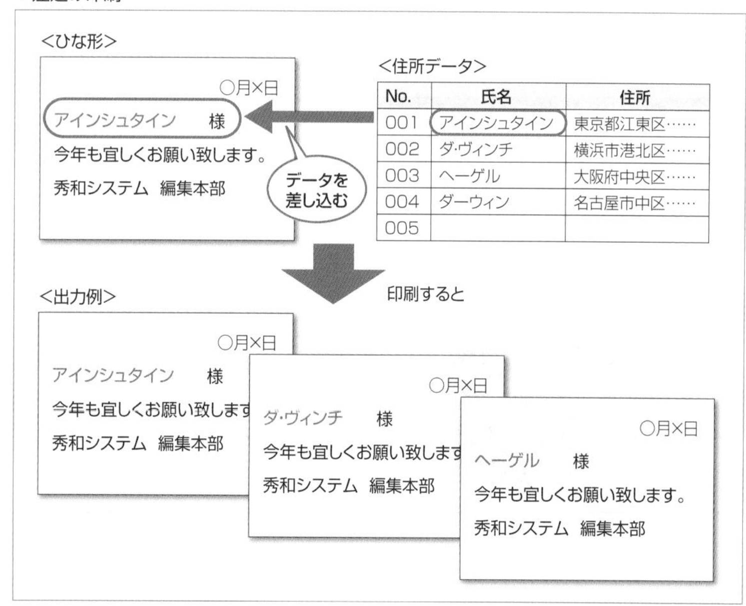

サブスクリプション *subscription*

商品を一定期間だけ利用する権利として料金を支払う方式のビジネスモデル。サブスクともいう。

一定期間中は商品を自由に利用できますが、期間が過ぎると利用できなくなります。音楽や映画などのデータ配信サービスから一般化し、現在では自動車、洋服などの実製品、外食での食べ放題など、様々な形態でサブスクが導入されています。

関連▶下表参照／シェアリング

サブノート *subnote*

ノートサイズよりも小さく、パームトップサイズよりも大きいポータブルパソコン(手のひらで使用できる大きさ)。

一般にはB5版サイズ程度の携帯型パソコンのことで、出張や通学などで持ち歩くことを主眼としたモバイルコンピュータの主力です。その半面、キーボードが標準サイズより小さくなったりして、使いやすさを犠牲にした部分があります。そのため、メインのデスクトップに対してサブのノートという意味合いも込められています。

関連▶パーソナルコンピュータ／UMPC

サポート *support*

■ある機能やある機器に対応する、あるいは対応していること。

一般に「サポートする」などと動詞の形で表現します。

■製品の使用にあたっての不明点やトラブルに対するメーカー側の対応。

ソフトウェアやハードウェアの運用を、オンラインでのバージョンアップなどで支援することをいいます。各メーカーは**サポートセンター**や**ユーザーサポートセンター**を開設しています。

サムネイル *thumbnail*

個々の画像ファイルの内容を簡素化して表示する**グラフィックビュー**のこと。

サムネールともいいます。インターネットやファイル管理ツールの画面では、小サイズの見本画像として使われています。サムネイルをクリッ

▼サブスクリプション、シェアリング、レンタルの違い(サブスクリプション)

	サブスクリプション	シェアリング	レンタル
料金	定額	従量制	定額(延滞料あり)
所有/利用	利用	利用	利用
商品の変更	可能	可能	基本不可能
企業の収益	継続的	継続的	継続的

さ

クすると元の画像が現れます。

▼サムネイルの例

サラウンド *surround*

音場(おんじょう、音のある空間)に現実感と広がりを与える技術の総称。

従来のオーディオ製品では1つのスピーカーを使うモノラルか、2つのスピーカーを使うステレオが一般的でした。しかし、本来、音は空間全体から伝わってくるもので、たとえ前方で音が鳴っていても、背後に壁があれば跳ね返って届く音もあります。こうした状態を再現するのがサラウンドです。米国Dolby Laboratories(ドルビーラボラトリーズ)社が開発した**ドルビーサラウンド**や**ドルビーデジタル**に代表される技術で、多くの場合、複数のスピーカーを配置して、それぞれ別の音を流すことで音場を再現します。また、特殊な音響技術を用いることで、2つのスピーカーだけでサラウンドを実現したり、ヘッドホンでサラウンドを実現する手法もあります。

関連▶**5.1チャンネル(ch)**

三原色 *richromatic*

プリンタやディスプレイなどによる色表現の基本となる色。

色表現の方法には、カラーインクの**C**(**Cyan**:青)、**M**(**Magenta**:赤)、**Y**(**Yellow**:黄)を重ね合わせた**減法混色**(**減色混合**)と、カラーディスプレイなどの**R**(**Red**:赤)、**G**(**Green**:緑)、**B**(**Blue**:青)の発光体を重ね合

▼色の三原色

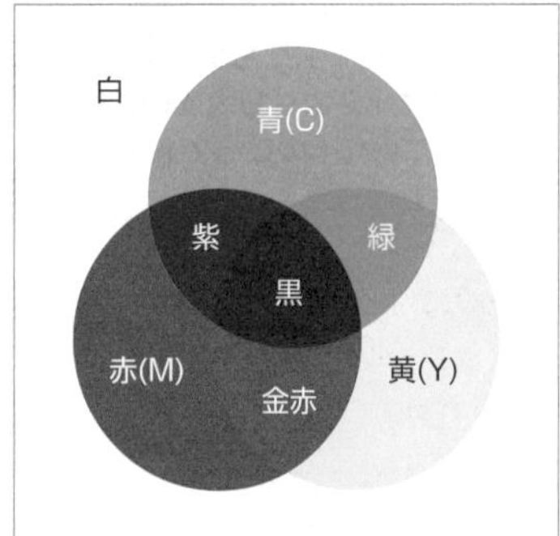

▼光の三原色

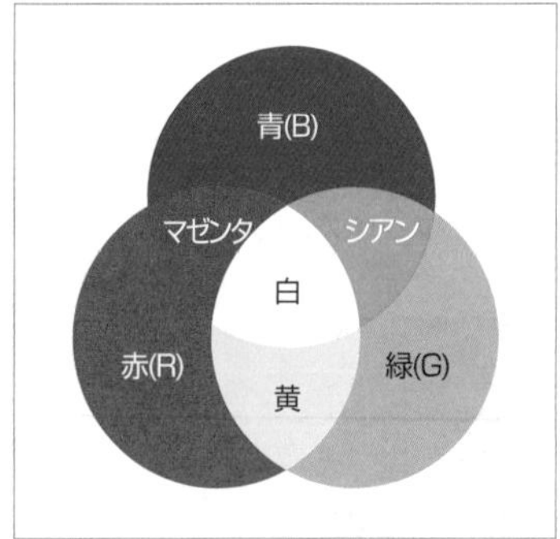

さ

わせた**加法混色**とがあり、一般にCMYを**色の三原色**、RGBを**光の三原色**といいます。加法混色では、RGBを重ね合わせると最高輝度の白となりますが、減法混色のCMYを重ね合わせると色味の付いた黒となり、完全な黒にはならないため、商業印刷などでは、K（Key tone：黒）版をさらに重ねることで黒味表現を補完します。これを**CMYK**といいます。なお、商業印刷ではインクの色の薄いほうから順に重ね合わせるため、**YMCK**と呼ぶ場合もあります。

関連▶CMYK／RGB（信号）

サンプリング *sampling*

アナログ信号を、一定間隔の時間や座標で区切り（離散化）、有限の桁数の数値に変換（量子化）すること。

標本化ともいいます。なお、音や画像の情報をコンピュータで処理する際には、アナログ信号をデジタル信号に変換（量子化）する必要があります。これを**A/D変換**といいます。

サンプリングレート *sampling rate*

アナログ信号からデジタル信号への変換（A/D変換）において、単位時間あたりに行われる数値化の回数。

サンプリング周波数ともいいます。自然界に存在する音や光の波形をコンピュータ上で処理可能にするには数値化が必要で、サンプリングレートは数値化を行う頻度を「Hz」の単位で表します。一般的に数値が高くなるほど高品質になります。

関連▶A/D変換

さ

シアン *cyan*

印刷でのインクの色名。

色の三原色の1つで青色のことです。

関連▶**CMYK**

シーケンシャルアクセス *sequential access*

データが一定の順番で並んでおり、それを順に読み書きするようなアクセス方法。

順次アクセス、**逐次アクセス**ともいいます。常に先頭からデータの読み出しを始めるもので、磁気テープが代表的なものです。

関連▶**ランダムアクセス**

シェアウェア *shareware*

試用を目的としたソフトウェアの配布形態の1つ。

ソフトウェアを一般に公開して、ユーザーはそれを試用し、その後も継続して利用する場合に代金を支払うというシステムです。もともとは販売が目的ではなく、ソフトウェア

▼シーケンシャルアクセス

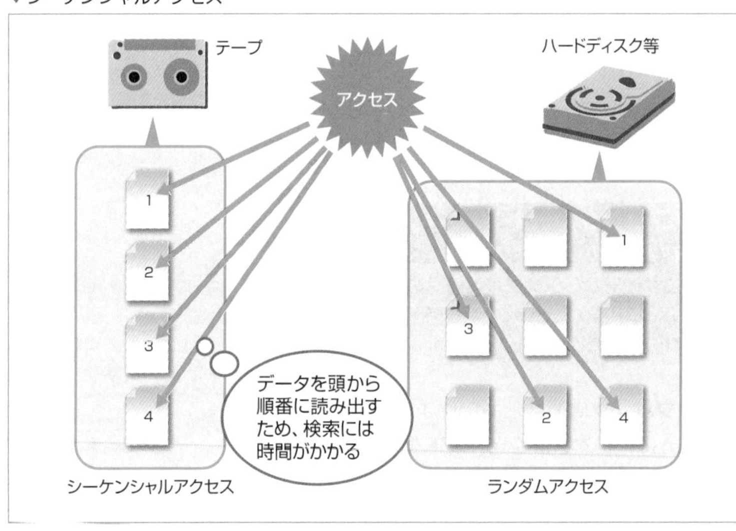

作者の善意で公開されていたものですが、作者の労力や費用を補う意味で金品の授受が慣例化されました。ネットワークの**データライブラリ**、インターネット上などで公開されており、入手やテスト使用は基本的に無料のものが多くあります。デモンストレーションの目的から、機能制限がかけられている場合もあります。なお、代金（**ドネーション**）を支払い、正式なユーザーとして登録する手続きを**レジストレーション**といいます。

関連▶**オンラインソフト（ウェア）／フリーウェア**

シェアリング *sharing*

企業や個人が持つ遊休資産をインターネットを介して結び付けるサービスで、**シェアリングエコノミー**のこと。

企業や個人が持つ遊休資産（時間、場所、スキルなどの無形資産を含む）を提供したい側と、それを必要としている側とをインターネットのプラットフォームを通して結び付けるサービスで、主なサービスの種類としては、オフィスシェアリング、カーシェアリング、ゲームシェアリング、ルームシェリング、ワークシェアリングなどがあります。さらには料理などの家事、プログラミングや翻訳などの専門スキルをシェアするサービスもあります。レンタルの場合は1回ごとに契約や支払いをしますが、シェアリングではサービス期間内に他のユーザーが使用していなければ再び使用することができます。

関連▶**サブスクリプション**

ジェスチャー *gesture*

スマートフォンのタッチパネル、トラックパッドなどで、指を使って特定の動作を実行させること。

2本指スクロールや3本指スワイプなどを行うことで、特定の動作を実行します。個々の動作はアプリケーションやOSが対応している必要があります。

関連▶**スワイプ／フリック**

シェルスクリプト *shell script*

コマンドシェルに与える処理コマンドをテキストファイルに記述し、このファイルをシェルに指示して一括処理させること。あるいは、この処理記述ファイルのこと。

シェルの内部コマンドとして、繰り返しや分岐などの制御構造を持つことで、単なる順次処理にとどまらず、複雑なことができます。

ジオタグ *geotag*

写真のデータなどに付ける位置情報のこと。

字間 *word pitch*

文字と文字の間隔のこと。

前文字の文字幅と同じ距離だけ移動

し

したとき、字間は0、この状態を**ベタ**といいます。字間は**ポイント**（1ポイントは1/72インチ）、**級数**（1級は4分の1ミリ）、ミリ（㎜）単位で表します。ある文字の中央（または上下左右端）から次の文字の中央（または上下左右端）までの移動距離を**字送り**、あるいは**文字ピッチ**といいます。

関連▶**行間**

▼字間の例

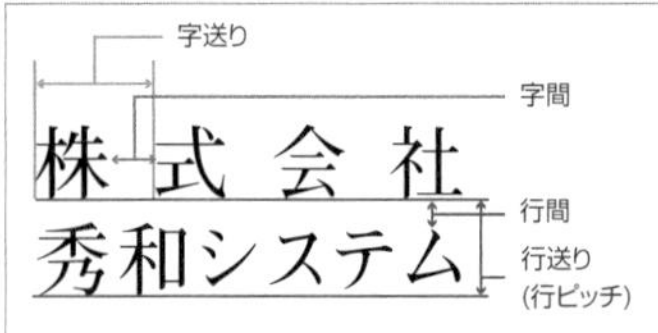

色相（しきそう）*hue*

色の三要素（色相、明度、彩度）の1つ。

色合い、**色味**、**色調**などともいいます。色相は、太陽光線を分光した**スペクトル**（虹のような光の帯）を環状にした**色相環**の角度で数値化されます。個人差はあるものの識別できる色の数は数百万ともいわれ、その特性からさらに**無彩色（白、黒、グレー）**と**有彩色**に分類されます。

関連▶**彩度**／**三原色**／**明度**

磁気媒体 *magnetic media*

情報の記録手段として磁気を利用した記憶媒体。

ハードディスクなどがあります。媒体への記録装置は**磁気記憶装置**といいます。

関連▶**ハードディスク**

磁気ヘッド *magnetic head*

ハードディスクドライブなどで、データを直接読み書きする電子部品。

ヘッド、**書き込みヘッド**などともいいます。電磁石をリング状にし、電流を流したとき、磁気が狭い範囲に集中するようにしたものです。磁性体に磁化パターンでデータを格納します。ハードディスクなどの磁気媒体で使われています。

関連▶**ハードディスク**

▼磁気ヘッドの動作

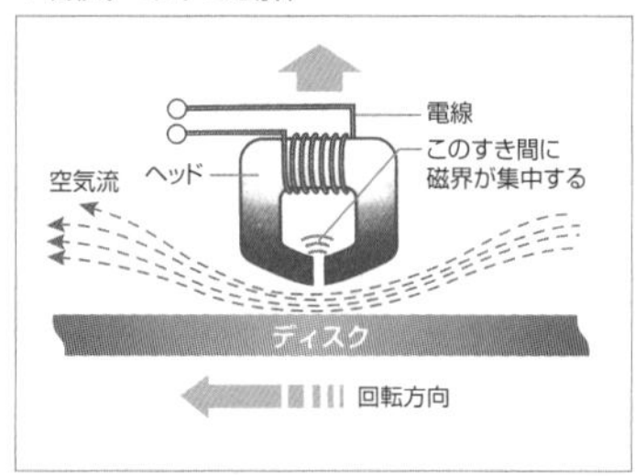

識別子 *identifier*

プログラム中で変数や関数などに付けられた名前。

識別子の表記には通常、英数字の文字列を用いますが、先頭が英字でなければならないもの、特殊文字が使用できるもの、長さに制限があるものなど、その表記法はプログラミン

し

グ言語（処理系）に依存します。識別子は、その対象によって**変数名**、**関数名**、**手続き名**、**データ名**、**装置名**、**名前空間**などに分類できます。

関連▶タグ／ラベル

シグネチャー *signature*

電子メールなどのメッセージの最後に付加する、送信者の名前やアドレス、会社の所属名や連絡先など、4～5行程度の個人情報。

署名ともいいます。多くのメールソフトは、あらかじめ作成したシグネチャーをメールに自動的に挿入する機能を持っています。

時系列分析 *time series analysis*

データを発生順に処理すること。または時系列で整理されたデータを分析すること。

自己解凍ファイル *self-extracting file*

ファイル内に解凍用のプログラムが組み込まれている圧縮ファイル。

解凍用ソフトウェアを使わずに、それ単体で解凍できます。**自己展開ファイル**ともいいます。Windowsでの拡張子は「.exe」です。

関連▶アーカイブ／データ圧縮

字下げ *indent*

関連▶インデント

辞書 *dictionary*

パソコンなどの**日本語入力システム**で、読みに対応する単語（漢字や熟語）をまとめた機能。

辞書には読みと単語の対応のほかに、単語の品詞（名詞や動詞など）、活用形の情報や変換の優先順位が記録されていて、連文節で入力したかなに最適の変換候補が表示されるようになっています。日本語入力システムに付属している辞書を**システム辞書**、ユーザーが追加登録した読みと単語をまとめた辞書を**ユーザー辞書**といいます。システム辞書には、医学や法律などの分野ごとの用語をまとめた**分野別辞書**（**専門辞書**）もあり、日本語入力システムに追加して使用すると、専門的な文書を効率よく入力できます。このほかに、郵便番号と住所の対応を記録した**郵便番号辞書**などもありますが、これは郵便番号を入力すると、該当する住所に変換されるというものです。また､欧文を扱うアプリケーションソフトにはスペル（つづり）やハイフネーション（単語の分割位置）をチェックするための**スペルチェック辞書**が付属していることもあります。

関連▶かな漢字変換／単語登録

辞書攻撃 *dictionary attack*

辞書に載っている単語を次々と試してパスワードを解読する攻撃手法のこと。

し

パスワードには、覚えやすいように、辞書に載っている単語や身の回りの名前、番号などが利用されることがあります。このような単語を次々と試すことでパスワードを見破る、ハイテク犯罪の手法の1つです。

関連▶**パスワード**

自炊（じすい）

雑誌やマンガなどの内容を個人的に電子データ化すること。

書籍や雑誌、マンガなどの内容を光学スキャナーで読み取り、画像やテキストデータ、PDFなど、パソコンや電子ブックリーダーで読めるようにする私的行為をいいます。

シスオペ
SYSOP ; system operator

システムの維持と効率化のために、ホストコンピュータの管理、運営をする技術者、またはその代表者。

その他、ネットワークを管理する人も指します。**システムオペレーター**の略。一般に、システムの運用状況の監視や小規模なメンテナンスを行います。

システム *system*

ある目的を実現するために必要な部品や機能の組み合わせ、人的配置などの集合。

コンピュータの場合、ある目的に適したハードウェア、ソフトウェアとデータのすべてなど、複数の要素が体系化され、全体として機能する構成の総称をいいます。一般には、原因と結果の間にある経路などもシステムといいます。システムとは、ある目的、あるいは方向性を持つものの集合体をいいますが、目的に合わせて必要な要素を集め、その流れを整理して体系的にまとめることを**システム化**といいます。

システムエンジニア
SE ; System Engineer

システム化したい業務の分析から始め、システム全体を設計する技術者のこと。SEと略す。

システムエンジニアはシステム全体の概要設計と、システム各部の詳細設計を作成します。詳細設計は仕様書としてプログラマーに渡され、プログラマーは指定されたアーキテクチャ（ハードウェアとOS）に合わせて、仕様書をもとに分担作業でコーディングします。コーディング全体を管理することもシステムエンジニアの仕事となることが多いです。

関連▶**コーディング／仕様書**

システム開発
System development

企業が業務の改善や効率化を図るため、業務のシステム化を行う際の設計、プログラミング、テストなどの一連の作業の総称。

関連▶**次ページ上図参照**

▼システム開発の流れ

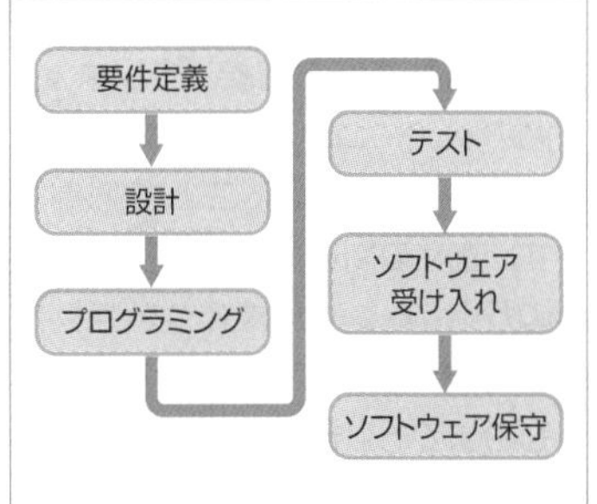

システムダウン
system down

ソフトウェアやハードウェアの不具合からシステムが動作しなくなること。

ソフトウェアやハードウェアには、あらかじめ予測されている環境や使用方法があり、ハードウェアの故障、プログラム上のエラー、通信回線の故障などが原因でこの範囲を超えると、システムダウンを起こすことがあります。鉄道や銀行などのシステムでシステムダウンが起きてサービスが停止すると、社会的影響が大きいものです。

関連▶**システム／ダウン**

システムディスク
system disk

OSなど、コンピュータの起動や基本的な機能に必要なシステムプログラムが記録されているディスク。

起動ディスクともいいます。また、アプリケーションソフトのパッケージに含まれるディスクのうち、アプリケーションの本体であるプログラムファイルが保存されているディスクも、システムディスクといいます。

関連▶**起動ディスク**

システムの復元
System Restore

Windowsのシステムツールの1つで、システムの状態を記録したときの状態に戻すことのできる機能。

Windowsに不具合が起きた場合、復元ポイントに記録された時点の状態へと復元することができます。復元ポイントはシステムが自動的に記録しているほか、ユーザーが手動で記録することもできます。

関連▶**復元ポイント**

磁性体
magnetic substance

磁気を帯びる性質のある物質。

磁石を近付けると互いに引き合うもののことです。ハードディスクにおいては、酸化鉄を主体にコバルトやクロムなどが添加されたものを、ディスク表面に使うことで、記憶媒体として利用しています。

関連▶**ハードディスク**

自然文検索
natural language search

単語ではなく、文章を入力して検索を行うこと。

話し言葉検索とも呼ばれます。「日本の人口は何人？」などと、ユーザーが思い付いた文章を、そのまま入力して検索できるのが特徴です。企業のサポートサイトやアプリケーションのヘルプなどで使用されていますが、機能や精度には差があります。

関連▶**検索**

下付き文字 *subscript*

ワープロで、行の下寄りの位置にある文字（数字）。

添え字の一種。**サブスクリプト**ともいいます。通常の文字の４分の１（縦横が半分）のサイズが多いようです。A_1、A_2…A_iなどにおける１、２、iなどが、下付き文字です。

関連▶**上付き文字**

▼下付き文字

$$X_{n+1}, Y_{n+1}, Z_{n+1}$$

$$T_{KN}\text{-AVRj}$$

実行 *execution*

プログラムの処理を開始し、動作させること。

関連▶**ロード**

自動運転 *autonomous driving*

自動車に搭載されたコンピュータが運転手に代わってハンドル操作からアクセル、ブレーキの操作までを行うこと。

制御システムが「自律型」であることが要件となります。日本政府や米国運輸省道路交通安全局（NHTSA）では自動運転を定義しています。周囲の状況については車体の周囲にセンリーを配置することで把握します。速度の制御だけを行う簡易なものから、ハンドル操作や緊急時を除き危険判断まですべてを行う高度なものまであります。GPSによるカーナビゲーションシステムや交通渋滞情報との連携も必須です。そのほかにも運転中の情報を収集してビッグデータから最適な運転を導き出す取り組みもあり、これらのシステム管理は、以下のようにレベル0～5で分けられています。

▼Google自動運転自動車テスト

by ayustety

レベル0：人が常にすべての操作を行う。レベル1：加速・操舵・制動のいずれかを運転支援する。レベル2：システムがドライビングを観測しながら、加速・操舵・制動のいずれかの操作を行う部分自動運転。レベル3：限定的な環境下もしくは交通状況でのみ、システムが運転を行う条件付き自動運転。レベル4：特定の状況下でのみシステムが運転し、その条件が続く限りドライバーがまったく関与しない高度自動運転。レベル5：加速・操舵・制動のすべてをシステムが行う完全自動運転。

関連▶ビッグデータ

自動化 *automation*

人の手によって行われる作業を、機械によって自動で行われるように変えること。

コンピュータによる制御などで、単純労働や重労働、長時間労働が必要な作業に人手が不要になり、効率化や省力化が図れます。

関連▶RPA／テストの自動化

自動修復 *automatic restoration*

アプリケーションのファイルの欠落や損傷を自動的に検出して修復する機能。

アプリケーションに関連する必要なファイルを誤って削除したり、古いファイルに誤って上書きすることで生じる、アプリケーションの不具合や障害を回避します。米国マイクロソフト社の「Office」では「アプリケーションの自動修復」として、この機能が装備されています。

自動保存 *automatic saving*

設定された時間ごとに自動的にデータを保存してくれる機能。

突然の停電や事故が起こっても、自動保存機能を使えば、被害は比較的軽く済みます。エディタやワープロソフトなどにある機能です。

自撮り *selfie*

スマートフォンやデジタルカメラなどで自分自身を撮影すること。

SNSへの投稿や友人知人とのコミュニケーション、壁紙や旅行時の記念撮影などを目的としています。

▼自撮り棒

GREEN HOUSE提供

スマートフォンには自撮りのために画面側にカメラが付いたものがあるほか、**自撮り棒**（**セルフィースティック**）と呼ばれる、カメラに付けることで遠くから自分を撮れる道具も登場しています。

シニア向けスマホ
smartphone for seniors

高齢者に向けた作りになっているスマートフォン。

初期設定から画面が見やすい、操作方法がシンプルでわかりやすい、という特徴があります。

▼らくらくスマートフォン me (F-01L)

（株）NTT ドコモ提供

シフトキー *shift key*

キートップに [Shift] と刻印されたキー。

アルファベットキーと同時に押すことで大文字を入力できます。また、複数の文字や記号が刻印されたキーとシフトキーを同時に押すと、キーの上部、または左上の文字が画面に出力されます。

関連▶**キーボード**

シフトJISコード
shift JIS code

JIS X 0208の漢字コードをもとに一定のルールで変換処理したコード体系。

ASCIIコードなどと混在させても、2バイトで漢字を使用できます。米国マイクロソフト社とアスキー社が考案したものです。

関連▶**ASCIIコード／MS漢字コード**

シミュレーション
simulation／computer simulation

計算機上の**模擬実験**のこと。

実際の実験が困難な場合に、実世界の仮想的な状況をコンピュータ上で再現することをいいます。LSIなどの電子回路の動作、自動車や飛行機の設計に使われる風洞実験などの物理現象をコンピュータ上で再現させて問題点を見付けたり、性能を見積ったりします。人の行動などをモデル化したものは、ゲームソフトやビジネスソフトなどで使われています。また、近年ではVRを用いたシミュレーションも登場しています。

関連▶**スーパーコンピュータ**

し

シミュレーションゲーム
SLG ; SimuLation Game

物理法則や人間の行動パターンをルール化して、現実の一場面を仮想的に再現して楽しむゲーム。

プレイヤーは総合的な判断力や推測力を試されます。現実に体験することが難しい航空機や電車の操縦といったものから、軍事・経済を扱った戦略シミュレーション、仮想都市を建設するゲームなど、多様なソフトウェアがあり、根強い人気を誇っています。通信機能を利用して対戦が可能なものもあります。

関連▶**ゲームソフト**

指紋認証
fingerprint authentication

人の指の指紋で個人を識別する認証方式。

生体認証の一種で、一般には銀行のATMやスマートフォン、タブレット等のロック解除などに用いられています。

関連▶**次段図参照**

▼iPhoneの指紋認証

シャオミ *Xiaomi*

中華人民共和国の総合家電メーカーで、日本ではスマートフォンのメーカーとして知られている。

「小米科技」と書きます。スマートフォンや周辺アクセサリーを中心に、ウェアラブル端末やタブレットまで製造、販売しています。2014年以降には、空気清浄機、炊飯器、電動バイクなど、スマート家電も手がけています。

視野角 *view angle*

ディスプレイを斜めから見た場合の正常に見える角度のこと。

正面からどれだけずれたかを角度で示します。この数値が大きいほど、広い角度で画面を見ることができます。上下および左右をそれぞれ角度で表示するのが一般的です。

ジャギー *jaggy*

文字や画像の線の周囲に階段状のギザギザが発生すること。

画像データやフォントなどの解像度と、プリンタやディスプレイなどの出力装置の解像度の違いによって発生します。小さな写真データを拡大して印刷した場合などによく見られます。

関連▶**解像度**

▼ジャギーの例

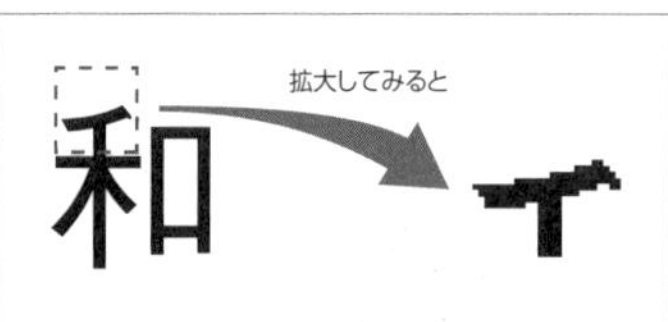

ジャスティファイ *justify*

コラム幅いっぱいに文字を配置して、左右の端の並びを揃えること。

ワープロやDTPソフトで、英文や和文の文字間隔、単語間隔を自動調整する機能で、**両端揃え**ともいいます。左端揃え、右端揃え、センタリングと共に、段落書式のメニューの中に含まれています。**ジャスティフィケーション**ともいいます。

シャットダウン *shutdown*

コンピュータシステムを終了するための手続き。

システムの終了時にはシステム情報など、起動中はメモリ上にある重要なデータをハードディスクに格納します。現在の汎用コンピュータ（ゲーム機や家電組み込みの専用機を除く）では、低速な周辺機器（ディスクなど）のデータをメモリ上に保持していたり、システム情報をメモリ上で管理していたりするので、シャットダウン手続きをとらないと、システムが壊れることがあります。

ジャンパピン *jumper pin*

ハードウェアを組み立てる際、電子回路の構成を簡単に変更できるように、あらかじめ基板上に露出させた端子。

ジャンパピン間の接続パターンを変えて、最終的な回路の構成を決定し

▼ジャスティファイの例

If you hold down the Control key when dropping the files on the icon, or when choosing Expand from the menu, Shuwa Expander will delete the original archives after expanding them. You are not warned, so use this feature carefully. (Note:Under OS/9,you'll need to begin dragging the files before holding down the Control key to enable this function. If you press the Control key too soon, you'll get the OS/9 Contextual Menu.)

ます。CPUやマザーボードの動作周波数あるいは電圧設定といった、基本的な設定に使われる場合が多いようです。

▼ジャンパピンの例

集積回路
IC ; Integrated Circuit

回路を組み合わせて1つの半導体内にまとめたもの。

ICは、使われている素子の数で**SSI**（**小規模集積回路**、素子数100個以下）、**MSI**（**中規模集積回路**、素子数100～1000個）、**LSI**（**大規模集積回路**、素子数1000～10万個）、**VLSI**（**超大規模集積回路**、10万個以上）に大別されます。

関連▶**LSI**

シューティングゲーム
STG ; Shooting Game

敵弾を避けながら銃やミサイルなどを用いて、相手を撃ち倒（落と）すことで得点などを競うゲーム。

初期の「インベーダー」など画面上のキャラクターを動かすものから、銃を模した外部入力装置を用いるものまで様々で、アクションゲームの一種です。

関連▶**ゲームソフト**

周波数 *frequency*

電磁波や音波などが1秒間に振動する回数を表す単位。

Hz（**ヘルツ**；Hertz）で表記します。コンピュータのCPUの動作速度を表す**クロック周波数**は、**GHz**のオーダーです。現在のCPUでは、3GHzを超えています。メモリやI/O（入出力）のバスの動作タイミングはMHzのオーダーになります。

関連▶**クロック周波数**

周辺機器
peripheral equipment／device

コンピュータ本体に接続され、連動もしくは管理される装置の総称。

ディスプレイやプリンタ、ハードディスクドライブなどの外付けの装置をいいます。また、本体内部に接続されるものであっても、拡張メモリや拡張ボードは周辺機器の一種と見なされます。厳密には、CPUからバスを介して直接入出力できない装置類が周辺機器といえます。**デバイス**とほぼ同義です。

従量（課金）制
measured rate system

インターネットのプロバイダなどの商用ネットワークで、接続した時間やデータ量に比例する料金制度。

また、一定時間までは同一料金で、

し

超過したぶんを時間あたりに換算する場合もあります。

関連▶**固定（定額）制**

主記憶装置 *main storage*

プログラムやデータを一時的に蓄えておくための装置で、CPUの命令で直接アクセスできる記憶装置。

ノイマン型コンピュータを構成する5大要素（制御装置、演算装置、主記憶装置、入力装置、出力装置）のうちの1つです。**メインメモリ**ともいいます。

関連▶**記憶装置／ノイマン型コンピュータ／補助記憶装置**

縮小文字 *reduced character*

通常の全角文字より小さく表示・印刷される文字。

関連▶**全角文字**

受信トレイ *inbox*

受信した電子メールを最初に保管するフォルダ。

米国マイクロソフト社の「Microsoft Outlook」や米国グーグル社の「Gmail」など、ほとんどの電子メール

▼周辺機器

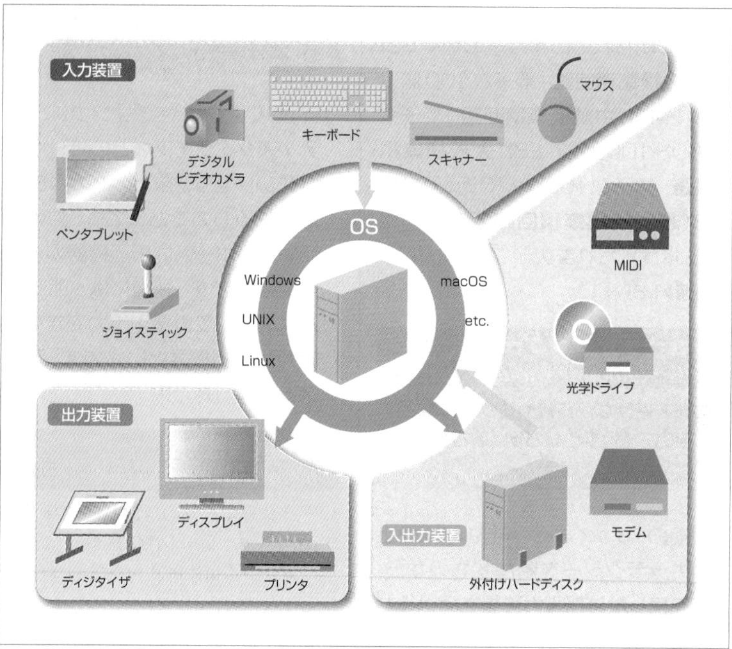

ソフト／サービスにあります。

出力 *output*

コンピュータから周辺装置にデータを送ること。

または取り出すことをいいます。**アウトプット**ともいいます。プリンタで印刷することや、ディスプレイにデータを表示することも出力といいます。反対に入力装置などを通してコンピュータにデータを送ることを、**入力**（**インプット**）といいます。

関連▶ **アウトプット**

出力装置 *output device*

コンピュータの計算結果などを何らかのかたちで出力する装置。

ノイマン型コンピュータを構成する5大要素（制御装置、演算装置、主記憶装置、入力装置、出力装置）のうちの1つ。**ディスプレイ**、**プリンタ**、**プロッタ**、**音声出力装置**（スピーカー）、**外部記憶装置**などがあります。外部記憶装置は入力装置にもなりうることから、特に**入出力装置**と分類されます。

関連▶ **コンピュータの5大装置／ノイマン型コンピュータ**

仕様 *specification*

■ハードウェアを構成するメモリ、CPU、周辺機器などの機能や性能のこと。

スペックともいいます。

■ユーザーの要望をもとに、作成するソフトウェアの機能、性能、動作などをまとめたもの。

これを文書化したものを**機能要求書**／**性能要求書**（仕様書）といいます。プログラムは仕様書に沿って組み立てられるため、仕様書の中途変更はバグ（誤動作）を生み出す大きな原因ともなります。

関連▶ **仕様書**

上位互換性 *upward compatibility*

バージョンアップしたソフトや改善したシステム（機器）でも、旧バージョンに対応していること。

関連▶ **互換性**

上位バージョン *upper version*

機能が豊富なソフトウェアやハードウェア。

ある製品において、使える機能等に差を付けたバリエーションの1つ。高価でも機能が豊富でなければならないユーザーなどのために用意されています。**上位製品**ともいわれます。例としてはWindows 10 Homeに対するWindows 10 Proなどです。反対に、機能を制限されているものを**下位バージョン**、**下位製品**といいます。

関連▶ **バージョン**

試用期間 *trial term*

■シェアウェアにおいて、継続して使うかどうかを判断するための期間。

使い続ける場合はレジスト（送金）して、シリアルナンバーなどを受け取らなくてはなりません。

関連▶**シェアウェア**

■でき上がったシステム（ソフトウェアなど）を仮運用し、問題点を探し出すための期間。

この仮運用のことを**β**（ベータ）**テスト**ともいいます。

関連▶**アルファ版**

使用許諾契約 *software license agreement*

ソフトウェアなどの著作者やメーカーが、ユーザーに対して、ある条件下での使用を認めるという契約。

一般に市販のソフトウェアでは、パッケージに許諾条件等を表示したり、契約書を同梱（どうこん）しています。また、インストール時に確認画面を表示するなどして、契約を結ぶことを求めるものも多くあります。この契約は民事であり、著作権の保護に優先します。

関連▶**著作権**

▼使用許諾契約の例

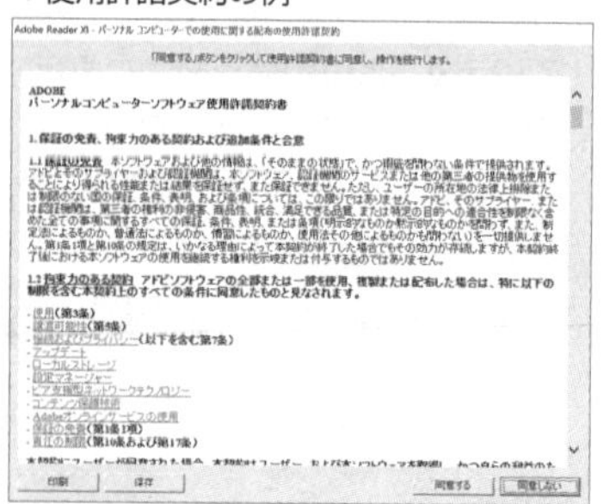

常時接続 *regular connection*

インターネットに24時間接続している状態、またはその仕組み。

かつては**専用線接続**のことを指していました。大企業や大学などの研究機関では以前から一般的でした。ADSLやCATV、FTTHでの接続もこれにあたります。

関連▶**CATV**

昇順 *ascending order*

データの値を小さいものから大きいものへという順に並べ替えること。

データの日付は古いものから新しいものへ、また、文字は五十音順の方向、アルファベットはAからZの方向に並べ替えられます。

関連▶**降順**／**並べ替え**

▼Excelでの昇順の例

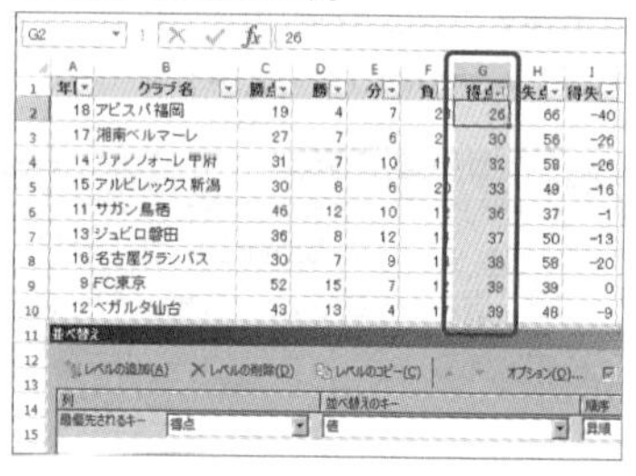

	A	B	C	D	E	F	G	H	I
1	年	クラブ名	勝点	勝	分	負	得点	失点	得失
2	18	アビスパ福岡	19	4	7	2	26	66	-40
3	17	湘南ベルマーレ	27	7	6	2	30	56	-26
4	14	ヴァンフォーレ甲府	31	7	10	1	32	58	-26
5	15	アルビレックス新潟	30	8	6	2	33	49	-16
6	11	サガン鳥栖	46	12	10	1	36	37	-1
7	13	ジュビロ磐田	36	8	12	1	37	50	-13
8	16	名古屋グランパス	30	7	9	1	38	58	-20
9	9	FC東京	52	15	7	1	39	39	0
10	12	ベガルタ仙台	43	13	4	1	39	48	-9

仕様書 *specification*

システムやプログラムの機能と、その詳細をまとめた文書。

性能要求書と同義です。システムなどの受発注に際しては契約書の付属文書となります。ISO 9000に基づく品質管理では、管理文書の最初にあるものをいいます。

常駐プログラム *resident program*

常に主記憶装置にあるプログラム。

このほか、よく使われるユーティリティなどを常駐プログラムとする場合が多くあります。代表的なものには、インスタントメッセージング(IM)ソフトやウイルス対策ソフトがあります。**常駐終了型プログラム**(**TSR**)と呼ばれることもあります。これに対し、通常のアプリケーションは、実行されるときのみ、ファイルシステムから主記憶装置に読み出して使用します。

商標 *trademark*

ブランド名や商品名、ロゴやマークなどのこと。知的所有権の1つ。

これらは商標登録をすることで、商標法により保護されます。商標法は商標使用者の業務上の信用維持を図る目的で制定されました。商標とは、文字や図形、記号、立体的形状、もしくはこれらの結合、および色彩との結合をいい、**トレードマーク**ともいいます。登録商標の存続期間は10年、更新も可能です。権利者は商標に関わる物品に対して専用実施権を持ち、権利が侵害された場合、侵害者に対して損害賠償を請求することができます。

関連▶**工業所有権**／**知的所有権**

情報 *information／information studies*

■送り手または受け手にとって何らかの意味を持つデータや内容のこと。

物事の内容や状況、事情についての知識一般をいいます。

■新学習指導要領で定められ、2003年度から本格実施されている高等学校の必修科目の1つ。

情報活用の実践力を付ける「情報A」、コンピュータを使って問題解決ができる「情報B」、情報通信ネットワークを使ってコミュニケーションや表現ができる「情報C」のうちから、1つを履修します。大学入試センター試験でも、2006年度から科目として設定されています。

関連▶**次々ページ上表参照**／**情報処理技術者試験**

情報家電 *information appliance*

経済産業省がデジタル家電などの市場化戦略を検討・推進するにあたって用いている言葉。

し

同省では、2003年4月に発表した基本戦略報告書『e-Lifeイニシアティブ』で、情報家電を「携帯電話、携帯情報端末（PDA）、テレビ、自動車等、生活の様々なシーンにおいて活用される情報通信機器および家庭電化製品等であって、それらがネットワークや相互に接続されたものを広く指す」と定義しています。一般的には家電に含まれないカーナビなども含めている点が特徴です。

関連▶**デジタル家電／ネット家電**

情報処理
information processing

データの収集、加工、配布など、情報に関する活動すべてのこと。

狭義では、コンピュータにおける作業全般を指します。

情報処理安全確保支援士試験
SC ; Registered Information Security Specialist Examination

2017年より実施される情報セキュリティに関する国家試験。

2016年秋まで情報処理技術者試験の1区分である**情報セキュリティスペシャリスト**として行われていたものが独立しました。通称、**登録セキスペ**といいます。なお、試験合格後、**情報処理安全確保支援士登録簿**に登録しなければ資格取得できません。

関連▶**次ページ上表参照**

情報処理技術者試験
NEIPT ; National Examination for Information Processing Technicians

1969年から実施されている、情報処理技術者の技術力などを評価、認定する国家試験。

監督官庁は経済産業省（旧通産省）、実施は情報処理推進機構IT人材育成センター国家資格・試験部。2017（平成29）年度から試験制度が変更されました。

①ITパスポート試験
②情報セキュリティマネジメント試験
③基本情報技術者試験
④応用情報技術者試験
⑤ITストラテジスト試験
⑥システムアーキテクト試験
⑦プロジェクトマネージャ試験
⑧ネットワークスペシャリスト試験
⑨データベーススペシャリスト試験
⑩エンベデッドシステムスペシャリスト試験
⑪ITサービスマネージャ試験
⑫システム監査技術者試験
⑬情報処理安全確保支援士試験

関連▶**次ページ上表参照**

情報リテラシー
information literacy

コンピュータリテラシーの中で、コンピュータを使って情報を管理したり活用できる能力のこと。

関連▶**コンピュータリテラシー／リテラシー**

し

▼情報処理技術者試験の体系（2017年度春期から）

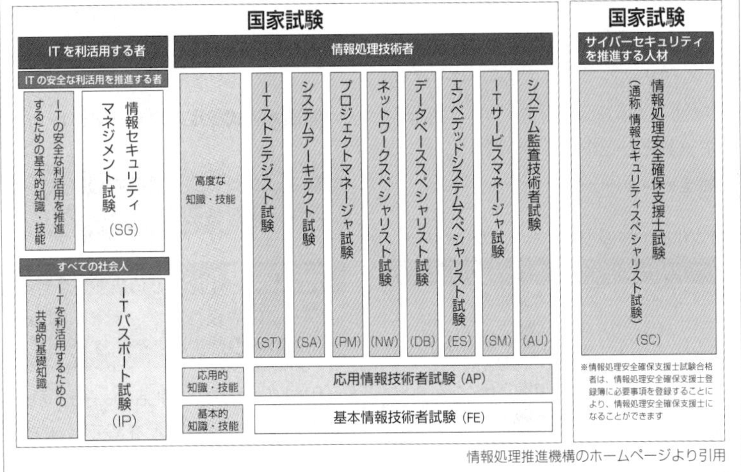

ショートカット
shortcut

アプリケーションソフトの一連の操作を、キーボード上の特定のキー操作に割り当てたもの。

ショートカット入力のことです。

関連▶**ショートカットキー**

ショートカットアイコン
shortcut icon

頻繁に使うプログラムやファイルを呼び出すためのアイコン。

ショートカットアイコンをダブルクリックすることで、オリジナルプログラムが起動したり、ファイルが開いたりします。Macの**エイリアス**も同じ機能です。Windowsではデスクトップやフォルダ内に作成できます。このアイコンをクリックすれば、ファイルの本体を探すことなく、簡単に素早くアクセスできるようになります。

関連▶**エイリアス**

▼ショートカットアイコンの例

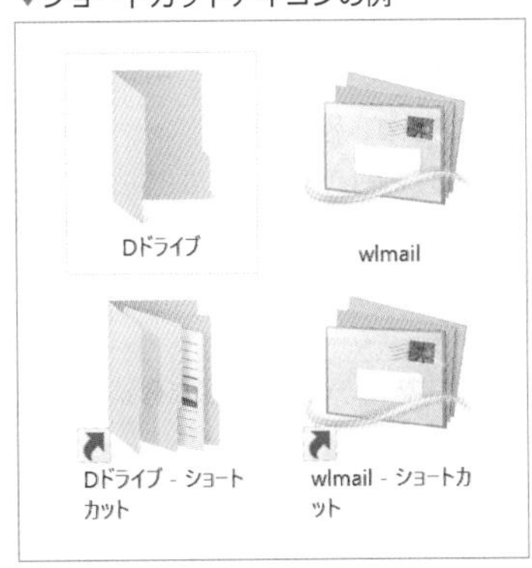

ショートカットキー *shortcut key*

利用頻度の高いコマンドやキー操作の簡略化ができるキー入力の組み合わせ。

ホットキーともいいます。

関連▶**ショートカット**

▼Windowsの主なショートカットキー

キー操作	動作
CTRL+N	新規作成
CTRL+O	開く
CTRL+F4	閉じる
CTRL+S	上書保存
CTRL+P	印刷
CTRL+Z	取り消し
CTRL+Y	繰り返し
CTRL+X	切り取り
CTRL+C	コピー
CTRL+V	貼り付け
CTRL+A	すべて選択

初期化 *initialization*

■USBメモリやハードディスクを初めて使う場合に、OSで使用可能な状態にすること。

イニシャライズ、**フォーマット**ともいいます。最近では、フォーマット済みのハードディスクなども販売されています。

関連▶**フォーマット**

■コンピュータを工場出荷状態に**リセット**すること。

関連▶**リセット**

書式 *format*

■ワープロなどで、文書や文字の出力時の体裁のこと。

関連▶**書式設定**／**フォーマット**

■プログラミング言語での文法上の決まり事。

書式設定 *formatting*

ワープロや表計算ソフトで印刷の際の体裁を設定すること。

用紙の大きさ、字詰め、余白の大きさ、ページ番号などを設定します。

関連▶**書式**

▼書式設定

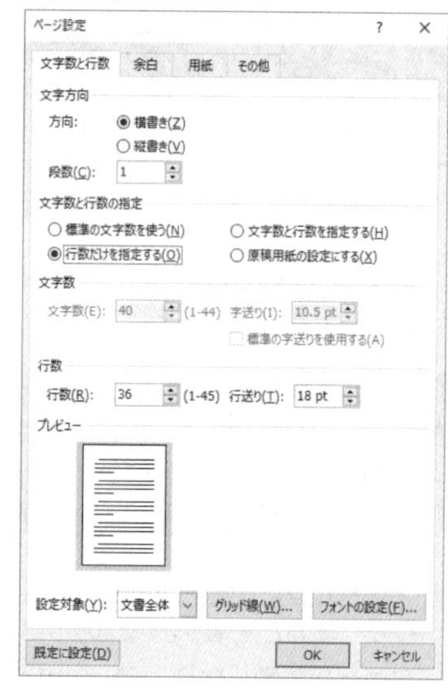

ジョブ *job*

コンピュータに行わせる仕事の基本単位。

ユーザーが全体の処理を分割して管理や実行を行う際の、分割された処理をジョブという単位で表します。

関連▶マルチスレッド／マルチタスク

処理速度 *processing speed*

CPUが単位時間あたりに処理できる命令数。

単位はMIPS、またはFLOPSで表されます。**MIPS**（ミップス）とは、1秒間に実行できる命令の個数を100万単位で表したものです。**FLOPS**（フロップス）とは1秒間に実行できる浮動小数点演算の回数です。CPUなどの**処理能力**と同義で使われる場合もあります。

関連▶CPU

シリアル値 *serial number*

米国マイクロソフト社の表計算ソフト「Excel」において、日付を格納するための数値。

1900年1月1日を1として計算した値のことで、時刻は1日の一部として小数値で表されます。例えば、次ページの画面の2020年11月11日午前0時のシリアル値は「44146」であり、これは1900年1月1日から44146日が経過した時間という意味になります。

関連▶Excel

▼シリアル値

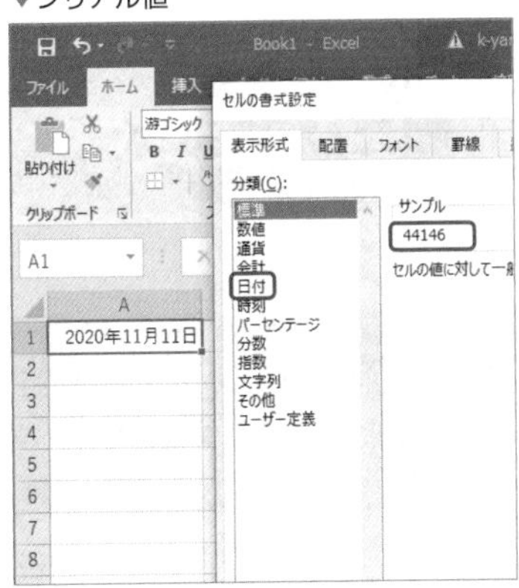

シリアルナンバー *serial number*

製品の判別用に付けられた通し番号。

ソフトウェアのインストールやユーザー登録の際に必要で、メーカーのデータ管理に使われます。多くの場合、単純な通し番号ではなく、製造時期や製造ラインが識別しやすい番号体系になっています。

▼シリアルナンバー

白抜き文字 *outline type font*

入力した文字の背景が黒一色などで塗りつぶされた場合に、文字内部を白く抜いた文字修飾機能の一種。

▼白抜き文字例

白抜き文字

白ロム *contract-free mobile phone*

電話番号などの契約情報がない携帯電話のこと。

従来は、SIMカードではなく携帯電話に直接、電話番号などの契約情報を書き込んでおり、この情報の入っていないものを白ロム、契約情報の入っているものを**黒ロム**と呼んでいました。なお、海外では携帯端末とSIMカードは別々で売っているため、白ロムという概念はありません。

新漢字コード体系 *new kanji code*

1990年11月に制定されたJISの新しい漢字規格。

JIS第一水準、第二水準（X 0208）に含まれない補助漢字約5800字が定められています。従来は特殊なものとされていた記号や、業種によっては必要な文字などを広く集めていますが、第一水準、第二水準で定められた規格にさらに追加したものではなく、別の規格（X 0212）となります。

関連▶**JIS漢字コード**

シンギュラリティ *Singularity*

人類全体の脳の処理能力を超える人工知能（AI）が誕生する瞬間のこと。

技術的特異点と訳されます。米国の発明家、未来学者でAI（人工知能）の研究者である**レイ・カーツワイル**によって提唱されました。AIがより優れたAIを生み出すようになり、テクノロジーが人間には予測不可能なほど加速するというものです。カーツワイルは、2045年に1台のコンピュータが全人類の脳を合わせた処理能力を超えることで、シンギュラリティが発生するのに十分な能力のAIが生まれると予測しています（**2045年問題**）。これにより、人類は脳のデジタル化によるバックアップの作成、完全なVR環境の実現、ナノマシンによる肉体のメンテナンスなど、旧来とは異なる**ポスト・ヒューマン**に進化するとしています。

関連▶**量子コンピュータ／AI／VR**

シングルタスク *single task*

プログラム管理方式で、1回に1つずつタスクを処理する方式。

タスクを順に1つずつ処理していく方式がシングルタスクで、OSが複数のタスクを独立したメモリ空間上で短時間で切り替えて同時進行で処理する方式を**マルチタスク**といいます。16ビットコンピュータ用のMS-DOSはシングルタスク方式のOSであり、Windows 10やmacOSはマ

し

ルチタスクのOSです。

関連▶**タスク／マルチタスク**

人口カバー率
service coverage ratio

移動体通信サービスについて、総人口に対してサービス利用可能人口をパーセントで示したもの。

信号処理 *signal processing*

光信号、音声信号、画像信号、電磁気信号などの様々な信号を数理手法で加工する技術の総称。

アナログ信号処理とデジタル信号処理があります。

人工知能
AI ; Artificial Intelligence

人間の認識能力、推論、学習などの知能をコンピュータで模倣するための技術や学問分野。AIと呼ばれる。

学問としては、視覚や聴覚など外界情報の認識、知識の表現や体系化、推論や学習のメカニズム、の3つに大別されます。また、知識ベースと推論エンジンを組み合わせたシステムのことをいう場合もあります。例としては、専門家の持つ知識をデータベース化し、現象や条件の入力で判断支援情報を出力することで簡単に利用できるようにした**エキスパートシステム**などがあります。

関連▶**エキスパートシステム／AI**

シンセサイザー
synthesizer

周波数や波形を自由に変調して出力する装置。

一般には楽器として使われていますが、楽器以外の用途としては、信号テスト用の測定器（**ファンクションジェネレータ**）やラジオ、無線機、テレビ（TV）などの受信回路の基準信号発生用などがあります。かつての電子楽器は、アナログ式の波形発生器の波形を足し合わせて、フィルタを使って削る方式が一般的でしたが、現在では**FM音源**や**PCM音源**などのデジタル化された音源を、**デジタルフィルタ**で加工する方式が主流です。また、FM音源が登場したのと同時期に**MIDI**（ミディ）**規格**が決まり、広く用いられています。MIDIによって、コンピュータからシンセサイザー楽器のコントロールが可能になり、パソコンで音楽を演奏することが容易になりました。現在は、**GM**と呼ばれる共通規格があります。GMをサポートしているシンセサイザーは、音色の配列が同じなので、異なるメーカーの製品でもほぼ同じ演奏が可能です。

関連▶**FM音源／GM規格／MIDI**

深層学習
deep learning

関連▶**ディープラーニング**

し

シンタックス *syntax*

自然言語やプログラミング言語で文法にあたる規則で、**構文**のこと。

表現する意味、文脈のことは**セマンティックス**と呼びます。

シンタックスエラー *syntax error*

プログラミング言語の構文規則に反するプログラムの誤り。

構文エラーともいいます。

関連▶**シンタックス**

人力検索 *Human-powered search*

検索エンジンなどの機械的な検索ではなく、Q&Aなどほかのユーザーに対して質問して回答を求めるサービスのこと。

Yahoo! Japanの「知恵袋」などのサービスのことを指します。

関連▶**Q&Aサービス**

し

スイート *suite*

ひと揃いといった意味で、一般には同一メーカーの、関連する複数のアプリケーションをセットにした製品。

ワードプロセッサや表計算ソフトなどのオフィス向けスイートが有名です。操作方法が統一され、連携機能を搭載しているのが特徴です。

推奨環境 *recommended environment*

メーカーによって提示される、快適に動作する環境。

オペレーティングシステム（OS）やソフトウェアが快適に動くために必要とされる、システムやハードウェアの構成をいいます。

関連▶**環境設定**

スイッチ *switch*

■信号を切り替えるための電子部品。

ある処理を選択するための装置。

■フレームやパケットを交換処理する機能や装置のこと。

回線を交換するものは**エクスチェンジャー**、映像信号を交換するものは**スイッチャー**と呼びます。

■複数の選択肢の中から、ある経路を選択すること。

この分岐となる点を**ブランチポイント（分岐点）**といい、**プログラムスイッチ**ともいいます。

▼スイッチの種類

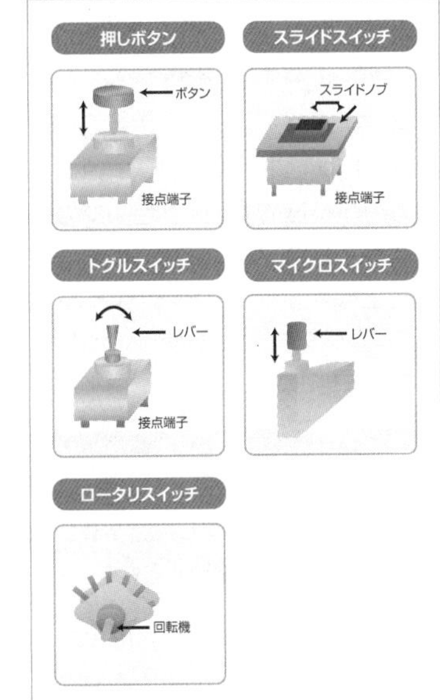

スイッチングコスト *switching cost*

現在、使用している技術やサービスから、新しい技術等に切り替えるのに必要な時間や費用などのこと。

WindowsやMac、LinuxなどのOSの変更や、音楽・画像アプリケーション、CD、DVD、ブルーレイなどの記録媒体の切り替え時に発生します。スイッチングコストが高い場合は、すでにそのサービスや技術を導入しているユーザーには長く使われる半面、新規顧客を取り込みにくくなります。

関連▶**互換性**

スーパーアプリ

スマートフォン向けのアプリで、いろいろなサービスを統合したアプリのこと。

スマートフォンで利用できる各種のサービスに1つのアプリで対応できるのが特徴です。メッセージの送受信からEコマースでの決済、送金、航空機やホテルの予約などが可能で、複数のアプリを使う煩わしさがありません。

スーパーインポーズ
super impose

パソコンなどで作成した文字や画像を、動画と重ねて表示すること。

パソコンのディスプレイに表示された文字や図形をそのまま合成する場合と、パソコンのディスプレイには表示せず、ソフトウェアで処理した文字や図形を動画と合成する方法とがあります。パソコンによるスーパーインポーズは、字幕や文字放送番組の作成など、放送局用にも利用されています。

スーパーコンピュータ
super computer

圧倒的に高い計算能力を持つコンピュータのこと。

スパコンと略されます。明確な定義はありませんが、一般には超高速の大型汎用コンピュータの通称です。地球規模の気候予測や新薬開発のための物質分析など、膨大な計算能力を必要とする分野で使用されています。

関連▶**富岳**

スカイプ *Skype*

関連▶**Skype**

スカパー！
SKY PerfecTV!

1996年放送開始の、日本最初の衛星デジタル放送。

通信衛星（CS）JCSAT-3を利用して放映を開始した**PerfecTV!**に、1998年春、JCSAT-4を利用する**JSkyB**が合流するかたちで現在に至っています。デジタル放送のメリットである多チャンネル化で多様な番組を提供し、受信者負担形式で費用を回収する方式をとっています。現在はCS以外にもBS、光ケーブルでの放送サービスが提供されています。

関連▶**110度CSデジタル放送**

スキミング *skimming*

クレジットカードやキャッシュカードの磁気情報(**磁気ストライプ**)をコピーして使用する犯罪行為。

1999年頃よりクレジットカードのスキミングが多発しており、これを受け、クレジットカード業界は磁気カードからICカードへの切り替えを進めています。JCB社では新規発行カードに関してすでにICカード化しています。従来の決済端末との互換性を維持するために磁気ストライプが残っており、スキミング被害の危険性は依然としてあります。

関連▶**ICカード**

スキャン *scan*

■画像入力装置(**スキャナー**)で、画像などを光学的に読み込み、デジタルデータに変換すること。

走査ともいいます。

関連▶**イメージスキャナー**

■特定の情報を調べたり、探したりすること。

スクラッチ

関連▶**Scratch**

スクリーンフォント *screen font*

画面表示専用のフォントデータ。

ドットで構成する**ビットマップフォント**と、計算によってフォントの拡大、縮小を行う**スケーラブルフォント**があります。印刷専用の**プリンタフォント**に比べると解像度が低くなります。

関連▶**ビットマップフォント**

スクリーンセーバー *screen saver*

ディスプレイの**焼き付き**現象を防ぐためのプログラム。

焼き付きとは、プラズマディスプレイなどで、同じ画面を長時間表示することで、ディスプレイの発光剤が変質して画面に模様が残る現象です。スクリーンセーバーは、同じ画面が表示されることで起きる焼き付き現象を防ぐため、一定時間何も入力がないと、画面表示を自動的に別の画像に切り替える機能をいいます。また、省電力化のため、ディスプレイの電源をスクリーンセーバーで落とすユーザーが増えています。近頃、

▼スクリーンセーバーの設定画面

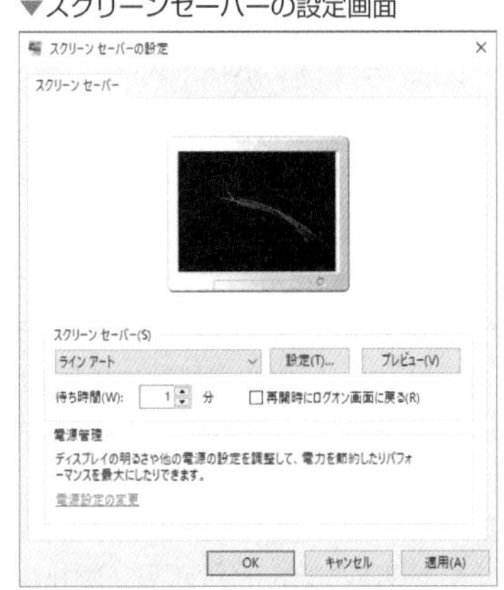

企業・法人ユーザーにはセキュリティ対策のためにパスワード付きのスクリーンセーバーが積極的に用いられています。

スクリプト *script*

プログラムやマクロを記述したテキストファイルのこと。コンピュータに処理を自動的に実行させるための命令を記述したファイル。

Windowsのバッチファイルや UNIXの「sed」「awk」「perl」、Macintoshの「AppleScript」、通信ソフトの**自動ログイン**などの自動運転用マクロ機能をいいます。また、Webページ作成用のJavaScriptなどもあります。

関連▶**シェルスクリプト／JavaScript**

スクリプト言語 *script language*

コンピュータに比較的軽微な処理をさせるための、インタープリタで実行されるプログラミング言語。

本来、テキストの加工やファイル操作などの定型的な処理をさせるために作られたものでしたが、機能を拡張してプログラミング言語風の形態を持つものとなっています。現在の主流は、**ストリームエディタ**（テキスト加工用ツール）を発展させた**awk**などから、プログラミング言語としてのひととおりの機能を備えた**Perl**、**PHP**、**Ruby**、**Python**になっており、WebページのCGI(Common Gateway Interface）による、サーバーサイドでの処理を実現しています。

関連▶**インタープリタ／CGI**

スクロール *scroll*

画面表示の内容を上下方向（**垂直スクロール**）、あるいは左右方向（**水平スクロール**）に移動し、画面の外にあった部分を表示させること。

また、このような表示方法を**スクロール表示**といいます。スクロール機能は、ワープロソフトやグラフィックソフトの標準機能になっています。文書編集時にカーソルの表示位置が画面からはみ出した場合に、自動的にスクロールさせる機能もあります。画面に対して文書が下がるように移動し、文書の上のほうを表示させることを**スクロールダウン**（**ロールダウン**）、逆に表示内容を上に、文書を持ち上げるように移動することを**スクロールアップ**（**ロールアップ**）といいます。また、右方向の移動参照を**右スクロール**、その反対方向を**左スクロール**といいます。キーボードで操作する場合は**カーソルキー**を押すか、上下方向なら**ROLL UP**(**Page Up**)や**ROLL DOWN**(**Page Down**)キーを使います。WindowsやMacでは、ウィンドウの右端や下端にある**スクロールバー**や**スクロールボタン**で、ウィンドウ部分の表示をスクロールさせることができます。

関連▶**次ページ画面参照／カーソルキー**

す

▼スクロールバーとスクロールボタン

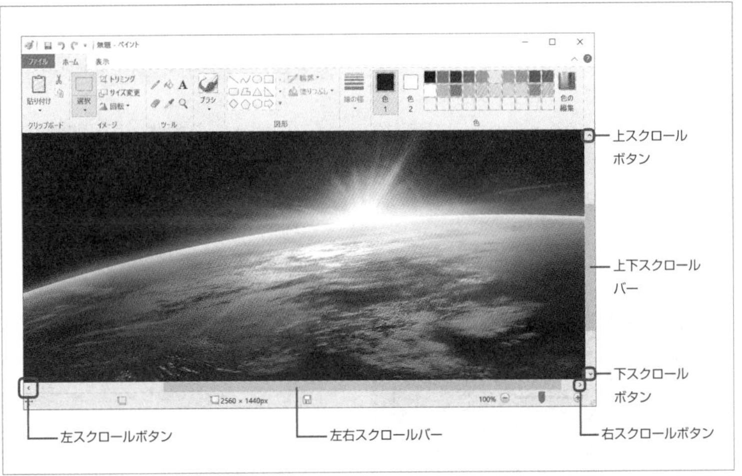

スクロールバー *scroll bar*

関連▶ **上画面参照**／**スクロール**

スクロールボタン *scroll button*

関連▶ **上画面参照**／**スクロール**

スター型ネットワーク *star connection*

すべての端末を放射状に接続するネットワークの方式。

スター接続ともいいます。イーサネットのハブなどを用いたネットワークもこれにあたります。なお、今日のスイッチを使ったLANでは、障害発生時の迂回経路を用意することが一般的です。

関連▶ **次段図参照**／**LAN**

▼スター型ネットワークの例

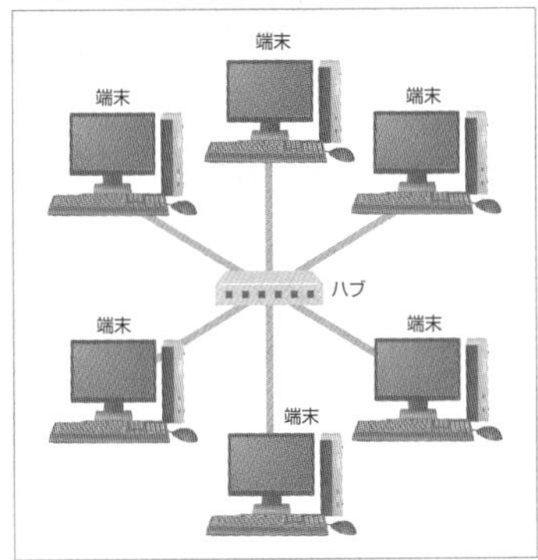

スタートボタン *start button*

Windowsのタクスバー左端に表示されるボタン。

登録したアプリケーションなどの作業を開始するためのボタンです。また、スタートボタンからポップアップされるメニューを**スタートメニュー**といいます。Windows 8ではスタートボタンはいったんなくなりました。その後Windows10で復活しました。

関連▶**タスクバー**

▼Windowsのスタートボタンとポップアップメニュー

スタイルシート *stylesheet*

表示や印刷の際の様式を定義するもので、特にWebページのレイアウトを定義するHTMLの拡張機能。

CSS（Cascading Style Sheet）ともいいます。HTML文書からレイアウト定義を分離することで、意味のある情報部分が残るため、コンピュータによる自動処理が容易になります。また、スタイルシートを複数のWebページで共用することで、サイト全体のデザイン変更が素早くできるようになります。

関連▶**CSS**

スタンドアロン *stand-alone*

コンピュータがネットワークに接続されずに、単独で機能している状態。

コンピュータ本体と周辺機器の基本構成のみの完結したシステムで、他とは独立しているコンピュータのことをいいます。

関連▶**ネットワーク**

スタンプ *LINE stamp*

SNSサービスの1つであるLINEでメッセージの代わりに送るイラストやアニメーション。

文字と絵の組み合わせによって、絵

▼LINEスタンプ

す

文字などに比べてより感情を豊かに表現できること、有名なキャラクターなどを使えることから、コミュニケーションの手段として幅広く使われています。無料のものから有料のものまで様々なスタンプがあり、個人でも作成して公開することができます。

関連▶SNS

捨てアカ

一時的な利用を目的として作成されるSNSなどのアカウント。

「いつ捨ててしまってもかまわない」という意味から、略してこう呼ばれます。身元を明らかにしたくない相手とのメールのやり取り、個人情報保護、スパム対策などの目的で利用されます。無料で複数のアドレスが作れるフリーメールを利用して取得するのが一般的で、そのようなメールアドレスは、**捨てアド**といわれます。

関連▶アドレス

ステートメント *statement*

実行する動作を指定する言語構成要素。ステートメントともいう。

「宣言」「声明」を意味します。プログラミングにおいては、手続きや命令文のことを表します。

ステルス機能
ESSID stealth

無線LANのアクセスポイントでネットワーク名(ESSID)やブロードバンドルータを見えなくする機能。

目的は、第三者による無断での使用や外部からの攻撃を避けることで、機能を有効にすれば、登録済み、あるいは家庭内LANに接続されたコンピュータからの通信のみを受け付けます。無線LANにおける情報セキュリティ手法の1つです。

ステマ
stealth marketing

関連▶ステルスマーケティング

ステルスマーケティング
stealth marketing

消費者に宣伝とは気付かれないように、あたかも部外者による口コミや客観的な報道を装って宣伝行為を行うこと。

ステマともいわれます。SNSや投稿サイトにおいて関係者であることを隠して自社製品を高く評価したり、影響力のあるブロガーが報酬を得ていることを隠して特定商品の高い評価を発信したり、といった方法で行われます。実際には、商品を販売している会社から報酬をもらっていたり、会社の社員が第三者を装っていることから、広告に関する法律などに触れる恐れがあるとして問題になっています。消費者庁は2012年5月、インターネット消費者取引において、事業者が守るべき事項をまとめたガイドラインに、問題となる事例としてステルスマーケティングの手法を追加しました。

す

ストアアプリ
store application

Windows 8以降の機能であるモダンUIやスタート画面上で動作するアプリケーションのこと。Windowsストアアプリの略称。

関連▶デスクトップアプリ

ストリートビュー
street view

指定した地図上の場所の周囲360度を見渡すことができる。

Google社が提供するGoogleマップの機能の1つです。2007年から開始されたサービスで、日々対応範囲が拡大しています。場所によっては屋内の施設に入ることもできます。

▼Googleストリートビュー

ストリーミング(配信)
streaming

ネットワークを介して音声や動画データをリアルタイムに転送すること。

ネットワーク上で音声・動画データを転送する方式の1つで、クライアントは受信中に、同時にデータの再生ができるというものです。情報ソースによって分類され、Webカメラ、ライブ映像配信、ビデオオンデマンド、インターネットラジオなどがあります。

関連▶次ページ上図参照

ストレージ *storage*

データやプログラムを記憶する装置。

ハードディスクやSSD、USBメモリなどが代表的なものです。

ストレージサービス
storage service

インターネット上で顧客のデータを保守、管理するサービスのこと。

一般には、利用者がファイルをアップロードして保存したり、他のユーザーに受け渡ししたりできるサービスや、インターネット上にファイルをバックアップしたりできるサービスのことをいいます。

関連▶オンラインストレージ／Dropbox

スパイウェア(個人情報送信)
spyware

コンピュータシステムの利用者の意識しないところで組み込まれ、利用環境やユーザーの行動(操作履歴)などの情報を収集するソフトウェア。

なお、広義ではコンピュータウイルス／ワーム以外の不正なプログラムを指しており、狭義では個人情報やパスワードを盗み出すプログラムのことをいいます。広義のスパイウェ

す

▼ストリーミング

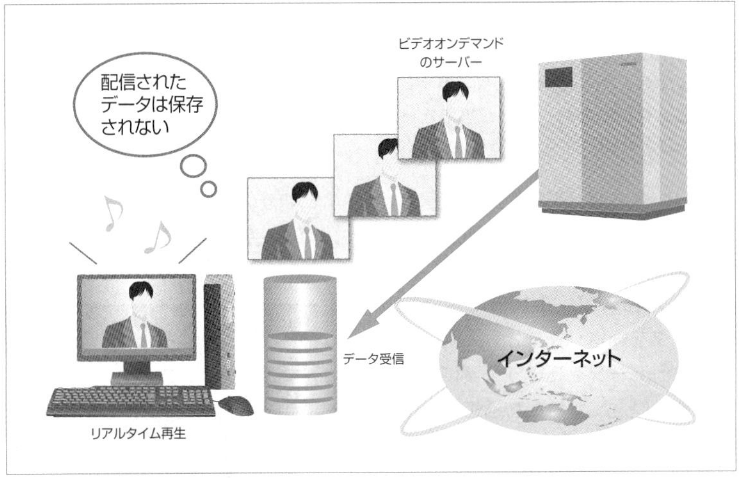

アは、狭義のスパイウェアを含むと共に、①広告を表示することで利用料を減免するようなポップアップ広告、バナー広告を表示する**アドウェア**、②ユーザーのブラウザの設定を勝手に変更してしまう**ハイジャッカー**、③ブラウザのクッキーを他のWebページと同じものとして情報を盗み出したり改ざんしたりする**スパイウェアクッキー**、④キーボードからの入力を秘密裏に記録する**キーロガー**などを含みます。

関連▶**ウイルス／ウイルス対策ソフト**

スーパーチャット *Super Chat*

YouTubeのチャット機能で、自分のメッセージを目立たせるための機能。スパチャと略す。

自分のメッセージを強調して長時間表示させるために金銭で権利を購入します。手数料を除いた金額が動画配信者の収入となることから、アーティストなどを支援するために使われています。**投げ銭**ともいいます。

関連▶**投げ銭アプリ**

スパムメール *spam mail*

受信者の意向を無視して送られてくる宣伝や勧誘などの電子メール。

スパムとは、米国Hormel Foods（ホーメルフーズ）社の缶詰で、商品名を連呼したパロディコントが話題となったため、大量に送られる迷惑メールを、こう呼ぶようになりました。嫌がらせや犯罪目的のメールも、最近では「スパム」と呼ばれます。

関連▶**迷惑メール防止法**

スプール *SPOOL ; Simultaneous Peripheral Operation On-Line*

周辺装置とCPUの間に、データを蓄えておくためのバッファ領域をとって、処理待ちの時間を減らす仕組み。

プリンタなど、CPUに比べて著しくデータ処理が遅い周辺装置を利用する場合、スプールを利用すると、CPUからスプール領域に短時間でデータを転送したあと、スプール領域からデータを転送する間に、CPUは別の処理に取りかかることができます。スプール機能を持った回路を**スプーラ**といいます。プリンタ専用のスプーラは**プリンタバッファ**と呼ばれます。

関連▶**バッファ**

スペース *space*

■テキスト中の**空白文字**。

単語と単語の区切り、コマンドと引数の区切りなどに使われます。書面に印刷する場合は、そのまま空白にするか、区切りであることを明確にするため、アンダーバー（ _ ）などで表します。

関連▶**空白文字**

■記憶装置の**容量**を意味する。

空きスペース、**記憶スペース**などと用います。

関連▶**容量**

スペースキー *space key*

キーボード上のキーの1つ。

通常、キーボード中央の親指の位置にあり、スペース入力や日本語ワープロソフトでの変換機能に対応しています。

関連▶**キーボード**

▼スペースキー

日本マイクロソフト（株）提供

スペック *specifications*

仕様、性能といった意味。

関連▶**仕様**

スペルチェッカー *spell checker*

入力された単語のスペルが間違っていないかをチェックする機能。

英単語などのスペルが誤っている可能性があると判定されると、下線などが表示され、その修正候補が表示されます。スペルチェッカーはほとんどのワープロソフトに搭載されており、電子メールソフトや表計算ソフトでも、この機能を採用する例が増えています。また、文法をチェックする**文法チェッカー**などもあります。

関連▶**オートコレクト**

スマートグリッド
smart grid

発電から電気の消費まで、最適な体制を整えようという次世代送電網構想のこと。

発電所から電気供給先への送電網にIT技術を活用して情報管理や通信の機能を持たせようとするもので、**次世代送電網**ともいいます。直訳すると「賢い電力網」で、IT技術を駆使して、電力の需要側と供給側のバランスをきめ細かく自動的に制御します。例えば、双方向通信可能なスマートメーターを使って家庭の太陽光発電量や電力消費情報をきめ細かく把握し、電力会社側が**スマートメーター**を通じてエアコンの運転を抑える、といった需要の制御も可能です。ムダな発電量の削減、エネルギーロスや二酸化炭素排出量の抑制などが目的とされています。

関連▶**次ページ図参照**

スマートシティ *Smart City*

IoTを利用してインフラ・サービスを効率的に管理・運営し、環境に配慮しながら人々の生活の質を高め、継続的な経済発展を図ることを目的とする新しい都市のこと。

日本では国土交通省が中心となり、企業、大学、地方公共団体などの官民一体で取り組みが進められています。スマートシティは次の6つの集合体ともいわれます。①Smart Living（スマートリビング・生活）、②Smart Energy（スマートエネルギー・環境）、③Smart Economy（スマートエコノミー・経済活動）、④Smart Learning（スマートラーニング・教育）、⑤Smart Mobility（スマートモビリティ・交通）、⑥Smart Governance（スマートガバナンス・行政）。

スマートスピーカー
smart speaker

人工知能が搭載されていて音声操作に対応するスピーカーのこと。

人と対話できるAIアシスタント機能を持ち、本体内蔵のマイクで音声を認識し、入力された音声を解析して、情報の検索や、連携する家電の操作を行います。**AIスピーカー**とも呼びます。Google HomeやAmazon Echoなどがあります。

関連▶**次々ページ上図参照／音声アシスタント／音声認識**

スマートデバイス
smart device

様々な用途で利用できる多機能端末のこと。

明確な定義はありませんが、主にインターネットに接続ができ、様々なアプリケーションを利用できるスマートフォンやタブレット端末などが該当します。血圧などの体調管理ができるスマートウォッチやスマー

す

▼スマートグリッドの仕組み

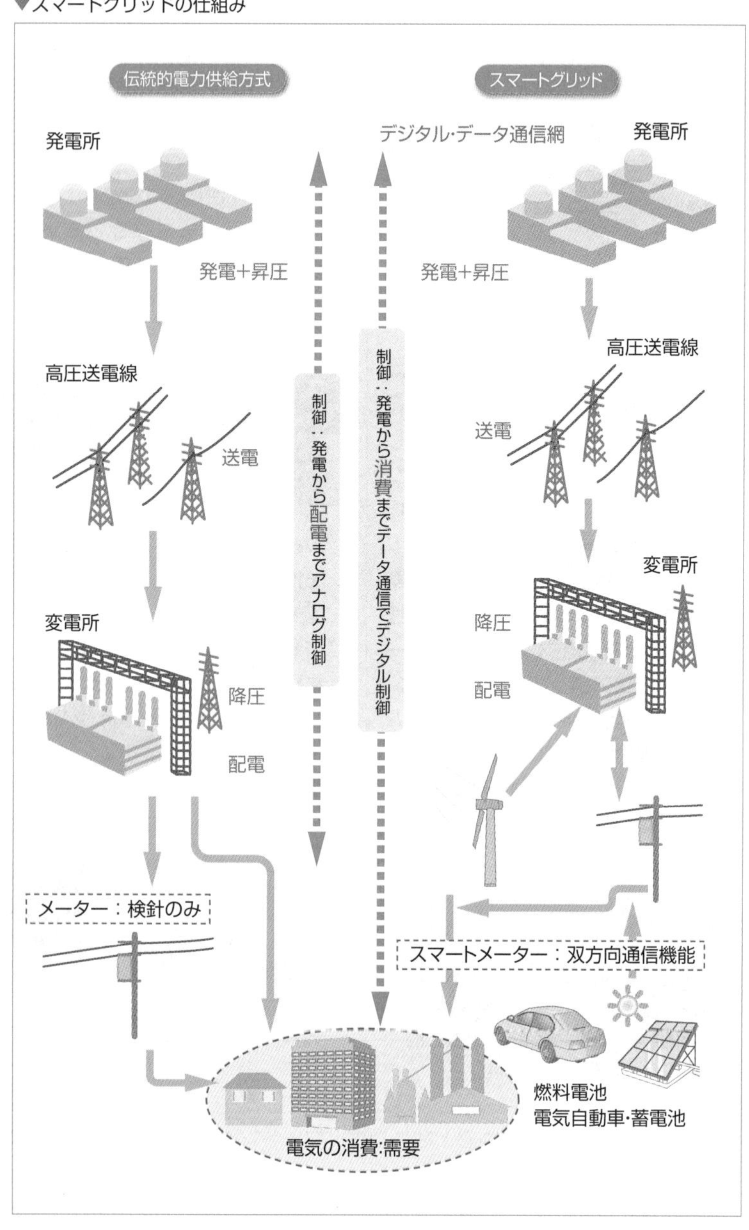
伝統的電力供給方式
スマートグリッド
発電所
デジタル・データ通信網
発電所
発電+昇圧
発電+昇圧
高圧送電線
高圧送電線
送電
送電
制御：発電から配電までアナログ制御
制御：発電から消費までデータ通信でデジタル制御
変電所
変電所
降圧
配電
降圧
配電
メーター：検針のみ
スマートメーター：双方向通信機能
燃料電池
電気自動車・蓄電池
電気の消費:需要

▼スマートスピーカーの仕組み

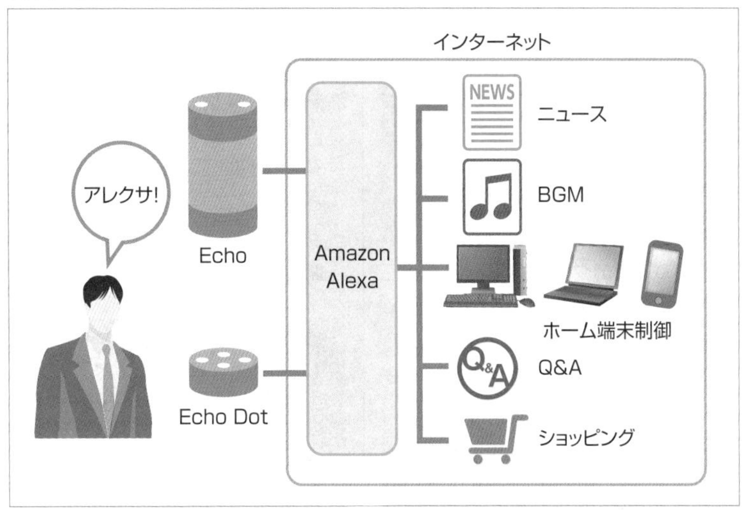

トグラスなどのウェアラブルコンピュータ、さらには、インターネットと連携して情報を得たりSNSや動画サイトにアクセスできるスマートテレビなども含まれます。

スマートフォン
smartphone

音声通話以外にインターネットアクセス、データ通信、スケジュール管理などの多様な機能を持った携帯電話。

略して**スマホ**と呼びます。市場拡大を牽引してきたのが米国アップル社のiPhoneです。近年はスマートフォン向け基本ソフトとして米国グーグル社のAndroid（アンドロイド）を利用した「**Android携帯**」も急激にシェアを伸ばしています。日本メーカーによるAndroid携帯には「Xperia（エクスペリア）」、「arrows（アローズ）」などがあります。

関連▶**iPhone／Android**

▼Androidスマートフォン「nexus 5X」

Googleプレスリリースより

スラッシュ *slash*

「／」記号のこと。

スマートメーター *smart meter*

毎月の検針業務を自動化し、電気使用状況を可視化する電力量計のこと。

従来のアナログ型電力量計と違って電力使用状況が可視化されるため、節電意識が高められます。また、時間帯料金プランの変更やアンペア変更などの作業が効率化されます。

スマホ決済 *smartphone payment*

スマートフォンからQRコードやバーコードを読み取らせたり、専用の読み取り端末にかざして非接触決済を行う機能。

近年はスマートフォンのアプリを使った「QRコード読み取り型」の利用が急増しています。LINE Pay、楽天ペイ、PayPay（ペイペイ）、メルペイなどが主なものです。支払いの際は、専用のアプリで**QRコード**や**バーコード**を表示させ、店舗のPOS端末で読み取って支払いを完了します。

関連▶**バーコード／QRコード**

スライドショー *slideshow*

複数の画像を一定時間ごとに切り替えて見せていく手法。

デジタル写真集や、プレゼンテーションなどで多く使われています。

スレッド *thread*

■マルチタスク処理を行うOSが、1つの仕事をさらに細かく分割して行う処理の最小単位のこと。

スレッド間でメモリ領域を共有することが、プロセスとの大きな違いです。

関連▶**マルチスレッド／マルチタスク**

■掲示板やメーリングリストなどで、1つの発言に返信や関連する発言をぶら下げて表示した、ひとまとまりの投稿のこと。

関連▶**掲示板**

スワイプ *swipe*

タッチパネル上の操作で、画面を指で触れてそのまま別の方向へ滑らせること。

指を滑らせた方向へ画面をスライドしたり、カーソルをその方向へ移動させるための操作です。

関連▶**タッチパネル**

す

正規表現
regular expression

スクリプト言語などでとり入れられている文字列の条件表示方法。テキストファイルで＊や[]などを使って条件を設定するためのルール。

採用している代表的なものにテキストエディタや「Perl（パール）」などの**スクリプト言語**（簡易プラグラミング言語）があり、主に文字列検索、置換処理に使われていて、文字数の表現や、可能性のある文字の範囲指定などが行えます。

関連▶下表参照

正規ユーザー
registered user

店舗等でソフトを購入したユーザー

市販のアプリケーションなどの正当な使用権を有するユーザーのことで、通常は使用許諾契約を結んだユーザーのことです。

脆弱性（ぜいじゃくせい）
vulnerability

ネットワークなどのシステム上に存在する、セキュリティ上の危険性のこと。

ネットワークなどへの攻撃者が不正な操作で管理者権限を取得できたり、ファイルなどの情報の改変や削除を許してしまうような危険性をいいます。**セキュリティホール**とほぼ同義です。**バルネラビリティ**とも呼ばれます。バッファ容量を超えた不正プログラムを送り付けることで、

▼正規表現の例

正規表現	例	解説
^	^みかん	行頭が「みかん」で始まる文字列
$	なのだ。$	行末が「なのだ。」で終わる文字列
＊	うわぁ＊	「うわ」「うわぁ」「うわぁぁぁ」など、「うわ」の後ろに「ぁ」が0個以上続く文字列
＋	かた＋き	「かたき」「かたたたき」「かたたたたたたたき」など、「か」の後ろに「た」が1以個上続き、「き」で終わる文字列
[ ]	い[しん]き	「いしき」か「いんき」のどちらかの文字列
-	第[1-9]回	「第1回」「第2回」……「第9回」までのいずれかの文字列
( )	(どん)＋	「どん」「どんどん」「どんどんどん」など、「どん」が1個以上続く文字列

せ

動作異常を起こさせる**バッファオーバーフロー攻撃**などが、システムの脆弱性を利用した攻撃の代表例です。

関連▶ **セキュリティホール／バッファオーバーフロー攻撃**

正常終了 *normal end*

プログラムが推奨する正常な手続きによる終了操作。

関連▶ **異常終了／強制終了**

生体認証 *biometrics authentication*

指紋、声紋、眼球の虹彩、指の静脈といった、個人に固有の生体情報を利用して本人を確認する方式。

バイオメトリクス認証、**バイオ認証**とも呼ばれます。生体認証は人体の特徴を利用することから、パスワード、暗証番号などの認証方式と比べて「なりすまし」が困難です。パソコンやスマートフォンの本人認証、銀行ATM、会社や家庭、自動車の鍵に代わるセキュリティとして、広く活用されています。

セーフモード *safe mode*

Windowsが正常に起動しない場合に利用する緊急時の起動方法。

一部のソフトウェアやネットワーク機能を利用せず、システムを最小機能で起動させることで、トラブルの原因を調べるときに使います。

セキュアOS *secure OS*

セキュリティ機能を強化したOS。

アクセス制御を強化し、アプリケーションやサービス、機能ごとに権限を細かく設定できるようにすることで、必要な情報以外にアクセスできないようにし、安定性と安全性を高めています。日常的にネットワークに接続しているコンピュータが増えたことで、セキュリティの高いOSへの需要が高まっています。

関連▶ **ファイアウォール**

セキュリティ *security*

関連▶ **ネットワークセキュリティ**

セキュリティ（対策）ソフト *security software*

ウイルスや不正侵入からコンピュータを守るソフトウェア。

例えば、スパムメールを除去するメールフィルタリングソフト、ウイルス感染を防止したり感染後にウイルスを除去したりするウイルス対策ソフト、ネットワークを通じた攻撃や侵入を阻止するファイアウォールソフトなどが挙げられます。

関連▶ **ウイルス対策ソフト**

セキュリティホール *security hole*

ネットワークやシステムのセキュリティに関する欠陥。

プログラムの不具合や設計上のミス

により、意図しない結果が出ることによって、侵入者が本来アクセスできないデータを取得したり改ざんできてしまいます。クラッカーに知られる前に修復しないと、システム全体が破綻する恐れがあります。

関連▶**脆弱性**

セキュリティポリシー *security policy*

組織のセキュリティ対策を効果的、効率的に行うための指針。

広義には、セキュリティ対策基準や、個別の具体的な実施の手順なども含みます。また、どのプログラムを用いてどのパケットを通過させるか、などの技術的事柄、社員のアクセスの許容範囲といったPC操作だけでなく、書類破棄の際のシュレッダーの使用といった、個人の活動に関わることも含まれます。また、これらの取り組みを通じて社員のセキュリティに対する意識の向上など間接的なメリットを得ることを**情報セキュリティマネジメントシステム(ISMS)**と呼びます。

関連▶**ネットワークセキュリティ**

セクタ *sector*

ハードディスク(HD)上でデータを一度に読み書きする最小単位。

セクタの区切りを、媒体上に記憶された情報によって識別しているものを、**ソフトセクタ**と呼んでいます。ハードディスクでは複数のセクタが集まって1つの同心円を構成しており、これをトラックやシリンダと呼びます。CDやDVD、BDなどでは同心円を構成していませんが、類似の部分を**トラック**と呼ぶことがあります。

セットアップ *setup*

ソフトウェアやハードウェアを使用するためのインストールや環境設定、または登録作業のこと。

関連▶**インストール**／**環境設定**

セットトップボックス *STB : Set Top Box*

双方向マルチメディア通信を利用するための家庭用通信端末。

家庭用テレビ(TV)をネットワークと接続することで、ビデオオンデマンドや双方向テレビなどを実現するための機器です。かつて電話やパソコンなどとの通信機能を備えた端末(Box)を、テレビの上に設置していたことから、「セットトップボックス」といいます。

セル *cell*

表計算ソフトのワークシートのマス目。

1つのセルには1つのデータを入力できます。また、それぞれのセルには名前が付けられていて、行、列の番号を組み合わせて表現されます。

関連▶**次ページ上図参照**／**表計算ソフト**

▼Excelでのワークシートとセル参照（セル）

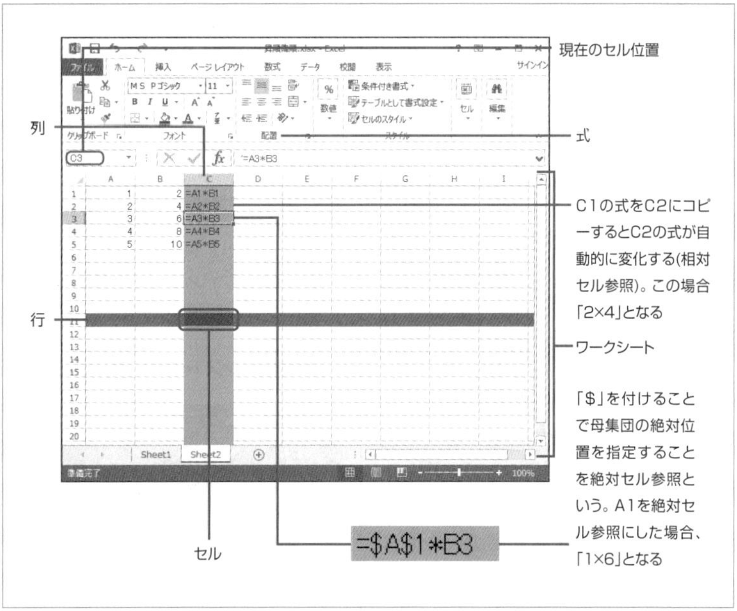

現在のセル位置
列
式
行
C1の式をC2にコピーするとC2の式が自動的に変化する(相対セル参照)。この場合「2×4」となる
ワークシート
「$」を付けることで母集団の絶対位置を指定することを絶対セル参照という。A1を絶対セル参照にした場合、「1×6」となる
=A1*B3
セル

▼セルラー方式

交換機(基地局)
セルの半径は数km程度
基地局(アンテナ)
周波数A
周波数B
周波数C
周波数A
離れたセルで同じ周波数が使える

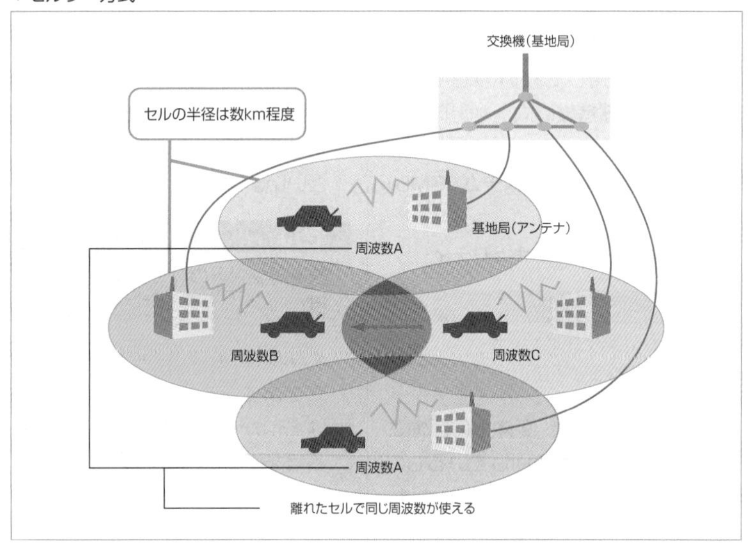

セルラー方式 *cellular system*

携帯電話やスマートフォンで使用される基地局の設置方式。

広い地域を分割し、それぞれに基地局無線機を置きます。このとき複数の基地局から同じ周波数の電波を発信しても、基地間で電波干渉を起こさないようにすれば、同じ周波数が繰り返し使えます。1つの周波数帯で通信可能なチャネル（回線）数には上限があるため、これによって、周波数を有効に利用できるようになります。携帯電話のように、各地で同時に多くの通話チャネルが必要となるシステムで有効な手段です。

関連▶**前ページ下図参照**

全角文字 *full size character*

日本語ワープロの用語で通常サイズの文字のこと。

全角文字である漢字やひらがなは、通常、JISコードでは2バイトで表現されているため、転じて2バイト文字コードを用いる文字のことを示しています。また、全角文字の半分の幅で表示・印刷される文字を半角文字と呼びますが、同様に1バイトで表される文字を**半角文字**と呼ぶようになりました。JIS B 0191の「日本語ワードプロセッサ用語」に規定されています。

関連▶**縮小文字**／**半角文字**

▼全角文字と半角文字

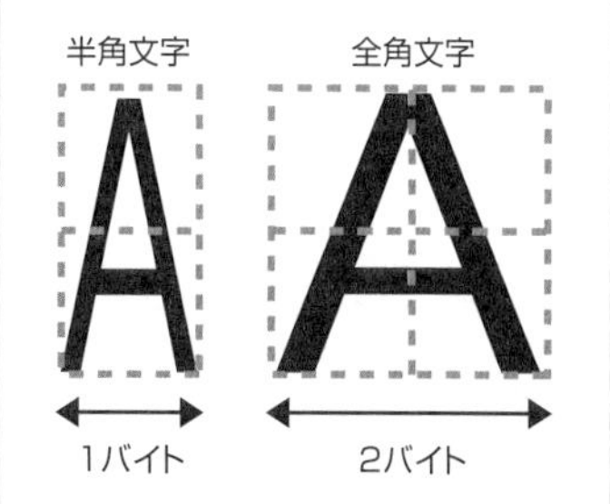

センタリング *centering*

ワープロソフトなどの文字の修飾形式の1つで、文字列を行の左右中央に配置すること。

中央揃え、**中央寄せ**ともいいます。見出しなどでよく使われます。DTPソフトや表計算ソフトなどでは、文字を配置するテキストボックスやセルの中で、行そのものを上下方向の中央に配置する機能もあります。

関連▶**左寄せ**／**右寄せ**

▼センタリング

場所・東京都港区Aホテル
期日・9月9日
皆様のお越しをお待ち致します。

センタリング後

場所・東京都港区Aホテル
期日・9月9日
皆様のお越しをお待ち致します。

せ

送信トレイ *outbox*

送信用のメールを一時的に保存しておくフォルダ。

メールの送信が完了するまでは、送信トレイにメールが一時的に保存され、その後**送信済みトレイ**に移動します。

挿入 *insert*

文字を、すでに存在する文章の中に割り込むように追加入力すること。

ワープロやエディタの文字入力方法の1つ。入力済みのデータの任意の位置に別のデータを入力すると、入力位置以降にあったデータの前に、新しいデータが割り込むかたちで入力されます。なお、挿入とは対称的に、すでに入力済みの文字を消して、

▼挿入の例

明日はになります。

カーソル位置
ここで「雨」を挿入する

挿入モード

明日は雨になります。

「雨」が挿入され後ろに
ずれる

新たに文字を入力する方法もあり、こちらは**上書き**といいます。

関連▶**上書き**

双方向テレビ *interactive television*

情報発信機能を持ったテレビ（TV）受像機。

インタラクティブTVともいいます。従来のテレビ（TV）は放送局の電波を受信するだけ（片方向）でしたが、デジタル放送の普及によって、放送受信者が放送者に対して情報を発信することができるようになりました。番組で紹介されている商品を通信販売で買ったり、目的地域の天気予報を表示したり、番組中で実施されるアンケートに参加したり、といったサービスや機能があります。

関連▶**地上デジタル放送／CSデジタル放送**

属性 *attribute*

データの持つ性質。ファイル属性、文字属性などを指す。

例えばデータベースのレコードならば、レコードの形式やレコード長、データ名、ボリューム識別番号、用途、作成日などが属性です。Windowsのファイルでは、**システム属性**、**隠**

し属性などがあります。

ソーシャルアプリケーション
social application

SNS（ソーシャルネットワーキングサービス）の機能や情報などを活用するための専用アプリケーション。

コミュニティあるいはコミュニケーションを通じた情報の共有、他のユーザーとのコミュニケーションなどの機能が提供されます。

関連▶SNS

ソーシャルエンジニアリング
social engineering

巧みな話術や盗み聞き、盗み見などの社会的（social）な手段によって、セキュリティ上重要な情報を入手すること。

パスワードを入力するところを後ろから盗み見る、オフィスの書類ごみをあさってパスワードや個人情報の記されたメモを入手する、ネットワークの正当な利用者や顧客になりすまし、管理者にパスワードの変更を依頼して新しいパスワードを聞き出す、などの手法がこれにあたります。

ソーシャルゲーム
social game

ソーシャルアプリケーションのうちゲームの総称。

App StoreやGoogle Play等から入手し、ゲームを通じてコミュニケーションがとれる点が特徴です。Cygamesのグランブルーファンタジー（グラブル）、アイドルマスター（アイマス）シリーズ。DMM GAMESの刀剣乱舞、角川ゲームスの艦隊これくしょん（艦これ）など、ゲームは無料で提供されるものが多いものの、ゲームを有利に進めるためのアイテムや、抽選券（ガチャ）といったオプションは有料になっています。

関連▶ガチャ／SNS

ソーシャルネットワーキングサービス
SNS ; Social Networking Service

関連▶SNS

ソーシャルメディア
social media

Webサービスで、ユーザー同士のコミュニケーションによって形成される情報メディアのこと。

ソーシャルネットワーキングサービス（SNS）や動画共有サイトなどがあります。ユーザー間でコンテンツの共有を行うことができます。SNSとしては、ツイッターやFacebookが有名です。

関連▶ツイッター／Facebook／SNS

ソースプログラム
source program

プログラミング言語で記述されたテキスト形式のファイル。

ソース、ソースコード、原始プログラ

そ

ムともいいます。ソースプログラムは、人間に理解しやすい高級プログラミング言語で記述されたプログラムで、多くの場合、そのままではコンピュータで実行することはできません。ソースプログラムをコンパイラで機械語に翻訳して**オブジェクトプログラム**にすることで、コンピュータで実行できるようになります。

関連▶**高級言語／コンパイラ**

育てゲー *breeding simulation game*

娯楽要素の高い育成シミュレーションゲーム。ゲームの中のキャラクター(馬やモンスターなど)を育てることを目的としたゲームの総称。

関連▶**シミュレーションゲーム**

外付け *external*

パソコン本体の外部に周辺機器を設置すること。

周辺機器として外付けされるものはDVD／BDドライブ、ハードディスクドライブなどです。現在、外付け時に使われるインターフェースは、USBが主流です。

関連▶**USB**

ソフトウェア *Software*

コンピュータに何らかの処理をさせる命令の集まりであるプログラムのこと。

一般には、文書作成ソフトや表計算ソフトなどのようなソフトウェアと、ハードウェアの管理や制御をするためのOSなどのソフトウェアに分類される。

関連▶**ハードウェア／プログラム**

ソフトウェアテスト *Software testing*

ソフトウェアが正しく動作するかを確認する作業のこと。

求められている仕様どおりに正しい動作をするか、意図しない動作であるかなどを確認します。

関連▶**デバッグ**

ソリューション *solution*

蓄積した問題解決の事例やノウハウをもとに、考えられる問題点と、それに対する解決法を提供し、実現すること。

方策だけを提示する**コンサルティング**とは違い、メーカーや**ディーラー**(販売店、小売店)、**システムインテグレーター**(システム開発企業)などからの機器納入、システム開発、保守サービスなどを含めて提案するものをいいます。また、情報技術(IT)を基礎に、マーケティングやビジネスモデル、システム構築のコンセプトなどをトータルに提案する事業を、特に**ソリューションビジネス**といいます。

そ

た

ダークファイバー *dark fiber*

利用していない光ファイバー（心線）のこと。

通信事業者や電力会社などが先行投資として敷設している、未使用の多芯光ケーブルのことです。NTT東西両社には、他事業者に対する開放が義務付けられており、インフラを持たない新規参入事業者は、これを利用して新たなサービスを低価格で提供できるようになっています。

関連▶**光ファイバー**

ダイアログボックス *dialog box*

メッセージ表示や設定用のウィンドウ。

チェックボックスによる選択やテキストの入力、エラーメッセージの確認などを行うウィンドウです。GUIを採用したOSで表示されます。ダ

▼ダイアログボックス各部の名称

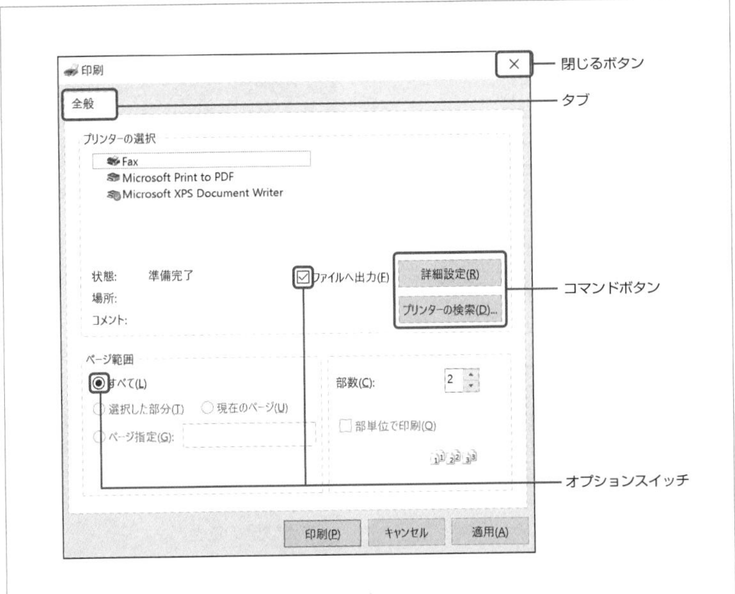

イアログとは「対話」の意味で、ユーザーと対話形式で操作を進めることから、この名称になりました。

関連▶**前ページ下画面参照**

ダイオード *diode*

電流を一方通行にする性質のある半導体部品。

自由電子が欠乏しているp型半導体と、自由電子が余っているn型半導体を接合した構造を持ちます。このため、電子の流れはn型→p型方向に限られますが、これは、電流の流れがp型→n型方向に限られるということを意味します。この性質を利用して、交流電源から直流電源を作るときなどの整流、電池の保護のためなどの逆電流の防止に使われます。光ディスクのピックアップなどに用いられる受光素子のフォトダイオードや、発光素子の**LED**（**発光ダイオード**）、**LD**（**レーザーダイオード**）もダイオードの一種です。

関連▶**LD／LED**

▼ダイオードの構造

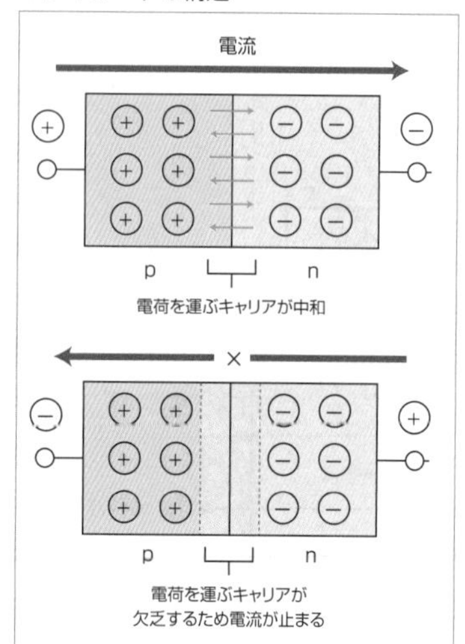
電流
p
n
電荷を運ぶキャリアが中和
×
p
n
電荷を運ぶキャリアが
欠乏するため電流が止まる

タイピング *typing*

パソコンなどでキーを打つこと。

タイムシフト *time-shifted*

放送中のテレビ番組などを一時停止したり巻き戻したりして、視聴者の都合に合わせて見られる機能。

この場合は「タイムシフト視聴」とも呼ばれます。タイムシフト機能は、テレビ録画機能付きのパソコン、HDDレコーダーなどで利用することができます。

タイムスタンプ（属性） *time stamp*

ファイル属性の1つ。ファイルの最終的な保存、更新日時が記録されている。

電子データとして作成されたファイルや文書が改ざんされていないことを確認できます。オペレーティングシステム（OS）によって自動的に書き換えられます。

タイムライン *timeline*

■ビデオ編集ソフトなどにおいて、作品全体の流れを時系列で管理編集する機能のこと。

■ツイッターのホームにおいて、投稿されたつぶやき（ツイート）が表示される場所。

■Facebookで友人がアクセスしてきたときに表示されるページ

ダイレクトプリント *direct print*

デジタルカメラとプリンタをつなぎ、パソコンを経由せずに、画像を直接プリントすること。

画像データを保存したメモリカードを、プリンタに装備されたカードスロットにセットして写真を印刷することも、ダイレクトプリントといいます。標準規格である**PictBridge**に対応したデジタルカメラとプリンタを使用すれば、異なるメーカー間でもダイレクトプリントが可能です。

ダウン *down*

使用中のコンピュータが突然、正常に動作しなくなること。

落ちる、**ハングアップ**、**暴走**、**ストール**などと同義で使われます。

関連▶**システムダウン**／**ハングアップ**

ダウングレード *downgrade*

ソフトウェアやシステムについて、現在使用しているものより古い、または下位のバージョンを導入し直すこと。

ダウングレードを行う理由としては、最新版だと古いハードウェアとの互換性が失われていて不具合が生じるといったケースなどが考えられます。反対に、より新しい／上位バージョンを導入することを**アップグレード**といいます。

関連▶**アップグレード**／**バージョン**

ダウンロード *download*

サーバーからコンピュータへデータをコピーすること。

一般には、Webサーバーや FTPサーバーからパソコンにファイルを転送することです。逆に、パソコンからネットワークにファイルを転送することは**アップロード**といいます。

関連▶**アップロード**

▼ダウンロード

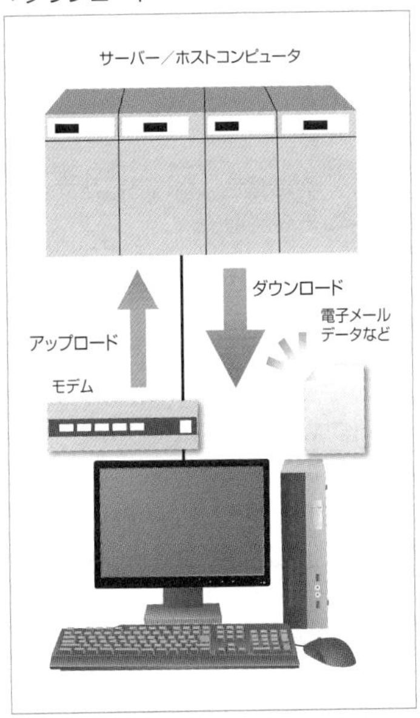

タグ *tag*

■1つのウィンドウ内に複数のページを分けて表示するGUI（グイ）の部品。

紙の文書を保管するファイルやキャビネットの見出しの形をしています。Windowsでは、ダイアログボックス上部に配置されたタグを**タブ**と呼びます。ここをクリックすると、見出しに関連した内容や機能が表示されます。

関連▶**ダイアログボックス／タブ**

▼タグの例

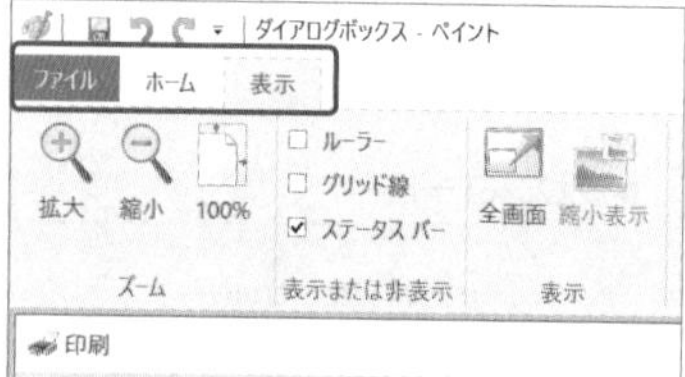

■データの集合に付けられた文字や数字などの**識別子**。

タグとは「標識」といった意味です。データベースではレコードの識別などに用いられます。また、Webページ作成言語**HTML**やXML、SGMLでは、情報部分と区別して構造定義や画面制御を行う命令部分のことです。< >で囲まれたかたちで記述されます。

関連▶**識別子**

■ICタグ、RFタグのこと。

関連▶**ICタグ**

多重パーセプトロン *MLP ; MultiLayer Perceptron*

パーセプトロンは機械学習の教師あり学習の手法で、パーセプトロンを組み合わせたものをいう。

入力層と出力層の2層で構成されているものを**単純パーセプトロン**、隠れ層を含む3層以上で多層化されているものを**多層パーセプトロン**と呼びます。

タスク *task*

コンピュータ内でOSが管理する仕事の単位。

動作中のアプリケーションはタスクの1つです。そして、コンピュータ内には複数のタスクが存在し、タスク管理プログラムにより順次実行されます。なお、1回に1つずつのタスクを処理する方式を**シングルタスク**、複数のタスクを同時に処理する方式を**マルチタスク**といいます。

関連▶**マルチタスク**

タスクバー *task bar*

Windowsなどの画面下部にある細長いツールバー領域。

スタートボタン、起動中のアプリケーション、常駐ツールなどが表示されています。タスクボタンを押して実行中のタスクを切り替えることを**タスク切り替え**などといいます。

関連▶**次ページ上図参照**

▼タスクバーの例

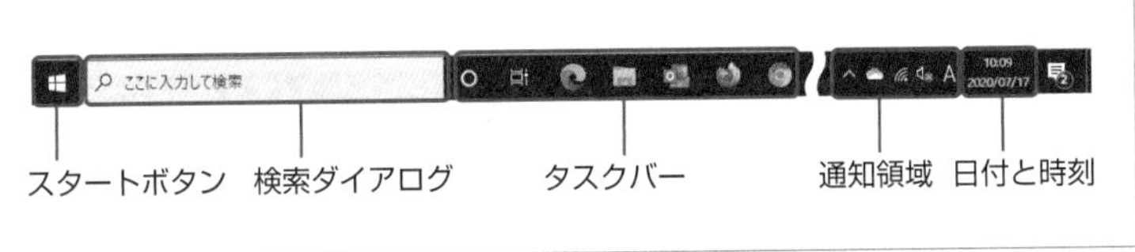

タスクスケジューラ
task scheduler

任意の日時に特定のプログラムやサービスを実行させることができる機能。

データのバックアップを定期的にとったり、アップデートファイルの確認をするなどの目的に利用されます。

畳み込みニューラルネットワーク
CNN ; Convolutional Neural Network

機械学習において順伝播（じゅんでんぱ）型人工ディープニューラルネットワークのアルゴリズムの一種。

ネットワーク内部に「畳み込み層」と「プーリング層」を持つという特徴があり、データの特徴を抽出し、最後に全結合層で認識を行います。主に画像・動画認識や自然言語処理で広く使われています。

立（起）ち上げ *start up*

コンピュータやソフトウェアを使える状態にすること。

コンピュータに電源を入れ、OSや特定のソフトウェアなどを実行することをいいます。

関連▶**起動**

タッチスクリーン
touch screen

関連▶**タッチパネル**

タッチタイプ *touch typing*

手元のキーボードを見ずに入力すること。

親指を除く左右８本の指を**ホームポジション**に置き、それぞれの指に割り当てられたキーを押す入力方法です。この方法に慣れると、キーボードを見ずに画面または原稿だけに注意すればよいので、視線の動きが少なくなり、入力速度も上がります。英文ワープロには特に効果的で、ローマ字入力にも適しています。かつては**ブラインドタッチ**と呼ばれていましたが、差別的で和製英語でもあることから「タッチタイプ」といわれるようになりました。

関連▶**キー入力／タイピング／ホームポジション**

た

タッチパッド *touch pad*

指先やペン先を動かすことで、マウスポインタを移動させる入力装置。

ノートパソコンなどで利用されるポインティングデバイスの一種。Macでは**トラックパッド**と呼ばれています。

タッチパネル *touch panel*

ディスプレイ上を直接、手で触れることで操作ができる入力装置。

タッチスクリーンという場合もあります。ディスプレイの前面に装着された透明なパネルに、直接手で触れると位置情報が入力できる装置で、**ポインティングデバイス**の一種です。ディスプレイに表示される画像に直接触れる動作となり、自然な操作性を持たせることができます。iPhoneなどのスマートフォンや金融機関のキャッシュディスペンサー、ATM、車載機器などで使用されています。

関連▶**ポインティングデバイス**

タップ *tap／single tap*

指や専用ペンなどでタッチパネルを軽くたたく操作のこと。

マウスのクリックに相当します。スマートフォンなどのタッチパネル上での操作で、一般には**シングルタップ**のことをいいます。素早く2回操作することは**ダブルタップ**といい、これはマウスのダブルクリックに相当します。

関連▶**タッチパネル／ダブルタップ**

ダビング10 *dubbing10*

録画したデジタル放送番組のコピー方法の1つ。

従来の**コピーワンス**ではコピーに失敗した場合、元データが失われてしまうことがあります。そのため、この制限を9回のコピーと1回のムーブに緩和したものです。コピーしたものから再度のコピーはできません。

関連▶**コピーワンス**

タブ *TAB ; TABulation*

■文字の表示・印刷位置を所定の位置までジャンプさせる機能。

文字を表示・印刷する場合に、単語位置を揃えるために使われます。行の中で単語の始まる位置を揃えるために使われています。

関連▶**Tabキー**

■水平タブを意味する文字。

データベースや表計算ソフトのデータを、テキストファイルに書き出す場合に、フィールドとフィールドの区切りを示す際にも使われます。これを**タブ区切り**といいます。

■ユーザーインターフェースの1つで、Windowsのダイアログボックス内部にある設定項目を切り替えるための**タグ**。

正確には**タブコントロール**といいます。独立した複数のダイアログボックスを表示する代わりに、関連項目を1つのダイアログボックスにまとめ、タブとして配置させたものをいいます。このことで画面や操作の煩雑さを軽減します。

関連▶**タグ**

タブキー *Tab key*

関連▶**Tabキー**

ダブルクリック *double click*

マウスポインタを移動させずに、同一のマウスボタンを2回続けて押すこと。

フォルダを開いたり、アプリやソフトウェアをアイコンから起動します。

関連▶**クリック**

ダブルタップ *double tap*

タッチパネルの表面を、指やペンなどで軽く2回たたく操作のこと。

パソコンにおけるマウスボタンのダブルクリックに相当します。

関連▶**ダブルクリック**

タブレット *tablet*

■平面上の位置を入力する装置で、ポインティングデバイスの一種。

磁気式や感圧式のセンサーの平面をペンでなぞって、位置指定や描画をします。マウスやトラックボールより操作性、精度の点で優れています。**感圧型タブレット**ともいいます。絵を描くのに向いています。

関連▶**ポインティングデバイス**

▼タブレット

■タブレットPCのこと。

関連▶**タブレットPC**

タブレットPC *tablet PC*

画面にセンサー付きのタブレットを採用したコンピュータのこと。

液晶画面にセンサーを搭載した、タッチパネル型のコンピュータのすべてを指しますが、キーボードがないタイプが一般的です。iPadなどの携帯情報端末や、店舗における在庫管理用のハンディスキャナー付き機器なども含まれます。

▼タブレットPC

Apple Japan提供

た

多変量解析
multivariate analysis

統計解析手法の1つで、相互に関連する複数の要因によって起きる現象を分析するもの。

関連▶**機械学習**

タワー型パソコン
tower-type personal computer

縦置きのパソコン。

パソコンを外形から区別する際の呼称。筐体（きょうたい）が塔のように高いところからこう呼ばれており、高さの違いによって**フルタワー型**、**ミドルタワー型**、**ミニタワー型**と使い分けることもあります。ミドルタワー以上のものは、ドライブのポート数などに余裕があることから、一般に拡張性が高いといえます。

関連▶**オールインワン型パソコン／デスクトップ型パソコン**

▼タワー型パソコン

（株）マウスコンピューター提供

段組 *number of columns*

■1行を短く区切り、ページあたりの文章レイアウトを複数の段で構成すること。

■ワープロやDTPソフトで、文書を**2段組**、**3段組**などで印刷すること。

文書の1行を紙面の幅いっぱいに印刷するのではなく、2段組や3段組にすることにより、長い文章でも読みやすい形式で編集や印刷を行うことができます。

▼段組の例

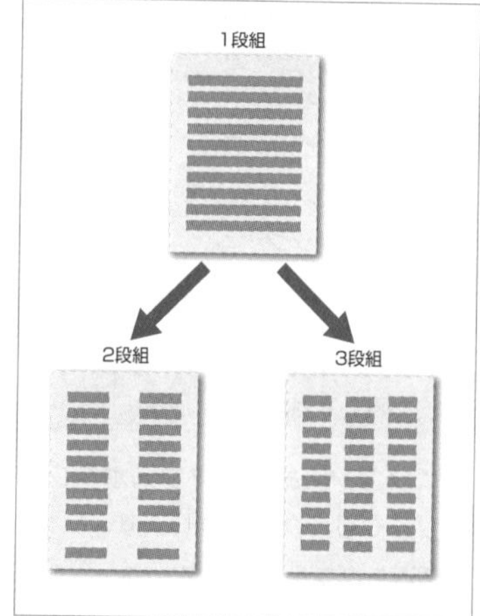

単語登録
word registration

日本語入力システムの**辞書**に単語を登録すること。

単語を登録する場合は、単語（熟語）の文字列、単語の読み、単語の品詞の情報を一組として登録します。登録された情報はユーザー辞書に記録されます。単語登録の機能は、日本語入力システム単体の機能を使うか、日本語入力システムとセットのワープロで行います。また、1単語ずつ単語登録する方法と、テキストファイルに保存されている複数の単語をまとめて登録する**一括登録**の方法とがあります。

関連▶**かな漢字変換／辞書**

短縮URL *Short URL*

長い文字列のURLを短く表示したもの。

短縮URLのリンクをクリックすると、指定したWebページから自動的にほかのWebページに転送される**URLリダイレクト機能**を利用して本来のURLへと転送されます。URLの入力が楽になる、文字数制限のあるSNSなどへの投稿に引用しやすいなどの利点がありますが、詐欺サイトなどへの誘導などにも使われるため注意が必要です。

断片化 *fragmentation*

本来まとまって記憶されるべきデータが、ディスク上に分散してバラバラに記憶されてしまうこと。

フラグメンテーションともいいます。ファイルの削除、追加、コピーなどを繰り返し、ファイルが断片化するとディスクアクセスが遅くなります。このため、定期的に最適化を行って断片化を解消すると、アクセス速度を維持できますが、この操作を**デフラグ**といいます。

関連▶**デフラグ**

▼断片化のイメージ（デフラグ）

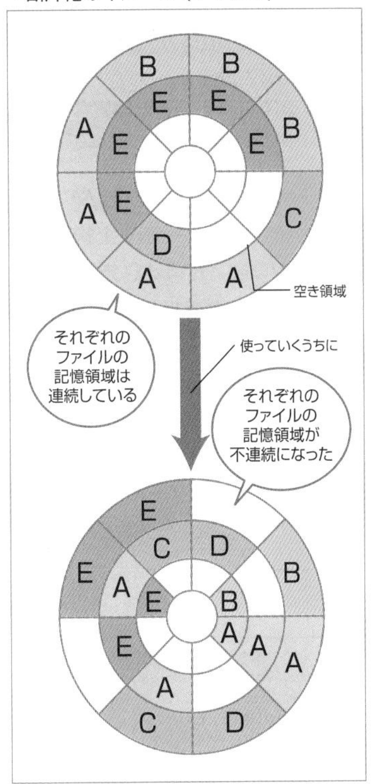

た

チートツール *cheat tool*

広義にはコンピュータゲームにおいて本来得られる結果とは異なる動作を行わせる装置やプログラムのこと。

「チート」とは、プログラムの書き換えや不正なデータの上書きなど、ゲームにおいて特殊な方法を使った「ずる」のことを指します。近年流行しているスマートフォンゲームやオンラインゲームにおいては、ゲームバランスを脅かす行為として厳しく罰せられることがあります。2016年には、チートツールを配布していた大学生が、書類送検された例があります。

チェックディスク *check disk*

Windowsにおいて、OSに標準で付属している、ディスクに問題が生じていないかを検査するためのツール。

置換 *replace*

テキスト中のある文字や単語を、別の文字や単語に置き換える機能。

ワープロやエディタでの編集処理機能の1つです。

関連▶**下図参照**

▼Wordの置換コマンド

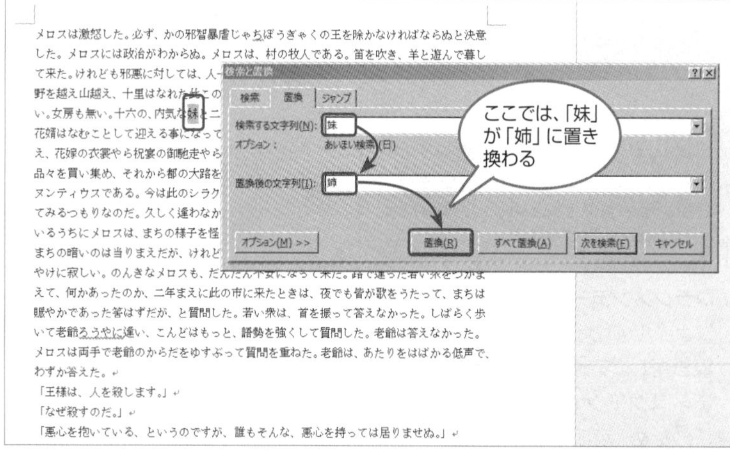

逐次変換 *sequential replace*

文字ごとあるいは文節ごとに漢字に変換すること。

一括変換という用語に対して使われます。

関連▶**一括変換**

地上デジタル放送 *terrestrial digital broadcasting*

2003年12月より東京、名古屋、大阪の3大都市圏で開始された**地上デジタルテレビ（TV）放送**のこと。

従来のアナログ(NTSC)による地上テレビ放送に代わるもので、2012年3月にすべての地上テレビ（TV）放送がデジタル化されました。地上デジタルテレビ（TV）放送には、①高品質な映像と音声、②ハイビジョン放送、③標準画質での複数チャンネル化、④EPG(電子番組表)の提供、⑤データ放送による双方向番組参加、⑥携帯電話等の移動体による受信（ワンセグ放送）、などのメリットがあります。

関連▶**ハイビジョン**

地図アプリ *geographic software*

GPSを利用して、現在位置の確認やルート検索に利用するアプリケーションソフトウェア。

デジタル化された地図データをパソコンやスマートフォンに表示し、地名や交通機関などの検索や表示を行えるようにしたソフトウェア、またはサービスです。近年はARとの連携も進められています。

関連▶**AR**／**Googleマップ**

チップセット *chip set*

複数のLSIのセットで、ある機能を実現したもの。

グラフィックスやLANなどに特化した周辺回路を統合したものが使われています。

関連▶**マザーボード**

知的所有権 *intellectural property right*

知的活動の成果を財産的に価値あるものとした権利。

工業所有権と**著作権**が含まれます。**知的財産権**、**無体財産権**ともいわれ、財産権の一種と解釈できます。

関連▶**次ページ下図参照**／**工業所有権**／**著作権**

チャプター *chapter*

DVDなどの記録媒体において、録画したデータの区分のこと。

早送りなどの頭出しで次チャプターの頭にジャンプすることができます。HDDレコーダーなどでは、CMなどの区切りで自動的にチャプター分けがされますが、ユーザーが自分でチャプターを編集することもできます。

チャット *chat*

ネットワークを介してリアルタイムにメッセージを交換すること。

同時にアクセスしている他のメンバーと、文字メッセージを介して会話ができます。相手が複数でも可能です。

関連▶LINE

抽出 *selection*

データベースの中から、指定された条件を満たす項目だけ選び出すこと。

選択ともいいます。リレーショナルデータベースにおける機能の1つです。

関連▶リレーショナルデータベース

▼抽出

名簿テーブル

氏名	住所	年齢	性別
AA	横浜	12	男
BB	東京	43	女
CC	福岡	11	女
DD	札幌	27	男
EE	大阪	31	女
FF	広島	16	男

条件　年齢<20,男

氏名	住所	年齢	性別
AA	横浜	12	男
FF	広島	16	男

▼知的所有権の内訳

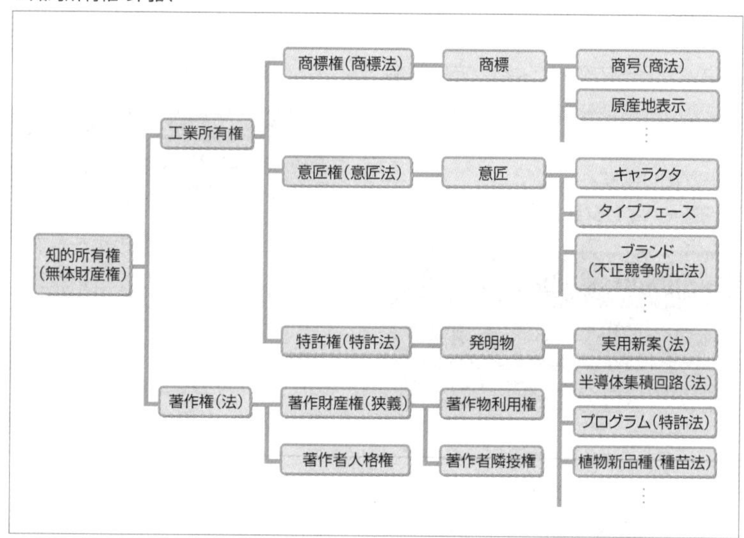

著作権 *copyright*

著作物を独占的に利用して、経済的利益を得ることができる権利。

もともとは、文芸作品や音楽などの、個人が創作したものに付随する権利をいいますが、1985(昭和60)年に改正された**著作権法**で、コンピュータのプログラムにも著作権が認められるようになりました。改正された著作権法では、プログラムが**著作物**であること(第2条)、複製物作成の範囲(第30条第47条)、違法複製物の使用の禁止(第113条)などがあり、レンタル業務についても、その許諾権が定められています(第26条)。なお、著作権の保護期間は70年です。これによってコンピュータプログラムが法的に保護されることになりましたが、コンピュータ業界からは、プログラムは工業製品であって芸術作品を保護する法律とはなじまない、保護される対象が明確ではない、保護期間が長すぎるなど、批判の声もあがっています。また、著作権の延長上には**知的所有権**の問題もあります。これまでは、プログラムの構造やアルゴリズム(処理手順)のアイデアについての著作権は認められていませんで

▼著作者の権利

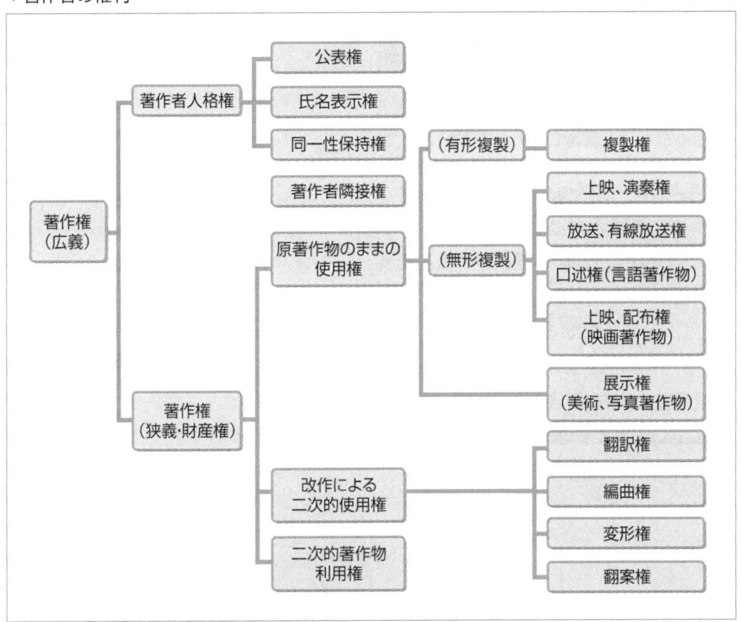

したが、こうしたものも製作者側の知的所有物と見なして、保護の対象にするべきだという見方が主流になりつつあります。

関連▶前ページ下図参照／知的所有権

著作物 *copyright objects*

思想や感情を創作的に表現した文芸や学術、音楽など、著者によって作られたものの総称。

著作権法の規定では、小説や音楽、舞踊、映画、絵画（版画）、写真、建物、地図などが保護され、1985（昭和60）年からはコンピュータプログラムも含まれるようになりました。

関連▶著作権

地理情報システム *GIS ; Geographical Information System*

地図データ上に文字や位置などの情報を関連させ、検索や表示、解析などを行えるようにしたシステム。

コンピュータ上の地図データと他のデータを関連付けたデータベースです。それらの情報の検索、解析、表示などを行うソフトウェアで構成されています。GISとも呼ばれます。データは地図上に表示されるので、解析する対象の分布や密度などを視覚的に把握できます。

つ

ツイストペアケーブル *twisted pair cable*

細い2本の線（導体）をより合わせて（ツイスト）、1対にしたケーブル。

より対線ともいいます。電話機のケーブルとほぼ同じ、単純な構造のため、取り回しが容易で低コストですが、ノイズに弱く伝送距離の制約もあります。ノイズを遮断するシールドがないものを**UTP**（Unshielded Twisted Pair）、シールドがあるものを**STP**（Shielded Twisted Pair）と呼びます。ISDNやLANケーブル用の4ペア8芯のほか、ビルの先行配線や電話などの屋外配線では、24対、50対、100対などが使われています。

関連▶10BASE-T

▼ツイストペアケーブルの構造

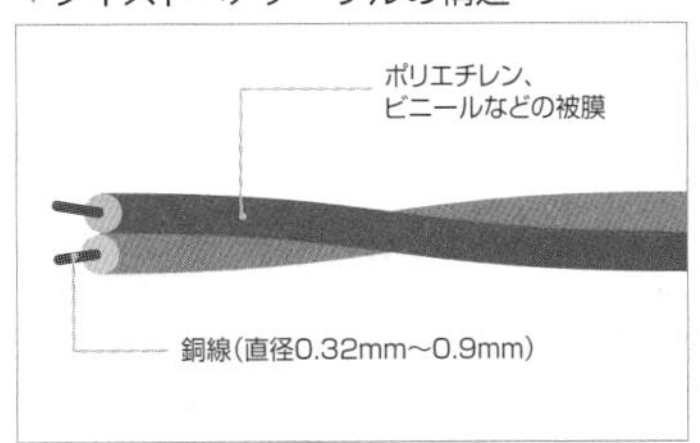

ツイッター *Twitter*

140文字以内の短文をユーザーが「つぶやき（tweet）」として投稿することでメッセージを交わすサービス。

米国のObvious社（現Twitter社）が2006年7月にサービスを開始しました。日本では2008年からサービスを開始し、2009年には携帯サイトも開設しました。気が向いたときに、手軽につぶやく（**ツイートする**）

▼ツイッターのトップページ

ように投稿できる点が特徴です。自分と他ユーザーのつぶやきが時間順に表示される仕組みです。災害やトラブルなどの思い付いたことを気軽に投稿したり、リアルタイムの情報を知りたいときに適していて、情報発信・収集に強いとされています。全世界で3.2億人を超えるユーザー数となっています。

関連▶Tumblr

通信衛星 *CS ; Communication Satellite*

電波による通信の中継機能を持った人工衛星のこと。

CSともいいます。遠隔地や地形的に直接交信できない地上局間を中継します。広い範囲の地上局にまとめて配信できる、移動局から送受信できるなどの利点があります。ただし、地上と衛星軌道の間の長い距離を電波が往復するため、時間遅延が発生します。初期の通信衛星は衛星に電波を反射させていましたが、現在の通信衛星はトランスポンダ（中継器）を使って、受信信号を増幅して地上へ再送信することで、高品質の映像や音声が送れるようになり、テレビ（TV）放送にも利用できます。

関連▶BS

通信速度 *transmission rate*

単位時間あたりのデータ伝送量。データ伝送の速さを示す。

実際に伝送されるデータ量ではなく、1秒間に伝送できる制御情報を含めたデータ量を**bps**（bit per second）で表します。数値が大きいほどデータ伝送が速いといえます。

関連▶bps

通知領域 *notification area*

Windowsのデスクトップ画面右下側にあるタスクバー中の領域のこと。

通常は、音量、ウイルス対策ソフトなどのアイコンと、時刻が表示されています。ネットワーク状況、CPU使用率を示すアイコンなども表示可能で、長時間使用されていないアイコンは非表示になります。

関連▶タスクバー

ツール *software tool*

目的を絞った単機能のプログラム全般をいう。

比較的規模の小さいプログラムを**ユーティリティ**と呼びますが、狭義には、そのうちのプログラム作成に補助的に用いられるプログラムを指します。広義にはユーティリティとほぼ同義です。

関連▶ユーティリティ

ツールバー *tool bar*

WindowsやMacのアプリケーションソフトで、機能を実行するためのボタンを表示画面の横、あるいは縦に並べたもの。

ワンタッチで機能が選択できる利点があり、ソフトによっては、ツールバーの項目自体を任意に変更できる製品もあります。

関連▶下画面参照／ツールボックス

ツールボックス *toolbox*

アプリケーションで、よく使う各種機能をアイコン化し、まとめることで視覚的に選びやすくしたもの。

ファイルの操作や編集機能、ウィンドウやメニューの制御などに利用するもので、ツールバーとほぼ同義です。

関連▶ツールバー

▼Illustratorのツールボックス

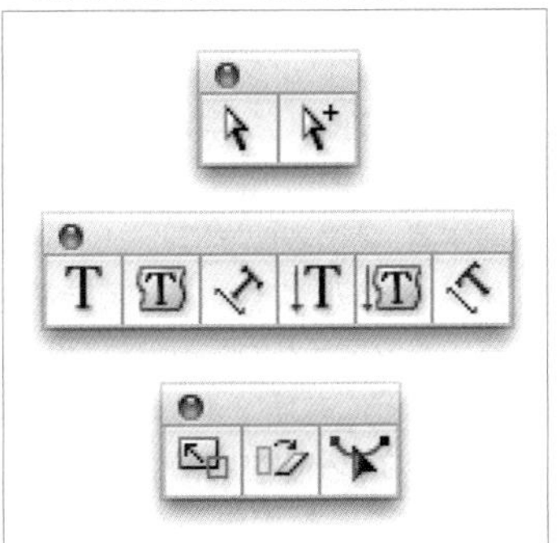

▼ツールバー

て

出会い系（であいけい）
adult chat

主に成人男女間を対象に、見知らぬ者同士の出会いを目的とした掲示板などの場所を提供するシステムの総称。

匿名性を旨とするため、売買春や援助交際等の温床にもなりがちで、社会問題化しています。

関連▶**電子掲示板システム／SNS**

定額制 *flat rate*

一定の金額を払うことで、制限なくサービスが利用できる料金体系。

定額固定制（**固定定額制**）ともいいます。特に通信サービスについて、通信量課金や通信時間課金と対比してこうした言い方をします。多くの通信事業者がこうした料金体系をとっています。また、一定金額までは従量課金され、その後は追加料金が発生しない課金方式を**プライスキャップ制**、一定使用ぶんまでは定額で、それを超えると追加課金される方式を**準定額制**と呼びます。クラウドサービスが発展した現在では、アプリや音楽、ムービーの配信サービスなどを、定額制で提供する企業も増えています。

関連▶**固定（定額）制／従量（課金）制**

ディープラーニング
deep learning

コンピュータが自ら学習する機械学習の一種で、大量のデータから特徴を取り出し、画像認識などで段階的に精度の高い分析をする手法。

脳内の神経伝達の仕組みをモデルにした**ニューラルネットワーク**を用い、大まかな情報抽出から徐々に精度の高い抽出を行うことで、膨大な情報からより妥当な結果を導き出すことができます。コンピュータの処理能力の向上とビッグデータの蓄積から飛躍的に進展した学習手法です。近年のAIの中核技術でもあります。**深層学習**、**特徴表現学習**ともいいます。パターン認識に優れているため、音声応答システムや医療分野での画像診断などに有効ですが、人間には判別できない小さな特徴や共通点を見いだすこともできるため、マーケティングなどにも利用されています。一方、その解に至るプロセスが人間にとってはブラックボックスとなるため、予測や分析結果の理由が理解できない危険性も指摘されています。

関連▶**次ページ下図参照／機械学習／ニューラルネットワーク**

ディープフェイク *deepfake*

人物画像などを合成する技術のこと。

敵対的生成ネットワーク（GAN）と呼ばれる機械学習の技術を使用して、画像を重ね合わせて動画や画像を作成する技術です。ディープラーニング（深層学習）とフェイク（偽物）を組み合わせた言葉です。フェイクニュース（虚偽の報道）や悪意のあるでっち上げにも使用されています。過去には静止画の改ざんなどが多く見られましたが、近年は動画ですら違和感なく合成することが可能となっています。

ディスク *disk／disc*

円盤状の記録媒体のこと。

ハードディスクやDVDなど、記録媒体の略称として、使用されることがあります。

関連▶**ハードディスク**

ディストリビューション *distribution*

主にLinuxを使いやすくするため、インストーラやアプリケーションなどを添付したパッケージ製品のこと。

本来は「分配」「配布」といった意味です。ディストリビューションを開発、配布する団体や企業は**ディストリビュータ**と呼ばれます。

関連▶**インストーラ／Linux／Red**

▼ディープラーニングによる予測の例

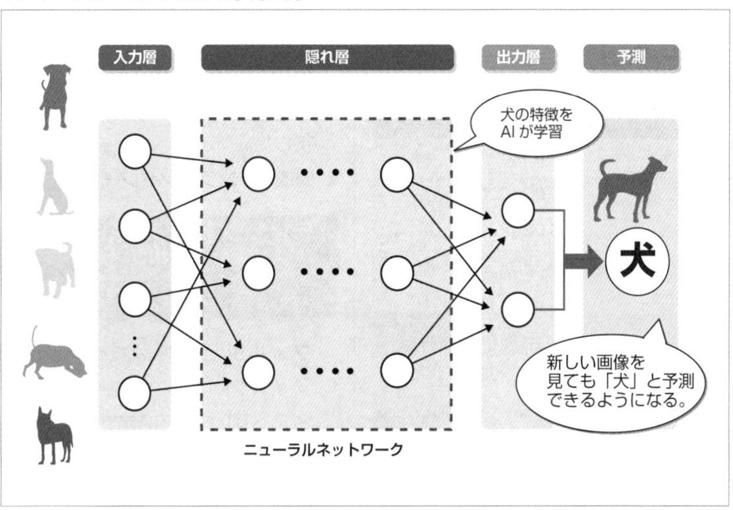

Hat Enterprise Linux

ディスプレイ
VDT ; Visual Display Terminal

画像の出力装置の1つ。文字やグラフィックを表示する。

現在では、液晶（LCD）ディスプレイが主流になっています。**モニタ**ともいいます。また、プロジェクターにより画面を投影するものも含める場合があります。性能を評価する目安としてドットピッチと解像度の2つの指標があります。**ドットピッチ**はドットの間隔で、細かいほど画質がよくなります。これに対して**解像度**は画面の縦横のドット数で、1600×1200のように表記され、特定のドット数にはUXGAなどの名称が付いています。画面の縦横比は16：9のワイド型が主流ですが、過去には4：3がほとんどでした。

関連▶ **下図参照／液晶ディスプレイ**

▼代表的な画面解像度

名称(モード)	解像度
VGA	640×480ドット
SVGA	800×600ドット
XGA	1024×768ドット
SXGA	1280×1024ドット
UXGA	1600×1200ドット
FHD	1920×1080ドット
WXGA	1280×800ドット
QWXGA	2048×1152ドット
WQXGA	2560×1600ドット

▼液晶ディスプレイの表示

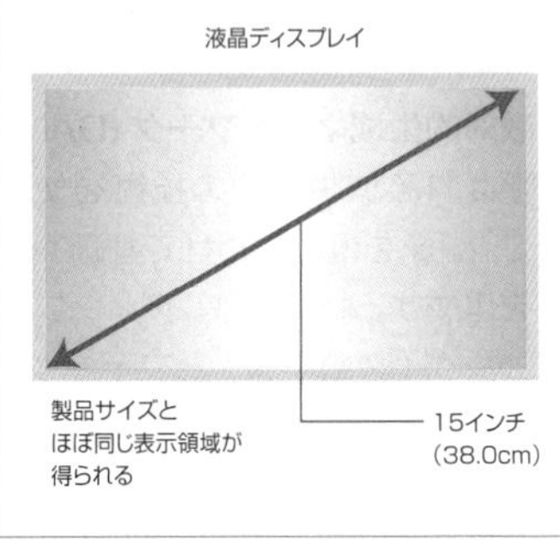
液晶ディスプレイ
製品サイズと
ほぼ同じ表示領域が
得られる
15インチ
(38.0cm)

デイトレーダー *day trader*

1日のうちに何度も株式の売買を繰り返し、差益を稼ぐ個人投資家のこと。

デイトレードは、インターネットによるオンライントレードのリアルタイム性と格安な手数料によって可能になりました。平均的なデイトレーダーは1日に50回程度の売買を行っているといわれ、インターネットの発達した米国からブームになりました。

関連▶ **オンライントレード**

ディレクトリ *directory*

ハードディスク上で、ファイルが記録されているデータの保管場所のこと。

フォルダとも呼ばれます。ハードディスク同士は、それぞれドライブ名で区別されていますが、1つのドライブの中をいくつもの架空の入れ物に分割する場合に、ディレクトリ

▼ディレクトリのツリー構造

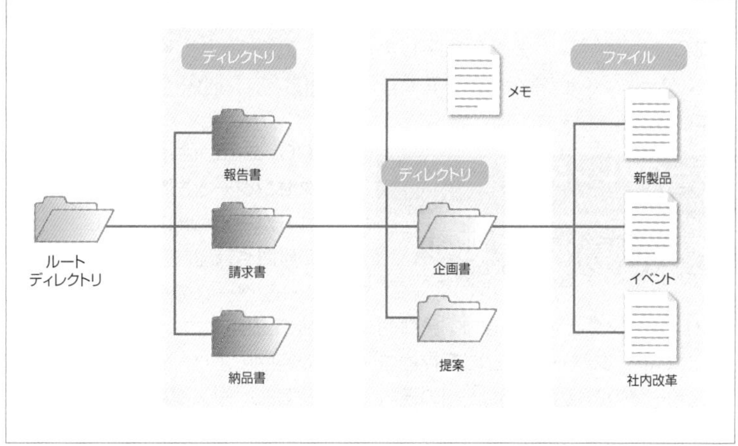

を設定します。ディレクトリの中はさらにディレクトリで分割することができ、これを**サブディレクトリ**と呼ぶこともあります。ディレクトリはハードディスクの**パーティション**とは異なり、物理的な大きさはなく、また、階層構造的にいくつでも自由に作成できます。これを木の幹から枝が伸びたかたちにたとえて、**ディレクトリツリー構造**と呼びます。また、ドライブの基本になるディレクトリは**ルート（根）ディレクトリ**と呼ばれます。

関連▶ **上図参照／フォルダ／ルートディレクトリ**

データ圧縮
data compression／data compaction

転送時間を短縮したり、使用する記憶領域や電波帯域を節約するためにデータ量を圧縮すること。

WindowsやmacOSなどのOSにはこの機能が搭載されています。複数のファイルを1つにまとめるアーカイブ機能もあります。

関連▶ **アーカイブ／解凍**

▼データ圧縮

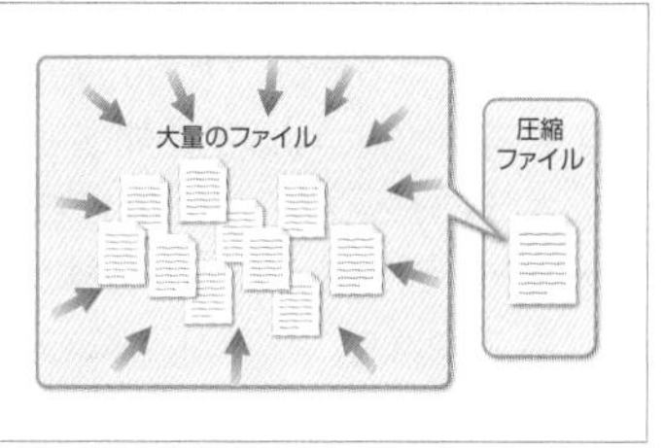

データアナリスト
data analyst

データの分析や調査を行う専門家のこと。

ビッグデータを分析し、そこから

ユーザーの行動や規則性、ニーズなどを探り出します。そこから仮説を立てて問題解決の手段を提案したり、サービスの改善をしたりすることに役立てます。

データクレンジング
data cleansing

データの品質を高めるためにデータを洗浄（クレンジング）すること。

クレンジングともいいます。具体的には、データベースなどに保存されたデータの重複や誤記、表記の揺れなどについて削除や修正、正規化といった処理を行い、データの品質を高めることなどを行います。

データサイエンス
data science

様々なデータを用いて科学的および社会的に有益な知見を引き出すアプローチのこと。

インターネットの普及から始まり、ITや科学技術、AIなどの発達・発展によってビッグデータと呼ばれる膨大なデータが扱えるようになり、ビジネスや医療、教育などにおいてデータサイエンスが活用されるようになりました。データを、情報分析学、統計学、ディープラーニングなどを使って分析し、ビジネスなどに役立てる人材を**データサイエンティスト**といいます。

関連▶**ビッグデータ**

データセンター
DC ; Data Center

企業のインターネットビジネスを代行するサービス、および施設。

IDC、あるいは**インターネットデータセンター**とも呼ばれます。企業にサーバーと回線を提供し、システムの設置や管理、運営、セキュリティやデータベースの保守などを代行するものです。なお、提供するサービスの範囲により、サーバーや機器類の設置スペース提供と保守を行う**ハウジングサービス**、サーバーの運用管理まで行う**ホスティングサービス**、ASP事業まで行う**マネージドサービス**があります。また、サービスを提供するために使用するシステム機器をデータセンターに設置したり、通信事業者がNTT局内に設置することを特に**コロケーション**（collocation）といいます。

関連▶**ホスティング／ASP**

データ復元ソフト
data recovery software

記録メディアの破損や誤操作などで読み込めなくなったデータを復元するためのソフトウェア。

アクセスできないデータは、管理ファイル上で読み書きが禁止されていたり、管理ファイル自体が破損している場合が多いです。データ復元ソフトは、残されたデータの中のアクセスできる部分をつなぎ合わせることでデータを復元します。また、ハードディスクをフォーマット処理しても以前のデータが残っていることがあり、それらを復元して悪用されることがないようにファイルを完全に消去するソフトのことを**データ抹消ソフト**といいます。

データベース
DB ; DataBase

目的や用途ごとに大量のデータを蓄積、整理したファイル。

またはその集合。**DB**ともいわれます。**データベース管理システム**（DBMS）で管理します。**データバンク**と呼ばれることもあります。

関連▶ **データベースソフト／リレーショナルデータベース**

データベースソフト
database software

データベース処理に特化したソフトウェアの総称。

大量の情報を効率的に整理、運用するためのソフトウェア。多くのものは、整理済みの情報の再利用までを可能としています。パソコンレベルでは、主にパッケージ販売されているものを指し、米国マイクロソフト社の「Access」「SQL Server（SQLサーバー）」、米国Oracle（オラクル）社の「Oracle」など、各社が用途別、規模別に商品をリリースしています。

関連▶ **データベース／Access**

データ放送
data broadcasting

放送の電波と共に、情報をデータとして送信すること。

現在のデジタル放送では、地上波、BS、110度CS共に、テレビ放送に付随して、番組情報や天気予報などのデータ放送も送信されています。これらはリモコンの「d」ボタンを押すことで呼び出すことできます。

データマイニング
data mining

データベースに蓄積されている大量の生データから、有用な知見や仮説を探り出すこと。

統計や決定木などを駆使して、マーケティングに必要な傾向やパターンなど、隠された規則性、関係性、仮説を導き出す手法です。さらに、この仮説に基づいて様々なデータを分析、整理されたデータの保存先を**データウェアハウス**といいます。

▼データマイニング

マイニングとは採掘のこと。データの山から有用な情報を掘り出す。
ごみとお宝が玉石混合

テキスト *text*

特殊な制御コードを含まない文字列からなる文字データ。

ただし、改行、タブなどは含まれます。DTPソフトでは、**文書データ**を意味することもあります。

関連▶**テキストファイル／ファイル形式**

テキストエディタ *text editor*

文字を入力したりテキストデータを編集するためのソフトウェア。

Windowsに付属する「メモ帳」や、macOSに付属する「テキストエディット」、シェアウェアの「秀丸」などが代表的です。プログラムが複雑なワープロよりも高速に動作し、手軽に扱えるため、現在でも、ソースプログラムの編集などに多く使われています。

関連▶**ソースプログラム／ワープロ**

▼テキストエディタ

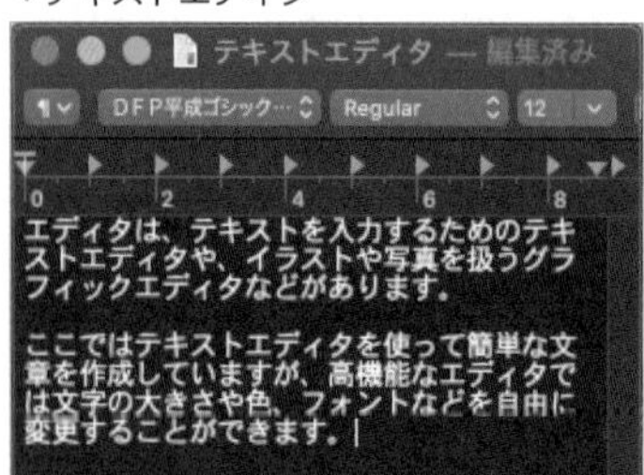

テキストファイル *text file*

文字を表すテキストデータで構成されたファイル。

コンピュータやプログラムに必要な設定情報や、書式設定のない文章を記録するために使われます。テキストファイルは文字の情報を記録し、文字以外の情報は改行、改ページ、タブなど、文字組みに必要な最小限のものだけになっています。これに対し、機械語やコンピュータ内部の表現形式の**バイナリデータ**で構成されたファイルを**バイナリファイル**といいます。

関連▶**ファイル形式／ASCIIコード**

テクスチャー *texture*

物体の表面や素材などの質感、風合いなどを模して作成される図柄のこと。

3DCGでは立体物の表面に貼り付けてリアルな質感を表現します。

関連▶**ポリゴン**

デコーダー *decoder*

圧縮や暗号化などにより符号化されたデータを、復号して元に戻すソフトウェア。

圧縮データの復元や暗号の復号を行うもの、デジタル音声データをアナログ信号に変換するものなど、いろいろな種類があります。一方、データを符号化する（エンコードする）ソフトを**エンコーダー**といいます。デコーダーが対応していないエンコーダーで処理したデータは、復号できません。

デコード *decode*

符号化され、異なる形式に変換されたデジタルデータを復元し、元の状態に戻すこと。

圧縮されたデータの復元、暗号の復号などが該当します。あるデータを符号化することを**エンコード**といいますが、エンコードされたデータを閲覧、加工する際には、データを人間やコンピュータが理解できるかたちに戻す必要があります。

関連▶**エンコード**

テザリング *tethering*

スマートフォンなどに、Wi-FiやBluetooth経由で別の機器を接続する機能のこと。

携帯電話回線につながっている対応端末が1つあれば、ほかの端末もインターネットに接続することができます。

関連▶**Wi-Fi／Bluetooth**

デジタル *digital*

データを0と1などの離散的(非連続的)な数値で表すこと。

ディジタルともいいます。一般的なコンピュータでは、データは0または1のデジタル信号の組み合わせで処理されます。これに対して、連続値で表すことを**アナログ**といいます。

関連▶**アナログ**

デジタル一眼レフカメラ *DSLR ; Digital Single Lens Reflex camera*

レンズから入ってきた光をそのままファインダーで確認し、撮影できる一眼レフ機構を備えたデジタルカメラ。

従来の光学式一眼レフカメラのフィルムによる記録部分を撮像素子、メモリなどの電子回路の組み合わせにしたものです。一般にコンパクトデジタルカメラ（**コンデジ**）と比べて解像度が高く、中高級機として普及が進んでいます。ほとんどの機種はレンズ交換式になっています。

関連▶**コンデジ／デジタルカメラ**

▼デジタル一眼レフカメラ

EOS R5　Canon提供

デジタル回線 *digital line*

デジタル信号によってデータのやり取りをする回線。

光ファイバーや高速専用線などのように、データをやり取りするユーザー網インターフェースとしてデジタルインターフェースが提供されて

▼デジタル回線とアナログ回線

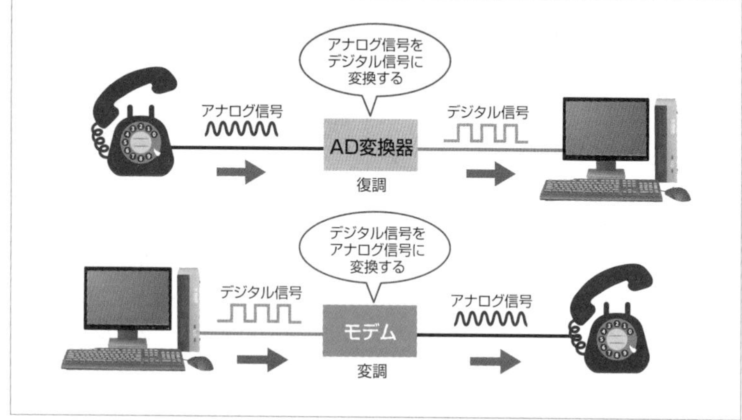

いる回線のこと。これに対し、一般加入回線を**アナログ回線**と呼ぶ。DSLやFTTH、高速専用線などはデジタル信号でデータをやり取りします。FTTHの基本インターフェースでは、最大10Gbpsまでのデータ通信が可能です。

関連▶**上図参照／ISDN**

デジタル家電
digital household appliances

コンピュータを内蔵して、家庭内ネットワークの端末として接続、操作可能な家庭用電化製品のこと。

もともとは、CDやMD、DVDなどの**AVC**（Audio Visual Computer）を指していましたが、近年はFAXや携帯電話、家庭用ゲーム機などの**情報機器**、**情報家電**に、さらにはコンピュータを搭載した洗濯機や冷蔵庫など、いわゆる**白物家電**も含めるようになりました。

関連▶**情報家電／ネット家電**

デジタルカメラ
digital camera

撮影した画像をデジタル信号として記録するカメラ。

略して**デジカメ**ともいいます。静止画を記録する**デジタルスチルカメラ**と、動画を記録する**デジタルビデオカメラ**があります。画像や動画をデジタルデータのまま、パソコンなどで手軽に扱えることから急速に普及しました。記録媒体には静止画の場合、フラッシュメモリを搭載した各種メモリカードを利用します。一般的にデジカメという場合は、デジタルスチルカメラを指します。

関連▶**顔検出／コンデジ／デジタル一眼レフカメラ**

デジタル署名
digital signature

電子署名の中で、特に、公開鍵暗号方式を利用して本人確認や改ざんのないことの保証をするもの。

ITU-T X.509で仕様が規定されています。

関連▶ **公開鍵暗号方式／電子署名**

デジタル信号 *digital signal*

ある情報量を有限長の記号で符号化した信号。

一般には、連続量として存在する信号（**アナログ信号**）を一定の標本化（**サンプリング**）時間、および分解能で符号化した信号を指すことが多いです。符号化が有限長で行われるため、信号のすべての情報が保存されるわけではありませんが、情報が数値化された離散信号として保持されるため、情報の劣化が少ないのが特徴です。コンピュータによる演算に適しています。

▼デジタル信号とアナログ信号

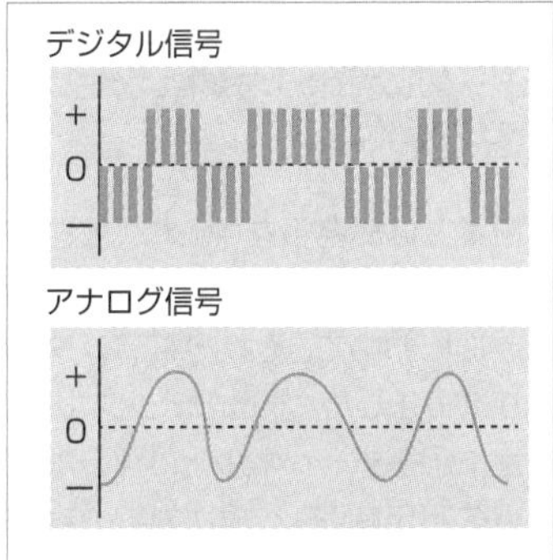

関連▶ **次ページ図参照／サンプリング**

デジタルスタンプ
digital stamp

株式会社エム・フィールドが提供するHiTAP（ハイタップ）というサービスの総称。紙の代わりにスマートフォンにスタンプを押すことができる。

スタンプラリーやポイントカードなど、従来、紙で行っていたものをスマートフォン上で行えるサービスのことです。位置情報などを使ったものとは異なり、実際のスタンプに見立てた装置を画面に押し付けて捺印（なついん）します（QRコードやキーワード式のものもあります）。

▼デジタルスタンプの例

デジタル接続
digital connection

ディスプレイの接続方式の1つ。

グラフィックチップからディスプレイまで信号が劣化しないため、鮮明な画像が得られます。液晶ディスプレイで採用され、接続には**DVI**端子、ディスプレイポート端子などを用います。家電の分野ではテレビ (TV) とHDDレコーダーなどを接続するためにHDMI端子が用いられています。

関連▶**DVI/HDDレコーダー/HDMI/RGB**

デジタルトランスフォーメーション
DX ; Digital transformation

デジタル技術によって働き方や社会そのものを変革すること。ITによって新しいサービスやビジネスモデルを展開し、コストの削減をはじめ、組織や企業などを大きく転換させる施策を総称したもの。

デジタルビデオカメラ
digital video camera

撮影した動画をデジタル信号として記録するビデオカメラ。

撮影後のデータ加工が容易なだけでなく、画質そのものがかつてのアナログのテープ式ビデオカメラより優れています。家庭用のものは、ハードディスクやメモリカードなどに録画します。写真のビデオカメラは、AVCHDとXAVCS™(業務用映像制作に使用されているXAVC®を民生用に拡張したもの) を採用しています。

関連▶**デジタルカメラ**

▼デジタルビデオカメラ「VLOGCAM ZV-1」

ソニー (株) 提供

デジタル複合機
MFP ; multifunction peripheral

複写機 (コピー機)、プリンタ、イメージスキャナー、ファクシミリ (FAX) などの、複数の機能を持つ事務機器のこと。

スキャナーの付いた家庭用プリンタから、オフィスやSOHOなどのビジネス用まで、用途やスペースに応じた様々なものがあります。

デジタル放送
digital broadcast

デジタル方式による新しい放送システムの総称。

日本では総務省を中心に「放送のデジタル化」を推進、地上波放送、衛星放送において、それぞれデジタル化が進みました。放送のデジタル化は、主に①多チャンネル化に伴う電波帯域の不足解消、②放送内容の高精細化、③受信障害に強い仕組みの実現、などを目指しており、1982年にNHK(日本放送協会)が提唱した**ISDB**(総合デジタル放送)**構想**がもとになっています。

関連▶**地上デジタル放送／BSデジタル放送／CSデジタル放送**

デジタルサイネージ *digital signage*

ディスプレイに、インターネット経由で映像や情報を配信する屋外広告システム。

時間帯や地域により、また内蔵カメラを利用して利用者の性別・年齢などを分析して、案内情報の内容を変えることができるため、従来の看板やポスターに代わるメディアとして期待されています。ディスプレイは店頭、ビルの壁面や屋上、公共施設、交通機関などに設置されます。また、自動販売機で利用者の年齢や性別に合わせて、メニューの順番を切り替えることもできます。

関連▶**下図参照**

デスクトップ *desktop*

WindowsやMacでは、「基本となる操作画面」を机の上になぞらえて、このようにいう。

本来は「机上」といった意味です。机の上に置くコンピュータの略称としても使われます。

関連▶**壁紙／デスクトップ型パソコン**

▼デジタルサイネージ

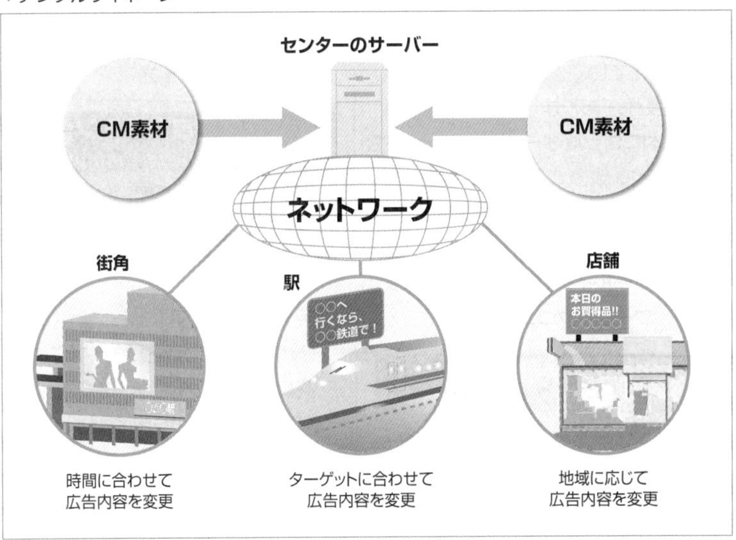
センターのサーバー
CM素材
CM素材
ネットワーク
街角
駅
店舗
○○へ
行くなら、
○○鉄道で！
本日の
お買得品!!
○○○○○
時間に合わせて
広告内容を変更
ターゲットに合わせて
広告内容を変更
地域に応じて
広告内容を変更

て

デスクトップアプリ
desktop application

コンピュータのデスクトップ環境上で動作するアプリケーションソフトウェアのこと。

パソコンにインストールして動作します。Webアプリケーションやクラウドアプリケーションとの対比でこう呼ばれます。Windows 8以降では、ストアアプリに対して、従来のWindowsアプリケーションを区別してこう呼んでいます。

関連▶**ストアアプリ**

デスクトップ型パソコン
desktop computer

机の上に置いて使用することを前提としたコンピュータの総称。

据え置き型の一形式で、大きさや重さはまちまちですが、拡張スロットやI/O（入出力）機器を接続するコネクタを備えていて、ノートパソコンよりも拡張性があります。ディスプレイと一体になったオールインワン型パソコンや、縦置きで拡張性の高いタワー型パソコンも、デスクトップ型パソコンの一種です。

関連▶**オールインワン型パソコン／タワー型パソコン**

デスクトップ検索
desktop search

コンピュータ内部のあらゆるデータをキーワードやファイル名で検索できるようにすること。

ファイルに独自のタグを付けることで、素早く目的のファイルを検索できるようになります。Google（グーグル）、Microsoft（マイクロソフト）、Yahoo！（ヤフー）などが、それぞれ独自のサービスを提供しています。

関連▶**検索**

テストの自動化
test automation

開発しているソフトウェアのテストを効率よく実施するために、あらかじめ決められた段取りやテスト用のデータを使ってテストを自動的に行うこと。

頻繁にテストを実行できるため、開発上の問題を早期に把握し、対処することができます。自動化にあたってはテストの条件や出力結果などのルールをしっかりと設定する必要があります。

関連▶**ソフトウェア**

手続き型プログラミング
procedural programming

記述された命令を順番に実行し、処理結果に応じて変数の内容を変化させるプログラミング手法。

手続き型言語にはC言語、Java、Pythonなどがあり、モジュール性の高い構造化プログラミングが可能、などの利点があります。

関連▶**構造化プログラミング**

デバイスドライバ
device driver

OSの支配下で周辺機器を管理・制御するソフトウェアの総称。

ドライバソフトともいいます。

関連▶下図参照

デバッガ *debugger*

プログラムの誤りを発見するためのプログラムやハードウェアのこと。

関連▶デバッグ

デバッグ *debug*

プログラムの内容をチェックし、誤り（**バグ**：**bug**）を修正すること。

「バグ」とは虫のことで、デバッグとは「虫取り」という意味です。デバッグはプログラム作成時間の大半を占める、といっても過言ではないほど重要な作業です。デバッグには、様々な方法や道具があり、デバッグに用いる道具を**デバッガ**といいます。バグを取り除き、プログラムを修正することを**バグフィックス**、バグ取り作業をする人を**デバッガ**ということもあります。

関連▶バグ

デファクトスタンダード
de facto standard

事実上の業界標準のこと。

国際標準化機関や各国の標準化機関が規格化したものではなく、少数のメーカーや研究機関が作ったもののうち、市場のほとんどのシェアを占めてしまい、その規格の製品でなければならない状態の規格のことで

て

▼デバイスドライバの役割

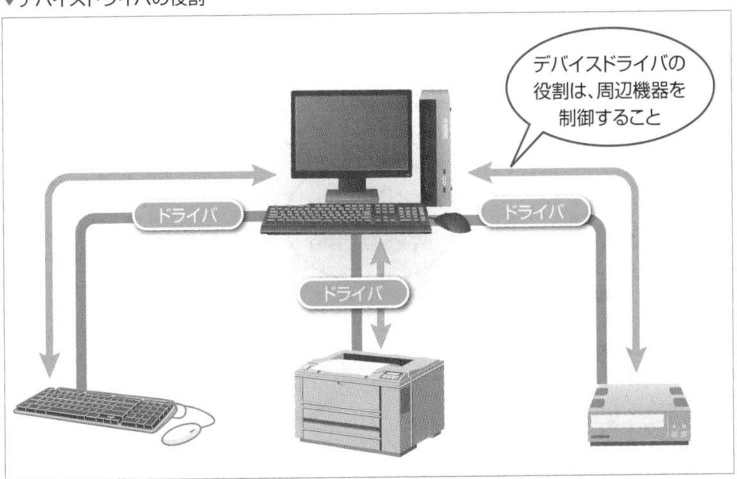
デバイスドライバの
役割は、周辺機器を
制御すること
ドライバ
ドライバ
ドライバ

す。TCP/IPやイーサネットは、この代表的なものといえます。「de facto」とは、ラテン語で「事実上の」といった意味です。標準化団体によって定められた規格は**デジュリスタンダード**といいます。

て

デフォルト *default*

コマンドやアプリケーションを使用するときに動的に適用される条件値のこと。

初期値、あるいは**既定値**ともいいます。市販アプリケーションの場合は、インストールした時点で、標準的な使い方に適した条件が、すでにデフォルトとして設定されています。ユーザーは必要に応じて、それらを変更し、新たなデフォルトとして用いることができます。

関連▶**環境設定**

デフラグ *defragmentation*

ハードディスクなどの記憶装置中のデータの配列を整理、再配置すること。

最適化ともいいます。ファイルを再配置することで断片化（フラグメンテーション）している状態を解消し、ファイルの読み込み速度を高める効果が得られます。

関連▶**下図参照／断片化**

▼Wimdowsのデフラグ（デフラグ）

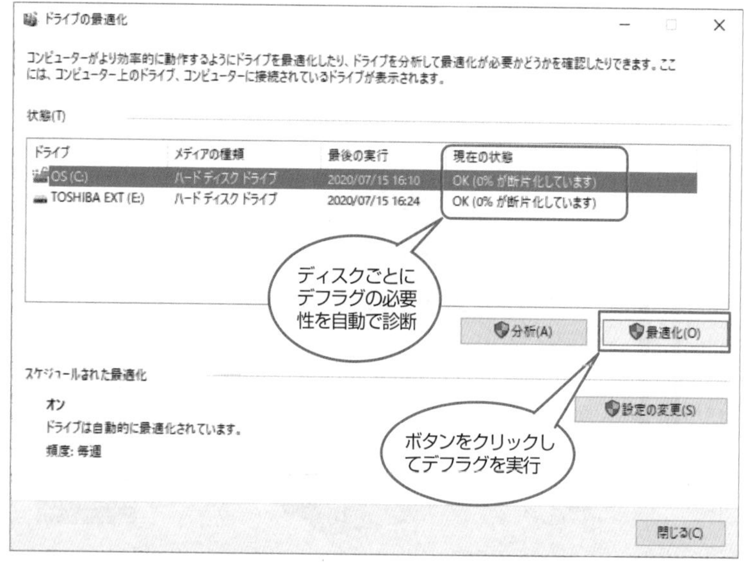

デュアルコア *Dual core (processor)*

1つのCPUの中に、2つのCPUコアを用意したプロセッサのこと。

CPUコアが複数のマルチコアプロセッサの中では基本となるプロセッサです。8個のCPUコアを搭載した**オクタコア**も実用化されています。

テラバイト *TB ; Tera-Byte*

情報量の単位の1つで、ギガの上。

TBと略します。10^{12}（ギガの1000倍）です。

テレワーク *telework*

通信技術を活用し、現在、会社等で行われている作業を遠隔地において行おうとするもの。

ネットワークの拡充やオンライン会議アプリの普及、クラウドによるデータの共有などで普及が進んでいます。①通勤の負担、オフィス維持コストの軽減を図る都市型、②労働力流出防止、地域活性化の田園型、③災害後の非常手段としての災害型、の3形式が掲げられ、旧郵政省、旧労働省などが支援を表明しました。ネットワークの普及に伴い、社団法人日本サテライトオフィス協会（現・日本テレワーク協会）など、推進機関も設立されました。**遠隔地勤務**と訳される場合もあります。2020年の新型コロナウイルス感染症（COVID-19）の流行で、導入が急速に広がっています。

テンキー *ten keys*

0から9までの数字を入力するためのキー。

一般にキーボード右側に集中している電卓のようなキー配置部分をいいます。ノートパソコンなどでは小型化のため、テンキーはオプションとなっています。また、テンキーのな

▼テンキー

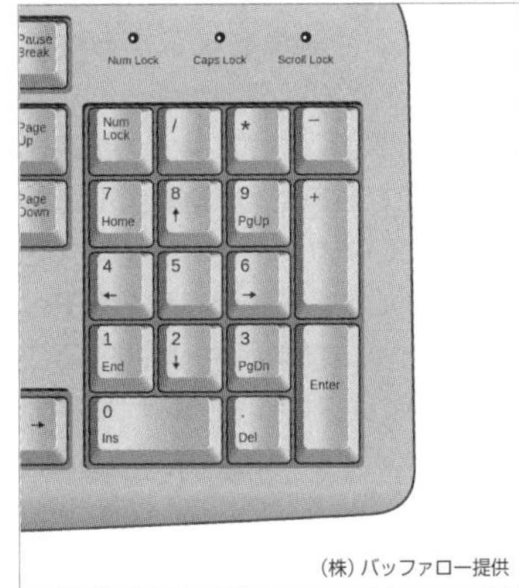

（株）バッファロー提供

▼テンキーパッド

（株）バッファロー提供

いパソコンに使用する外付けのテンキーを、**テンキーパッド**といいます。

関連▶**キーボード**

電子インク *electronic ink*

電気的に白黒反転できる特殊な粒子。

紙やプラスチックなどのシート表面に、**マイクロカプセル**と呼ばれる、電荷で色の変化する1/10mmほどのカプセル状のドットを敷き詰めることで、通常のインクと同じように、テキストや画像を表示する技術です。表示画面は電源を切っても消えることがなく、また、電子的に書き換え可能であるため、動画表示も期待されています。この電子インクを吹き着けた紙状の表示装置を**電子ペーパー**といいますが、折り曲げることもでき、従来の印刷物に代わる画期的な技術として注目されています。

▼電子インク

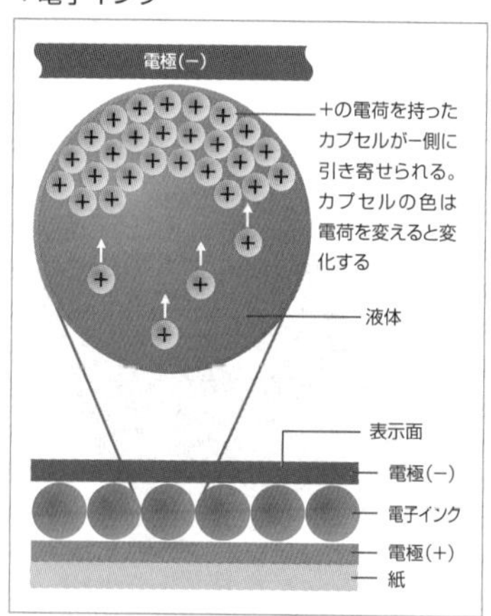

一般に電子インクも電子ペーパーも同義です。米国アマゾン社の電子書籍リーダー「キンドル（Kindle）」のディスプレイは、この技術を用いてます。

関連▶**キンドル**

電子掲示板システム *BBS ; electronic Bulletin Board System*

ネットワークを利用し、メッセージを交換するシステム。

略して**BBS**ともいいます。電子掲示板はネットワークのホストサーバーを掲示板に見立てたもので、端末から掲示板へメッセージを書き込んだり、メッセージを閲覧できる機能を持ちます。電子掲示板による情報提供は、不特定多数を相手にしており、電子メールシステムのように相手を指定することはできません。

電子書籍 *e-book*

電磁的に作成された情報のうち、従来の書籍（雑誌などを含む）に置き換えて作られたコンテンツのこと。

PDF化されたものや、EPUBのように電子書籍に適したフォームに直されたデータを専用アプリで読むものがあります。読むためのリーダーは、専用端末のほか、パソコンやスマートフォン、タブレットなど多岐にわたります。

関連▶**電子書籍リーダー／EPUB／PDF**

電子書籍リーダー
e-book reader

電子書籍を閲覧するための端末やソフトウェアの総称。

専用のハードウェアとしては、米国アマゾン社が2007年11月に販売を開始した「キンドル」、楽天社「Kobo」などがあります。専用ソフトを用いてパソコンの画面で見るものや、スマートフォンを利用するものなどもあります。

関連▶**キンドル／EPUB**

電子署名 *digital signature*

デジタル署名、電子捺印(なついん)ともいう。デジタル文書データの正当性（作成者が本人であること、内容に改ざんがないこと）を示すための情報。

文字、記号、マークなど情報の中身については限定されていません。公開鍵暗号方式を利用して本人であることや改ざんのないことを保証するものを特に**デジタル署名**と呼び、ITU-T X.509で仕様が規定されています。公開鍵暗号方式では2つの鍵を使うため、用途を逆にすることによって本人であること（秘密鍵を知っている）を確認します。このような、暗号鍵が本人のものであることを証明する仕組みに**認証局**（**CA**）があります。日本では、電子署名法（電子署名及び認証業務に関する法律）が2001年に施行され、私文書であれば電子署名による本人確認が法律で保証されることとなりました。また、政府により、中央政府、地方自治体の行政サービスを電子化するために“住民基本台帳カード”等のICカードによって暗号の秘密鍵を管理するようシステム構築が進められました。

関連▶**公開鍵暗号方式／認証局**

電子透かし
digital watermarking

画像や動画、音声などに肉眼ではわからない加工を加え、著作権表示などの情報を埋め込む技術。

肉眼では違和感がありませんが、対応ソフトで分析することにより、各種情報が刷り込まれていることがわかります。アナログコピーやトリミング、拡大縮小といった加工後も有効で、画像などの不正転用に広く対抗できる技術として利用されています。

関連▶**著作権**

電磁波
electromagnetic waves

電界、磁界の変動する波動のこと。

周波数により超低周波、高周波、可視光線、電離放射線などと呼ばれます。パソコンは超低周波、携帯電話やスマートフォンは高周波（**マイクロ波**ともいう）を発生します。これらの人体への影響、因果関係の証明は様々な形で試みられていますが、統一的な評価はまだ下せていません。

て

て

電子マネー
electoronic money／digital cache／digital money

お金を電子化（数値化）したもので、コンピュータネットワークなどでの決済に用いられる。

決済方法には、次の5種類があります。①**クレジットカード**：インターネットなどでショッピングや申込みをしたときにカードで決済する。②**ICカード**：あらかじめ設定した金額ぶんだけ使用でき、**楽天Edy**（エディ）のように、預金口座などから補充できるものと、使い捨てのカードがある。交通系や流通系などはこのタイプが多い。③**プリペイドカード**：インターネット用の**ビットキャッシュ**など、あらかじめ支払った額（カードの額）だけ使用できる。カードに関する情報の扱いだけで済み、個人の認証などが不要な点で使用が容易である。少額決済向き。コンビニなどで販売している。④**デビットカード**：銀行のキャッシュカードを使用して決済するシステム。即時決済で、預金残高分しか支払えないため、クレジットカードのような使いすぎは起こらず、信用リスクが小さいのが特徴。⑤**QRコード**：スマートフォンなどにバーコードを表示させて、そこから決済する。入金はバーコードからやクレジットカード、銀行口座と連携させるなどの方法がある。

電子メール（システム）
EMS ; Electronic Mail (System)

郵便と同じように、ネットワーク上で特定の相手にメッセージを送るシステム。

email（イーメール）あるいは単に**メール**ともいいます。郵便の手紙に相当します。公開された**電子掲示板**と異なり、メールを受け取ったメンバーだけがメッセージを読むことができます。また、送り先のメンバーがネットワークにアクセスしていなくても送信でき、受信者は好きなときに自分の**メールボックス**を見て、メールが着信していれば、それを読むことができます。

関連▶次ページ図参照／電子掲示板システム

電子メールソフト
electronic mail software

電子メールの送受信を行うためのソフトウェア。

メーラー、**メールソフト**ともいいます。Microsoft Outlook、Thunderbird（サンダーバード）など、多数のソフトウェアがあります。

関連▶電子メール（システム）

テンセント（中国名：騰訊）
Tencent

中国のインターネット関連会社で、パソコンやスマートフォン向けのオンラインゲーム、動画や音楽などの配信サービスも行う。

▼郵便とインターネットの電子メールの仕組み（電子メールシステム）

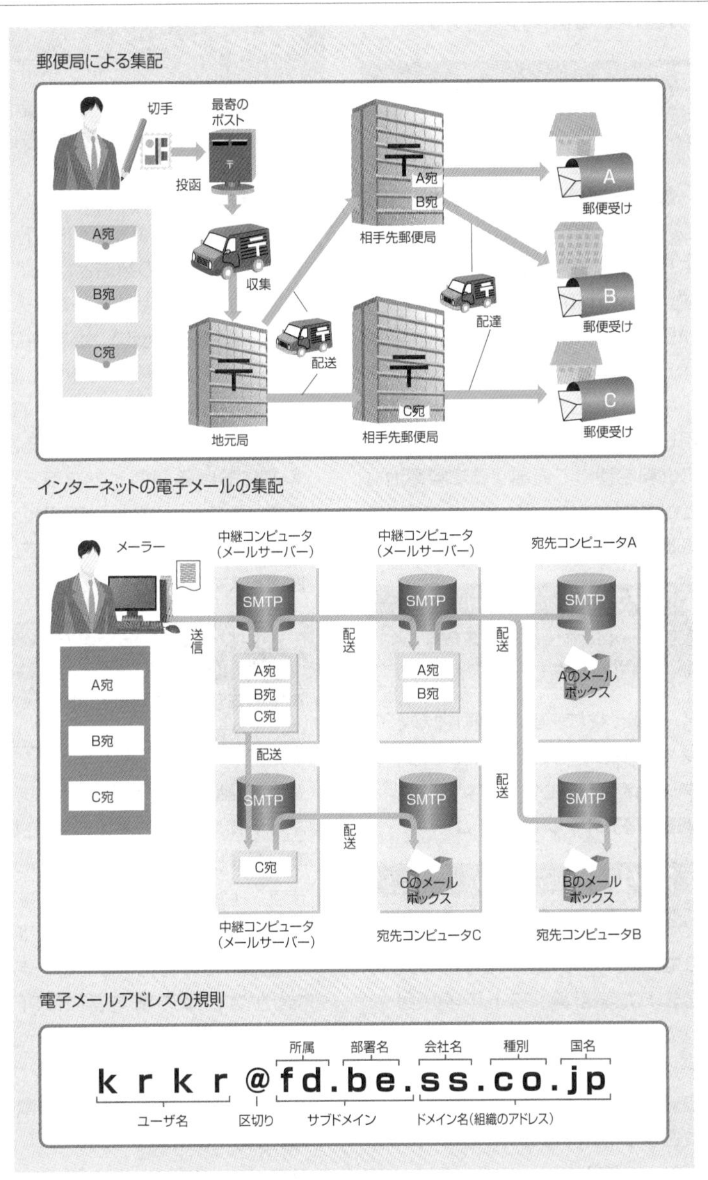

中国版LINEであるSNSアプリの「WeChat（微信）」が有名です。

電池 *battery*

電気エネルギーを化学的に蓄え、放出する装置。

一般に**一次電池**と**二次電池**が存在し、前者は使い切り、後者は充電により再度使用可能なものを指します。生活に利用する電力を電力会社から購入し、蓄電池（二次電池）に蓄えて必要なときに放出します。エネルギーの供給方法には、太陽光を利用して発電する**太陽電池**やガスなどの燃料を使って発電する**燃料電池**などがあります。

関連▶**リチウムイオン電池**

添付ファイル *attachment*

電子メールに添付されて送られてくるファイルのこと。

メールと共に、音声や画像などのファイルも送ることができます。**アタッチメント**ともいいます。

関連▶**電子メール（システム）**

テンプレート *template*

頻繁に使用する定型のフォーマット。

ひな形ともいいます。計算式の埋め込まれた表計算ソフトの表項目や、ハガキ、帳票など、定型パターンの一部を変更して使用できるデータフォーマットなどがあります。ワープロソフト用やデータベースソフト用などの定型フォーム集が別売されています。

電力線インターネット *PLC ; Power Line Communication*

既存の電力線を使用して家庭内の機器をインターネットに接続する技術。

電力線搬送通信（**PLC**）ともいいます。通信速度はADSL（非対称デジタル加入者線）の数倍とされています。電柱から住宅内までの引込み線に低圧配電線を使い、住宅内のネットワークには、電灯線を利用します。コンセントにプラグを差し込むだけでインターネットに接続できるため、家庭における通信インフラとして、また、スマートグリッド実現の基礎技術としても注目されています。

関連▶**スマートグリッド**

電話会社 *telephone company*

音声通話サービス等を提供する電気通信事業者のこと。

音声通話やデータ伝送、インターネット接続サービスなどを提供します。**キャリア**と呼ばれることもあります。インターネットを利用することで、長距離通話のコストを下げたIP電話などに特化した会社もあります。主な日本の事業者にNTT東日本、NTT西日本、KDDIなどがあり、NTTドコモ、au、ソフトバンク、楽天モバイルなどは、特に**携帯電話会社**ともいわれます。

関連▶**キャリア**

動画
animation／dynamic image／motion picture／video

アニメーションやビデオなどの動きのある画像の総称。

映像ともいいます。自然な動きを見せるためには、1秒間に30コマ以上の画像データが必要です。

関連▶**MPEG**

透過型液晶ディスプレイ
transmissive LCD

画面の後ろにバックライトを使うことで、画面を表示する液晶ディスプレイ。

外部光を利用して表示を行う反射型液晶ディスプレイに比べて消費電力が大きいものの、暗い室内などでも彩度の高い画面を表示することができます。

関連▶**液晶ディスプレイ／反射型ディスプレイ**

動画投稿サイト
video hosting service

ユーザーが作成した動画を自由にアップロードして、インターネット上で共有することができるサービスのこと。

動画共有サイトともいいます。YouTubeによって火が付きました。ニコニコ動画やTikTokなど、様々な企業がサービスを提供しています。アップロードされた動画にコメントを付けたり、動画を改良してアップロードし直したりするなどのコミュニティが活発化しています。一方、アニメやドラマ、映画などが違法にアップロードされるなどの問題が浮上しています。テレビ(TV)局が独自に番組をアップロードしたり、ミュージシャンが新曲のプロモーションに利用するなど、新たなビジネスツールとしても活用されています。

関連▶**ニコニコ動画／TikTok／YouTube**

同期 *sync*

2つ以上の異なる端末で、同じ状態でファイルやデータを共有し、その状態を保つこと。

近年ではスマートフォンとパソコンのデータを同期するのがよくあるケースです。同期には、Googleアカウントや Apple IDを使用します。

投稿
contribution／posting

電子掲示板などに、自分の意見や記事を発信すること。

統合化ソフト
integrated software

ワープロソフト、表計算ソフトなど、機能の異なった数種類のアプリケーションを1つのソフトウェアとして統合したもの。

関連▶スイート

と

動作環境
hardware requirement

OSやアプリケーションソフトなどを使用する際に、コンピュータに必要な条件。

プロセッサ（演算処理装置）の処理能力やメモリ、ディスク容量といったハードウェアだけでなく、OSの種類やバージョンを含むこともあります。

盗聴
wiretapping

インターネットに流れる情報（データ）が第三者によって盗み見られることをいう。

例えば、ECサイトでショッピングする際にクレジットカード番号が不正な利用者に盗まれたり、企業の間でやり取りする電子メールが盗み見られたりすることがあります。

等幅フォント
typewriter font

1バイト文字の幅を一定にし、さらに2バイト文字が1バイト文字の2倍の幅となるように統一されたフォント。

通常のフォントは、文字によって横幅が異なるフォント（**プロポーショナルフォント**）であるため、行によっては左右の幅がきれいに揃わないことがあります。

▼等幅フォント

等幅フォント
等幅FONT使用
通常フォント
通常FONT使用

同報メール
broadcasting mail

電子メールで、同じメッセージを複数の相手にまとめて送る機能。

関連▶BCC／CC

ドキュメント *document*

■一般には文書、書類のこと。

■Windowsに用意されている、ユーザーの作成データを保存するフォルダ。

Windows 7以前では**マイドキュメント**となっていました。

関連▶次ページ上図参照

特殊キー *special key*

文字、数字、記号キー以外のキーの総称。Shift、Ctrl、Insert、ファンクションキーなどが、これにあたる。

▼Windows 10のドキュメント

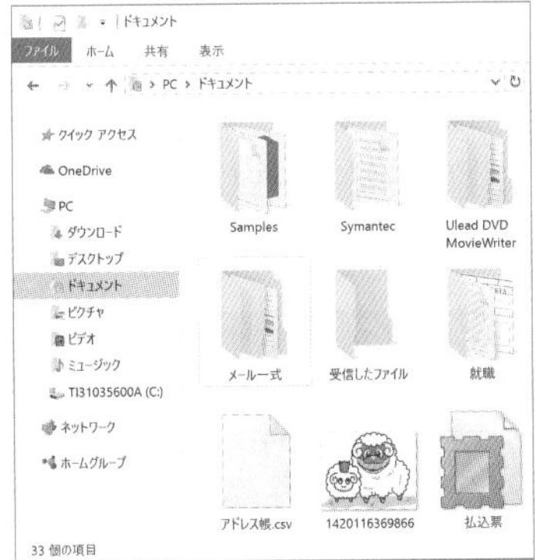

単独、もしくは他のキーと組み合わせて押すことで、キー操作に割り振られた機能を実現するものです。

関連▶**キーボード**

特殊文字 *special character*

一般には、記号類の文字をいう。

英字、数字、カナ、かな、漢字のいずれにも属さない文字のこと。ただし、空白文字とタブは除きます。

▼特殊文字の例

ドット *dot*

ディスプレイやプリンタで、文字や画像を構成する最小単位の点（ドット）のこと。

ドットピッチ *dot pitch*

ディスプレイに表示されるドット間の距離のこと。

ドットピッチが細かければ、それだけ画面表示は精細なものになり、美しく、見やすいものとなります。

関連▶**ドット**

トップメニュー *top menu*

アプリケーションなどで最初に表示されるメニュー。

階層化されたメニューの最上位のメニュー。**メインメニュー**とほぼ同義です。

関連▶**メニュー**

▼トップメニュー

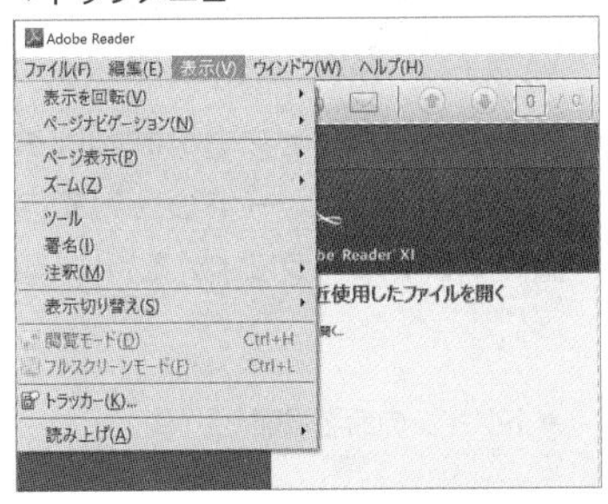

トナー *toner*

レーザープリンタやコピー機で利用される、紙の着色に利用される微粒子。

と

インク代わりの粉末状の顔料。静電気を利用して印字部分に集め、加熱処理によって固定（固着）する方式が一般的です。

関連▶ レーザープリンタ

ドメイン名 *domain name*

インターネット上のコンピュータ（サーバー）を特定する名前。

コンピュータ内部でドメイン名がIPアドレスに変換されます。ドメイン名はピリオドで区切られた文字列で、右側のものがより大きな分類、左側に行くに従って細かな分類となります。特に一番右側の分類を**TLD**（トップレベルドメイン）と呼びます。

関連▶ 下図参照／IPアドレス／JPNIC／URL

ドライバ *driver*

一般に、周辺機器を制御するためのソフトウェア、**デバイスドライバ**のこと。

なお、ソフトウェアでの制御はデバイスドライバ、ハードウェアでの制御は**コントローラ**によって行います。

関連▶ コントローラ／デバイスドライバ

ドライブ *drive*

ハードディスクなどの記憶装置、あるいはその駆動部分。

関連▶ 論理フォーマット

ドラッグ *drag*

アイコンや指定範囲の先頭にポインタを合わせて、ボタンを押したままマウスを動かすこと。

マウスやスマートフォンの操作方法の1つです。移動先や範囲指定の終

▼ドラッグ

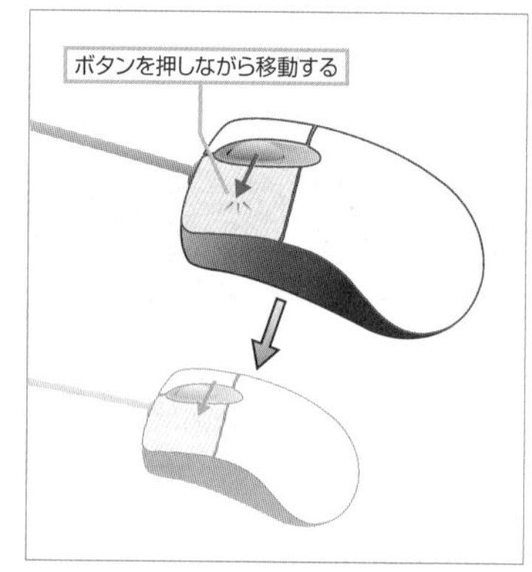

▼ドメインの命名規則

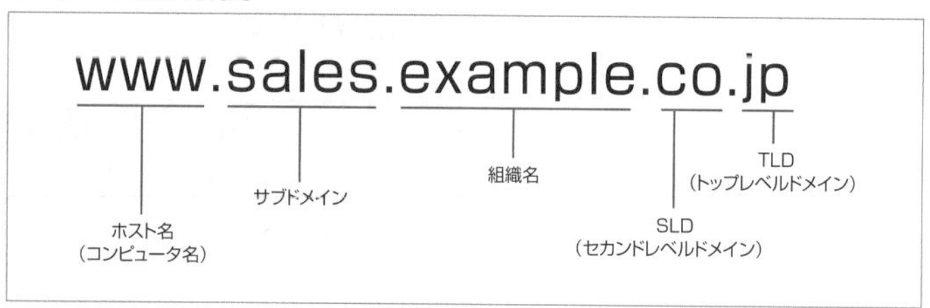

点でボタン（指）を離します。ファイルの移動やウィンドウ操作などに使われます。

関連▶**クリック**／**ドラッグ＆ドロップ**

トラックボール *track ball*

コンピュータの画面の位置を示すポインティングデバイスの一種。

ボール式マウスを逆さにしたような構造を持ち、ユーザーは、本体に埋め込まれたボールを指先で回転させてカーソルを動かします。

関連▶**ポインティングデバイス**

▼トラックボール

サンワサプライ（株）提供

ドラッグ＆ドロップ *drag and drop*

アイコンをドラッグして目的の位置でボタンを離すこと。

マウスの操作方法の1つです。例えば、あるファイルを別のフォルダ上にドラッグ＆ドロップすれば、ファイルは移動します。また、データファイルのアイコンをアプリケーションのアイコンの上にドラッグ＆ドロップすれば、アプリケーションが起動して自動的にファイルが開きます。

関連▶**ドラッグ**

▼ドラッグ＆ドロップ

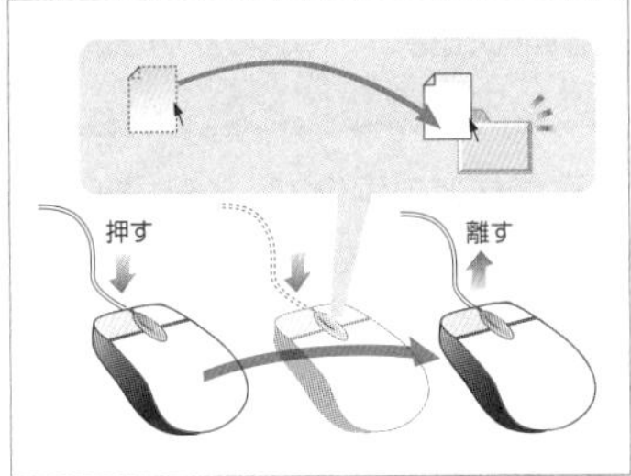

トランザクション *transaction*

業務システムで処理すべき仕事、あるいはそのためのデータ。処理データのこと。

在庫管理の場合、商品の入出荷がトランザクションにあたります。データがレコードになっていれば**レコードトランザクション**、ファイルになっていれば**トランザクションファイル**といいます。

トリガー *trigger*

ある状態を引き起こすためのきっかけ、またはその信号など。

ハードウェア的には、電気的にある信号を測定する際に、どこを区切りにして調べるかを測定機に知らせるための同期信号、もしくは同期信号のタイミングを指すことが多いです。また、ソフトウェア的に**イベント**

を引き起こすきっかけ、という意味で使われることもあります。

関連▶イベント

トリミング *trimming*

画面や画像の一部だけを切り取ること。

写真などの画像で、必要な部分だけを残し、不要な部分をカットしてきれいに整えることをいいます。

▼トリミング

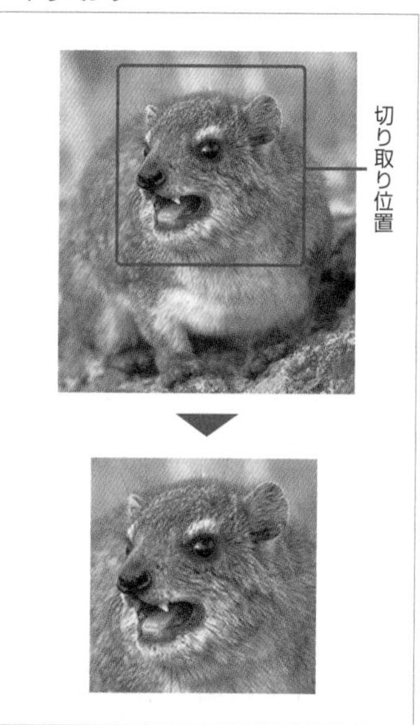

ドルビーデジタル *Dolby Digital*

ドルビー社によって開発された、AC-3（Audio Code number 3）方式と呼ばれる音声のデジタル符号化方式。

関連▶5.1チャンネル

トレーサビリティ *Traceability*

商品の生産地や流通経路などの履歴情報を追跡可能にするシステム。

追跡（trace）と可能（ability）を組み合わせた造語です。2003年に農林水産省が導入した、すべての国産牛を個体識別し、牛肉に加工されて販売されるまでの記録を義務付ける「牛肉のトレーサビリティ」制度から有名になりました。

ドローン *drone*

軍事用に開発された小型の航空機。ヘリコプターの羽のようなプロペラを複数持つ。

近年では、商業用や民間用にも普及しています。小型のドローンは、災害現場やへき地など人が容易に立ち入れない場所に飛んでいき、空撮や物資の投下を行う役目を果たしています。その形状は様々ですが、安定感を持たせるため複数のローターを備えた**マルチコプター**型のものが多く、ローターが4つあるものを**ク**

▼飛行中のドローン

アッドコプター、6つのものを**ヘキサコプター**と呼びます。

関連▶**マルチコプター**

トロイの木馬 *Trojan horse*

害のないソフトを装ってはいるが、その陰でシステムやファイルを破壊する悪意あるプログラム。

一般のウイルスのような、無意識の感染というかたちではなく、多くはユーザーが自ら招き入れてしまうところからこう呼ばれます。ウイルス対策ソフトやファイアウォールによって被害を防ぐことができます。

関連▶**下図参照**／**ウイルス**

ドロー *draw*

描画手順を記録して基本的に線画で画像を構成する、描画手法の1つ。

この手法を用いたソフトウェアを**ドロー系グラフィックソフト**といい、逆に、塗りつぶしを基本とするものを**ペイント系グラフィックソフト**といいます。ペイント系ソフトがドットで描くのに対し、ドロー系ソフトは、線画がそのままオブジェクトとして扱われるため、拡大縮小してもジャギーが出にくく、なめらかな曲線が得られます。

関連▶**ジャギー**／**ペイント**

ドロップシッピング *drop shipping*

直送を意味する、インターネットによる商品の広告、および販売代行の仕組み。

注文を受けた商品の発送はメーカーなどの商品提供者が行うため、無店舗、無在庫でオンラインショップを運営することができます。アフィリエイトと異なる点は、商品の価格を

▼トロイの木馬

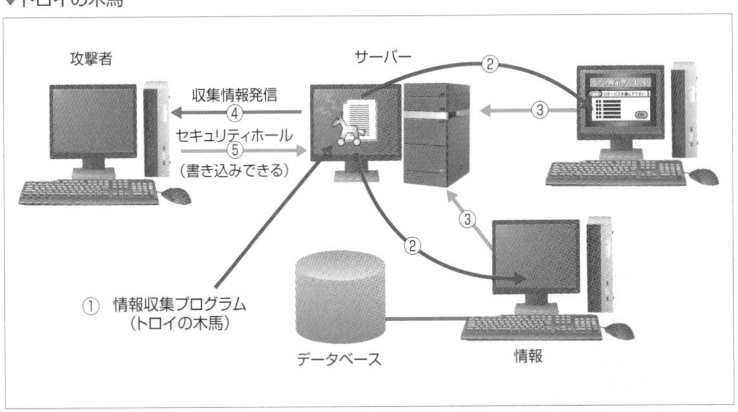

自分で決めることができ、仕入れ価格と実際の販売価格の差額が利益となることです。

関連▶**アフィリエイト／オンラインショッピング**

ドロップダウンメニュー
dropdown menu

階層化されたメニュー構造を設け、必要に応じて下層のメニュー項目（**サブメニュー**）を表示するもの。

OSやアプリケーションソフトなどのユーザーインターフェース形式の1つで、**プルダウンメニュー**とほぼ同義です。WindowsやmacOSでは一般的なメニュー形式で、メニュー項目にカーソルを合わせると、さらにその下のより詳細なメニュー項目が表示されます。多数の機能を持つソフトウェアを、ディスプレイの限られた表示エリアを使って効率よく操作できます。

関連▶**ポップアップメニュー**

▼ドロップダウンメニュー

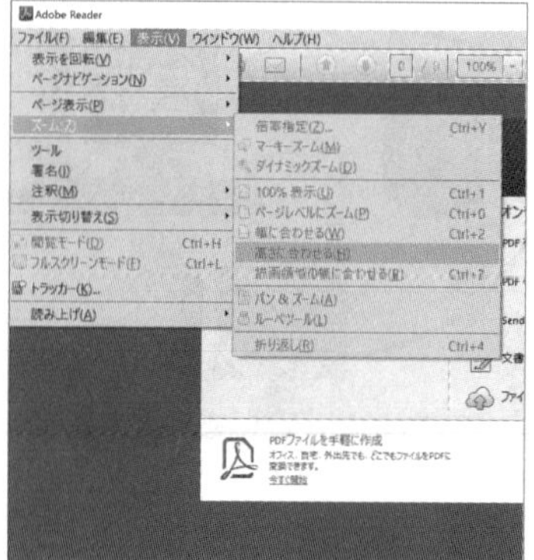

ナード *nerd／nurd*

一般には**オタク**と同義。

もともとは、「勉強しかせず、ひ弱な、あるいは贅肉（ぜいにく）ばかりの人間」といった意味があります。趣味的な事柄に極めて長じているが、社会性が希薄でパッとしない人といった意味で使われます。

関連▶**オタク**

内蔵 *internal*

コンピュータの筐体（きょうたい）の内側に周辺機器が格納されていること。

外部に接続されているものは、**外付け**といいます。

関連▶**筐体／外付け**

投げ銭アプリ（ネット投げ銭） *Social tipping*

無料のコンテンツに対して、支援する意味合いで、少額の金額をWebサイトやアプリを利用して支払うこと。

ストリートミュージシャンや大道芸人、イラストレータなどに対して支払うことが多いです。

ナノ秒 *ns ; nano second*

時間単位の1つ。

10億分の1秒（10^{-9}秒）。**ナノセカンド**ともいいます。「ns」と表記します。

ナビゲーションシステム *navigation system*

航空機や自動車の航行、運転を支援するシステム。

自動車用のカーナビゲーションシステム（カーナビ）では、DVD-ROMなどの記憶装置中の地図データと、通信衛星を利用したGPS（全地球測位システム）で得られた位置情報をもとに、現在位置を表示したり、最適経路を表示したりします。

関連▶**GPS**

▼カーナビ

パイオニア（カロッツェリアWebサイトより転載）

並べ替え *sort*

データベースソフトなどで、データを指定した条件で並べ替えること。

整列ソート、あるいは、単に**ソート**ともいいます。データを小➡大の順で並べ替えることを**昇順**、その逆を**降順**といいます。ワークシートやデータベースで並べ替えるときは、並べ替えの基準となる項目を指定します。複数の条件で並べ替えを行うことで、データを管理しやすくなります。

関連▶**降順／昇順／データベース**

な

なりすまし *posing*

他人の名前やメールアドレス、顔写真やアイコンを使い、他人を装って電子掲示板などで発言したり、様々なサービスを受けること。

他のコンピュータのIPアドレスをかたって通信を妨害したり、情報を盗んだりすることもあります。メールアドレスや個人を特定できるような情報を、安易に公開しないことが良策です。

関連▶**IPアドレス**

ナレッジ *knowledge*

企業などに蓄積されている有形無形の知識資産の総称。

本来は「知識」といった意味があります。このナレッジを、企業全体で共有することで有効に活用しようとする経営概念を、**ナレッジマネジメント**といいます。

ナンバーディスプレイ *number display*

固定電話で、発信側の電話番号を着信呼出時に通知する有料サービスのこと。

1997年にNTT社が開始しました。ISDNで**発信者番号通知機能**（無料サービス）と呼んでいたものです。「184」を付けないと自動的に電話番号を通知するものを**通話ごと非通知**、ふだんは通知せず、「186」を付けたときだけ通知するものを**回線ごと非通知**と呼びます。受信者が発信者を特定できる利点がありますが、プライバシーの流出といった問題点も指摘されています。なお、番号の表示には対応する電話機が必要です。

関連▶**ISDN**

ニコニコ動画
niconico video

株式会社ドワンゴが運営する、動画投稿サイト。

公開された動画に対して、リアルタイムでコメントを付けることができます。「**ニコ動**」とも呼びます。無料でアカウントIDを取得することができますが、有料会員のニコニコプレミアムに登録することで、動画を高画質で見たり、生放送番組を優先して見られるなど、様々な特典を受けることができます。

関連▶**動画投稿サイト**

日商PC検定

日本商工会議所が主催する、IT活用能力を測定する検定試験。

ビジネス文書の作成と取り扱いをテーマとする「日商PC検定試験（文書作成）」、業務データの活用と取り扱いを主要テーマとする「日商PC検定試験（データ活用）」、プレゼン資料の作成をテーマとする「日商PC検定試験（プレゼン資料作成）」の3分野が、それぞれ独立した試験として行われています。

日本語入力システム
Japanese input method

かな漢字変換のためのソフトウェア。

メモリに常駐し、キーボードから入力されたローマ字あるいはカナを、漢字かな交じり文に変換します。米国マイクロソフト社の日本語版Windowsで使用しているのは日本語**IME**というシステムで、英語版IMEから文字処理機能を拡張したものです。

関連▶**かな漢字変換**／**IME**

入出力装置
input-output device

入力装置と出力装置、あるいは双方を備えているものの総称。

USBメモリやハードディスクなど、読み書きのできるデバイスの総称です。

関連▶**周辺機器**／**出力装置**／**入力装置**

ニューラルネットワーク
neural network

人間の脳をモデルにした人工知能のこと。

人間の神経の形をマネした網目状のモデルで、プログラムにおいては人間特有のひらめきをコンピュータにもたらすことができます。従来の機械学習と異なり、コンピュータが自分で特徴を定義することができ、人がルールを教える必要がなくなります。

関連▶ディープラーニング

入力 *input*

関連▶インプット

入力装置 *input device*

コンピュータにデータを入力する装置。

ノイマン型コンピュータを構成する5大装置（制御装置、演算装置、主記憶装置、入力装置、出力装置）のうちの1つで、キーボード、マウス、スキャナー、音声認識装置などのことです。なお、ハードディスク、モデムなどは出力装置ともなるため、特に**入出力装置**と呼びます。

関連▶キーボード／マウス

ニューロン *neuron*

神経細胞。神経細胞本体は軸策（じくさく）、または樹状突起の結合（シナプス結合）を通じて情報伝達を行う。

シナプス結合による連携で、個々のニューロンの自律性が保たれたまま、情報の並行処理がなされたり、ある結果に基づいてシナプス結合の形態を変化させ、さらに判断や学習を目指せるなどの特徴を持ちます。

関連▶次段図参照

▼シナプス結合

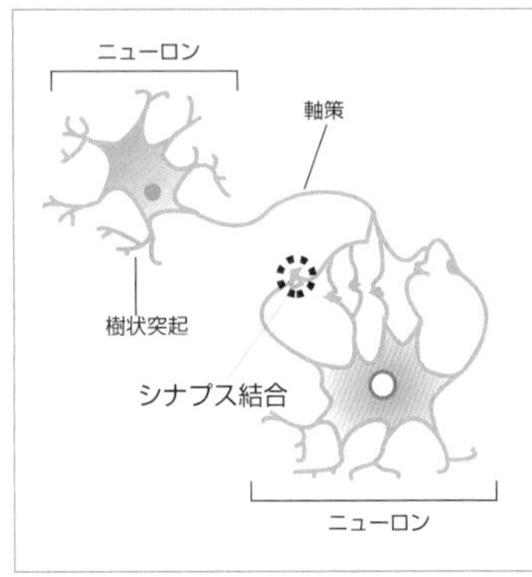

認証 *authentication*

ネットワークセキュリティ技術の1つ。

転送されたメッセージが、確実に送信者から送られたものかどうかを確認するものと、ユーザーあるいは発信者が、本人であるかどうかを確認するものとがあります。例として、前者ではメッセージを変更できないようにすることや、暗号技術を応用して認証コードをメッセージに埋め込む方法、後者ではパスワードを用いてユーザーを確認するなどの方法があります。

関連▶ネットワークセキュリティ

認証局 *CA ; Certification Authority*

電子メールなどのデータの送受信時に、暗号鍵の持ち主が本人かどうかを証明するための特別な機関。

CAともいいます。あらかじめ、暗号

化するための鍵を登録することで、鍵の持ち主であることの証明書の発行が受けられます。この第三者機関によって、データ交換を行う当事者間で互いに相手の存在が確認できるため、安全な情報交換が可能となります。特に企業間の電子取引や公的機関の情報の取り扱いにおいては、認証局の存在が、重要な役割を果たします。

関連▶**暗号化**／**認証**

ネット *net／network*

ネットワークの略。

ネットとは網のことですが、一般的にはインターネットを指します。

関連▶**ネットワーク**

ネットカフェ難民 *Internet cafe refugee*

漫画喫茶やインターネットカフェなどに寝泊りする人々のこと。

アパートやマンションなどの入居費が払えず、多くは劣悪な仕事を強いられているため、社会問題化しています。**インターネットカフェ難民**ともいいます。

ネット家電 *home networking*

インターネットに接続する機能を持つ家電製品の総称。

ネット家電は、Web閲覧機能が付いた製品と、遠隔操作などの機能が付いた製品の2つに大まかに分けられます。Web閲覧機能でレシピを表示できる冷蔵庫や電子レンジ、外出先からスマートフォンや携帯電話で録画予約ができるHDDレコーダーなど、多様なものがあります。

関連▶**情報家電／デジタル家電**

ネットショッピング *online shopping／net shoppng*

インターネットなどのネットワークを利用したショッピングサービス。

商品などの購入申込みをインターネットで行うことができます。ショッピングサービスには、受注用の独自のWebサイトを設けている場合や、インターネットのショッピングモールの中に出店している場合などがあります。支払い方法の多くはクレジットカードを使用します。主なショッピングモールには**Amazon.com**や**楽天市場**などがあります。

ネットバンキング *online banking*

銀行などの金融機関のサービスを、インターネットを通じて利用すること。

オンラインバンキングとも呼ばれます。ATMで対応している預金の残高照会、入出金照会、口座振込などのサービスを利用することができます。また、電子メールを利用しての相談の受け付けなど、独自のサービスを行っている金融機関もあります。

ネットビジネス
internet business

インターネットを使って収入を得ることの総称。インターネットビジネスの略。

コンテンツの提供を中心としたビジネス、広告主導型のビジネス、インターネット電子商取引など、様々な形態があり、今後も新たな形態のビジネスモデルが登場する可能性があります。

ネットブック *netbook*

一般的なノートパソコンと比べて機能は限られているが、非常に小型で軽量、低価格なパソコンのこと。

ネットワーク *network*

データの送受信を行う通信網。

特に複数のコンピュータで構築されたシステムを指す場合、**コンピュータネットワーク**といいます。広義には、加入者の端末を結ぶ電気通信回線網のことです。ネットワークはその形態や規模によっては**LAN**に分類されます。

関連▶**プロトコル／LAN**

ネットワークアドレス
network adress

ネットワーク上に接続されたコンピュータを識別し、区別するために割り当てられた識別番号。

ネットワーク同士の通信を行うための**ネットワークレイヤ**で用いるアドレスで、**IPアドレス**や**IPXアドレス**などがあります。

関連▶**IPアドレス**

ネットワークセキュリティ
network security

ネットワークにおけるデータやプログラムの保護、またはプライバシー保護に関する対策。

コンピュータ犯罪防止のために、次の４段階の対策を講じる必要があるとされます。

①**ステガノグラフィー**（steganography）：通信が行われていること自体を隠す。

②**トラフィックセキュリティ**（traffic security）：通信自体を隠す必要はないが、発信地と着信地の通信量を隠す。

③**暗号化**（encryption）：通信自体と、発信地や着信地を隠す必要はないが、メッセージの内容は隠す。

④**認証**（authentication）：メッセージの内容を見ることはできるが、変更はできない。本人かどうかを確認できる。

関連▶**暗号化／認証**

ネットワーク犯罪
network crime

コンピュータネットワークを使用した犯罪の総称。

インターネットなどでの誹謗（ひぼう）中傷、ネットオークション詐欺、悪質なハッキング（クラック）、クレジットカードナンバーの盗用など、ネットワークに特有の犯罪の総称です。

関連▶**サイバーテロ**

年賀状作成ソフト
greeting card software

年賀状や暑中見舞いなどを作成するためのハガキソフトウェアの総称。

筆まめ社の「筆まめ」、ソースネクスト社の「筆王」、富士ソフト社の「筆ぐるめ」などが代表的なソフトです。宛名の情報を管理する簡易データベース機能と、宛名書きおよび裏面のイラストや書体を整える編集機能、郵便番号の入力支援機能などを備えています。

ノイマン型コンピュータ
von Neumann type computer

制御装置、演算装置、主記憶装置、入力装置、出力装置という5大要素からなり、プログラム内蔵方式、逐次処理方式を採用したコンピュータ。

プログラム（命令とデータの集合）を先頭から主記憶装置に格納し、制御装置が命令を逐次制御して、必要に応じて演算装置への指令を出し、データを演算したり入出力装置に働きかけるといった構造（**逐次処理方式**）を持ちます。この方式は、米国の数学者**フォン・ノイマン**が1946年に考案したものです。現在、ほとんどのコンピュータはこの型です。なお、ノイマン型とは異なる構造のコンピュータを**非ノイマン型コンピュータ**といいます。

関連▶**下図参照／コンピュータの5大装置**

脳波センサー
Electroencephalogram sensor

脳波を計測し、情報信号として発信する機器。

脳波を電気信号に変えて機器を操作します。脳波センサーを内蔵したヘッドホンやゲーム機などが登場しています。

▼ノイマン型コンピュータの概念

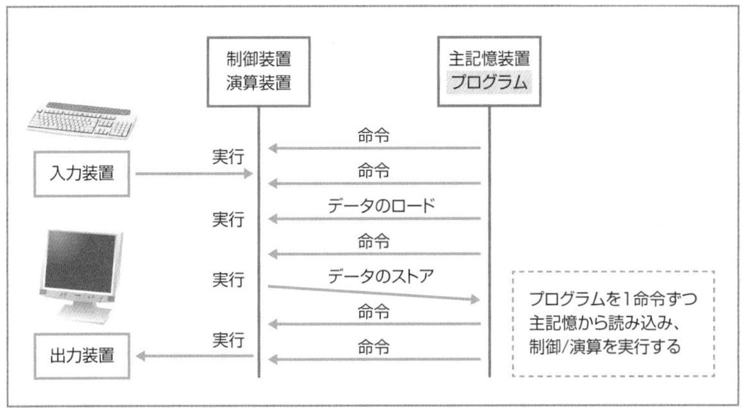

ノートパソコン
notebook size personal computer

ノートに近いサイズ、形状を持った、持ち運び可能な携帯型パソコンの一種。

ノートブック型コンピュータ、**ノートPC**ともいいます。**ラップトップコンピュータ**、**ブック型パソコン**もほぼ同義です。もともとは、移動中や出先での使用を想定した製品ですが、小型・軽量で場所をとらないことから、据え置き用としても人気があります。

関連▶ **サブノート**

▼ノートパソコン「VAIO C15」

VAIO(株)提供

ノートンアンチウイルス
Norton AntiVirus

米国ノートンライフロック社（旧・シマンテック社）が販売する、インターネット接続時の安全を確保するパソコン用アプリケーションの製品名。

関連▶ **ウイルス／ワーム**

の

バーコード *bar-code*

製造元や商品番号、価格などの情報を、白と黒の平行線の組み合わせとしてコード化したもの。

これを**一次元バーコード**といいます。読み取りには専用の**バーコードリーダー**を使います。光学式のため汚れには弱いのですが、読み取りが速く、正確で、操作が簡単なことから、食料品や雑誌、衣料品など、流通、販売で盛んに利用されています。身分証明書や図書カードなどでも使われています。なお、流通現場で多く使われている**JAN**(ジャン)**コード**はJISにより規格化されていますが、このほかにも多くの仕様があります。近年は二次元に図案化することで、全方位からの読み取りを可能とした**QRコード**などの**二次元バーコード**(二次元コード)もあります。二次元バーコードは多くの情報をコーディングできます。現在は、より多くの情報を扱える**ICタグ**(**RFタグ**)がバーコードに代わるものとして利用されています。

▼二次元バーコードの例

▼バーコード(書籍JANコード例)とバーコードリーダー

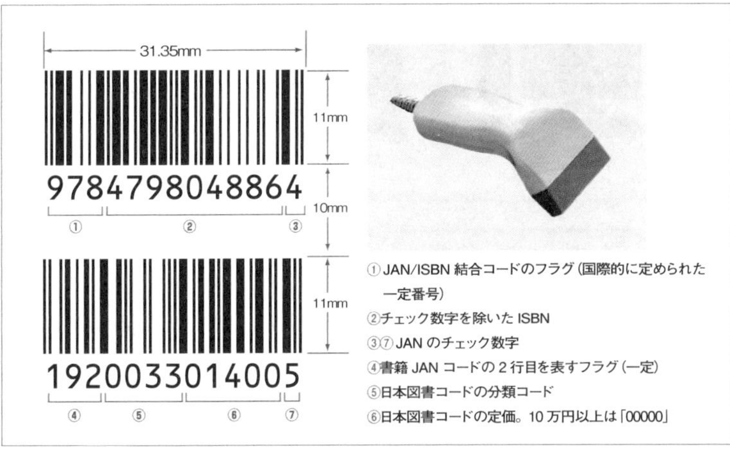

①JAN/ISBN結合コードのフラグ(国際的に定められた一定番号)
②チェック数字を除いたISBN
③⑦JANのチェック数字
④書籍JANコードの2行目を表すフラグ(一定)
⑤日本図書コードの分類コード
⑥日本図書コードの定価。10万円以上は「00000」

関連▶スマホ決済／ICタグ／JAN／QRコード

バージョン *version*

ソフトウェアやハードウェアの改良に応じて製品に付ける番号。

「Ver.1.0」などと記します。もともとは出版物の「版」にあたる英語です。一般に小さな内容変更は、バージョン番号のうち、小数点以下の数字を変えることで対応しますが、内容変更の度合いや番号の付け方に規則があるわけではありません。なお、性能や機能を向上させるたびにバージョン番号を上げることから、ソフトウェアやハードウェアを改良、改善することを**バージョンアップ**といいます。

関連▶互換性

パーソナルコンピュータ *PC ; Personal Computer*

個人で使用できる小型の汎用コンピュータの総称。**パソコン**ともいう。

大型で高速な業務用・研究用のコンピュータに対し、個人で利用する小型のコンピュータといった程度の意味で、パソコンまたはPC（ピーシー）ともいいます。IBM PCシリーズとその互換機、Macなどがあります。もともと、**スタンドアロン**の（他のコンピュータと接続されていない）小型コンピュータとして開発されて使われていましたが、最近はネットワークの端末としても欠かすことができません。

関連▶下図参照／次ページ図参照

は

▼パソコンの形による分類

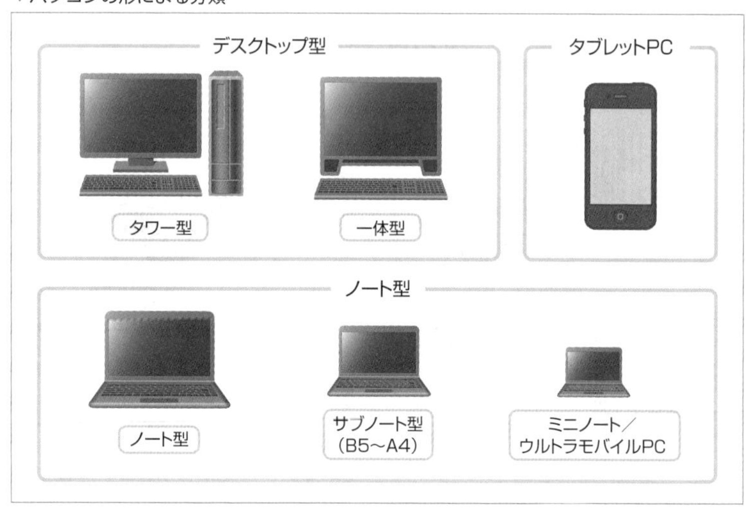

▼パーソナルコンピュータの内部

デスクトップ型
CD/DVDドライブ
グレードによってはブルーレイドライブを搭載
ハードディスク
CPU
メモリ
拡張スロット
PCIスロットが主流、グラフィック専用のPCI-Expressスロットも多くの機種で備える
イーサネット
マザーボード上に搭載されているのが主流
マウス
USB接続が多いが、PS/2や無線タイプもある
液晶ディスプレイ
21～27インチのワイドタイプが主流
キーボード
USB接続が多いが、PS/2や無線タイプもある

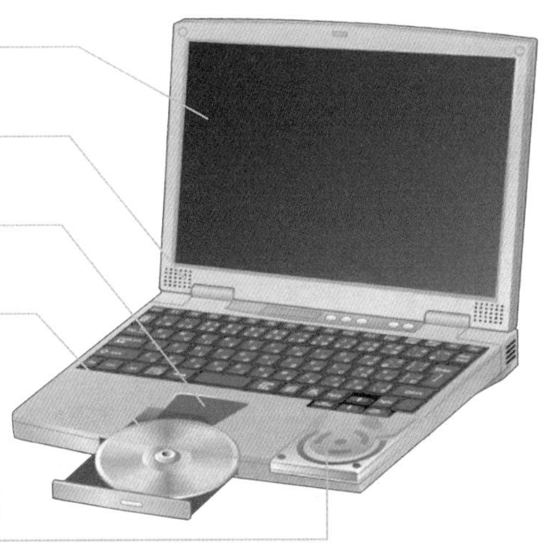
ノート型
液晶ディスプレイ
10～17インチのTFT液晶、ワイドタイプが主流
内蔵スピーカ
本体側に内臓し、サウンド重視のタイプもある
タッチパッド
他のポインティングデバイスの場合もある
CD/DVDドライブ
DVDビデオやブルーレイに対応している場合もある
ハードディスク
2.5～1.8インチ省電力タイプ。SSDの場合もある

は

バーチャルリアリティ
virtual reality

関連▶VR

バーチャルYouTuber
virtual YouTuber

日本発祥でCGキャラクターとしてのアバターを使って、YouTubeに動画の投稿や配信を行う人。

YouTube以外のサービスを使う場合は、**VTuber**や**バーチャルライバー**と呼びます。

パーティション *partition*

ハードディスク内部の領域を論理的に分けること。または、ハードディスク内部で分割されている領域。

領域確保ともいいます。1つのハードディスク内で分割できる領域の個数や容量はOS、ハードディスクインターフェースの仕様などで異なります。領域を分割すると、それぞれの領域が別のファイルシステムとなり、Windowsでは個別のドライブ番号が割り振られます。ハードディスクのファイル管理情報（ディレクトリやFATなど）が壊れた場合の被害をパーティション単位に抑えることができます。

関連▶FAT

ハードウェア *hardwares*

コンピュータ本体や周辺機器などの装置全般を指す言葉。

もともとは「金物」を意味する言葉ですが、コンピュータ関連では、CPUやハードディスクからモニタ、キーボードまで、コンピュータシステムを構成するあらゆる装置や部品をいいます。データ上の存在である**ソフトウェア**と対比されます。

関連▶コンピュータの5大装置

ハードディスク
HD／HDD ; Hard Disk Drive

コンピュータ用の外部記憶装置の1つ。**HD**、**HDD**、**固定ディスク**などともいう。

ディスクは硬質の磁気媒体でできていて、一般にはディスクの交換ができません。この密閉された**ウインチェスター型**のハードディスクの開発によって、ヘッドとディスク板のすき間の精度が上げられるようになり、記憶容量は飛躍的に増大、小型化も進行しました。動作中のハードディスクでは、ディスク板が高速回転する際に、ディスク板表面上に発生する空気の流れ（層流）を利用してヘッドを浮かせているため、動作時の衝撃や振動は厳禁です。その後さらに容量を高める**垂直磁気記録方式**への切り替えが進み、T（テラ）バイト級の容量のものも実用化されています。

関連▶次ページ下図参照／記憶装置

パームレスト *palm rest*

キーボードやマウスパッドの手前に置き、手の疲労を軽減するための台。

リストレスト、**ハンドレスト**ともいいます。スポンジから木製の台まで様々な素材のものがあり、現在ではパソコンの周辺アクセサリーの一種として普及しています。

▼パームレスト

サンワサプライ（株）提供

ハイエンド *high end*

製品やサービスの最上級群を指す際に用いられる。

反対に最も廉価な一群をローエンドと呼びます。価格、機能、性能などで対象となる製品が属するカテゴリーが高いものを指します。特にスマートフォンやオーディオ機器、カメラなどに用いられることが多いです。

バイオチップ *biochip*

DNAやたんぱく質、糖鎖（とうさ）などのバイオ分子や化合物を基板上に多数生成したデバイスのこと。

特定の分子や化合物を検出するためのチップで、**DNAチップ**とも呼ばれ

▼ハードディスクの仕組み

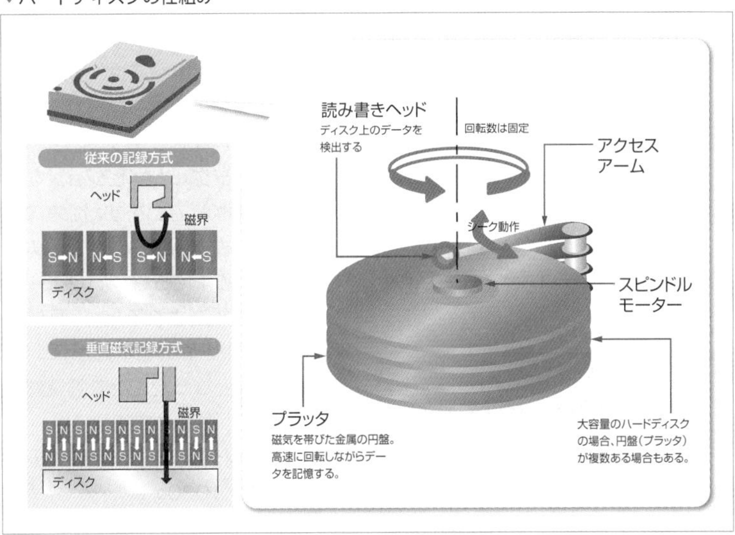

ます。名前のとおり、DNAに含まれる特定の分子(遺伝子)を検出するために利用します。

関連▶**生体認証**

バイオメトリクス
biometrics

関連▶**生体認証**

ハイテク犯罪
technological crime

コンピュータネットワークや電子情報技術全般を悪用した犯罪のこと。

ネットワークを利用したウイルス配布やサイトへの不正アクセス、政府機関を対象にしたサイバーテロやマネーロンダリング（犯罪資金の浄化）などのほか、身近なところではワイセツ画像や無許可薬品の販売、ねずみ講のような詐欺行為なども、ハイテク犯罪に含まれます。犯罪者の匿名性が高く、犯罪の進行が速いため、急速な被害拡大を起こす恐れがあります。対策として「不正アクセス禁止法」の施行、警察庁や各都道府県警のサイバー犯罪対策室の設立が行われています。

関連▶**サイバーテロ**／**サイバー犯罪対策室**

バイト *byte*

コンピュータで使われる情報量を表す単位。

8ビット（bit）で1バイトといいます。アルファベットで「B」と表記する場合もあります。1バイトで256種類のアルファベット、数字、カナなどの半角文字が表現できます。日本語の漢字を表現するには2バイト以上が必要となります。通信では8ビットを1**オクテット**と呼び、区別しています。

関連▶**ビット**

バイドゥ（中国名：百度）
Baidu

中国最大の検索エンジンを提供するポータルサイトの会社。

全世界でGoogle、Yahoo!に次ぐ第3位です。

ハイビジョン *Hi-Vision*

高品位テレビ（HDTV）の、日本における通称名。

本来はNHK（日本放送協会）が開発したアナログ伝送のHDTVを指していましたが、現在では、伝送するために圧縮を行う前の信号であるベースバンドハイビジョンや、デジタル伝送のデジタルハイビジョンを含めてこう呼ばれています。従来のテレビ（TV）放送（NTSC方式）の2倍以上である1125（有効1080）本の走査線で放送されるため、画質が向上します。画面の縦横比が9：16となり横長となったことで臨場感あふれる映像が楽しめます。

関連▶**デジタル放送**／**BSデジタル放送**／**1080p**

▼ハイビジョンとNTSC

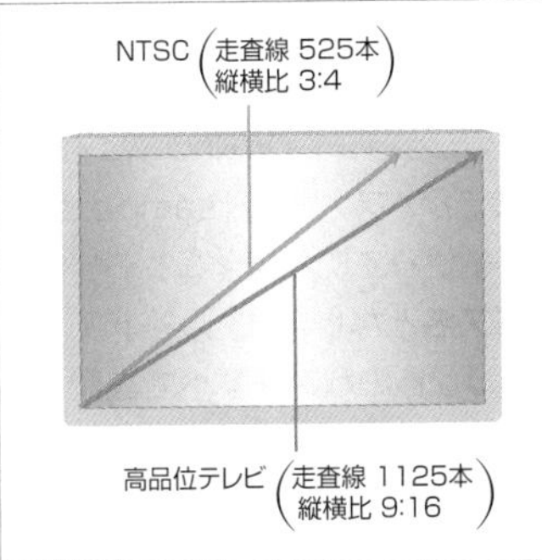

バイラルCM *viral CM*

インターネット上で動画などによるCMを流すことで、口コミによって商品の宣伝を行う広報活動。

バイラルは「ウイルスの」という意味です。ブログや掲示板、SNSサービスなどで話題にしてもらい、ウイルスのようにクチコミが広まっていく様子を表現しています。**口コミ広告**ともいいます。

ハイレゾ *high resolution*

ハイレゾリューション（高解像度）音源ファイルのことを指す。ハイレゾではCDよりも高音質の音楽を楽しむことができる。

スタジオで録音した音の情報量に近い高解像度の音源データのことを指します。ファイルの再生にはハイレゾに対応したオーディオ機器が必要になります。音源はインターネット上で販売されています。また、究極の音質を求めるために作られた機器を**ピュアオーディオ**と呼び、スピーカー1本で100万円を超えるものもあります。

バグ *bug*

プログラム中の誤り。構文的には正しいが、プログラマーの意図に反した動作をするプログラム。

虫ともいいます。プログラマーの予期しない動作をするため、システムの誤動作や破壊をもたらすこともあります。バグに対して、プログラミング言語の構文的な誤りを**エラー**といいます。バグとは小さな虫のことですが、こう呼ばれるようになった理由としては、以前の大型コンピュータの頃、「中に小さな虫が入ってエラーを起こしたからだ」といったジョークに起源を求める説など、「マークシート上に書いたはずのない小さな点が実は小さな虫で、それがエラーを引き起こしていたからだ」といったジョークに起源を求める説など、様々な説があります。プログラムを修正してバグをなくす作業を**デバッグ**や**バグフィックス**といいます。

関連▶**エラー／デバッグ**

パケット通信 *packet communication／packet transmission*

パケットと呼ばれる一定の単位に分けて情報をまとめて送る通信方式。

パケット転送ともいいます。情報をまとめて、一定の長さ以下のデータブロックにした**パケット**を空き回線へ断続的に送り込む方式です。多種のパケットを1つの通信回線上で多重化して伝送することができるため、通信回線を効率よく利用できます。また、通信速度や通信制御手段の異なる端末間でも通信することができる、回線を常時つないだままの一般通信に比べて通信費用が格安になる、などのメリットがあります。

関連▶下図参照

パス *path*

処理の流れに対し、実際に実行されるプログラム。あるいは任意のファイルやディレクトリまでの道筋（パス）のこと。

操作したいファイルを正式に指定する場合、必要に応じて「a:¥windows¥tmp¥sample.dat」といったように表します。「a:¥windows¥tmp¥」までが、ファイル「sample.dat」の格納されているディレクトリを表す**パス名**となります。ルートディレクトリからのパスをすべて表記したものを**絶対パス**、現在のディレクトリからのパスを**相対パス**と呼びます。

バス *bus*

CPUと周辺機器をつなぐ結線。

もしくは、ある機器間をつないで信号をやり取りするための規格やハードウェアを指します。

関連▶次ページ上図参照

は

▼パケットの概念

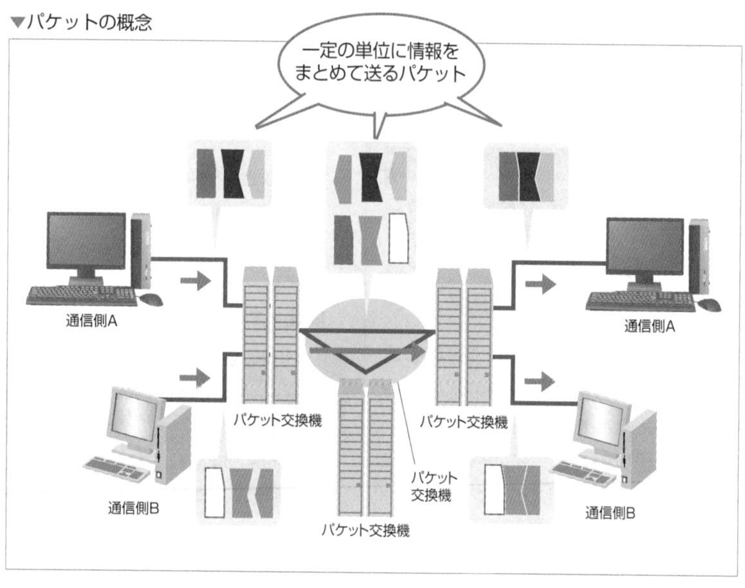

▼バスの働き

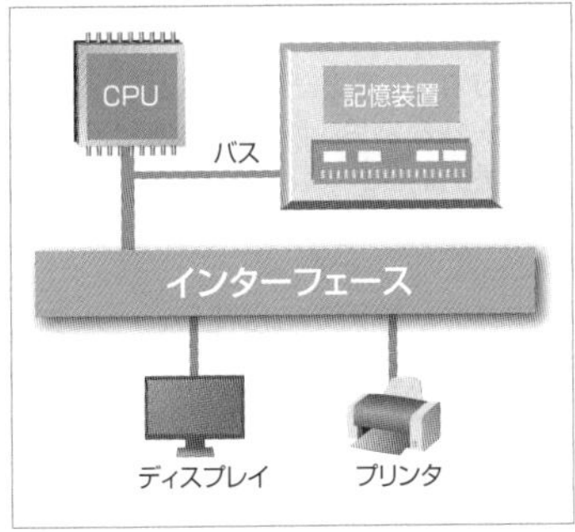

パズドラ *Puzzle and Dragons*

「パズル＆ドラゴンズ」の略称で、ガンホー・オンライン・エンターテイメント社からスマートフォン向けに配信されているゲームアプリのこと。

RPGの育成、収集、バトル要素とパズルゲームを合わせたゲームで、国内累計5500万回以上ダウンロードされています。スマートフォンゲームの先駆者ともいえます。

▼パズドラのゲーム画面

バスパワー *bus power*

USBのケーブルから必要な電力を給電して、周辺機器を動作させる方式。

バスパワーで動作する機器は、コンセントから給電する必要がないので、配線が簡潔になります。省スペース化も図れることから、ニーズが増えています。

バズる（バズってる）

インターネットの世界で、SNSや各種メディアで一躍話題となる様（さま）を指す。

英語のbuzzを日本語化したもので、騒ぐ（ハエなどがブンブン飛ぶ）という意味があります。

パスワード *password*

コンピュータシステムに正当なユーザーであることを識別させる文字列の組み合わせ。

データベースや情報サービスネットワークなどを利用する際に必要なデータで、一般には暗号として記録されており、外部からは読み出せないようになっています。キャッシュカードの**暗証番号**などがこの例です。文字や数字を用い、ユーザー名と共に使われます。ユーザーID（ユーザー名）との組み合わせが、あらかじめシステムに登録されたものと合致するかどうかで、正規ユーザーかどうか識別します。

関連▶**認証**

パソコンリサイクル法 *Personal Computer Recycle*

パソコンやパソコン用ディスプレイ（CRT、液晶）をリサイクルするための法律。

資源の有効利用のために回収・分別を行う法律です。2003（平成15）年10月より施行されました。2013年４月から「小型家電リサイクル法」によりメーカーだけでなく家電量販店や市区町村でもパソコンの回収が行われています。本法制定以前に販売された製品は、廃棄時に料金を納めなければなりません。これらを識別するために「**PC リサイクルマーク**」が製品に貼りつけられています。また、廃棄時のリサイクル料金のことだけではなく、製造、販売の事業者に対して省資源、部品・材料のリサイクルに数値目標を定めて取り組むことが求められています。

関連▶**家電リサイクル法**

▼PCリサイクルマーク

ハッカー *hacker*

仕事としてコンピュータに関わるだけでなく、趣味としてコンピュータに興味を持ち、技術の取得に没入する者の総称。

本来は、高度なコンピュータの知識を持つ者への尊称でしたが、通信ネットワークが発達してからは、自らの技術力を示すため、ネットワーク上で他のコンピュータへの侵入やデータの改ざんをする犯罪者の意味に誤用されています。公開されていないネットワークの操作方法を探り出し、アクセスが制限されているシステムに侵入したりすることがあるため、「ハッカー＝コンピュータ犯罪者」という解釈が定着してしまいました。正確には、こうした犯罪的なハッカーを**クラッカー**といいます。

ハック *hacking*

合法的ではあるが、コンピュータネットワークに通常とは異なる方法でアクセスすること。

ハッキングともいいます。これに対し、非合法なアクセスを**クラック**（cracking）といいます。

バックアップ *back-up*

システムやソフトウェアなどに不都合が生じた場合に備え、用意しておく代替システム、ソフトウェア、または予備パーツや予備データのこと。

ハードディスクなどの磁気記憶媒体

に記録されているプログラムやデータなどは、取り扱いミスや誤操作、機器の故障などによって簡単に失われてしまいます。そこで、万一に備えて複製が必要になります。鉄道の運行管理システムや航空管制システム、銀行などの、停止することが許されないシステムでは、機器故障や回線障害によって発生するシステム停止が与える社会的、経済的影響が大きいため、予備のハードウェア、**UPS**（無停電電源装置）、迂回用回線などを備えています。

関連▶**記憶装置**

バックエンドプロセッサ
backend processor

主処理後の処理を行うプロセッサのこと。

主処理の前の定常的な処理（前処理）を行うフロントエンドプロセッサに対し、**後置プロセッサ**ともいう。例えば、主処理を行うコンピュータとは別に、データベース処理専用のプロセッサが接続されているような場合、それをバックエンドプロセッサと呼びます。それによって負荷分散と効率化を実現します。

関連▶**下図参照**

バックグラウンド
Background

複数のウィンドウ（アプリ）を実行している際に、見えている画面以外に動作している機能のこと。

例えば、音楽を聴きながらブラウザを見ている場合は、音楽アプリがバックグラウンドに該当します。ウイルス対策ソフトなど、アプリの中にはユーザーが意図していない場面でも起動しているものもあります。

▼バックエンドとフロントエンド（バックエンドプロセッサ）

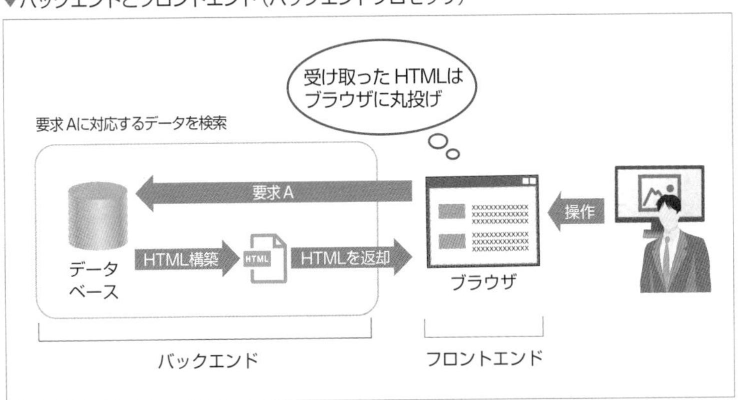

バックグラウンド処理
background processing

タイムシェアリングシステムやマルチタスクシステムで、現在、ディスプレイやキーボードを使って操作している作業の裏で、CPUの空き時間を利用して別の作業を処理すること。

画面に見える作業（**フォアグラウンド**）の裏で処理しているので、**バックグラウンド**と呼ばれます。印刷や通信、大がかりな演算をバックグラウンド処理する例が多いです。

バックドア *back door*

侵入したネットワークサーバーに設ける電子的な裏口のドア。

ハッカーやクラッカーは、サーバーの管理者に気付かれないように、設置したバックドアを使って、ネットワークへ再侵入することができます。

関連▶**ハッカー**

バックライト *back-light*

液晶ディスプレイの横、または裏側から発光させて、ディスプレイを見やすくする装置。

液晶ディスプレイの後ろや横から蛍光管やLEDなどを使って光をあて、光を遮るように液晶を表示する仕組みです。画面が明るくなり、明暗の差もはっきりしますが、消費電力が増えるのが欠点です。パソコンやスマートフォンのモニタ、携帯ゲーム機の画面などで使われています。

関連▶**下図参照**

は

▼バックライト

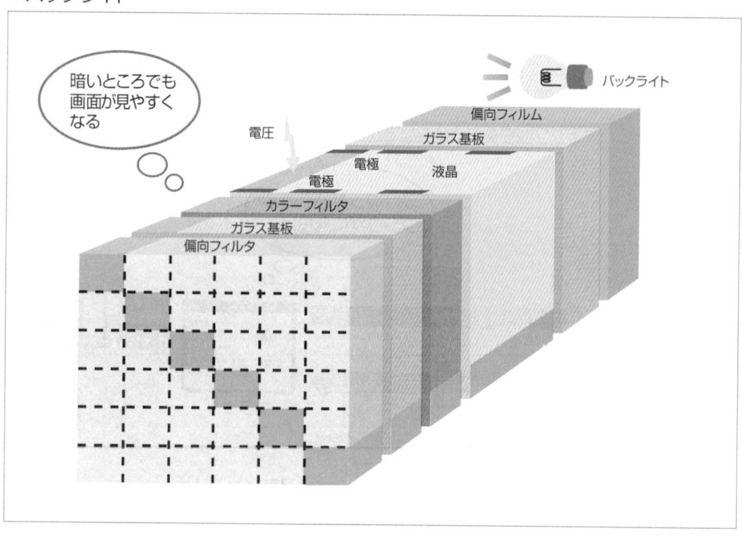

パッケージソフト *package software*

パッケージングされて販売されている、製品としてのアプリケーションプログラムのこと。

日本語ワープロ、データベース、表計算などの分野で、様々なパッケージソフトが開発、販売されています。

関連▶**ソフトウェア**

ハッシュタグ *hash tag*

ツイッターで特定の投稿を検索して一覧表示できるようにするために、投稿に付けられたタグのこと。

ツイート（つぶやき）に「#○○」と入れて投稿することで、その記号が付いた発言を、検索して一覧表示できます。ハッシュタグを決めて発言すれば、同じ話題の参加者同士で最新情報などを共有することができます。

関連▶**ツイッター**

ハッシュ法 *hash method*

データの登録、高速検索の一手法。

データ登録の場合は、データの検索キーの内部コードを関数（ハッシュ関数）を用いて変換し、アドレス（ハッシュアドレス）を決めます。この際、異なるデータに対して同じ値が出た場合、これを衝突、あるいは**シノニム**といい、他のアドレスの決め方が必要となります。検索の場合も同様に、内部コードを用いてアドレスを求め、これをキーとして検索します。

パッチ *patch*

完成した状態のプログラムの一部を修正すること。

修正の際の変更点（差分情報）だけを抜き出して列挙したファイルのこともいいます。小規模なバージョンアップや不具合の修正などを行う際、ソフトウェア全体を入れ替えるのは効率的ではありません。そこで、変更部分のみを抜き出し、パッチを作成して既存のソフトに組み込むことで、元のファイルを最新の状態に更新することができます。「パッチをあてる」と言ったりします。

関連▶**アップデート／バージョン**

バッファ *buffer*

コンピュータと周辺機器がやり取りする際に、データなどを一時的に保存する装置。

バッファとは緩衝という意味です。読み込んだデータなどをメインメモリの一部やバッファ専用のメモリに蓄えておき、ディスクアクセスの回数を減らして、全体の処理速度を向上させます。同様の効果が得られるものに**ディスクキャッシュメモリ**があります。バッファの種類としては、**キーバッファ**（コンピュータに内蔵されるキー入力を蓄えるメモリ）、**プリンタバッファ**（プリンタへの出力をメモリに蓄え、コンピュータをプリンタの印刷作業から解放する装

は

置）などがあります。

関連▶ **プリンタバッファ**

バッファオーバーフロー攻撃 *buffer over-flow atack*

許容量を超えるデータを送って、システムを機能停止にしたり、あふれたデータを実行させてしまうといった攻撃。

確保したメモリ領域（バッファ）を超えてデータが入力されたときに、データがあふれてプログラムが暴走してしまうことを利用しています。多様なアプリケーションソフトに共通する代表的なセキュリティホールの1つです。

関連▶ **セキュリティホール**

バナー *banner*

ロゴマークや小さな見出し代わりの画像。

本来は「旗」、「標識」といった意味ですが、アプリケーションやWebサイトなどが宣伝の意味で画面やWebページの上に置いている画像を指します。多くの場合、宣伝元のサイトへのリンクになっていて、クリックすることで宣伝元のサイトに移動することができます。

▼バナーの例

ハニーポット *honey pot*

侵入者や攻撃者に対して、本物のシステムの代替として設置するネットワーク上のおとり。

一見、本物のシステムと見分けがつかないが、侵入者や攻撃者に利用されないよう、一部の機能は使用不能にしてあることが特徴です。また、わざと脆弱性を残すことによって侵入しやすくし、その後、どのような行動をとるかを解析したり、侵入者の追跡を行うための時間稼ぎに利用したりします。

▼ハニーポットの仕組み

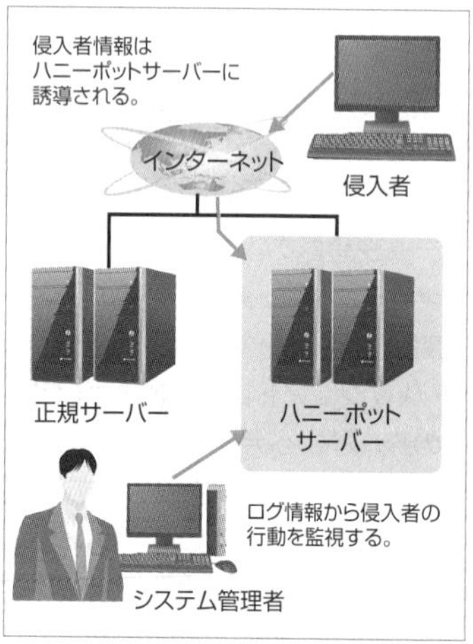

ハブ *hub*

LANを構成する際に使用される機器。複数のポートを持ったリピータ。

マルチポートリピータのことで、**集線装置**ともいいます。ターミナルと複数の端末を放射状に接続することができます。

関連▶**リピータ**

パブリックドメイン *public domain*

著作権の消滅や放棄により、著作権法に基づく著作権者が存在しない状態の著作物。

原則として、著作権が消滅するのは著作権者の死後70年が経過して保護期間が終了した場合です。また、パソコンのソフトには作者が著作権放棄を宣言したものがあり、日本の著作権法には著作権放棄に関する規定が存在しませんが、実質的にパブリックドメインとなり、作者が著作権を主張するフリーソフトと区別されています。

関連▶**著作権**

パラメータ *parameter*

サブルーチンや関数に与えられる引数。

アーギュメント(Argument)のほうが正しい用語となります。引数の渡し方としては**値呼び**、**ポインタ呼び**があります。

■プログラムやコマンドに与える引数。処理方法を指示したり、処理対象(ファイル名など)を指示するために使われる。

例えば、WindowsのDIRコマンドに「/W」というパラメータを与えると、出力形式が変更されます。

■ターミナルエミュレータで設定される回線の仕様を示す値のこと。

速度や誤り制御、キャラクタ長、制御コードなどが含まれます。

張る *add a link*

リンクの行先を表示すること。

URLなどのリンク先をテキスト上で開けるようにすることをいいます。

関連▶**リンク**

貼る *paste*

テキストなどを画面上で貼り付けること。

ペーストともいいます。カットまたはコピーしたテキストなどのデータを貼り付けることをいいます。

関連▶**カット&ペースト/コピー&ペースト**

バルク *bulk*

本来は「大量」という意味の英語。転じて、コンピュータのパーツにおいては、箱や個別の保証書がなく、メーカーからの流通ルートがはっきりしないような商品をいう。

本来は工場などが一括発注して利用するパーツが店頭に並べられているものです。ただし、メーカー保証のないものが多く、中には真贋(しんがん)がはっきりせず、製品品質の劣るものも存在します。これに対して、化粧箱、保証書のある正規流通品を**リテール(小売)品**と呼びます。

バルクストレージ *bulk storage*

大容量記憶システムのこと。低速だが大容量なハードディスクなどを指す。

高速な読み書きができるメモリの補助装置として利用されることが多いです。

半角文字 *half width character*

全角文字の縦はそのままで、横を1/2の大きさにした文字。

キヤノン社製ワープロ専用機では**半幅文字**といいます。また、縦横半角文字は縦横共に全角文字の1/2の大きさにした文字で、**1/4角文字**ともいい、**上付き文字**、**下付き文字**、**ルビ(ふりがな)**などとして用います。

▼半角文字

関連▶**縮小文字／全角文字**

ハングアップ *hung-up*

コンピュータの動作が止まって、反応しなくなること。

ストール、**ダウン**ともいいます。**フリーズ**などと似た意味ですが、この状態になってしまうと、解消には物理的なリセットが必要な場合が多いです。これは、通信中にも起こることがあります。

関連▶**ダウン／フリーズ**

反射型ディスプレイ *reflective display*

外部光を利用して表示を行うディスプレイ。

通常の液晶ディスプレイはバックライトを使用してディスプレイの表示を行いますが、反射型液晶ディスプレイは外部光の反射を利用して画面を表示します。消費電力が少なくなる、屋外での視認性に優れるというメリットがあります。液晶ディスプレイではありませんが、電子書籍に用いられる電子インクなどが代表的な反射型ディスプレイです。ただし、夜中や照明を消した室内など、外部光が十分でない場所では、画面が表示されないという欠点があります。携帯機器向けのディスプレイとして主に使用されています。

関連▶**バックライト**

ハンディスキャナー
handy scanner

画像読み取り装置(**スキャナー**)の1つで、手動で対象をなぞることで画像を読み取る装置。

通常のスキャナーと異なり、走査のための装置がないので小型で安価になる上、どんな画像も容易に取り込めます。しかし、画像のスキャンを手動で行うため、取り込みの精度は通常のスキャナーより劣り、また、一般に大きな画像を取り込むことはできません。

関連▶**イメージスキャナー**

▼ハンディスキャナー

サンワサプライ提供

半透過型液晶ディスプレイ
half transparent LCD

屋内や屋外など、周囲の光量によって透過型と反射型を切り替えることができる液晶ディスプレイのこと。

光のあるところではバックライトを使用しないため、消費電力を抑えることができます。携帯電話などの持ち運びを行うデバイスで多く利用されています。

関連▶**透過型液晶ディスプレイ/反射型ディスプレイ**

半導体 *semiconductor*

導体と絶縁体の中間の抵抗力を持つ物質のこと。

代表的なものに**シリコン**があります。半導体は多くの電化製品や交通、通信のインフラに使用されています。

関連▶**ウェハ**

は

ピアツーピア方式
peer to peer LAN

ネットワークの構築形態の1つ。

サーバーがなく、コンピュータがすべて対等な立場に置かれる接続方式です。**P2P**などと表記されます。

関連▶P2P／LAN

非可逆圧縮
lossy compression

圧縮前のデータと、圧縮データを展開したデータが一致しない圧縮方法のこと。

可逆圧縮よりもデータサイズを小さくすることができ、静止画像、音声、動画データなどに用いられます。代表的なものに静止画像のJPEG、音声のMP3、動画のMPEG-4 AVC/H.264などがあります。**有歪圧縮**ともいいます。

光感受性発作
epilepsy due to light

TVやモニタ画面で、激しく光が点滅することで起こるといわれる痙攣（けいれん）や嘔吐（おうと）などの症状。

1997年12月のTVアニメ「ポケットモンスター」での事件が有名です。欧米でも家庭用ゲーム機で同様の症状が報告されています。なお、「ポケットモンスター」事件を調査した厚生省（現厚生労働省）の臨床研究班は、「強い光刺激が入ると、自律神経系の症状や視覚系の症状を起こすことがある。テレビは明るい部屋で1メートル以上離れて見ることが好ましい」と報告しています。

光ディスク *optical disc*

レーザー光の反射率の違いなどを利用した、光学的な手段によって情報を読み出す円盤型の記憶媒体。

CD、DVD、ブルーレイディスクや光磁気ディスク（MO）などがこれにあたり、総称して**光メディア**ともいいます。また、読み出しは非接触で行うため、他の媒体より耐久性に優れています。記録方式から、再生専用型、追記型（一度だけ書き込める）、書き換え可能型に大別されます。データは、ディスク内に微小な凹凸を作ったり、磁化状態や結晶状態の差を作ったりして書き込まれます。読み出しは、レーザー光をディスク表面にあて、反射光の偏光特性や反射率の違いなどを利用して行われます。

関連▶ブルーレイディスク／CD／DVD

光ファイバー *optical fiber*

光通信において伝送路として使われる通信媒体。

屈折率の異なる2種類の媒体における境界面で、光が全反射を起こす特性を利用して、情報伝達を可能にしたケーブルです。伝送中の信号の損失が少なく、電磁ノイズにも強いという特徴があります。ケーブルテレビ（CATV）、公衆通信、FTTHなど広く利用されています。

関連▶**FTTH**／**LD**／**LED**

▼光ファイバー

通信興業（株）提供

ビジュアライゼーション（可視化） *visualization*

人が直接「見る」ことのできない現象や事象、関係性などを、画像や図表を使って可視化することをいう。

データビジュアライゼーション（情報可視化）とは、ビックデータ活用法の1つで、膨大な情報をグラフや図形でわかりやすく表現（**可視化**）する技術のことです。

非接触式ICカード *non-contact type IC card*

カード内部のICに電波の受信機能を組み込んだもの。

外部の読み取り装置から微弱な電波を発信して、カードと交信することでデータをやり取りすることができます。従来の**接触式ICカード**に比べて、読み取り機を通したり、接触させる必要がないため、短い時間で多くの処理をすることができます。**Suica**、**PASMO**をはじめとして、電車やバス、電子マネーなどの決済に広く使われています。

関連▶**PASMO**／**PiTaPa**／**Suica**

左寄せ *left justify*

ワープロの文章機能で行の左端を揃えること。

左揃え、**左詰め**ともいいます。また、表計算ソフトで、セルの中の文字を左に詰めることをいいます。

ビッグデータ *big data*

既存のデータベースや管理ツールでは整理しきれない膨大なデータのこと。

インターネットやスマートフォンの普及で大量に蓄積されたデータの総称です。企業のデータベースなど、構造化されて可読性の高いデータから、SNSやメールなどの通信ログ、音楽や動画などのマルチメディア情報など、世界にはあらゆる種類の大量のデータが眠っています。こうしたデータを収集し、分析、視覚化などの処理を施し、隠された傾向や相関をつかむことで、ビジネスや社会に役立てることができます。

関連▶**下図参照／データサイエンス**

ビット *bit*

コンピュータで使われる最小の情報量の単位。

情報や記憶量などを数量的に表す基本単位で、1ビットは2進数の0と1にあたります。ビット（bit）とは**2進数**（BInary digiT）の略です。8ビットで**1B（バイト）**となります。

▼ビットの概念

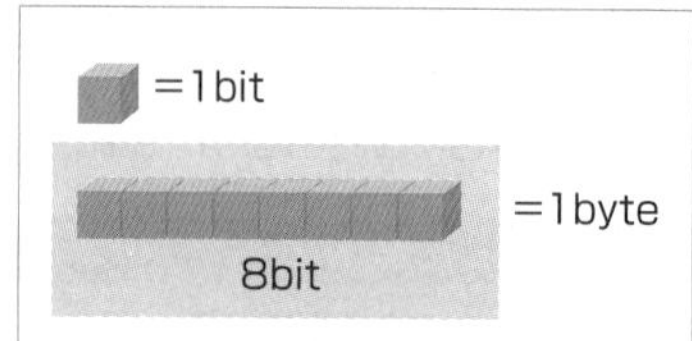

関連▶**バイト**

ビットコイン *bit coin*

関連▶**暗号資産**

ビットマップ *bit map*

着色されたドット（点）で記録した画像。

ペイント系グラフィックソフトで描画した画像は、基本的にビットマップになります。拡張子が「.bmp」のファイルを、特に**ビットマップファイル**ということがあります。

関連▶**ペイント**

ひ

▼ビッグデータの4V

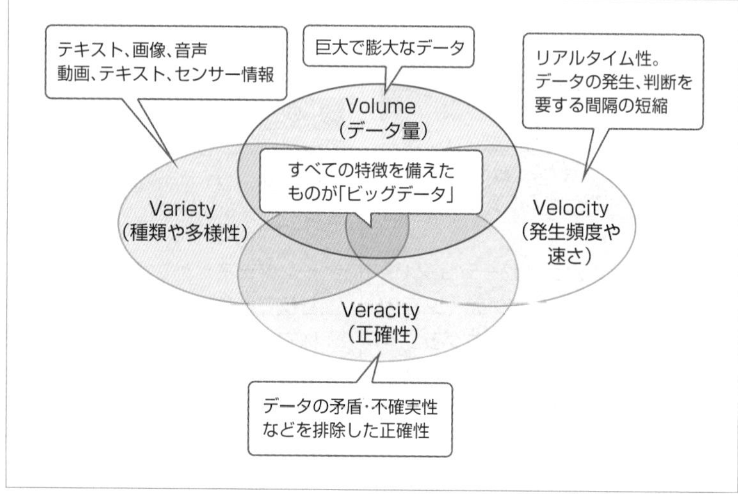

ビットマップフォント *bit map font*

ディスプレイの解像度に合わせたドット数で、フォントを構成する方式。

画面表示専用のフォント（**スクリーンフォント**）の一種です。

関連▶**スクリーンフォント**

ビデオオンデマンド *VOD ; Video On Demand*

視聴者が好きなときに見たい番組をリクエストできるという動画配信システム。

サーバー型の**双方向テレビ（TV）サービス**の1つです。**VOD**ともいいます。なお、ケーブルテレビ（CATV）の発達している米国では、いくつかのチャンネルを使用して、時間差で同じ映画を放映することで、ビデオオンデマンドに近い状況を実現しています。これを、**NVOD**（Near Video On Demand）と呼びます。

関連▶**オンデマンド／双方向テレビ**

ビデオカード *video card／video board*

画像関係の処理能力を持ったパソコン用の拡張カード。

グラフィックカード、**ビデオボード**ともいいます。一般にグラフィックアクセラレータやビデオキャプチャー、もしくはその両方の能力を有するボードを指します。

関連▶**グラフィックボード**

ヒトゲノム *human genome*

人間の全遺伝子情報のこと。約30億個の染色体を構成する塩基配列のこと。

1980年代末に、日米欧政府がヒトゲノムの解読を推進する国際プロジェクトを発足させました。米国Celera（セレーラ）社のDNAシーケンサ（遺伝子自動配列解読装置）による技術革新にも支えられ、2003年4月には解析完了が宣言されました。ゲノムは、塩基配列の遺伝子情報のことで、生物のすべての情報が書き込まれている生命の設計図といえるものです。

ピボットテーブル *pivot table*

対話型のテーブルの一種で、データがどのように並んでいるかに応じて、集計やカウントなどの計算を実行する機能。

データをカテゴリーごとに分けて集計したり、視点を変えて様々な切り口で分析することができます。実際には、米国マイクロソフト社の表計算ソフト「Excel」の機能の1つ。売上データやアンケートを顧客別に集計したり、市場予測や売上傾向を分析し、新商品を企画することも可能になります。「ピボットテーブルを使いこなす者はExcelを制す」といわれます。

関連▶**次ページ下図参照／Excel**

ヒューマンインターフェース *human interface*

マンマシンインターフェースともいわれる。コンピュータと人間との接点にあって、両者の仲介をする機器、およびそれを制御するソフトウェアを指す。

コンピュータの場合、表示機器や入力機器、ソフトウェアの操作性なども含みます。また、コンピュータと人間とを効率よく仲介する仕組みを指すこともあります。

ビューワ *viewer*

データやファイルを表示するためのソフトウェア。

ビューアともいいます。電子書籍を読むためのビューワは**リーダー**と呼ぶことがあります。

関連▶**ブラウザ／PDF**

▼ピボットテーブルの名称

表計算ソフト *spreadsheet software*

表形式の数値データの各種計算を行うプログラム。

スプレッドシート、スプレッドプログラムともいいます。行と列で構成される個々のマス目を**セル**といい、セルにデータや計算式を入力することで集計します。四則演算のほか、科学計算、統計計算、財務計算、文字列処理用の各種関数を使った複雑な計算も可能であり、表計算機能のほかに、グラフ作成機能、データベース機能、さらには、マクロ機能などもあります。主なソフトウェアには、米国マイクロソフト社の「**Microsoft Excel**（マイクロソフトエクセル）」などがあります。

関連▶**マクロ機能**

標準インターフェース *standard interface*

コンピュータに一般的に備えられているインターフェース。

コンピュータ（スマートフォン）と、キーボード、マウスなどの周辺機器をつなぐデータ線（無線を含む）のことで、USBやBluetoothなどの規格のものがあります。

関連▶**インターフェース／USB**

標準出力 *standard output*

OSが用意するアプリケーションソフトウェアの出力先となる装置。

プログラム起動時に特別な指定がない限り、ディスプレイ（画面）を指します。

標準入力 *standard input*

OSが用意するアプリケーションソフトウェアの入力元となる装置。

プログラム起動時に特別な指定がない限り、キーボードやマウスを指します。

平文（ひらぶん） *plain text*

暗号化されていない文字列のこと。

インターネットなどでデータのやり取りを行う際に、平文の場合は内容を盗み見られる可能性があります。なお、POPやFTP、Telnetなどでは、パスワードを平文で送受信しています。

関連▶**暗号化**

ビルド *build*

ソフトウェア開発の工程のうち、作成されたソースファイル、オブジェクトのリソース定義ファイルなどをコンパイル、リンクして1つの実行プログラムを生成する作業のこと。

専用の開発環境（Visual C++/Basic、Delphi、C++Builderなど）では、ツールバーのボタンのクリックだけで実施されます。UNIX上のクロス環境ではmakeが利用されます。

ひ

ファイアウォール *firewall*

インターネットにつながったネットワーク（LAN）が安全のために許可のないアクセスをブロックするなどの機能を持つプログラムまたは装置。

防火壁のこと。インターネットに接続されたコンピュータはインターネット側から自由にアクセスされてしまいます。そのため、ネットワークのセキュリティを確保するために、アクセスに条件を設けます。条件を設けたプログラムやネットワーク機器などのシステムをファイアウォールと呼び、他のサーバーとつながる出入口、一般にLANとインターネットの間に設置されます。

関連▶**インターネット**

ファイル *file*

コンピュータで扱うデータをまとめたもの。

文字コードのみを記録した**テキストファイル**と、2進数形式で記録した**バイナリファイル**とがあります。一般に、ファイルには名前（**ファイル名**）

▼ファイアウォールの仕組み

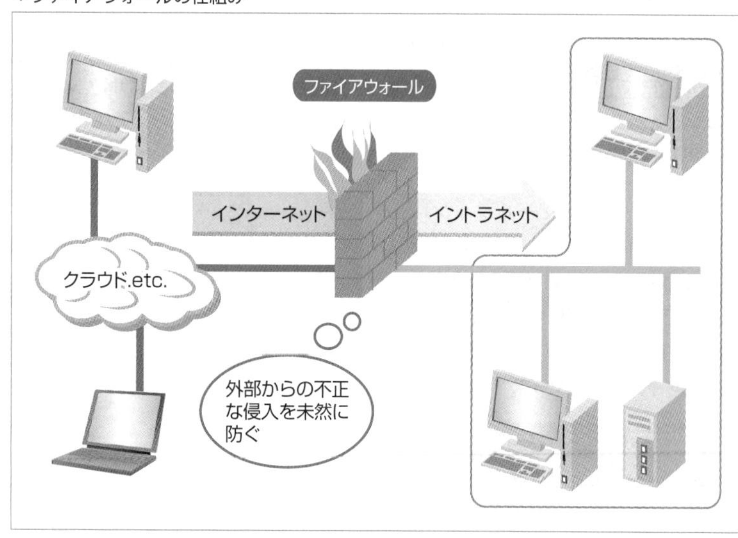

と、OSで管理されている場合には、ファイルの種類を表す**拡張子**や性質を表す**属性**を付けます。例えば、「shuwa.zip」といったファイルなら、「**.zip**(ジップ)」という拡張子によって、このファイルがZIP形式で圧縮されたファイルであることを表します。

関連▶**拡張子／テキストファイル**

▼テキストファイルとバイナリファイル

テキストファイルの場合

文字を表すテキストデータで構成されたファイルをテキストファイルという。コンピュータやプログラムに必要な設定情報や、書式設定のない文章を記録するのに使われている。テキストファイルはアスキー文字と2バイトコード文字の情報を記録し、文字以外の情報は改行、改ページ、タブなど文字組に必要な最小限の

人間の言語で書かれたファイル。画面に表示や印刷して読むことができる。

バイナリファイルの場合

00000000 18 C3 3E 83 3E 48 04 00-75 16 3E
00000010 75 0E 3E 83 3E 44 04 00-75 06 2E
00000020 2E A0 F3 7D 24 FE C3 E8-A9 14 72
00000030 36 01 E8 08 1F 8D 75 1C-E9 55 14
00000040 0E 00 04 10 A1 7C 00 2E-A3 BB 4B
00000050 BD 48 C7 06 7C 00 E2 48-BC 74 7E
00000060 61 50 80 FE 8C 74 05 2E-FF 00 74
00000070 4E 00 8E D8 3E 80 3E CF-02 00 00
00000080 1F 58 CA 02 00 00 00 00-00 00 00
00000090 00 00 00 00 00 00 00 00-00 00 00
000000A0 00 00 00 00 00 00 00 00-00 00 00
000000B0 00 00 00 00 00 00 00 00-00 00 00
000000C0 00 00 00 00 00 00 00 00-00 00 00
000000D0 00 00 00 00 00 00 00 00-00 00 00

パソコンに作業させるためのプログラム(機械語)が2進数で書かれている。

ファイル共有サービス *file sharing Service*

ピアツーピア方式や専用サーバーを利用して、インターネットを通じて大容量ファイルを共有するためのサービス。

関連▶**オンラインストレージ／ピアツーピア方式**

ファイル形式 *file format*

ファイルの種類のことで、データ形式と同義で用いられる。

パソコンで扱うファイル形式にはテキスト(文書)、静止画、動画、音声、表計算データなどがあります。また、インターネットで使用されるHTMLや、アプリケーションごとの独自のファイル形式もあります。ファイル形式を異機種間で揃えることを目的にXMLなどが誕生しました。

関連▶**巻末資料(ファイル形式一覧)／拡張子**

ファイル名 *file name*

ファイルに付けられた名前。**ファイルネーム**ともいう。

関連▶**拡張子／ファイル形式**

▼ファイル名の付け方

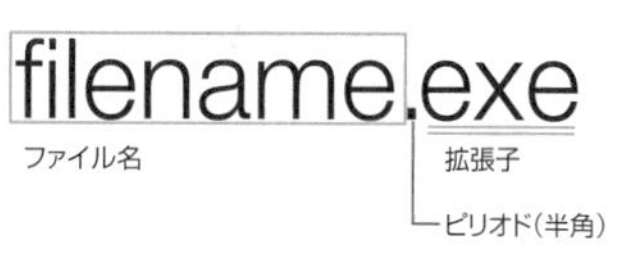

ファシリティマネージメント *facility management*

営利、非営利を問わず、業務遂行上の不動産(施設や土地、設備等)を経営資源ととらえ、戦略的に管理、運用する手法のこと。

ふ

特にIT産業においては、データセンターやサーバー設置場所の防災、防犯、電源管理などの維持コストに重点を置くことが多いです。

関連▶**データセンター**

ファブレス *fabless*

工場を持たない会社のこと。

工場を持たない運営方式、およびビジネスモデルのことをいいます。主に設計や宣伝のみを行います。受託生産を行う企業と連携して事業を行う事業形態をいいます。

ファンクションキー *function key*

特定の機能を持たず、アプリケーションソフトによって特別に機能が割り当てられるキー。

通常、キーボードの最上段に並べられているキーです。

関連▶**下図参照／キーボード**

フィードバック *feedback*

ある入力に対する出力を、次回の入力に反映させる仕組み。

▼フィードバック

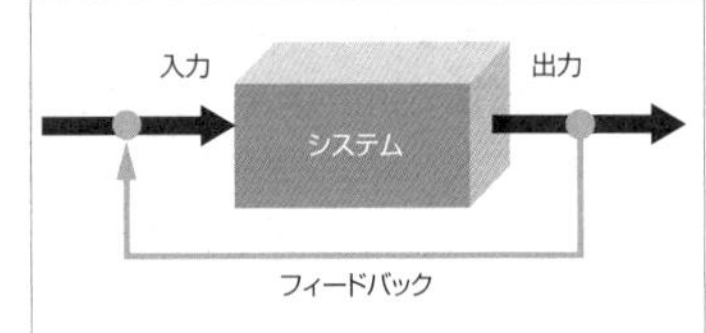

フィルタリング *filtering*

■有害サイトへのアクセスを制限すること。

ネットワーク環境で、IPパケットやメールなどのリクエストを絞り込んで、年齢制限のあるアダルトコンテンツなどのページへのアクセスを制限したり、セキュリティを確保したり、迷惑なトラフィックを抑制したりする目的で使われます。

■ネットワークへの不正侵入を防ぐこと。

パケットに含まれるIPアドレスやポート番号などの情報によって送信元を特定し、パケットを中継（許可）するかどうかを決めるルータやファイアウォールの機能を、特に**パケッ**

▼ファンクションキー

日本マイクロソフト（株）提供

トフィルタリングといいます。

関連▶**パケット通信**

フィルハンドル *fill handle*

米国マイクロソフト社の表計算ソフトExcelで、セルを選択したときに右下に表示されるポイントのこと。

外側にドラッグすると連続データを作成し、内側にドラッグするとセルのデータを消去します。

▼フィルハンドル

ブート *boot*

コンピュータを**起動**すること。

コンピュータの起動時に、ハードディスクなどの外部記憶装置からOSをメインメモリに呼び出す操作です。ブート時に最初に動き出すプログラムを**ブートストラップ**といいます。

フィンテック *FinTech*

ファイナンス（Finance）とテクノロジー（Technology）の意味を合わせた造語。

金融ITや金融テクノロジーと呼ばれることもあります。スマートフォンでの「モバイル決済」やビットコインの取引をまとめる**ブロックチェーン**（台帳のこと）などが有名です。

フェリカ *FeliCa*

関連▶**おサイフケータイ**／**FeliCa**

フォーマット *format*

■データベースや表計算ソフトでの**表示形式**。

用途によっては必要なデータのみを表示することもできます。

■ワープロでの文書や文字のスタイルなどの**書式設定**。

文書や文字、誌面などの出力時の体裁をいいます。

■ハードディスクなどの磁気ディスクの記録形式（ファイルシステム）。また、その記録形式に従って**初期化**すること。

関連▶**初期化**／**物理フォーマット**／**論理フォーマット**

■プログラミング言語での文法上の決まり。**書式**、**形式**ともいう。

■広義には入出力のデータ形式を指す。**書式**ともいう。

フォトレタッチ
photo retouching

写真データのコントラストや明度、彩度、色調などをパソコンで修正、加工すること。

ソフトウェアとしては米国アドビ社の「Photoshop」が有名です。ほかに、最近ではデジタルカメラに付属するフォトレタッチソフトが無数にあります。

関連▶**Photoshop**

フォルダ *folder*

WindowsやMacのファイル管理システムで、ファイルやプログラムを入れる場所。

フォルダには自由に名前を付けて、その中にファイルを入れて分類できます。また、フォルダの中にさらにフォルダを作って、細かく分類することもできます。MS-DOSやUNIXで**ディレクトリ**と呼ばれるものに相当します。

関連▶**ディレクトリ**

フォント *font*

文字の書体や大きさを表す言葉。**文字フォント**ともいう。

書体としては、明朝、ゴシック、クーリエ、パイカ、エリート、イタリックなどがあり、毛筆体、教科書体などをフォントに含めているものもあります。大きさは**級数**や**ポイント**などで表されます。フォントの表示方式には、**ドットフォント**、**ベクタフォント**、**アウトラインフォント**などがあります。

関連▶**アウトラインフォント**

▼各種フォント

明朝フォント
ゴシックフォント
Courier Font
Condenced Font

富岳（ふがく）
Fugaku

京（けい）の後継として開発され、2020年から稼働を始めた日本のスーパーコンピュータの愛称。

富岳は京の100倍の性能を目指して開発されました。2020年6月にスーパーコンピュータの性能をはかる世界ランキングにおいて「TOP500」「HPCG」「HPL-AI」「Graph500」の4部門で世界最速記録を獲得しました。

関連▶**スーパーコンピュータ**

複合語処理（ふくごうごしょり）
compound clause processing

かなで入力した文字列を、漢字などを含む文章に一括変換する機能。

かなで入力された複数の単語からなる文字列を、ひらがな、カタカナ、英数字、漢字の入り交じった文章に同時に一括変換するための、日本語入カシステムの、かな漢字変換方式に特有の機能の１つです。

関連▶**一括変換**

▼複合語処理の例

せいれきにせんねんはにじゅういっせいき？

西暦2000年は二十一世紀？

袋とじ（ふくろとじ）
doble-leaved / dual page

見開き２ページを袋のように折り曲げて、複数のページをとじる製本形態。

１枚の用紙を左右（上下）２ページに分割し、印刷面を表に出して折り曲げ、反対側をとじることで、複数のページをまとめるとじ方です。日本の伝統的な製本法の和装本（和本）もこのとじ方です。ワープロの印刷機能としても用意されています。

▼袋とじ

復元ポイント *restore point*

Windowsが備えるシステムの復元機能で、復元することができる過去のシステム状態。

Windowsでは、動作の良好時、あるいは新しいソフト、部品、機器を追加する直前のシステムの状態を保存しておき、問題が発生した際にそのシステムを復元する機能があります。

不正アクセス
unauthorized access / illegal access

コンピュータネットワークにおいて、アクセス権限を持たない者がサーバーなどに侵入する行為のこと。

不正アクセス禁止法
Act on Prohibition of Unauthorized Computer Access

2000年2月に施行された、不正アクセス行為を取り締まる法律。正式名称は「不正アクセス行為の禁止等に関する法律」。

この法律によって、他人のIDやパスワードを不正に使用したり、インターネットを通して他人のコンピュータに侵入する行為を、1年以下の懲役、または50万円以下の罰金、という処罰の対象として認定しました。

ブートストラップ *bootstrap*

コンピュータを起動する際、最初に動き出すプログラム。

コンピュータを使用するにはOSが動作していなければなりませんが、コンピュータの起動時に最初からOSを起動するには、OSが複雑で大きすぎます。そこで、オペレーターからのコンピュータ起動要求でOSを動作させるためのプログラムが、ブートストラップです。通常は複数のプログラムで構成されており、コンピュータを起動すると、ブートストラップがIPL（イニシャルプログラムローダー）をメインメモリに読み込み、次にIPLがOSを自動的に読み込んで、起動が完了します。

関連▶ **ブート**

復活 *restore*

削除したファイルや再フォーマットしたトラブルの中のファイルを以前の状態に戻すこと。

なお、削除した領域に新しいデータを書き込むと、上書きされて、古いデータを復活させることはできなくなります。

関連▶ **データ復元ソフト／フォーマット**

ブックマーク *bookmark*

Webページのurlを記録しておき、ページの名前を選択するだけですぐ開けるようにするブラウザの機能。

ブラウザによっては**ホットリスト**、**お気に入り**ともいいます。ブックマークとは、「しおり」の意味です。

関連▶ **お気に入り**

▼ブックマーク（お気に入り）

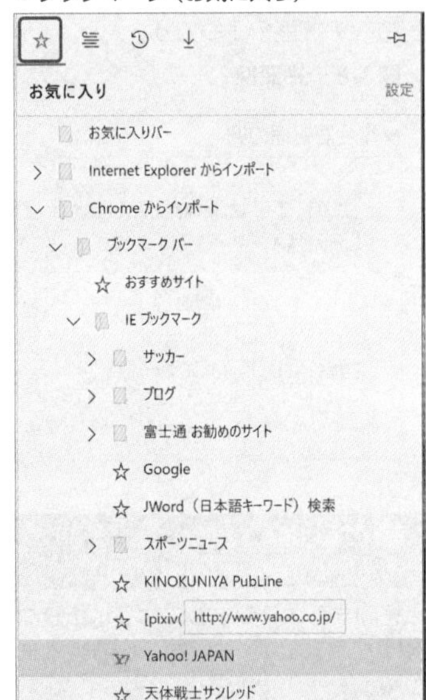

フッター *footer*

ワープロやDTPソフトなどで、文書面とは別に紙面下部に配置する文字列や飾りの部分。主にページ番号を表示する。

関連▶ **ヘッダー**

▼フッター

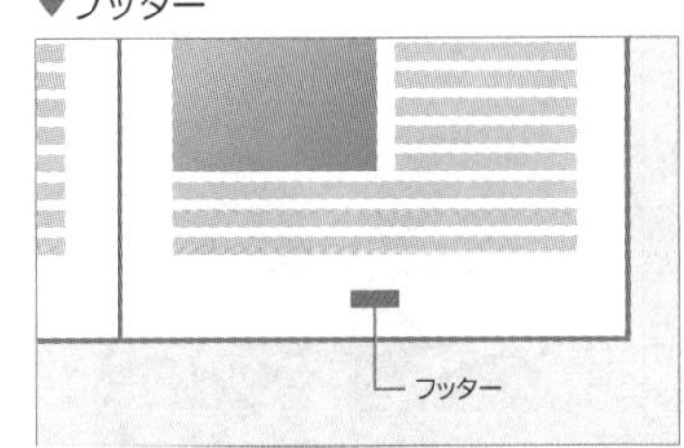

物理フォーマット
physical format

ハードディスクなどの記憶装置内のデータを初期化すること。

ハードディスクなどの初期化において、ディスクのトラックを分割してセクタ（ディスクの記録単位）を作り、ディスク制御プログラムが制御できるようにすることをいいます。これが、初期化の最初の段階で、次に**論理フォーマット**を行うことで、データの読み書きが行えるようになります。

関連▶**初期化／論理フォーマット**

プライバシー保護
privacy protection

コンピュータシステムにおいて、顧客情報などの個人情報が、外部に漏れないように保護すること。

また、そのためのソフトウェアやハードウェアの仕組み、法的な整備など、全般的な措置の総称のことです。

関連▶**個人情報保護**

プライバシーポリシー
privacy policy

個人情報の取り扱いについて定められた文書のこと。

企業などが、メールによる問い合わせを受け付けるなどで個人情報を扱う際には、個人情報保護法に基づきプライバシーポリシーを定めて公表し、誰にでもわかるようにしておく必要があります。

関連▶**個人情報保護法**

プライバシーマーク（制度）
Privacy Mark (System)

個人情報に対する消費者の意識向上と事業者の社会的信用を示す目的で作られた認定マーク（制度）。

個人情報の保護を目的として、1998年より行われている「個人情報保護に関する事業者認定制度」の認定事業者が使用を許可されるマーク、および制度のことです。審査は、付与機関である「一般財団法人日本情報経済社会推進協会（JIPDEC）」、または主として業界団体に対して付与機関から認定される指定機関が行います。審査にあたっては、**JIS Q 15001**「個人情報保護に関するコンプライアンス・プログラムの要求事項」に基づいて、事業者が保有する個人情報の収集/取得、保管、利用、委託、提供、破棄、本人からの要求（開示/訂正/削除/拒否）に対する対応などの取り扱いについて、社内ルールが整備され、正しく運用されているかをチェックします。付与されたプライバシーマークの有効期間は2年間です。なお、重大な違反事件があれば、有効期間内でも取り消されると共に、企業名を公表されます。

関連▶**個人情報保護法**

プライベートアドレス
private address

TCP/IPを利用した組織内のLANで、接続されているコンピュータを識別するために、各コンピュータに割り当てられた組織内独自のアドレス。

組織がインターネットに接続する場合には、インターネットに直接接続された中継コンピュータ内で、インターネットの正式アドレスと組織内独自のプライベートアドレスの変換を行います。このプライベートアドレスを採用することで、組織内のコンピュータに割り当てられるアドレスが固定化され、アドレスの変更を最小限にすることができます。

関連▶**グローバルIPアドレス**／**TCP/IP**

プライマリー *primary*

「はじめの」という意味。

IDEでは、1つの経路に2つの接続を行うことができ、そのうち接続優先順位の高いほうを指します。もう一方を**セカンダリー**と呼びます。

▼プライベートアドレスとグローバルアドレスの変換

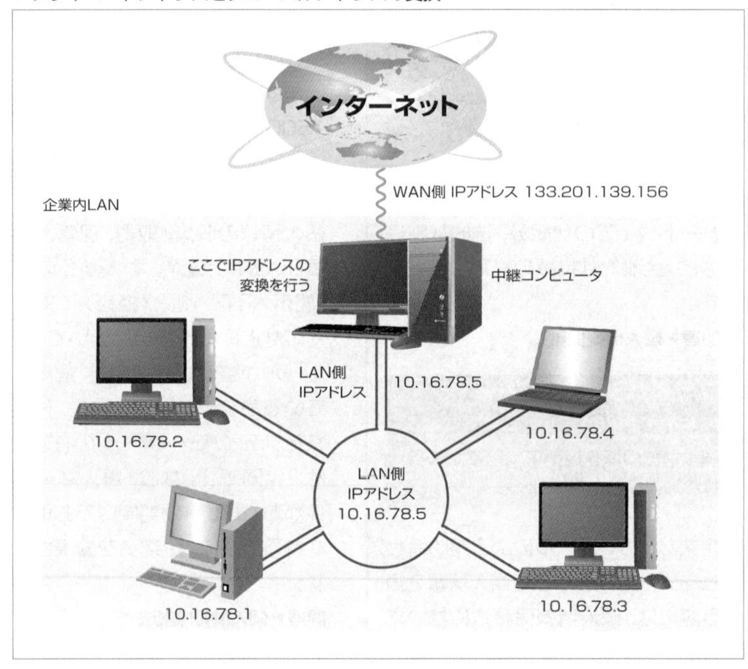

ブラウザ *browser*

データを閲覧するプログラムの総称。

複数の画像を一度に表示させるアルバム的なものや、インターネットを閲覧する**Webブラウザ**などがあります。ブラウザ自体にはデータの編集能力はありません。**ビューワ**といわれることもあります。Webブラウザとしては、グーグル社の「**Chrome**」、マイクロソフト社の「**Edge**」や「**Internet Explorer**」、アップル社の「**Safari**」などが使われています。

関連▶**ビューワ／Web**

プラグ&プレイ *PnP ; Plug and Play*

周辺機器が接続されたときに、Windowsパソコンが自動的にその機器を認識するための規格、もしくはその規格を実行する仕組み。

PnPとも略記されます。米国マイクロソフト社と米国Intel（インテル）社が提唱しました。かつては、周辺機器を新たに接続した場合には設定作業が必要でしたが、これらを周辺機器の接続時に自動的に行います。完全に動作させるためにはパソコン、周辺機器、そしてOSがプラグ&プレイに対応している必要があります。

関連▶**UPnP**

ブラックリスト *black list*

セキュリティ管理が行われていないサーバーのリストのこと。

このようなサーバーは、迷惑メールの踏み台とされることが多いため、これらのリストに自サーバーが登録されると、メールやデータを送信しても他のサーバーに受信してもらえなくなります。また、スマートフォン／携帯電話での、有害サイトのフィルタリングサービスにおいて、有害と認められたサイトを閲覧不能にする方式のこともブラックリストといいます。逆に、キャリアの認証を受けたサイトのみを閲覧可能にする**ホワイトリスト**方式と呼ばれる方法もあります。問題のない安全なサーバーだけをリストアップし、それ以外のデータを遮断するセキュリティ方式です。

フラッシュ・マーケティング *flash marketing*

ごく短期間内に、販売および見込み顧客の情報収集を行うマーケティングのこと。

スマートフォンならびにツイッターなどのソーシャルメディアの普及により、短時間・短期間（フラッシュ）で広範囲のユーザーへ情報を伝達する環境が整ってきたことが背景にあります。特典付きクーポンや割引価格の期間限定商品を、インターネット上で告知・配布・販売する方式などが代表的です。時間・数量の限定感で購買意欲を刺激するマーケティング手法です。

ふ

フラッシュメモリ
flash memory

基板上に搭載したまま、電気的にデータ消去ができる読み出し専用の不揮発性メモリ（EEPROMの一種）。

フラッシュPROMともいいます。狭義のEEPROMはワード（1〜数バイト）単位での消去と書き込みが可能ですが、フラッシュメモリは128B（バイト）、1KBといったブロック単位での消去と書き込みが可能なものを指します。プログラム格納用に各種電子機器に内蔵されたり、**CFカード**（コンパクトフラッシュカード）、**メモリースティック**、**SDメモリカード**などに搭載されています。パソコンなどではハードディスクの代わりとしても利用されており、**SSD**と呼ばれています。

関連▶**SDメモリカード**

▼フラッシュメモリ

フリー *free*

英語として、「自由な」「無料の」という意味がある。

フリーコンテント（内容を自由に利用でき、複製や変更を行って再配布が可能）、フリーウェア（無償で利用可能なソフトウェア）、著作権フリー（著作権がない）等があります。

フリーウェア *freeware*

無料で自由に配布したり利用できるソフトウェアのこと。

フリーソフトウェア、**フリーソフト**ともいいます。ただし、著作権はフリーウェアの作者にあり、無断で改変することはできません。同じように、無料で自由に配布・利用できるソフトウェアに**PDS**（**パブリックドメインソフト**）がありますが、PDSは作者が著作権を放棄している点でフリーウェアとは異なります。日本の著作権法では、著作権を完全に放棄することはできないので、厳密な意味でのPDSは存在しないということになります。

関連▶**シェアウェア**

フリーズ *freeze*

キーボードやマウスなどの入力ができなくなり、コンピュータが操作不能になること。

ストール、**ハングアップ**、**固まる**ともいわれます。この場合、ハードウェアリセットなど、強制的なリセットが必要となります。

関連▶**強制終了**

フリーソフト *free software*

使用制限がなく、ユーザーが自由に使用できるソフトウェアのこと。

フリーソフトウェアともいいます。多様なものがあり、通常、インターネットからのダウンロード、出版物に付属しているCDやDVDなどにより入手できます。無償のケースが多いですが、有償の場合もあります。ソースコードが公開されているソフトウェアを、特に**オープンソースソフトウェア**と呼ぶこともあります。

フリック入力 *flick input*

主にスマートフォンのタッチパネルで採用されている文字入力方式。

テンキー風に配置された各行のあ段を長押しすると、周囲に他の4段（い、う、え、お段）が配置されるので、目的の文字の方向に指をスライドさせると文字を入力することができます。

▼フリック入力

ブリッジ *bridge*

■ネットワーク上で、ケーブルに流れるデータの中継機能を持った装置。

リピータ、**ルータ**、**ゲートウェイ**などがあります。LAN間を行き来するデータの宛先MACアドレスを見て、中継する/しないの判断をしています。3ポート以上のものを**マルチポートブリッジ**、**レイヤ2スイッチ**（**L2SW**）と呼んでいます。

関連▶**ゲートウェイ**／**リピータ**／**ルータ**

■プロトコルを持った複数のバスを接続するための回路。

2本のPCIバスを相互接続するための**PCIブリッジ**などがこれにあたります。

関連▶**PCI Express**

プリペイドカード *prepaid card*

品物の購入に現金の代わりとして用いるカード。

コンビニや家電量販店で購入できます。あらかじめ代金を支払っておき、その金額ぶん、現金と同じように買い物ができます。磁気カードやICカードに残高が記録されますが、そのカードを総称して「プリペイドカード」と呼びます。また、オンラインショッピング用の**BitCash**（ビットキャッシュ）やGoogle Playで利

ふ

用するGoogle Playギフトカードなどがあります。

プリペイド方式携帯電話 *prepaid mobile phone*

基本料金と一定時間ぶんの通話料を前払いしておく携帯電話サービス、およびその端末。

au、ソフトバンクの2社がサービスを行っています。従来は身分確認が不要でしたが、犯罪に使用されるケースが増えたため、身元確認を要するようになりました。MVNOを利用した**プリペイド式SIMカード**もあります。

関連▶**格安SIM／出会い系／MVNO**

フリマアプリ

フリーマーケットのように、オンライン上で個人間で物品の売買を行えるスマートフォンアプリのこと。

代表的なものに**メルカリ**、**ラクマ**、**ショッピーズ**などがあります。フリマアプリはアカウントの取得や売り買いの敷居が低く、若い女性を中心に若年層の支持を得ています。

関連▶**メルカリ**

プリンタ *printer*

コンピュータのデータを紙に出力するための装置。

印刷方式によって**インクジェットプリンタ**、**レーザープリンタ**などに分類されます。プリンタの印刷品質は1インチ幅に印刷できるドットの数（dpi）で表されます。

関連▶**インクジェットプリンタ／レーザープリンタ**

プリンタドライバ *printer driver*

コンピュータでプリンタを制御するためのプログラム。

プリンタの機種ごとに制御方式が異なるので、個別にプリンタドライバが用意されます。

関連▶**ドライバ**

プリンタバッファ *printer buffer*

パソコンからプリンタへのデータを一時的に蓄えるメモリ装置。

印刷の際、パソコンの待ち時間を短縮するために使われます。パソコンとプリンタとの間に置かれたバッファは、CPUからの印刷データを一時的に蓄え、その後バッファからプリンタにデータを渡します。パソコンのメモリを使用する方法（**プリンタスプーラ**）と、プリンタバッファ装置を接続する方法とがあります。また、よく利用するデータをアクセスの高速なデバイスに移して、処理を速くする仕組みを**キャッシュ**といいます。

プリントサーバー *print server*

LAN上でプリンタを共有し、複数のパソコンから利用できるようにするサーバーのこと。

プリンタサーバーともいい、プリンタをLANで接続された他のパソコンからも利用可能にします。ネットワークを通じて印刷要求を受け取ると、キューというファイルにいったん貯めた上で順番にプリンタに送り出す（**キューイング**）機能を果たします。近年はプリントサーバー機能を内蔵したプリンタも増えています。

関連▶サーバー

▼プリントサーバー

（株）バッファロー提供

ブルートゥース *Bluetooth*

関連▶Bluetooth

ブルーレイディスク *BD ; Blu-ray Disc*

DVDの約5～6倍の記録容量を持つ光ディスクの統一規格。

ソニー、パナソニック、オランダPhilips、韓国LG電子など、日欧韓の主要9社が2002年2月に発表しました。大きさはCDやDVDと同じ直径12cmですが、片面1層で25GB、高画質のデジタルハイビジョン映像を約2時間録画できます。1層あたりの記録密度を高めることや多層化によって、ディスク容量の拡張が図られています。

関連▶AACS／DVD

フルカラー *full color*

人間が目で見ている自然な色。

コンピュータグラフィックスでは、1ピクセルあたり、RGBの各色を256段階として、1677万7216種類の色を表現できるものを指します。**24ビットカラー**（**32ビットカラー**）ともいいます。

関連▶RGB（信号）

フルスクリーン *full screen*

ディスプレイの画面全体に1つのウィンドウの内容を表示すること。

フルスクリーン表示とも呼ばれます。WindowsやmacOSなどの操作画面で、ウィンドウからタイトルバー、タスクバー、ウィンドウ枠などがすべて取り払われ、ウィンドウの内容のみがディスプレイいっぱいに表示された状態を指します。

プルダウンメニュー *pull-down menu*

ソフトウェアの操作を説明したもので、選択できるコマンドが垂れ下がるように表示されるメニュー方式。

一般に、ディスプレイの最上部に表示された文字列やアイコンをマウスで指示すると、さらに細かいメ

ふ

ニューが巻物を引き下げたように表示されます。プルダウンメニュー（下図①）の左右にぶら下がって表示されるサブメニューを**ティアドロップメニュー**（下図②）といいます。プルダウンメニューに似たものに、画面の所定の場所をマウスで指定するとメニューが表示される、**ポップアップメニュー**があります。

関連▶**ポップアップメニュー**

▼プルダウンメニュー

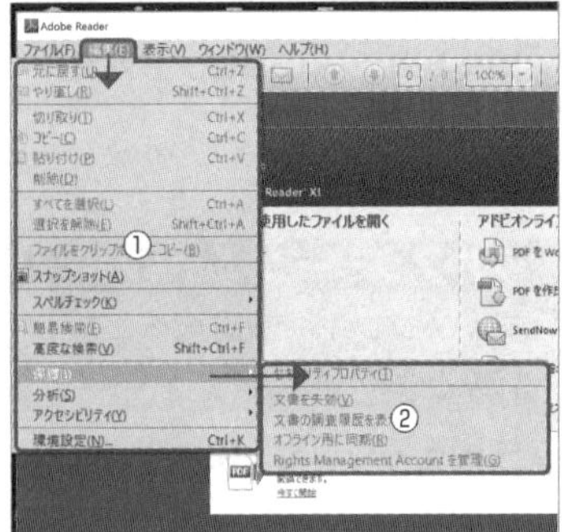

プレイステーション®
PlayStation

1994年に発売された、ソニー・コンピュータエンタテインメント社（2016年4月1日にソニー・インタラクティブエンタテインメントに社名変更）製の家庭用ゲーム機。

PSなどとも略称されます。初代から音楽CDなど他メディアも楽しめました。現在のPS4もゲーム以外に多くのエンタテインメントが楽しめる設計になっています。それまで二次元が主流だったゲームの世界に三次元の映像表現で革新をもたらし、ソフトウェアメーカー各社からミリオンセラーを記録するタイトルが多数発売されました。2000年3月4日には、後継機の**プレイステーション® 2**が発売されました。これは「**PS2**」と略されます。2006年11月に発売された**プレイステーション® 3**は、「Cell/B.E.」と呼ばれる高性能プロセッサやブルーレイディスクドライブなどの最先端技術を搭載していました。2014年2月には**プレイステーション® 4**が発売されました。4K解像度に対応した**プレイステーション® 4 Pro**もリリースされています。また、プレイステーション® 4専用のヴァーチャル・リアリティシステムとして、2016年10月に**プレイステーション® VR**が発売されています。2020年には**プレイステーション5**が発売されることが発表されています。

▼プレイステーション® 5

プレイリスト *play list*

保存してある映像・音声データの中から連続再生を行うための単位のこと。

保存してあるデータを複製するのではなくリスト化する方式であり、指定した順番に再生します。これにより、例えば、元の映像にまったく手を加えずに、CMカットした番組を再生することなどができます。

フレッツ光（ひかり） *FLET'S HIKARI*

NTT東日本/西日本社が提供しているインターネット向け総合FTTHサービスの名称。

両社は、NTT法によりISP（インターネットサービスプロバイダ）とはなれないため、インターネット接続にはフレッツ光だけでなく別途、ISPとの契約も必要となります。通信回線に光ファイバーを利用しているのが特徴です。最大1Gbps（光クロスでは10Gbps）の高速通信が可能です。ネットワークの混雑時には速度の保障をしていません（**ベストエフォート型**）。光ファイバーを自宅に引き込み、メディアコンバータを介してパソコンに接続します。

プレビュー *preview*

印刷などの正式な出力の前に、モニタ上に仮出力する機能。

アプリケーションまたはプリンタドライバに内包された機能のことです。ワープロ、DTP、グラフィック書類などのでき上がり状態を知ることができます。

フレームワーク *framework*

アプリケーションを開発する際、その基礎になる構造を作るために利用されるライブラリの集まりのこと。

IT関連では、このようなアプリケーションフレームワークのことを指す場合が多いです。

ブロードバンド *broadband*

厳密な定義はないが、動画や音声の配信に適する広帯域、大容量、高速なインターネット回線の総称。

通信速度が数百万（メガ）ビット/秒以上の回線で、大きく有線系と無線系に分けることができます。有線系としてはxDSLやCATV、FTTHなどがあり、無線系には無線LANスポットサービスやIMT-2000などがあります。

関連▶CATV／FTTH

ブロードバンドルータ *broadband router*

ADSLやCATV、光ファイバーなどの高速回線で、主に個人やSOHO（ソーホー）向けに、インターネットに常時接続する際に使われるルータ。

通常のルータの機能に加えて、認証機能や、複数のイーサネットポートを装備しています。また、外部からの不正アクセスを遮断する簡易ファイアウォール機能なども搭載しています。

関連▶ブロードバンド／ルータ

▼ブロードバンドルータ

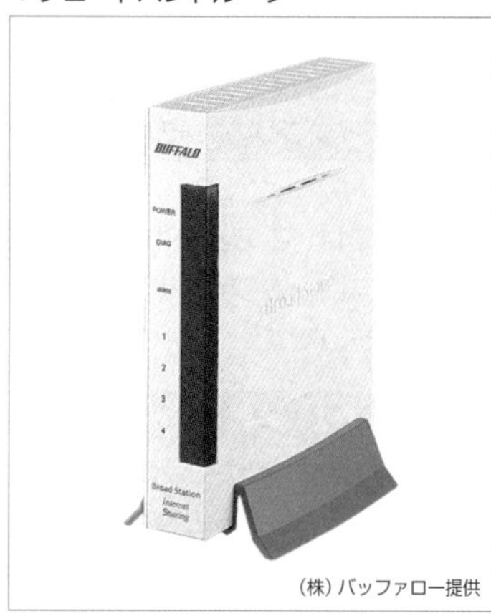

（株）バッファロー提供

プロキシ *proxy*

他のコンピュータの代理で応答する装置あるいはプログラム。

HTTP、**ARP**（**アープ**）、**RADIUS**（**ラディウス**）、**SNMP**など、多くのプロトコルに対応したプロキシが存在します。特に、インターネットでWWWなどへのアクセスを中継するゲートウェイ装置を指すことが多くあります。セキュリティ対策として、ファイアウォールを構築する目的で使われていますが、Webページのデータをキャッシュする機能があるため、ネットワークの通信量を削減する副次効果があります。**代理サーバー**ともいいます。

関連▶**ゲートウェイ**／**ファイアウォール**

ブログ *blog*

web log（ウェブログ）の略称。Webサイト上に時間を追って記述された日記や記事のこと。

ブログ（blog）の発祥については諸説ありますが、インターネット黎明（れいめい）期に多くの個人がWebページを作り、自分や家族を紹介して近況を伝えていたものが発展して、1999年頃に成立したものといわれています。現在では著名な技術者やジャーナリストを含めた多くの人がブログを執筆しており、情報発信の手段となっています。ブログを付けている人のことを**ブロガー**といいます。ブログ同士を相互にリンクする**トラックバック**機能、見出しや要約といったメタデータを配信する**RSS**に対応しています。

プログラマー *programmer*

プログラムを作成する技術者。

ソフトウェアの開発で、システムエンジニアが作成した仕様書に従って、仕様どおりのプログラミング言語に置き換える（**コーディング**）作業を受け持ちます。仕様からコーディングを行うので、**コーダー**（**coder**）ともいいます。

プログラミング *programming*

コンピュータのプログラムを作成すること。

仕様の決定からソースプログラムの作成、コンパイルまでの作業が含まれます。

関連▶**コンパイラ**

プログラミング言語 *programming language*

コンピュータが直接、または間接的に理解できる人工言語。

プログラム言語、**コンピュータ言語**ともいいます。プログラミング言語は自然言語と機械語の橋渡し的な存在であり、人間とコンピュータ間のコミュニケーションを目的とした言語で、もっぱら文字や記号のみが使われます。プログラミング言語には、機械語に近い**アセンブラ**といった**低級言語**のほか、自然言語に近い**高級言語**があります。Java(ジャバ)、C、PHP、Python(パイソン)、Perl(パール)などは高級言語にあたります。プログラミング言語で書かれた**ソースプログラム**は、**インタープリタ**で実行するか、**コンパイラ**を通して機械語に変換してから実行されます。

関連▶**次ページ図参照**/**アセンブラ言語**/**高級言語**

プログラム *program*

コンピュータの動作を規定、記述した命令文のこと。

狭義には、プログラミング言語を使って書いた**ソースプログラム**をいいます。

関連▶**ソースプログラム**

プロジェクションマッピング *projection mapping*

建築物などをスクリーンとしてプロジェクターから投影した映像のこと。

投影される物体の凹凸や素材のつなぎ目などに合わせた映像を使用することで、その建築物が動いているように見せたり、よりリアルに見せることができます。代表的なものに2012年9月に行われた東京駅駅舎保存・復原工事の完成記念イベントや、ハウステンボスのアトラクションなどがあります。

プロジェクター *projector*

スクリーンにモニタ画像を映し出す機器。

スライドやOHPに代わるプレゼンテーション用のアイテムとして台頭してきたもので、最大300インチ程度の画像を投射できます。現在では、プレゼンテーション用だけでなく、映画などの投影に適したシアター用が販売されています。一般化している**液晶プロジェクター**や**DLPプロジェクター**(DLPはDigital Light Processingの略:米国テキサス・インスツルメンツ社の商標)は、RGBそれぞれのフィルタや電子制御される微小な鏡を通した光を合成する方法をとり、高画質化が進んでいます。ディスプレイと同様の規格であるVGA、SVGAなどの**解像度**と、画面の明るさの平均値**ANSI**

ふ

▼プログラミング言語の分野（用途）別一覧

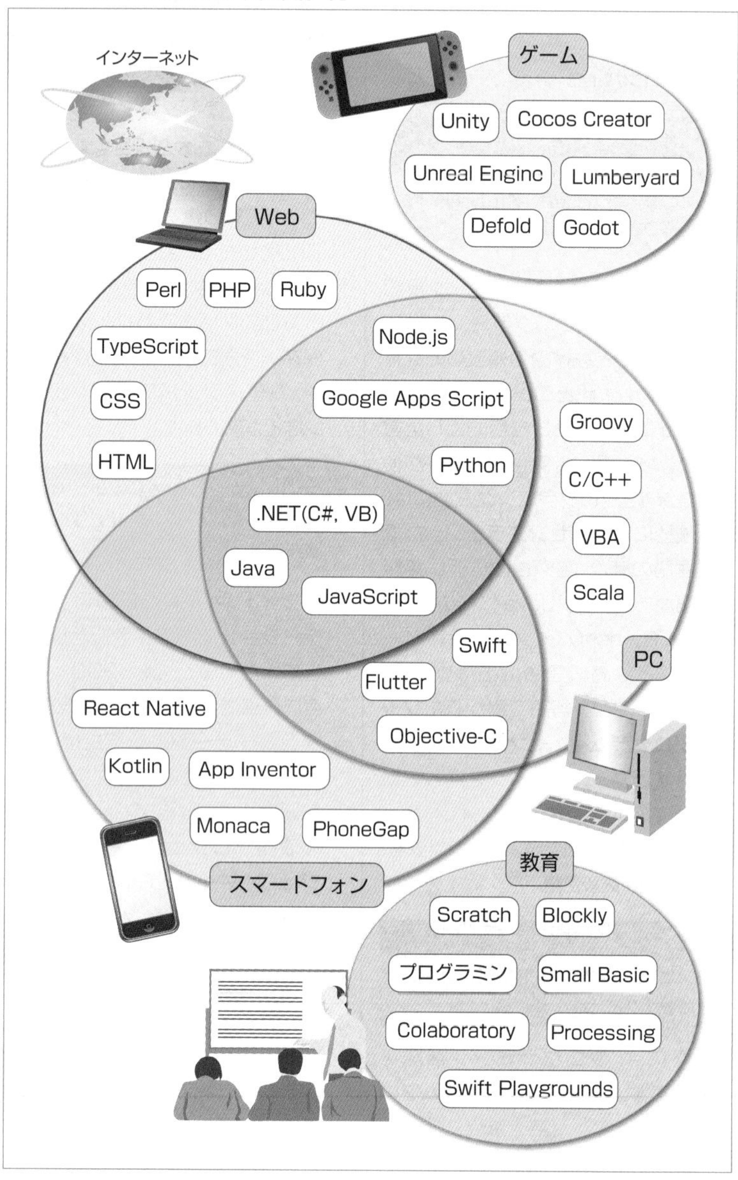

ふ

ルーメン、明度差を示すコントラストが性能の3大指標です。近年は高画質の4Kに対応したモデルなども販売されています。

関連▶**液晶プロジェクター／4K**

プロジェクト *project*

所属する組織が設定した目標を達成するための計画のこと。

計画を遂行するためのチームを**プロジェクトチーム**と呼び、その管理者のことを**プロジェクトマネージャ**（PM）と呼びます。

プロセッサ *processor*

コンピュータの本体、**データ処理装置**。

狭義には**演算装置**と**制御装置**を指し、広義には**主記憶装置**も含みます。本体は**中央処理装置**（CPU）ともいいます。

関連▶**コンピュータの5大装置**

プロダクトキー *product key*

ソフトウェアの利用許可を得るために、各パッケージに付く固有の番号。

メーカーが登録ユーザーの管理に用いるほか、不正コピーを防止するために、ソフトウェアをインストールする際に、ユーザーにプロダクトキーの入力を要求し、正しい番号が入力されない場合は、インストールできないようにする仕組みです。

ブロックチェーン *blockchain*

システムの管理権限を1カ所に置かずに分散させる技術、もしくは分散型ネットワークのこと。

データ破壊や改ざんの困難なネットワークを構築することができます。一度記録すると、ブロック内のデータを遡及的に変更することはできないため、ビットコインなどの**暗号資産**で利用されています。

関連▶**暗号資産／フィンテック**

▼ブロックチェーンの仕組み

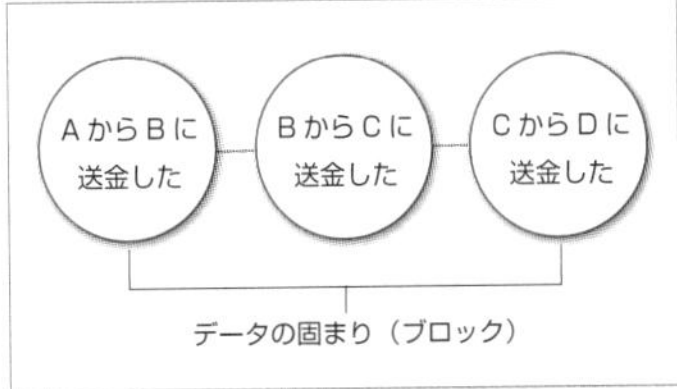
AからBに送金した
BからCに送金した
CからDに送金した
データの固まり（ブロック）

プロッタ *plotter*

ペンまたは、静電気とトナーで図形を描画する装置。

ペンのUP、DOWN、移動、交換などの命令により描画します。CADシステムにおける製図図面の出力装置として使われるほか、ペンをカッターに付け替えることで、**カッティングプロッタ**として広告業界や服飾産業などで使用されています。

関連▶**CAD**

ふ

▼インクジェットプロッタ

グラフテック（株）提供

プロトコル *protocol*

コンピュータ同士で通信する際に必要な規則。

通信規約、**通信プロトコル**ともいいます。コンピュータ間でデータの受け渡しをする場合、データの送り方や情報の形式などが統一されている必要があります。そのために、通信速度、通信手順、エラーチェックの方法、データの形式などの約束事をまとめたものをいいます。

関連▶TCP/IP

プロバイダ *provider*

インターネットへの接続を仲介するサービス業者。

法律上は、第二種または第一種の電気通信事業者を指します。**インターネットプロバイダ**、正式には**インターネットサービスプロバイダ**（ISP：Internet Service Provider）といいます。インターネットに接続するには、まず、専用回線でつながれているサーバーにアクセスする必要があります。そこで、プロバイダと契約し、電話回線や光ファイバーなどを介してインターネットに**IP接続**をします。ユーザーはプロバイダに入会することで、電子メールやWWW、SNSや電子掲示板システムなどのインターネット上のサービスを低料金で享受することができます。接続料金は**従量制**（接続時間による課金）、**固定制**（期間内は定額）、**併用制**（従量制と固定制を組み合わせた課金）と様々です。

プロパティ *property*

Windowsのファイルに設定された情報のこと。

画面内の対象物の上で右クリックすることで、プロパティの設定や閲覧が行えます。例えば、デスクトップ画面上で右クリックをすると、画面に関する設定が行える**プロパティウィンドウ**が表示されます。

プロフ *profile*

Web上で利用されている、自分のプロフィールのページを作成して公開できるサービス。

「プロフィール」を略した用語です。多くの場合、会員制がとられていますが、無料で利用できるものが多くなっています。会員に登録し、入力フォーム上で名前、趣味など用意された項目に記入することで、自己紹

ふ

介ページを作成することができます。項目を追加して、オリジナルの自己紹介を作成できるものもあります。

関連▶**SNS**

フロントエンドツール *front-end tool*

クライアントサーバー型のシステムにおいて、実際にユーザーが操作するインターフェースプログラムのこと。

ユーザーがインターフェースに対して行った操作（**リクエスト**）はそのままサーバー上で処理され、その返答に対してインターフェースプログラムが結果の表示を行います。ユーザーに最も近いプログラムであることからフロントエンドと呼ばれます。

プロンプト *prompt*

コンピュータが入力可能であることをディスプレイに表示する記号。

入力促進記号。OSがコマンドを受け付ける状態にある（**コマンドプロンプト**）、あるいは、エディタがテキストの入力を待っている状態にあることを示すもので、Windowsのコマンドプロンプトでは「>」を使用します。

関連▶**次段図参照／エディタ／コマンドプロンプト**

▼Windowsのコマンドプロンプト例

▼UNIXのプロンプト例

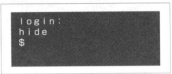

ふ

へ

ペアレンタルコントロール
parental controls

子供が使うアプリや機器の機能を制限するための機能やシステムのこと。

内容によって表示できるWebサイトやコンテンツを制限したり、許可なくゲームを起動できなくしたりできます。一般には、親が内容を取捨選択してルールを決めます。インターネット接続や、スマートフォン、CATVやゲーム機など幅広い分野で使われています。

関連▶**レーティング**

▼Google Playの保護者による制限

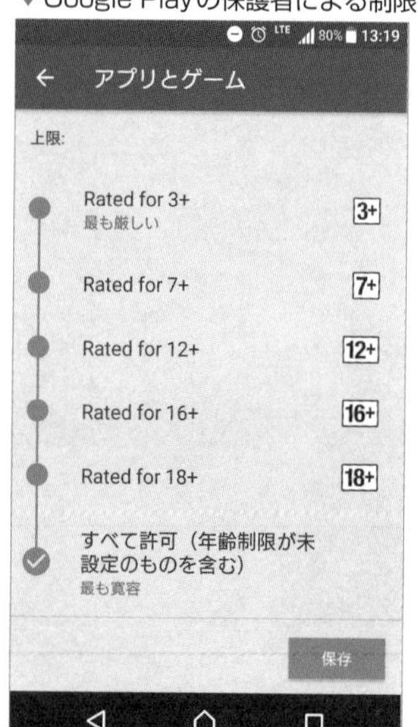

ベイズ統計
Bayesian statistics

主観に基づいた確率を扱う統計学の一種で、標本となるデータが不十分でも現在ある情報をもとに確率を導き出す。

新たなデータが得られたときに随時、計算をし直し確率を更新していきます。これをベイズ更新といいます。データの更新に伴い確率を変更していくことから、随時更新されていく大きなデータを扱う機械学習と相性がよいです。迷惑メールフィルタなどにも利用されます。

ペイパークリック
pay per click

バナーなどのリンクをWebページに張り、クリックされた回数に応じて、リンク元のWebサイトやブログの管理者に報酬が支払われるシステム。

クリック保証広告ともいいます。

関連▶**ページビュー保証**

ペイント *paint*

■ドットの集まりである画像を塗りつぶしの手法で描くこと。

このようなソフトウェアを**ペイント系グラフィックソフト**といいます。

▼ドット単位の塗りつぶし例

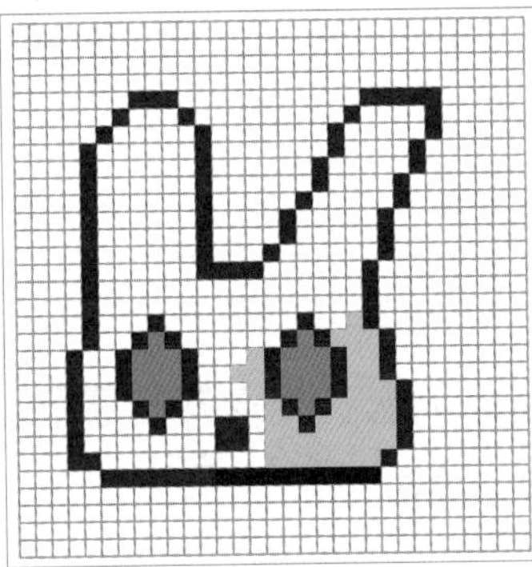

■Windowsに収録されているお絵描きソフトの名称。

プログラムメニューのアクセサリから起動することができます。

ベクタ画像
vector graphics

ピクセルのような点の集まりで構成するビットマップ画像ではなく、曲線が複数の点（**アンカー**）をつなぐ画像です。

線や色、カーブなどを数値データとして保存するためデータ量が小さく、画像のサイズを拡大、縮小しても画質の劣化はありません。**ベクトル画像**ともいいます。

ページビュー保証
impression guaranteed advertisement

一括して代金を支払い、広告となる文章や画像などが、一定回数表示されるまで掲載を行う方式。

インターネット広告の一種で、主にアクセス数の多いサイトで使用されています。**PV保証**、**インプレッション保証型広告**ともいいます。これに対して、広告リンクがクリックされた回数に応じて報酬が支払われるシステムを、**クリック保証広告**といいます。

ベータ版
β version／beta version

開発中のハードウェアやソフトウェアの製品化前の試用版のこと。

デバッグの完成度向上を目的に公開することもあります。ベータバージョンの前のさらに未完成なもの（社内テスト未完了版）は、**アルファ版**といいます。

関連▶**デバッグ**

ベストエフォート型
besteffort type

安価に供給する代わりに、通信速度や安定性などを保証しない通信サービス。

ADSLやFTTH、CATVのインターネットサービスは、この方式を採用しています。一方、**SLA**（Service Level Agreement）などと称し、最低速度やダウン時間（一定期間内に使用できない時間の上限）などを保証しているものを、**ギャランティ型**と呼びます。

へ

ヘッダー *header*

■ワープロやDTPソフトなどで、文書面とは別に紙面上部に配置する文字列や飾りの部分のこと。

文書のタイトルや日付を入力することが多いです。下部に配置するものは**フッター**と呼びます。

▼ヘッダーの例

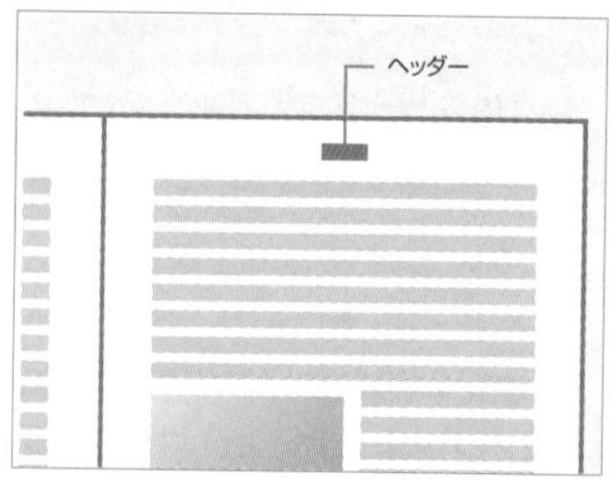

■データファイルの先頭に付けられた見出し。

データの属性や補助的な情報が含まれます。

■フレームやパケットの先頭に付加されたアドレスやデータ長、プロトコル識別子を含んだ部分。

関連▶**パケット通信**

ヘッドマウントディスプレイ *head mounted display*

関連▶**HMD**

ヘルツ *Hz ; Hertz*

1秒あたりの波や振動のサイクル数のこと。

振動数、**周波数**の単位で、**Hz**と記します。ドイツの物理学者H.ヘルツにちなんで名付けられました。

ヘルプ *help*

プログラムの操作説明や解説、ヒントを画面に表示する機能。

コンピュータ上で呼び出すヘルプを**オンラインヘルプ**と呼ぶこともあります。Windowsのアプリケーションでは、F1キーを押すとヘルプが表示されます。

ヘルプデスク *help desk*

社内などのコンピュータユーザーを技術的に指導する人、または部署。

それに対して**サービスデスク**は、顧客からの問い合わせ全般に対応するだけでなく、社内スタッフからの問い合わせにも対応し、専門性が高く、企業の窓口的な存在となります。

関連▶**サービスデスク**

返信アドレス *reply-to address*

送信時とは異なるアドレスへ返信してもらいたい場合に、指定するアドレスのこと。

ほとんどのメールソフトの設定で、指定することができます。Reply-to：ヘッダーで指定します。一般には、通常使うメールアドレスと返信用アドレスは、同じものを使います。

関連▶**アドレス／ヘッダー**

ベンチマーク *benchmarking*

経営や業務において、現在、自分や自組織が実行しているやり方と、他業種の成功事例を比較し、その差を埋めることで改善を図る方法。

コンピュータの世界では、CPUやグラフィックカードなどの性能を知るため、他のコンピュータと同一のプログラムを実行して比較する**ベンチマークテスト**で相対評価することをいいます。

ポインタ pointer

ポインティングデバイスを操作する際に表示されるカーソルのこと。

マウスカーソル、**マウスポインタ**、**Iビームポインタ**、**グラバーハンドポインタ**などの総称です。

関連▶ **アイビーム**／**ポインティングデバイス**／**マウスカーソル**

▼ポインタの例

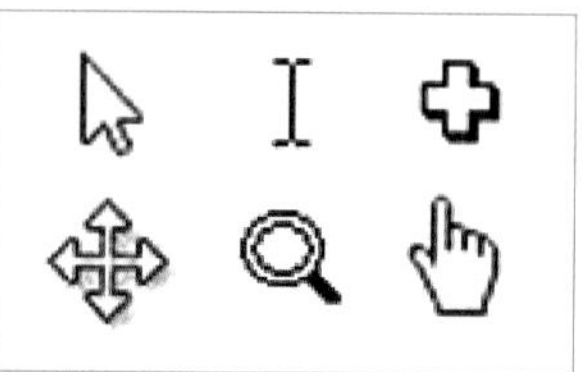

ポインティングデバイス pointing device

画面上の特定の入力位置示す装置。

座標入力が主な使い方ですが、得られた座標から図形を選択する際にも使われます。必要とする入力精度や操作方法によっていろいろな装置があり、**ジョイスティック**、**ボールポイントマウス**、**マウス**、**トラックボール**、**ライトペン**、**タッチパッド**、**タブレット**、**ディジタイザ**などがあります。

関連▶ **下図参照**／**タッチパッド**

ボーカロイド VOCALOID

ヤマハ㈱が開発したデスクトップミュージック（DTM）用の、音声合成エンジンのこと。また、これを搭載したシステムの総称。

人間の音声データをもとにした歌手ライブラリを用いて合成を行うため、元の声の性質が残り、リアルな歌声の合成音を得ることができます。音声合成に使われるエンジンの

▼主なポインティングデバイスの例

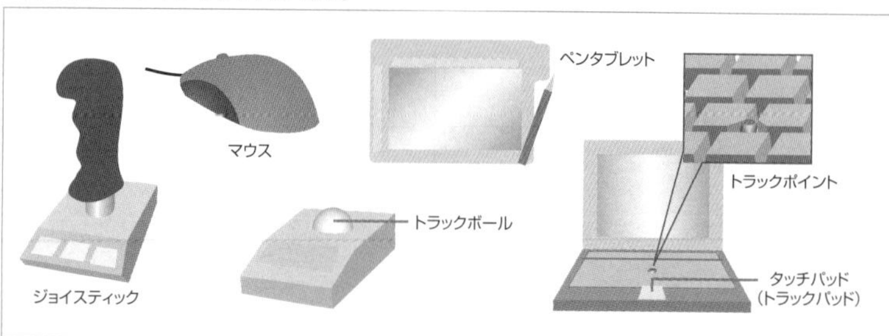

1つであるクリプトン・フューチャー・メディア社の**初音ミク**が大ヒットしたことにより、有名になりました。ボーカロイドを用いた楽曲のアルバムも制作されています。DTM分野以外にも、サーバー上にボーカロイドを用意し、携帯電話やゲーム機からも利用できるようにする「NetVOCALOID」や、企業向けのナレーション作成用に開発された「VOCALOID-flex」などがあります。

▼ボーカロイドを搭載した製品

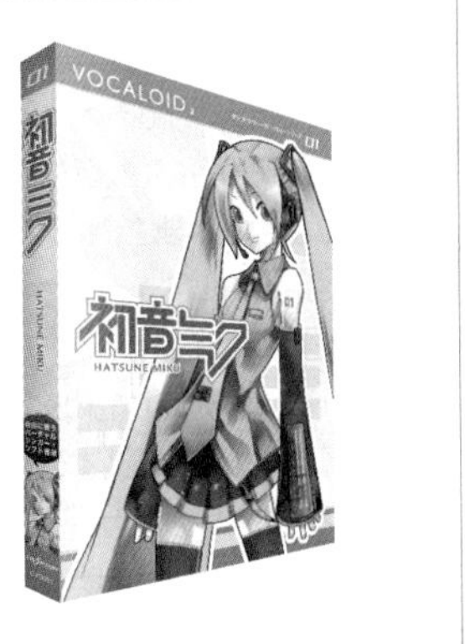

クリプトン・フューチャー・メディア（株）提供

暴走 *crash／runaway*

プログラムの誤りや熱による不具合などで、コンピュータが制御不能の状態になること。

ハングアップとほぼ同義です。ディスプレイ上に無意味な文字列が現れたり、キーボードからの入力が不可能になったりします。

関連▶**ハングアップ**

ポータルサイト *portal site*

インターネットへの入口（玄関）となるWebサイト。

ブラウザ起動時に最初に表示させて、様々なサイトへジャンプする、ベースとなるページのことです。検索サイトの多くは、検索機能の提供だけにとどまらず、ニュースや企業へのリンクなども提供しているため、ポータルサイトとして利用されています。

ポート *port*

コンピュータと周辺機器を接続するための、データ入出力を行うインターフェース部分のこと。

ボード *board*

■板、基板。プリント基板に電子部品を載せたもの。

1枚の基板で必要な機能が満たされているコンピュータを**ワンボードマイコン**、1枚の基板でI／Oなどを除いた基本部分を構成したパソコンを**シングルボードコンピュータ**といいます。基本部分が複数の基板で構成される場合、その中心となるボードは**マザーボード**、**メインボード**と呼ばれます。

■**電子掲示板**（BBS）の略称。

関連▶**電子掲示板システム**

ポートスキャン *port scan*

ネットワークを通じてサーバーに連続してアクセスし、保安上の弱点を探すこと。

サーバーコンピュータは、TCP/IP（通信プロトコル）に従って動作し、通常は接続窓口であるポートを複数用意して利用者からの接続を待っています。ポートスキャンとは、不正侵入を図る者がこれらのポートにアクセスし、侵入口となりうる脆弱（ぜいじゃく）なポートがないか調べることです。**セキュリティホール**（保安上の弱点）が見付かると、侵入用プログラムにより不正侵入を行います。

ポート番号 *port number*

TCP/IPなどのプロトコルで、データ通信を行う際に指定する番号。

例えば、TCPでは0〜65535まで使用できます。特定の番号を使用する機能も多くあります。あまり使用しないポート番号を使用不可能にしたり、接続条件を厳しくすることで、不正アクセスを防ぐことができます。

関連▶**ファイアウォール／TCP/IP**

ホームサーバー *home server*

家庭内に設置され、LANを通じて様々な機能を提供する製品の総称。

企業や組織などを対象としていた従来のサーバー製品と対比するために使用される用語です。提供される具体的な機能は製品によって様々で、インターネットへのゲートウェイ（ルータ）や、テレビ放送を録画・蓄積する機能、Webサーバー機能やファイルサーバー機能などが組み合わされています。

関連▶**ゲートウェイ／サーバー**

ホームシアター *home theater*

大画面テレビ（TV）やサウンドシステムで構成される家庭用視聴覚環境の総称。

大画面テレビ（TV）やプロジェクターと5.1チャンネルなどのサラウンドシステムを組み合わせ、自宅にいながら映画館のような臨場感を体験できる部屋、またはそれらを構成する製品群をいいます。公式の定義はありませんが、小型のテレビ（TV）や2チャンネルのステレオ音声と対比させて使われている言葉です。パソコン用のスピーカーにおいても、左右2チャンネルにサブウーファー（低音域を強調するスピーカー）を加えたり、小型のサテライトスピーカーを加えたりした製品に「ホームシアター用」と記載されていることがあります。

関連▶**プロジェクター／5.1チャンネル（ch）**

ホームページ *homepage*

インターネットのWebサーバーで最初に表示されるタイトル画面のこと。

一般的には、1つのWebサーバー全

ほ

体を指してホームページという場合も多いようです。なお、ホームページの本来の意味である表紙となるページを**ウェルカムページ**、**トップページ**、それを含むすべてのページを**Webページ**、単に**ページ**などと使い分ける場合もあります。

関連▶**インターネット**

ホームポジション
home position

キーボード入力を効率的に行うために定められた指の配置。

キーと指の対応を固定化することで、キー操作を確実に素速く行おうというものです。ホームポジションの位置がわかるように、ほとんどのキーボードで、[F]キーと[J]キーに印が付けられています。

関連▶**タッチタイプ**

ポケモンゴー

関連▶**Pokémon GO**

補助記憶装置
auxiliary memory／auxiliary storage

主記憶装置を補うための記憶装置のことで、コンピュータ用のプログラムやデータを記憶する装置。

外部記憶装置、**二次記憶装置**ともいいます。記憶媒体にはハードディスク、光ディスク、磁気テープ、光磁気ディスクなどがあります。補助記憶装置は拡張性に優れており、しかも大容量です。

関連▶**記憶装置**／**主記憶装置**

▼ホームポジション

ほ

ホスティング *hosting*

プロバイダなどの事業者が、Webサイト（ホームページ）のサーバー機能と管理業務を代行すること。

ユーザーは、Webサーバーの運営・管理の手間と、高速な専用線を常時使用することによる回線使用料の負担を軽減できます。ユーザーの持つドメインでWebサイトの開設からサーバーの管理までを代行するものは、**独自ドメインサービス**とも呼ばれます。なお、サーバーを持たないユーザーに、Webなどのサーバー機能を貸し出すため、**レンタルサーバー**ともいいます。

ボタン *button*

WindowsやMacの画面上に表示される、四角形の様々な機能を持つスイッチ。

カーソルを合わせてクリックすると、その機能が動作します。

▼Windowsのボタン

新しいフォルダーの作成(N)　OK　キャンセル

ボット *bot*

■人間が行っていたような処理を、人間に代わって自動的に実行するプログラム。単純な繰り返し作業に向く。

ボットの語源はロボットです。例えば、検索エンジンなどで導入されているWebページを自動的に収集する**クローラ**などが該当します。ツイッターにおいては、その機能を用いて作られた機械による自動発言システムを指し、サイトの更新情報を自動で配信するボット、特定の時間だけに発言するボットなど多様なものがあります。その他、オンラインゲームにおいて人間に代わってキャラクターを自動的に操作するプログラムもボットに該当します。中には、実在の人物やアニメのキャラクターなどを名乗って発言するボットも存在し、他のユーザーが本人と勘違いするなどトラブルが発生するケースも起きています。

関連▶**オンラインゲーム**

■コンピュータウイルスの一種。

感染したコンピュータは、ロボットのように命令に従って動作するため、DDoS攻撃に使用されたり、スパムメールの送信元にされたりすることがあります。また、ID、パスワード、クレジットカード番号など秘匿性の高い情報を外部へ送信するなどといった行動をすることもあります。コンピュータを使用しているユーザーにわかるような動作がなく、感染しても気付きにくいため注意が必要です。感染したまま放置されたコンピュータを**ゾンビパソコン**、**ゾンビPC**ともいいます。

■ロボット型検索エンジンの略。また、エンジンの収集用プログラム。

検索ロボット(search robot)、**クローラ**ともいいます。データベースを作成するためにWebページを収集するプログラムです。

ポッドキャスト *podcasting*

インターネットでラジオ番組を配信する仕組みのこと。

RSSに音声データへのリンク情報を含めることで、ソフトウェアやウェブ上から、その音声データの保存、再生をする技術です。更新されたデータは自動で、ディスクや携帯型オーディオプレイヤーに転送することもできます。米国アップル社のiPod(アイポッド)と、放送を意味するbroadcasting(ブロードキャスティング)を組み合わせた造語です。

ホットスポット *hot spot*

■人が集まる場所に無線ネットワーク環境を整備して、いつでもインターネットが利用できるようにした場所のこと。

レストランや駅、空港、ホテルのロビーといった公共的な場所のほか、集客効果による売上増加を期待して、ハンバーガーチェーンやカフェチェーン店などもサービスを行っています。「ホットスポット」はNTTコミュニケーションズの商標登録で、正確には同社提供のサービスのみを指しますが、今日では同様のサービス全般を指していわれることも多くなっています。

関連▶次ページ下図参照

■Webページ中の画像上でリンクが張ってある部分のこと。

クリックすることで必要な情報やメニューへジャンプする機能を実現しています。

関連▶**リンク**

■Java言語で開発されたアプリケーションソフトを高速で動作させる技術。

JIT(Just In Time)**コンパイラ**により、実行に時間がかかる繰り返し処理などの部分を、あらかじめ機種に依存した**ネイティブコード**(機械語プログラム)に変換しておくことで、コンパイラ型のプログラムとほとんど変わらない実行速度を実現するものです。

関連▶**Java**

ポップアップ広告 *popup advertising*

Webページへアクセスした際、もしくは閲覧中やウィンドウを閉じた際に、別のブラウザウィンドウが開いて表示される広告。

JavaScript(ジャバスクリプト)などのWeb用スクリプトを使って表示します。バナー広告より表示面積

ほ

を大きくとれることから、広告としての効果が大きいと考えられています。しかし、閲覧者側からすると、意図せず邪魔なウィンドウが大きく開くことから、**スパムメール**などと同様に迷惑なものとして扱われています。最近のWebブラウザは、ユーザー操作を伴わずに新たに開くウィンドウをサイトごとに許可する／しないといった設定ができる機能を標準で備えています。また、多くのポータルサイトからは、同様の機能を持ったツールが無償配布されています。近年はスマートフォン向けに作られたものも存在します。

ポップアップメニュー
pop-up menu

画面上をマウスでクリックすると、飛び出すように表示されるメニュー表示方式。

操作方法の指示の仕方には、これに似た**プルダウンメニュー**方式があります。

関連▶**プルダウンメニュー**

▼ホットスポットのイメージ

駅

ホテルのロビー

お店

オープンスペース

▼ポップアップメニュー

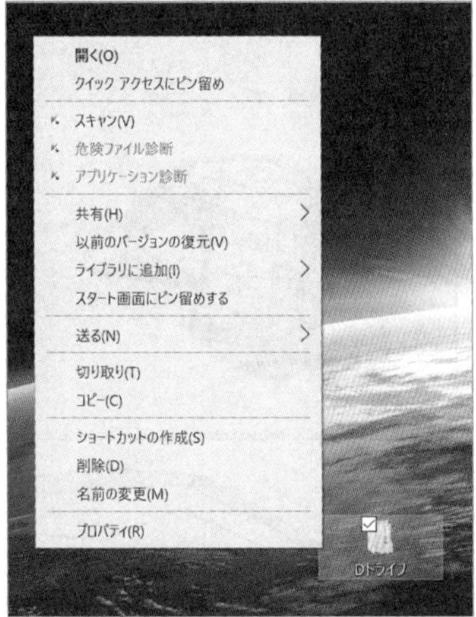

ボトルネック *bottle neck*

ある処理段階が全体の処理速度を遅らせている場合、問題となる処理段階をいう。

「隘路（あいろ）」のことです。ビンの首につかえて、中身がなかなか出てこない状態にたとえた言葉です。また、ノイマンボトルネックとは、CPUから記憶装置へのバスが性能上の限界になることをいい、ノイマン型コンピュータ特有の弱点とされています。

ポリゴン *polygon*

コンピュータグラフィックスの立体表現手法の1つ。

多角形の組み合わせで三次元を表現する描画法のことです。最も少ない座標、データ量で図形描写ができるため、一般には三角形の集合で表現します。単位面積あたりの描画密度を細かくすれば、よりなめらかな立体感が表現できます。近年はコンピュータの処理速度の向上で、動画（アクション）表現に頻繁に利用されるようになっています。

関連▶次ページ上図参照

ボリュームライセンス *volume license*

1つのアプリやソフトウェアを複数台のコンピュータにインストールできるようなライセンス形態。

企業とソフトウェアメーカーが一括でソフトウェアの使用契約を結ぶコーポレートライセンスと契約形態はほぼ同じですが、3〜10台といった小口の契約にも柔軟に対応できます。

ホログラフィ *holography*

ホログラム（hologram）によって作られた立体映像。

ホログラムとは、対象となる物体の透過光や散乱光（物体に反射した光）などに参照光（同一光源から発せられた物体に反射していない光）を重ね、それらの干渉によってできた縞をフィルムなどに記録したものです。再生光（参照光と同一条件の光）を用いて再現すると、見る角度によって干渉した光線が変化し、三次元的な凹凸を持った虚像が浮かび上がります。ハンガリーのD.ガボールが発明（1948年）しました。

関連▶次ページ下図参照

ほ

▼ポリゴンでの描画：使用ソフト「Shade」（ポリゴン）

©e frontier

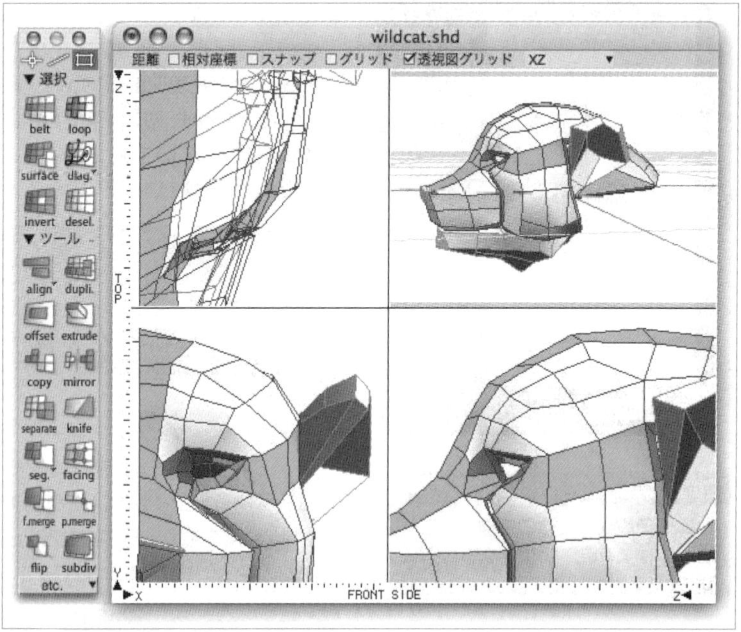

▼ホログラフィの原理（ホログラフィ）

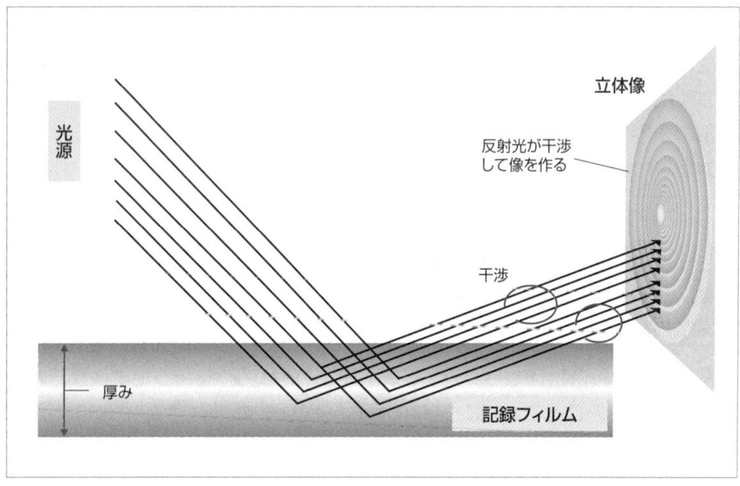

ホワイトハッカー
white hacker

インターネットを通じたサイバー攻撃から、システムを守る専門家。

サイバー攻撃を仕掛ける側を**クラッカー**と呼び、その攻撃を防御する役割を担っています。Webサイトのダウンや Webページの改ざん、コンピュータウイルスなどの大半はクラッカーによるサイバー攻撃が原因となります。ホワイトハッカーの早急な人材育成は重要な課題となっています。

関連▶**クラック**／**ハッカー**

マイクロソフト *Microsoft*

関連▶Microsoft

マイニング（採掘） *mining*

暗号資産の取引で必要なコンピュータ演算作業に協力し、報酬として暗号資産を得ることをいう。

取引のたびにブロックチェーンの台帳を更新する作業が発生するが、膨大な計算を行う必要があるため、マイニングを行う**マイナー**と呼ばれる人たちが大量のコンピュータを使って計算処理を行っています。報酬は最も早く更新に成功したマイナーだけに支払われます。

関連▶**暗号資産**

マウス *mouse*

本体の移動方向と移動量を、底面に組み込まれた赤外線センサー（光学式の場合）で読み取り、画面上のマウスポインタ（マウスカーソル）を移動させる代表的な入力装置。

現在のデスクトップ型パソコンでは、標準的なポインティングデバイスです。尻尾の付いたネズミ（マウス）に似ていることから「マウス」と名付け

▼報酬は1番の人にだけ（マイニング）

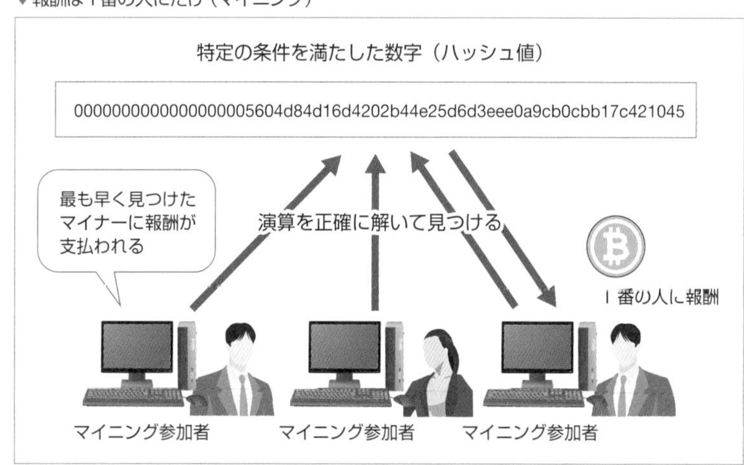
特定の条件を満たした数字（ハッシュ値）
000000000000000005604d84d16d4202b44e25d6d3eee0a9cb0cbb17c421045
最も早く見つけたマイナーに報酬が支払われる
演算を正確に解いて見つける
1番の人に報酬
マイニング参加者
マイニング参加者
マイニング参加者

られました。上面には1～5個のボタンスイッチが付いています。ボールの移動量を縦方向、横方向に分けて検出する機械式と、光の反射で移動量を検出する光学式があります。また、コンピュータと無線などでやり取りする**ワイヤレス**方式のものもあります。

関連▶**カーソル／ポインティングデバイス**

▼インテリマウスとMac用マウス（マウス）

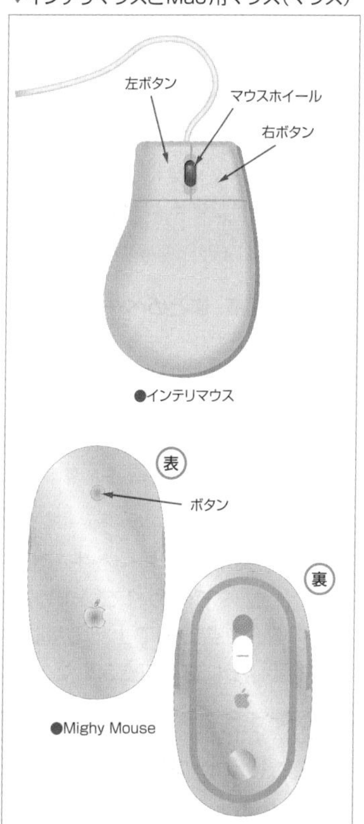

マウスカーソル
mouse cursor

画面上でマウスの位置を示す矢印などのアイコン。

マウスポインタともいいます。

関連▶**カーソル／ポインタ／マウス**

マウスパッド *mouse pad*

マウス用の下敷き。

マウスを動かしやすいように、ウレタンなどで作られています。

関連▶**マウス**

▼マウスパッド

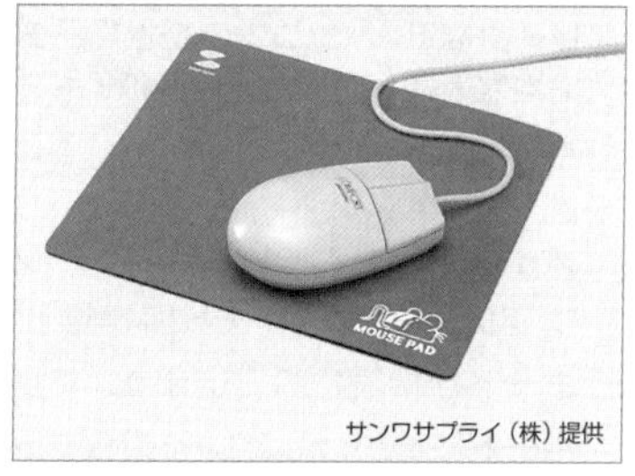

サンワサプライ（株）提供

マクロ機能（まくろきのう）
macro-function／macro function

文章のコピーなど、よく使う繰り返し操作を記録し、必要なときに呼び出してパソコンに自動的に行ってもらう機能。

よく使う手順などを登録しておくと、グラフ化や統計処理などの、複雑な報告書作りのための操作が簡単になります。マクロ定義の方法には、実際に操作した手順を記録しておく方法や、**簡易言語**（**マクロ言語**）を用い

ま

て簡単なプログラムを作成する方法などがあります。マイクロソフト社の「Excel」や「Access」には、マクロ機能が付いています。

マクロ言語 (まくろげんご) *macro language*

まとまった手順を定義し、呼び出して利用するためのマクロ機能を記述、実行するためのインタープリタ型のプログラミング言語。

関連▶**マクロ機能**

マザーボード *motherboard*

CPU、ROM、RAM、クロックジェネレータなど、パソコンの基本電子部品を搭載したプリント**基板**(**ボード**)。

メインボードともいいます。パソコンでは、マザーボードに複数枚のボードが接続されています。マザーボードに直付(じかづ)けしているチップセットは、データの受け渡しを行う最も重要なもので、CPUと並んで、パソコンの基本性能に大きな影響を与えます。

▼マザーボード

by smial

関連▶**チップセット**

マッシュアップ *mashup*

Web上に公開されている情報を加工、編集して新たなサービスにすること。

混ぜ合わせるという意味で、異なる提供元の技術を合わせて新しいサービスを作る際に用いられます。異なる楽曲を掛け合わせて作る音楽のことを**リミックス**といいますが、これもマッシュアップに該当します。

まとめサイト *summary website*

ネット上において、ある事柄に関する記事やサイトを1カ所でまとめて閲覧・参照できるようにしたサイトやページのこと。

まとめ記事、**まとめページ**、または単に**まとめ**ともいいます。

関連▶**キュレーション**

マネタイズ *monetization*

無収益サービスから収益を得るサービスに変えること。

従来は、金属から紙幣を生み出すといった意味で使われていましたが、ITの文化が発達して上記の意味で使われるようになってきました。

マルウェア *malware*

悪意を持ったソフトウェアの総称。

主にコンピュータウイルス、ワーム、スパイウェアなどを指します。マルウェアには、他人のコンピュータに侵入して個人情報を流出させたり、攻撃したりするなどの有害なソフトウェアが含まれます。

関連▶**スパイウェア／ワーム**

マルコフモデル
Markov model

マルコフ連鎖によって状態が遷移することを表した確率モデルのこと。一般にマルコフ過程のことを指す。

マルコフ過程とは**マルコフ性**を持つ確率過程のことで、サイコロの目などと異なり、時間の経過によって値が変化していく株価や降水確率などを変数として確率を求める場合に使われます。マルコフ性とは現時点での値をもとに確率を求めることで、過去の値に影響を受けないことを意味します。

マルコフ連鎖 *Markov chain*

ある状態が起こる確率が直前の状態から決まることを指す。

マルコフ過程の中で、とりうる値が離散的なものをいいます。離散的とは、値が有限または可算であるものを指します。人工知能による自然文生成などに利用されることが多く、音声認識などにも活用されています。

マルチコプター *multicopter*

3枚以上のローターを搭載し、人が搭乗しない無人航空機で回転翼機のことをいう。

現在では、ドローン（無人航空機）を指す場合が多いです。**マルチローター**機とも呼びます。

マルチスレッド
multithreading

複数のスレッドを同時並行で動作させること。

スレッドとは、マルチタスク処理を行うOSが、1つの仕事をさらに細かく分割して作業する処理の最小単位のことです。タスクは独立したメモリ空間が与えられ、OSによって保護されていますが、スレッドについては、1つのメモリ空間を複数のスレッドで共有しています。そのため、バグなどの影響は受けやすくなりますが、モジュール（機能単位で分割したソフトウェアの一部分）間のスイッチや通信にかかるオーバーヘッド（作業できない時間）が小さいため、高速動作が可能となります。

関連▶**マルチタスク**

マルチタスク *multitask*

複数の処理を同時並行で実行すること。

通常はOSのサポートのもと、メモリ空間の保護やタスク間の同期が可能となっています。**コンカレント処理**ともいいます。似た言葉に**マルチスレッド**、**マルチジョブ**というものがあります。これらに明確な定義はありませんが、主として1つのアプリケーション内で並行処理されるも

ま

のがマルチスレッド、OSの管理対象となるプログラムや内部処理を並行で実行するのがマルチタスク、ユーザーごとの処理要求を並行で実行するのがマルチジョブ、と使い分けられます。**マルチタスクOS**とは、マルチタスクを制御するOSのことです。

関連▶**タスク**

マルチタッチ *multi-touch*

タブレットやタッチパネル付きディスプレイにおいて、複数の指で同時に触れて操作する入力方式。

または、2本以上の指を用いて操作する方式をいいます。より直感的な操作を可能にします。例えば、指を使って幅を広げたり狭めたりすることで画像の拡大・縮小ができます。液晶ディスプレイでのユーザーインターフェース方式の1つとして研究されましたが、米国アップル社が2007年6月、携帯電話機iPhoneに採用して発売し、その後は、米国マイクロソフト社による業務用端末の新プラットフォーム「Surface（サーフェス）」でも採用され、現在はノートPCやスマートフォン、タブレットの多くに導入されています。

関連▶**ジェスチャー**／**iPhone**／**Surface**

▼マルチメディア

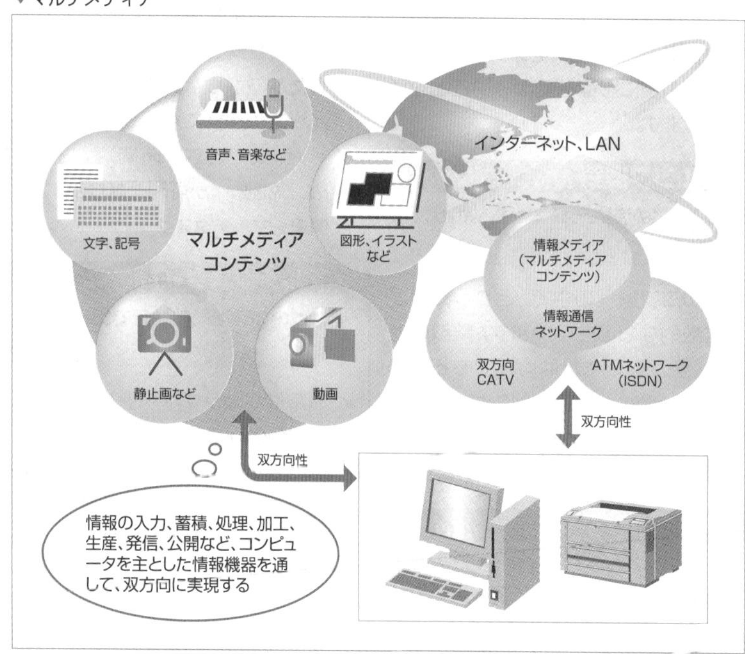

マルチメディア *multimedia*

ラジオ、テレビ（TV）などの既存の情報（メディア）を、デジタル処理で一元的に取り扱えるようにすること。

メディアの情報を最大限に利用することが可能になります。パソコンの世界では、単にコンピュータ上で文字情報以外の映像、音声が扱えることを指す場合もあります。

関連▶**前ページ下図参照**

マルチユーザー *multiuser*

1台のコンピュータや1つのソフトウェアなどを複数人で共有できる仕組みのこと。

Windows10のMicrosoftアカウントやAndroidのGoogleアカウントでは、1台のパソコン(スマートフォンやタブレットなど)に複数のアカウントを設定して、使用者によって切り替えることでデスクトップやホーム画面などユーザーごとの環境を呼び出すことができます。同じようにソフトウェアでもアカウントを切り替えることで、1つのソフトを複数人で使うことができるものがあります。

関連▶**マルチタスク／ユーザーアカウント**

右クリック（みぎくりっく）*right click*

マウスの右ボタンを押すこと。

一般にマウスの左クリックは目的の操作を指定、決定しますが、右クリックには特別の役割が与えられています。クリックした場所で割り当てられた操作を集めたメニューを表示させたりします。

関連▶クリック／マウス

右寄せ（みぎよせ）*right justify*

文章の右端を揃えること。

右揃え、**右詰め**ともいいます。文字を行や枠の中で右に揃える、ワープロなどの機能。ワープロソフトで使うほか、表計算ソフトでは、表のセル内で数値の桁を揃える場合に使います。

関連▶下図参照／ジャスティファイ

▼寄せと揃えの例（右寄せ）

横組みの場合、「左詰め」といえるが、
表の枠で囲まれた範囲や行の左端に
意識的に文字を寄せること「左寄せ」という。
左詰め（左寄せ）
また、行の末端に文字を寄せることを「右詰め」
または「右寄せ」
右詰め（右寄せ）
行の左端ではないが、
横組みで各行の左側を揃えることを「左揃え」、
左揃え
右側を揃えることを「右揃え」
右揃え
縦組みなら上側を「上(端)揃え」、下側は「下(端)揃え」
縦組、横組とも、頭位置なら「頭揃え」、
頭揃え
尻位置なら「尻揃え」という。
尻揃え
「中央揃え」
「センタリング」ともいう。
中央揃え（センタリング）
英文では、行の左右がデコボコしないように「ジャスティフィケーション」という処理を施すことがある。「両端揃え」ともいうが、和文では「行端揃え」ともいわれる。ワープロなどの「均等割付」と同じような効果だが、均等割付は選択範囲内に文字を均等に配置することで、視覚効果を優先させた意味合いが強い。
ジャスティフィケーション
視　覚　効　果　を　優　先　さ　せ　た　均　等　割　付
均等割付

未読メール (みどくめーる)
unread mail

まだ内容を確認していない電子メールのこと。

Microsoft Outlookなどの場合、ローカルフォルダの受信トレイに、閉じた封筒のアイコン、太字の件名で表示されます。

ミドルウェア *middleware*

オペレーティングシステム (OS) とアプリケーションソフトとの中間に位置するソフトウェア。

OSとアプリケーションとの違いを吸収し、アクセス手段を提供します。受発注や顧客管理などの処理を行うデータベースエンジンやウィンドウマネージャなどが、これにあたります。

ミラーレスカメラ
mirrorless camera

一眼レフの中で、光路を変えるために使われている反射鏡のないカメラのこと。

一眼レフのようにレンズの交換が可能で、描画力がよいことが特徴です。反射鏡のないカメラのうち、レンズの交換ができないものを**コンデジ** (コンパクトデジタルカメラ) と呼びます。

関連▶**コンデジ**

明朝体 (みんちょうたい)
Ming type font

和文の代表的書体で、太明朝、中明朝、細明朝などの種類がある。

縦線を太く、横線を細く描くのが特徴です。一般に、書籍の本文には明朝体が使われることが多いようです。

関連▶**次段図参照／ゴシック体/ゴチック体**

▼明朝体

いろいろな明朝体
いろいろな明朝体
いろいろな明朝体
いろいろな明朝体
いろいろな明朝体
いろいろな明朝体

無線通信
wireless communication

ケーブルを使わない電気通信のこと。

省略して**無線**と呼ばれることもあります。携帯電話やラジオ放送、テレビ放送などに無線通信技術が使われています。対して、LANケーブルのように線を使う電気通信のことを**有線通信**と呼びます。

無線LAN（むせんらん）
wireless LAN

電磁波や赤外線などの、有線ケーブル以外の通信手段を利用したLANの総称。**ワイヤレスLAN**ともいう。

赤外線を用いたものと、GHz帯の電磁波を用いたものに大別されます。後者の場合、世界的に免許が不要な2.4GHz帯を用いるものが多く、伝達距離は数十〜数百m程度です。有線ケーブルの大半を省略できるので、パソコンなどの端末は比較的容易に移動できますが、通信速度の制限、障害物の影響、セキュリティ確保の難しさなどのデメリットがあります。現在は2.4GHz帯と5GHz帯が使われています。

関連▶ **公衆無線LAN／LAN／SSID**

▼無線LANのルータ

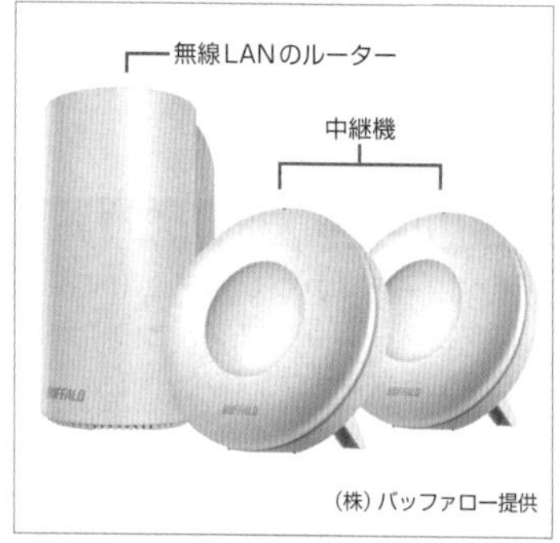

（株）バッファロー提供

無線ICタグ

商品などの識別や管理に利用される極小サイズのICチップ。データの読み書きは無線を通して行われる。

光学式のバーコードに代わるものとして開発されました。主に流通で使用されており、ICタグを利用して商品の数を数えたり、在庫の数をカウントすることができるようになります。レジの精算などにも活用されており、カゴをゲートにくぐらせるだけで、中の商品を一度に計算できるようなシステムが開発されています。

関連▶ **バーコード／ICタグ**

む

明度 *brightness*

色の三要素（色相、明度、彩度）の1つ。

色の明るさの度合いです。色の明暗は色そのものの明るさと、色を照らす環境の光の強弱に影響されますが、RGBのそれぞれの輝度の違いでこれを表現します。

関連▶**彩度**／**三原色**／**色相**

メイリオ *Meiryo*

Windowsで使われている日本語OpenTypeフォントの1つ。

Windows Vistaから利用されています。なお、Windows 10では「Yu Gothic UI」が採用されました。

▼メイリオフォント出力例

命令 *instruction*

ユーザーがプログラムという形でコンピュータに与える、動作についての指示の単位の1つ。

一般にはアセンブラ言語で記述された1つの処理で、加減乗除などの演算、レジスタ（CPU内の一時的なデータ格納場所）やメモリ、I/Oポート間のデータ転送、条件分岐などをいいます。ハードウェア側から見ると、プログラムの実行単位であり、動作の種類と処理対象がビット単位の構造体（**ビットフィールド**）で束ねられて読み込まれます。

関連▶**コマンド**／**命令語**

命令語 *instruction word*

機械語で命令を表した語、あるいはコマンドのこと。

関連▶**コマンド**／**命令**

迷惑メール防止法 *CAN-SPAM Act*

スパムメールなどのいわゆる迷惑メールを規制するための法律。

正式な名称は「特定電子メールの送信の適正化等に関する法律」といいます。また、**特定商取引法**（特定商取引に関する法律）を改正したものと併せて、**迷惑メール二法**とも呼ばれます。当初は、あらかじめ受信承諾をとっていない商業広告メールには、タイトルに「未承諾広告※」と表示するなどの義務が課せられていましたが、この法律に従わず、「未承認広告」や「未承諾広告」などと題名を変えるといった、表示義務違反メールはあとを絶たなかったため、法令改正により、未確認でメールを送ること自体が禁止されました。

関連▶**スパムメール**

メインメニュー *main menu*

■アプリケーションなどの一番最初に表示される、機能を選択する画面。

■一般にメニューバー上に表示されているメニュー。

その下の階層のメニューを**サブメニュー**といいます。

関連▶**メニュー**

メーラー *mailer*

インターネットなどの電子メールの送受信、メッセージ作成、受信メッセージ管理をするソフトウェアの略称。

電子メールソフト、**メールリーダー**、**メールハンドラ**、**ユーザーエージェント**（**UA**：User Agent）ともいいます。

関連▶**電子メールソフト**

メーリングリスト *ML ; Mailing List*

電子メールを使って、登録したメンバーに同じメールを送り、特定の話題に関しての情報交換を行えるシステム。

▼メーリングリスト

MLと略します。メーリングリストに電子メールを送ると、リストに登録されている全アドレスに配布され、その返事も全アドレスに送られます。複数のメンバーが共通の話題で討論できます。

関連▶**前ページ下図参照**

メール *mail／e-mail*

電子メールの略称。

関連▶**電子メール（システム）**

メールアドレス *mail address*

インターネット上の電子メールの宛先。

「ABC@xxx.or.jp」のように、「**ユーザー名@ドメイン名**」で構成されます。

関連▶**下図参照／ドメイン名**

メール転送サービス *mail transfer service*

任意のメールアドレス（メールボックス）宛に届いたメールを、メールサーバーのメール転送機能を使って、別のメールアドレスに送るサービス。

携帯電話などへメールを転送するサービスもあります。

▼世界に1つしかないメールアドレス

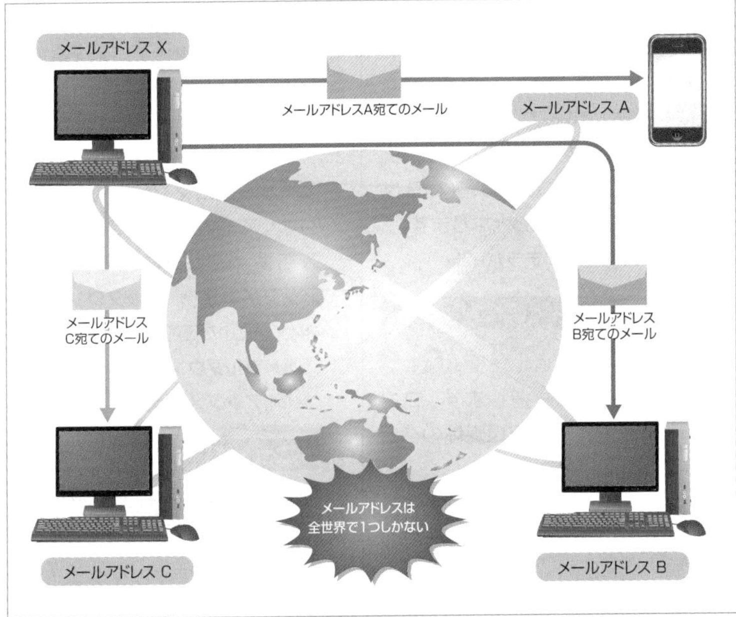

め

メールマガジン *mail magazine*

電子メールで自動的に情報を配信するサービスの一種。

一般に**メルマガ**と呼ばれます。天気予報や占い、レストランの新メニュー情報やクーポン、趣味の情報などが、電子メールで定期的に送られます。

メガ *mega*

10^6（10の6乗）のこと。

つまり100万です。2進数では2^{20}（2の20乗）。「**M**」と表記します。

メガバイト *MB ; Mega-Byte*

情報量の単位の1つ。

MBと略します。**メガ**は10^6（キロの1000倍）で通常100万Bということになりますが、コンピュータの処理では2進法を基準とするため、1KBは2^{10}＝1024B、1MBは2^{20}＝104万8576Bとなります。

関連▶**ギガバイト／テラバイト**

メディア *media*

■**伝達媒体**のこと。

転じて表現形式も指します。コンピュータでは一般に**記憶媒体**のことです。

■ネットワークでは光ファイバーやツイストペアケーブル、無線回線などの伝送媒体のことをいう。

メディアコンバータ *media converter*

■通信手順を変更せずに、銅線、光ファイバー、電波といった伝送媒体のみを変換する装置。

異なる媒体間を中継するリピータ装置のことです。FTTHサービスの宅内装置もメディアコンバータと呼ぶことがあります。

■データを別の記憶媒体（メディア）に移し換える装置。

ビデオテープの内容をDVDに保存し直すなど、データの内容はまったく変更せずに、保存媒体を変更するための装置の総称です。

メニュー *menu*

プログラムやソフトウェアの機能、コマンド、命令を一覧表にして画面に表示したもの。

ユーザーはコマンドの内容を覚えていなくても選択操作できます。マウスを使ったGUI環境では、**ポップアップメニュー**、**プルダウンメニュー**などの種類があります。

関連▶**プルダウンメニュー／ポップアップメニュー**

メニューバー *menu bar*

画面上で常にメニュー名が表示されている部分。

ここをマウスでクリックすると、関連する各機能が表示されます。

関連▶ドロップダウンメニュー

▼メニューバー

Adobe Reader
ファイル(F) 編集(E) 表示(V) ウィンドウ(W) ヘルプ(H)

メモリ *memory*

CPUが高速にアクセスできる記憶素子。

CPUが直接アクセスできるメモリを**メインメモリ**といい、特に**RAM**を用いた記憶装置を、単にメモリと呼ぶことが多いです。メモリは、1チップあたりのメモリ容量、アクセスタイムなどでコストに差があり、高速かつ大容量であるほど高価です。現在では、安価で高速なメモリとして**DDR SD RAM**などが一般化しています。

関連▶下図参照／記憶装置／DDR SDRAM

メモリカード *memory card*

メモリをカード型のケースに収めたもの。

もともとはノートパソコンの拡張メモリ増設用として登場しましたが、その後、フラッシュメモリが低価格化するにつれ、ハードディスクなどに代わる記録媒体として用いられるようになりました。当初はPCMCIAやJEIDAが制定した規格であるPCカードが主流でしたが、その後、米

▼SDメモリカード

トランセンドジャパン（株）提供

▼メモリの役割

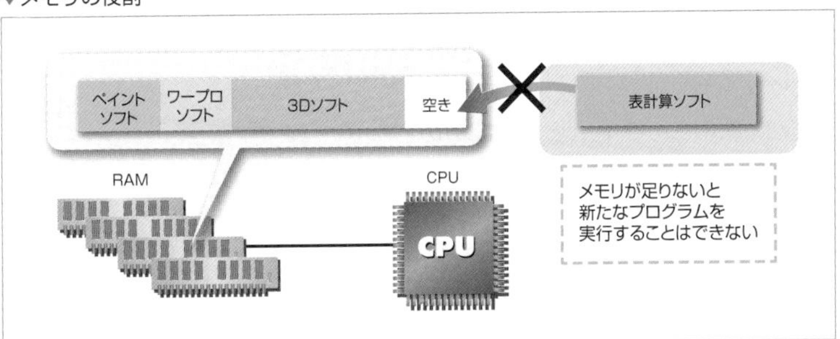

国SanDisk（サンディスク）社が策定したコンパクトフラッシュ（CF）規格をはじめ、SDメモリカード、メモリースティックなど多種の規格ができました。利用分野もパソコンだけでなく、デジタルカメラや携帯オーディオプレイヤー、PDAやカーナビなどに広がっています。

関連▶**SDメモリカード**

メルカリ *Mercari*

商品の販売、購入をスマートフォンやパソコンから行える利用無料のフリーマーケットアプリサービス。

メルカリ社が運営するフリマアプリ。スマートフォンから手軽に行える利便性に加え、出品、購入時の手数料もかからないため（販売成立時に手数料が発生）、気軽に始めることができ、若年層や主婦層を中心に多くのユーザーを持つサービスです。オークション形式とは異なり、自分で販売価格を設定できます。

出品者の身分証明書が不要なので、匿名でも出品可能。商品のやり取りでは、互いの住所がわからなくても発送できます。「ゆうゆうメルカリ便」は日本郵便を使った配送方法、「らくらくメルカリ便」はヤマトを使った配送方法のことです。「らくらくメルカリ便」はコンビニから発送することができ、早く到着します。「ゆうゆうメルカリ便」は重量物の場合に安価に送ることができます。

関連▶**フリマアプリ**

メンテナンス *maintenance*

システムの保守、補修や点検のこと。

メインテナンスともいいます。コンピュータシステムの場合は、ハードウェアとソフトウェアのそれぞれにメンテナンスがあります。大規模なコンピュータシステムのメンテナンスでは、専門の技術者や業者が定期点検や補修をします。また、システム運用の状況に合わせて、ハードウェアを増強したり、ソフトウェアを改良することもメンテナンスといいます。

毛筆体 *brush script*

毛筆で書いたような書体の総称。

「筆ぐるめ」「筆まめ」「宛名職人」「筆王」などの、年賀状やハガキ、宛名印刷を目的とするソフトウェアに用意されています。

関連▶**フォント**

▼毛筆体

毛筆体
毛筆体

モーションキャプチャー *motion capture*

移動する物体の軌跡を記録し、電子情報（デジタルデータ）化すること。またはそのための装置。

人体にセンサーを付け、センサーの動きを磁気またはレーザーで読み取って記録します。ゲームソフトのキャラクターの動きや映画のCG作成に応用されています。また、このモーションキャプチャーを実現するための大がかりな施設を、**モーションキャプチャースタジオ**といいます。

▼モーションキャプチャースタジオ

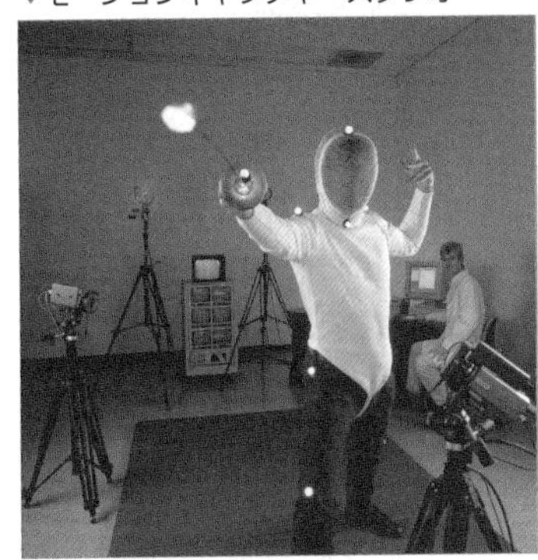

住商エレクトロニクス（株）提供

モーショングラフィックス *motion graphics*

静止画をもとに動画化したもの。

CMなどで使用される、動きを持った社名ロゴなどが代表です。制作によく使用されるソフトウェアにアドビ社の「After Efects」があります。

文字コード *character-code*

文字（キャラクタ）に割り当てられた番号のこと。

コンピュータ上で文字や記号をデータとして扱うために必要となります。日本語として扱える文字コードには、シフトJISコード、EUCコード、JISコード、Unicodeなどの種類があります。

関連▶キャラクタ

▼入力したキー値が置き換えられて表示

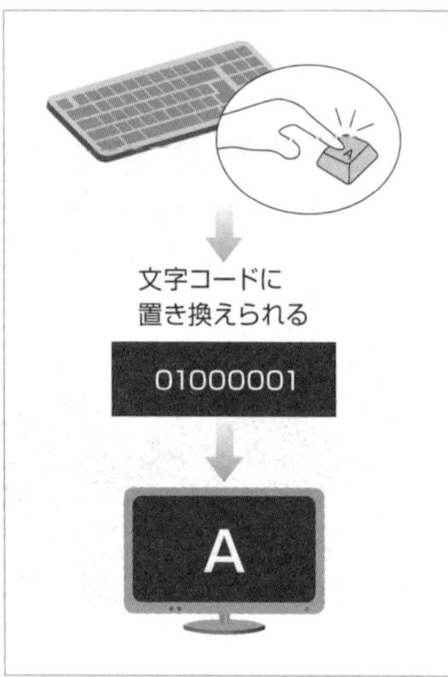

文字化け *misconversion*

文字コードが正しく受信できず、異なる文字が表示されてしまうこと。

単に「**化け**」と呼ぶこともあります。文字コードの異なる機種間、OS間で通信した際や符号化方式の誤りのために、文字が誤って変換されることをいいます。なお、通信時の障害などで文章の一部が欠落することは**文字落ち**といいます。

モデリング *modeling*

立体的に表示したい対象を三次元データで構築すること。

モデル化ともいいます。

モデルチェンジ *model change*

ハードウェアなどの製品の品質を大幅に改善し、型番を変更すること。

モバイルコンピューティング *mobile computing*

携帯型のパソコンなどを用いて、外出先や屋外で手軽にコンピュータを扱うこと。

モバイルとは「動きやすい」「持ち運びやすい」といった意味です。**移動体コンピューティング**などともいいます。携帯電話やスマートフォン、無線LANスポットサービスなどを利用して電子メールやデータ転送をすることを、特にこう呼びます。

関連▶**移動体通信**

モバイルWiMAX

無線通信の標準規格の1つ。

WiMAXは2005年に米国電気電子学会（IEEE）で承認された無線通信規格の1つです。モバイルWiMAXは、WiMAXを携帯電話／スマートフォンなどのモバイル端末の高速移動に対応させたもので、次世代移動通信への利用を想定した規格です。WiMAXと同じく最大75Mbpsでの高速通信が可能で、通信範囲は3km程度とされています。

関連▶WiMAX

モバイルWi-Fiルータ
(モバイル ワイファイ ルータ)

持ち運びのできる無線LANルータのこと。

屋外でスマートフォンやノートパソコンのインターネット接続を行う際に役立ちます。ルータと回線の契約がセットになっているケースが多く、契約によって回線速度や使用できる容量に違いがあります。

▼ポケットWi-Fi「Wi-Fi STATION HW-01H」

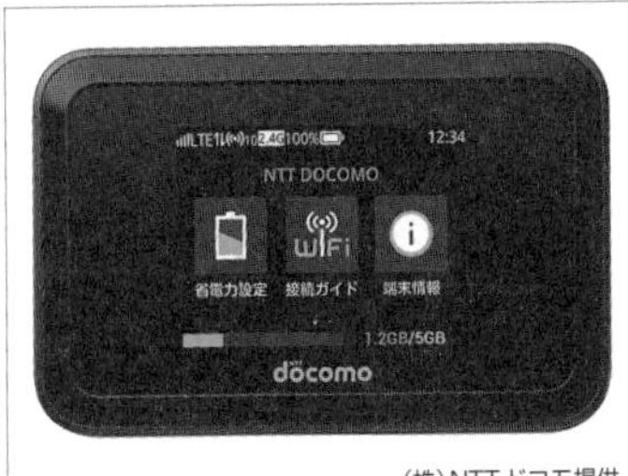

(株)NTTドコモ提供

モンスト *Monster Strike*

「モンスターストライク」の略称で、株式会社ミクシィから配信されているスマートフォンゲームアプリ。

スマートフォンのドラッグ操作を利用して操作するピンボールのようなアクションゲームです。他のプレイヤーと通信して遊べる協力プレイを前面に押し出しており、ガンホーの「パズドラ」と並んで、スマートフォンゲーム市場で最も知名度の高いアプリの1つです。

関連▶ **次段画面参照**

▼モンスターストライク(モンスト)

や

焼く *writing*

CD-R/RW、DVD±R/RW、BD-R/RWなどの光ディスクにデータを書き込む（記憶させる）こと。

ハードディスクなどのように磁気的に書き込むのではなく、強いレーザー光を照射することで、ディスク面上の色素や結晶状態を変化させて記憶することから、こう呼ばれます。

関連▶光ディスク

矢印キー *cursor key*

キーボードの↑、↓、←、→キー。

カーソルを上下左右に移動する際に使います。**方向キー**、**カーソルキー**ともいいます。

関連▶キーボード

▼矢印キー

日本マイクロソフト（株）提供

ヤフー *Yahoo!*

関連▶Yahoo!

ヤフオク！

関連▶Yahoo!オークション

有機EL
organic electro luminescence

電界によって発光する素子で、有機化合物を用いたもの。

無機化合物性のものは**無機EL**といいます。自発光、低電力駆動、薄型、軽量、高コントラスト、といった特徴があります。携帯電話／スマートフォンやデジタルカメラ用の薄型ディスプレイ、大画面テレビ、照明器具などに利用されており、大画面化、長寿命化が進められています。

ユーザーアカウント
user account

ユーザーを区別するために作られる各ユーザーごとの登録情報のこと。

コンピュータやネットワークなどの使用者を識別するためのもので、「ID名」「ユーザー名」「アカウント名」と呼ばれます。それらとは別に「パスワード」も併せて入力することで、コンピュータやネットワークなどが利用できるようになります。

関連▶**アカウント／ユーザーアカウント**

ユーザーアカウント制御
UAC ; User Account Control

設定変更やソフトウェアのインストール時などに本人確認をする機能。

Windowsの機能の1つ。重要な設定の変更などをユーザーの意図なしに実行することを防ぐために、確認画面が表示されます。設定により、ユーザーアカウント制御を無効にすることも可能ですが、セキュリティが甘くなるので、注意が必要です。

▼ユーザーアカウント制御

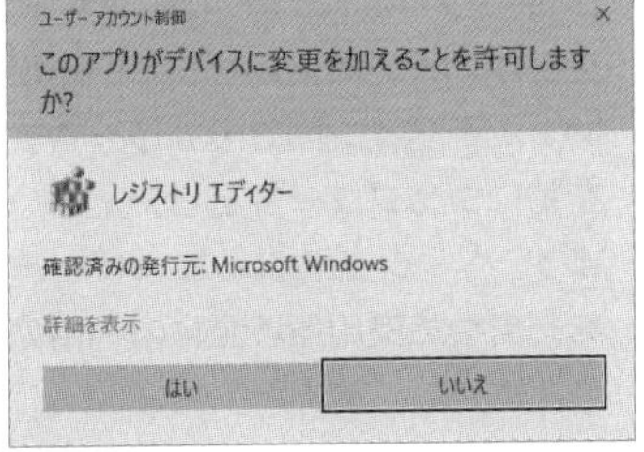

ユーザーインターフェース
user interface

ユーザーと、コンピュータなど情報機器との間の情報の受け渡しや操作性などの総称。

マシンインターフェース、**ヒューマンインターフェース**ともいいます。

関連▶**インターフェース**

ユーザー登録
user registration

ハードウェアやソフトウェアの購入時に、製品利用者としてメーカーに登録すること。

インストール終了時や使用開始時に、ユーザー情報をインターネット経由で送信したり、メーカーが用意したWebページで直接登録します。ハガキに記入して郵送する場合もあります。

関連▶**アクティベーション**

ユーザビリティ *usability*

アプリやソフト、Webページの使いやすさ。

画面のレイアウト、配色、レスポンスなどに対する主観的な指標です。操作性だけでなく、色づかいや、動画などが効果的に使用されているかといったデザイン面でのなじみやすさを特に**ウェブユーザビリティ**といいます。ページを訪れるユーザーまでをも含めた使用環境全体の利用のしやすさをいいます。

関連▶**ウェブユーザビリティ／ユニバーサルデザイン**

有線テレビジョン放送法
Cable Television Broadcasting Policy Law

有線テレビ（TV）放送の施設の設置と業務とを規定した法律。

CATVの業務全般についての規定を定めたもので、1973年に施行されました。

関連▶**CATV**

ユーティリティ
utility programs／utilities

規模が小さく、補助的で簡潔な機能を持つプログラムのこと。

アプリケーションソフトのような比較的規模の大きいプログラムに対してこう呼ばれます。ユーティリティの中で、特にプログラム開発に利用されるようなものは**ツール**と呼ばれています。

関連▶**ツール**

郵便番号辞書
postal code dictionary

郵便番号を入力すると住所に変換され、また住所から郵便番号への変換ができる辞書のこと。

年賀状ソフトやかな漢字変換（IME）などの一機能として実装されることが多いです。

関連▶**辞書**

▼郵便番号辞書による変換の例

ユニバーサルデザイン
universal design

バリアフリーの考えから発展した、最大多数の人が利用しやすい製品や環境デザインのこと。

子供であれ大人であれ、あるいは障害を持つ人であれ、万人が使えるものをデザインの目的としています。Webページやアプリケーションソフトの設計におけるユニバーサルデザインとしては、画面の文字を大きくしたり、配色の配慮をしたり、キーボードの代わりにマウスで文字入力ができる機能を備える、といったことが挙げられます。

ユビキタス *ubiquitous*

あらゆるものにコンピュータが内蔵され、「いつでも、どこでも、だれとでも」と表現される環境やインターフェースのこと。

「いつでもどこでも」「至るところにある」といったラテン語で、このようなコンピュータ環境のことを**ユビキタスコンピューティング**と呼びます。後継的なものに**IoT**があり、こちらはありとあらゆるモノ同士が相互に通信する環境のことを指します。

関連▶IoT

よ

用紙寸法 *paper size*

紙の大きさに関する規格。

判型ともいいます。一般に、パソコンのプリンタで使う印刷用紙の規格には**A判**と**B判**がありますが、オフィス用の一般的なプリンタでは最大でA3判までを扱うことができます。通常はA判が用いられ、特にA4サイズ（210×297mm）が多く使われています。どのサイズの用紙に印刷するかは、アプリケーション側で設定します。なお、A判はドイツの工業院規格がもとになっており、B判は日本の和紙の大きさがもとになっています。

▼A／B判の仕上り寸法（単位：mm）

	A判	B判
0判	841×1189	1030×1456
1判	594×841	728×1030
2判	420×594	515×728
3判	297×420	364×515
4判	210×297	257×364
5判	148×210	182×257
6判	105×148	128×182
7判	74×105	91×128
8判	52×74	64×91
9判	37×52	45×64
10判	26×37	32×45

容量 *capacity*

収容能力。コンピュータでは、**記憶容量**と同義。

記憶装置に入るデータ量で、ビットやバイトなどの単位で表されます。

関連▶**記憶容量**

予測変換 *predictive text*

ユーザーが途中まで入力した文字列をもとに入力候補を表示するシステム。

ユーザーの辞書や過去の変換ログを参照して、次に入力される文字を予測します。最後まで入力しなくても文章の入力を簡単に行うことができます。スマートフォンなどにおける文章入力システムとしても採用されています。

関連▶**IME**

余白 *margin*

印刷された文書の上下左右の裁ち切りから文字面までの空白部分。

マージンともいいます。

関連▶**次ページ上図参照**

読み込みエラー *read error*

関連▶**リードエラー**

▼余白

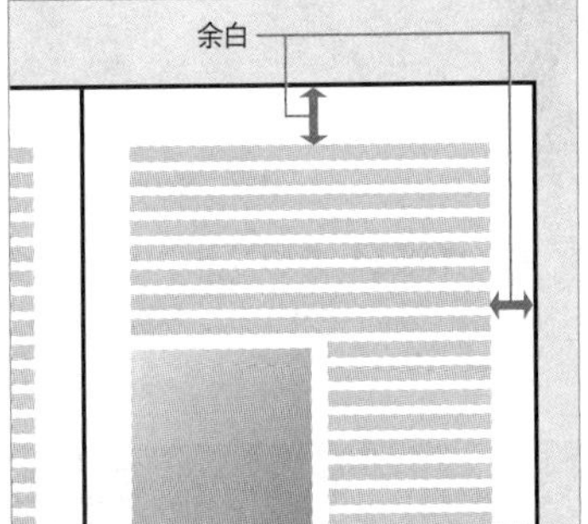

ライセンスフリー
licence free

制作者や著作者の了解をとったり、使用料を支払ったりする必要がない、プログラムやデータの利用形態。

ライセンスフリーの素材や作品は、自由に利用、再配布をすることができます。

関連▶シェアウェア／フリーウェア

ライトプロテクト
write-protect

書き換え可能なメディアにおいて、物理的に書き込みができないようにすること、またはその仕組み。

書き込み禁止ともいいます。SDメモリカードなどの書き換え可能なメディアには、データを誤って書き換えたり消去したりすることを防ぐために、ライトプロテクトが付いています。

▼ライトプロテクト

(株)アイ・オー・データ機器提供

ライブカメラ
live camera

実況中継を行うインターネットサービス。リアルタイムで現地の映像を発信する。

ライブカメラは、パソコンやスマートフォンなどに接続したカメラから生中継を行うサービスです。現地の天気を確認したり、話題のスポットなどを遠方から確認することができます。YouTubeなどのサービスにより、ライブカメラの配信を個人でも容易に行うことができるようになりました。

ライブ配信 *live distribution*

リアルタイムに映像や音声をネットワークを通じて配信すること。

ストリーミングサーバーやマルチキャスト技術を利用しています。

ライブビュー *live view*

デジタル一眼レフカメラの機能の1つ。

レンズに映った映像をリアルタイムで液晶ディスプレイに表示します。

コンパクトデジタルカメラではあたりまえの機能ですが、一眼レフの機構上、ピント合わせや撮影時には使用できない機種や、撮影用とライブビュー用の2つの機構を備えた機種もあります。

関連▶**デジタルカメラ**

ライブラリ *library/program library*

■複数の汎用性の高いプログラムを再利用できるようにまとめたもの。

標準的な入出力制御や通信プロトコル、ユーザーがよく使うソフトウェアをまとめたものです。部品化されているため、他のソフトウェアに簡単に組み込むことができます。開発ツールの標準添付品やオプションとして提供されます。

■プログラムやツールを集めたWebサイトの総称。

ライブラリサイトとして広く公開されているものとしては、**窓の杜**(もり)や**ベクター**などが知られています。

楽天 *Rakuten, Inc.*

楽天株式会社のこと。

インターネットショッピングモールの**楽天市場**やポータルサイトの**Infoseek**、東北楽天ゴールデンイーグルスを所有する日本の企業です。2016年12月時点で楽天市場の会員数は5100万を超えています。

ラジオボタン *radio button*

択一式の設定ボタン。

1つのボタンを選択すると、自動的に他のボタンの選択が解除されます。**ダイアログボックス**などで使われています。

▼ラジオボタン

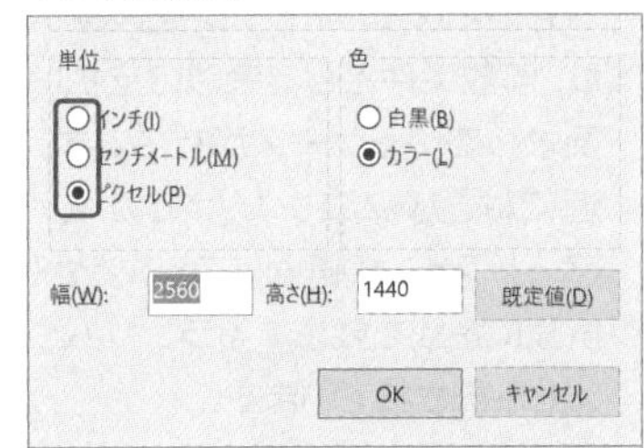

ラベル *label*

■記憶媒体のボリュームやファイル、レコードを識別するための文字列(識別子)。

■変数や配列を区別するため、データ項目に付ける文字列。

■プログラムで処理が別の部分へ分岐する場合に、その分岐先に付ける名前。

アセンブラやコンパイラは、プログラム中に埋め込まれたラベルをもとにラベルテーブルを作成し、分岐命令があった場合、そのラベルテーブルを参照して分岐位置を決定します。

ランサムウェア *ransomware*

システムへのアクセス制限を操作するコンピュータウイルスの一種。制限を解除するのに身代金を要求される。

日本では**身代金型ウイルス**と呼ばれることもあります。コンピュータに保存されているデータを人質にとり、解放条件として金銭の支払いを要求してくるケースが有名です。最近では、パソコンだけでなく、スマートフォンの画面にロックをかけ、解除に金銭を要求するランサムウェアも確認されています。

ランタイム *run-time module*

プログラム実行時に参照される外部プログラム。

ランタイムを参照するプログラムは、そのランタイムが入っていないと動きません。OSや開発環境から提供されています。プログラムの作成者によって作られたものもあります。**ランタイムモジュール**、**ランタイムライブラリ**、**ランタイムルーチン**と呼ばれることもあります。

ランダム *random*

規則性がなく、予想が不可能な性質のこと。

「手あたり次第の」「でたらめの」といった英語の形容詞表現ですが、統計学においては「無作為の」といった意味になります。また、情報理論においては、データパターンの発生確率が、パターンによらず一定であることをいいます。一方、ランダムなデータにはデータ圧縮可能性がありません。**圧縮**とは情報の規則性を見いだして行うもので、まったく圧縮できないデータの状態は、完全にランダムであるといえます。

関連▶ **データ圧縮**

ランダムアクセス *random access*

記憶媒体上の位置や格納順、キーの順番に関係なく、必要とするデータに直接アクセスできること。

ダイレクトアクセスともいいます。どのデータにもほぼ同じ所要時間でアクセスできるのが特徴です。CD-ROM、ハードディスクなどがこれにあたります。一方、データに順番にアクセスすることを**シーケンシャルアクセス**といい、磁気テープがこれにあたります。

関連▶ **シーケンシャルアクセス**

リアルタイム処理
realtime processing

実時間処理ともいう。命令に対してすぐに処理を行い、要求された制限時間内にデータ処理を完了する方式。

リアルタイム処理が要求されるシステムでは、仕様で規定された時間内に処理をすべて完了することが重要になります。**座席予約システム**、**オンラインバンキングシステム**などで使われています。

リアルタイムOS
real-time operating system

入力した操作の処理を設定した時間どおりに実行することに重点を置いたOS。

組み込みOSとも呼ばれます。

関連▶**組み込みシステム**

リードエラー
read-error / reading error / error in reading

外部記憶装置などからデータを読み込む際に起きるエラー。

読み込みエラー、**読み出しエラー**ともいいます。媒体の破壊、書き込まれたデータ自体の異常、読み込み装置の故障、メモリ不足などの問題で、データの読み込みに失敗したときに発生します。

リコメンド *recommend*

ユーザーの購買履歴を分析して、好みに合わせた商品情報を提供するサービス、または機能。

通販サイトのAmazon.comで表示される、「この商品を買った人はこんな商品も買っています」の機能などがそれにあたります。興味のある商品を見付けやすい半面、プライバシーの問題も懸念されています。

関連▶**検索連動型広告**

リサイクル法 *Recycling Act*

正式名称は「再生資源の利用の促進に関する法律」。

環境基本法に基づいて1991年に施行されました。不要となった製品を再資源化することで、逼迫したゴミ問題を解決しようというものです。分別回収や処理費用の負担などの問題は残すものの、企業と消費者を巻き込んだ循環型社会を目指した法律です。その後、1997年には、ガラス瓶やペットボトル、段ボールなどを主な対象とした**容器リサイクル法**、2001年には、大型家電を対象とした**家電リサイクル法**が施行され、企業に使用済み製品の再資源化を義務付けました。

関連▶**家電リサイクル法／パソコンリサイクル法**

リスト *list*

プログラムのソースファイルやデータベースのデータを順に表示、出力したもの。

特にソースファイルを出力したものを**プログラムリスト**、コンパイル時に出力されるリストを**コンパイルリスト**といいます。

リスティング広告 *listing service*

ユーザーの検索した単語にマッチ（適合）する広告を表示し、クリックされた回数に応じて広告料金を支払うシステム。

クリックがなければ課金されないため、効率的な広告投資を行うことができます。

リセット *reset*

コンピュータを最初から起動し直すこと。

リスタート、**再起動**ともいいます。プログラムの異常などでコンピュータが操作不能になった場合などに、リセットをします。コンピュータは電源投入直後の状態となり、再び使用可能となります。通常はメニューから選択するか、キー操作によって行いますが、ハードウェア側のスイッチ（**リセットボタン**、または**リセットスイッチ**）を使う場合もあります。

関連▶**シャットダウン**

リターンキー *return key*

関連▶**Enterキー**

リチウムイオン電池 *Li-ion battery*

リチウムイオンによって充電、放電を行い、繰り返し使える二次電池。

スマートフォンのバッテリーなどに使われている電池です。一般的には500回以上充電して利用することができるといわれています。

関連▶**電池**

リツイート *RT; ReTweet*

ツイッターにおいて、他のユーザーによるつぶやき（投稿）を引用として再度、自分のアカウントから発信すること。別名RT。

一般的に「RT＠（ユーザー名）」といったかたちで引用元を明記し、引用文には変更を加えずに、自分のつぶやきを受信している他ユーザー（**フォロワー**）へ発信します。リツイートを便利に行えるサービスも登場しており、日本語版ツイッターでは、2010年1月にツイッターの運営者側がリツイート機能を公式機能として追加しました。

関連▶**ツイッター**

立体テレビ
three-dimensional television

立体的な三次元の画像を表示するテレビ（TV）の総称。

大きく分けると、専用メガネなどの補助器具を使って見るタイプと、特殊なメガネを使わずに裸眼で見るタイプ（**インテグラル立体テレビ**）があります。後者は、ディスプレイから発せられる光の進行方向を制御し、右目と左目のそれぞれに異なる画像が映るようにした上で、右目用と左目用の画像を合わせて3D用画像として表示するという原理です。従来は前者が中心でしたが、近年ではメガネがいらない後者の技術開発も進んでいます。**3Dテレビ**、**三次元テレビ**ともいいます。

関連▶**下図参照**

リッピング *ripping*

音楽用CDやDVD-Videoに含まれる音声や映像のデータを、ハードディスクなどに保存すること。

音楽CDの音楽やDVDの映像などをコンピュータで処理可能なファイルに変換します。ripとは「切り取る」「はぎ取る」を意味します。

リテラシー *literacy*

文字を読み書きし、そこに含まれる情報を理解する能力のこと。

関連▶**コンピュータリテラシー／情報リテラシー**

▼インテグラル立体テレビの原理（立体テレビ）

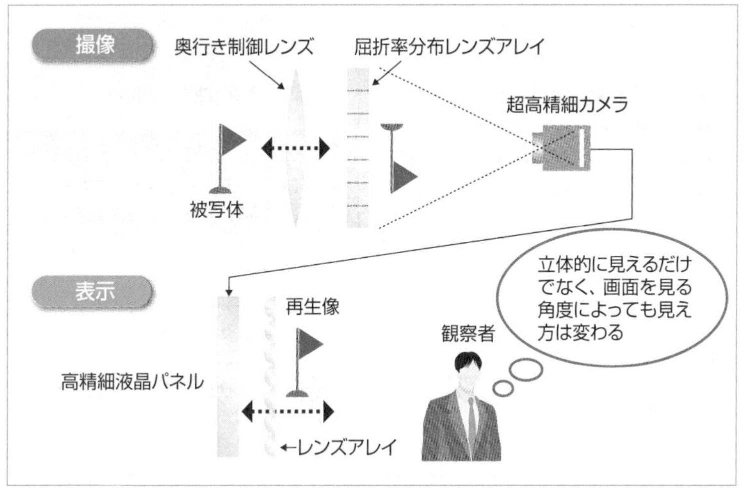

リネーム *rename*

ファイル名やディレクトリ名などの名前を付け替えること。

リピータ *repeater*

ネットワークにおいて、伝送信号を中継する装置。

電気信号をそのまま送るのではなく、信号増幅や波形整形を行って中継するため、伝送距離を伸ばすことができます。

関連▶ **ブリッジ／ルータ**

リブート *reboot*

システムを**再起動**すること。

関連▶ **ブート／リセット**

リプ *reply*

ツイッターにおけるユーザー名（から始まる英数字）から始まるつぶやきのこと。記入したユーザーに宛てたつぶやきになる。**リプライ**の略称。

リプライを受信すると通常のツイートとは異なり、通知が表示されます。リプライとして送信したつぶやきは、送り側と受信側の両方をフォローしているユーザーのタイムラインにしか表示されないので、**リツイート**よりも狭い範囲で話題を共有するときに利用します。しかし、該当ユーザーのプロフィールページに行けば誰でも会話を見ることができるので、リプライは第三者に知られてもいい内容にとどめるのが賢明です。

関連▶ **リツイート**

リボン *ribbon*

Office 2007より採用された、画面上側にメニューボタンとして表示したもの。

［ファイル］［ホーム］［挿入］などが並んでいる領域を指します。Office 2007以降のリボンは、ユーザーの操作に従って、次の操作に必要なボタンが表示される仕掛けになっています。例えばExcelで関数を入力する際には関数がジャンル分けされて表示されるので、ユーザーは、そこから必要なものを選択するだけでよいことになります。

関連▶ **下図参照／Office**

リマインダー *reminder*

インターネットを使って電子メールなどで予定を通知する機能のこと。

▼リボン

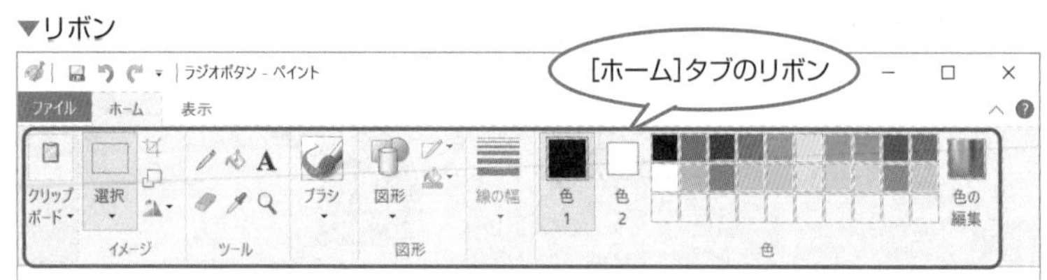

最近では、スマートフォンのリマインダーアプリで予定を通知する方法が主流です。予定の時間になると通知センターや振動機能を使って教えてくれます。また、パスワードを忘れたときに、あらかじめ設定しておいた質問の答えで本人確認をする機能のことも、リマインダーと呼びます。

量子コンピュータ
quantum computer

従来の半導体のオンオフによる論理ゲートに代えて、量子の持つ「重ね合わせ」という性質を利用することで処理能力を飛躍的に高めたコンピュータ。

素粒子の世界では、複数の状態が同時に実現される「重ね合わせ」という状態があります。0と1の2つの信号を切り替えて計算するこれまでのコンピュータに対し、「00」「01」「10」「11」の4つの状態を同時に計算できます。1994年に米国AT&Tベル研究所のPeter Shor博士が、量子コンピュータを用いて素因数分解を高速に解くアルゴリズムを発表してから一躍注目を浴び始めました。ほかにも、巡回セールスマン問題など、従来は総あたりで解くしかなかった問題を高速に解くことができるとして注目されています。現状、量子コンピュータの演算素子は非常に不安定なため、実用化に向けた研究が続けられています。なお、量子コンピュータには大きく分けて、**量子ゲート方式**および西森秀稔と門脇正史が提唱した**量子アニーリング方式**があります。前者はノイズに極めて弱く、高い集積と精密な制御が必要なことから実用化に至っていませんが、後者は2011年にカナダのD-Wave社が商用化に成功し、機械学習などの最適化問題への利用等が期待されています。

関連▶**ディープラーニング**

▼量子コンピュータの情報処理

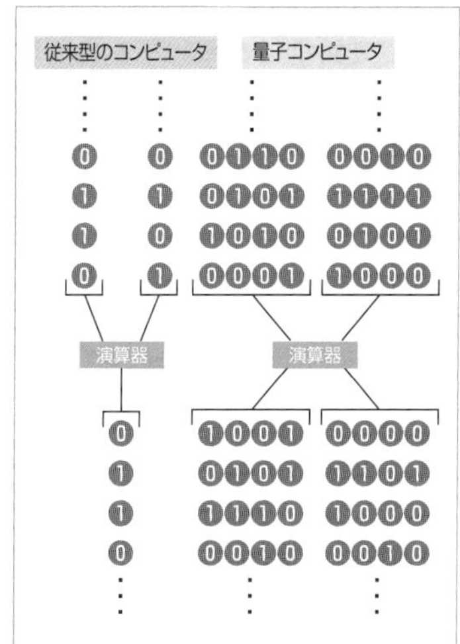

リレーショナルデータベース
relational database

1件ごとのデータを1行（**レコード**）で表していて、それぞれの行の中には列（**フィールド**）が複数あるような表（テーブル）構造を基本とするデータベース。

複数の表を組み合わせてデータベー

スを構成しますが、対応関係をフィールドで指定するため、**関係型データベース**といいます。

関連▶**抽出**

履歴 (りれき) *log／history*

入力したコマンドの手順や、プログラムなどの開発の経緯、送受信した通話記録のこと。

ログともいいます。アプリケーションなどで、読み込んだファイルを記録したものや、インターネットブラウザで訪れたWebページの記録も履歴といいます。

関連▶**次段上図参照／ログ**

▼履歴表示画面

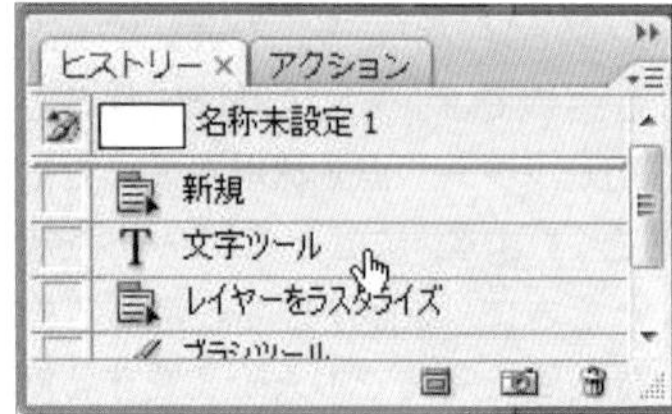

リロード *reload*

いったん読み込んだデータを再度、読み込み直すこと。

再読み込み、あるいは**更新**ともいいます。Webブラウザでは、Webページの表示がうまくいかない、あるいは、あるはずのページがうまく表示されないときなど、リロードを実行

▼リンクの仕組み

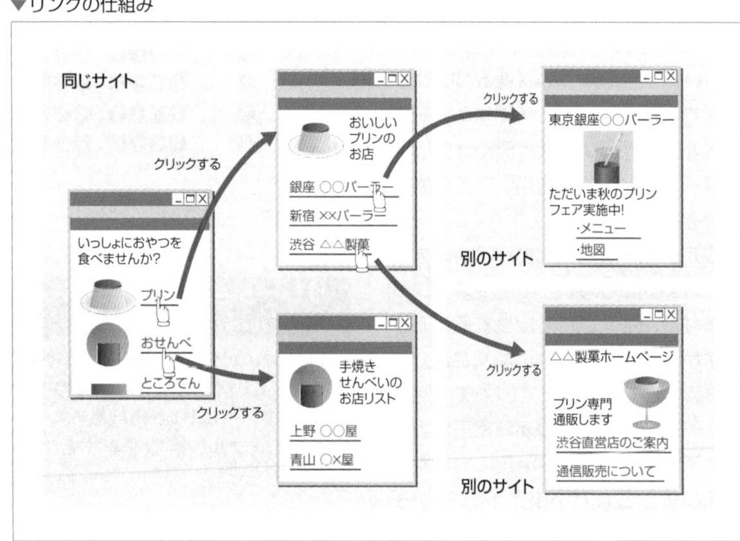

すると正しく表示される場合があります。

リンク *link*

■インターネットのWebページで、別のページへ移動するための仕組み。

HTMLでは、文字列や画像をクリックすると、指定するページ、ファイルや文字列にジャンプする仕組みをいいます。

関連▶前ページ下図参照

■オブジェクト同士を結合させること。

プログラミングにおいては、モジュール化（ソフトウェアを機能単位で分割）して作成したプログラムを、1つのプログラムに統合することをいいます。文書作成ソフトや表計算ソフトにおいては、他の文書やワークシートのデータが元のファイルを参照できるような関係を設定することをいいます。

ルータ *router*

ネットワーク上のデータのやり取りを管理する装置。

ネットワークの相互接続装置の1つ。IPプロトコルなどのレイヤー3（ネットワーク層）プロトコルに基づいて経路制御を行う中継装置です。まとめられた可変長のデータ（**パケット**）の行き先を管理するための**交換機**で、データの宛先を調べて、自分のネットワークからデータを送り出したり、自分のネットワークへデータを取り入れたりします。他のネットワークから別のネットワークへのデータの中継、転送も管理します。

▼無線内蔵ルータ「WN-G54/R4」

（株）アイ・オー・データ機器提供

関連▶**ゲートウェイ／ブリッジ／リピータ**

ルーティング *routing*

ネットワークパケットを正しく目的地へ送信するための経路を見付け出すこと、またはその制御技術。

ルータはIPアドレスなど、ネットワーク層のアドレス情報と通信経路情報（**ルーティングテーブル**）を管理することで、パケットを正しい相手に送信します。

関連▶**ルータ**

ルートディレクトリ *root directory*

階層構造の一番上にあるディレクトリ。

関連▶**ディレクトリ**

ループ *loop*

指定した条件が満たされるまで何度も繰り返し行われる処理。

なお、終了条件を指定していなかったり条件が満たされないまま、繰り返しの実行が続き、次の動作に移れない状態を**無限ループ**といいます。

レーザープリンタ *laser printer／laser beam printer*

プリント時にレーザーの光を使用する形式のプリンタ。

コピー機と同じ原理を用いて、感光ドラムにレーザー光をあてて、像を静電気で形成したあと、トナーを紙に定着させます。一般に、インクジェットプリンタなど他の方式に比べ、処理が高速で大量印刷に向いています。

関連▶ **トナー／プリンタ**

レーザーマウス *laser mouse*

マウスの動きを検知するセンサーとしてレーザーを使ったマウス。

高解像度レーザーをセンサー部の光源に用いた光学センサーで動きの情報を検知する方式のマウスです。それまでの光学式マウスと比べて解像度が高く、マウスの動きをより正確に読み取れるようになっています。また、従来の光学式マウスだと操作しにくかった場所（光沢のある机の上など）でも操作がしやすくなりました。

関連▶ **マウス**

レーティング *rating*

映画やテレビゲームなどにおいて、対象年齢区分を表示する制度。

暴力表現、性的表現、反社会的行為などの、過激な表現の有無によって区分けされます。日本では、映画倫理規定による「映画レーティング制度」、テレビゲームにおける「CEROレーティング」などが実施されています。Windowsでも、機能やソフトごとに保護者による制限を加えることができるようになりました。

関連▶ **フィルタリング／ペアレンタルコントロール**

▼レーティング

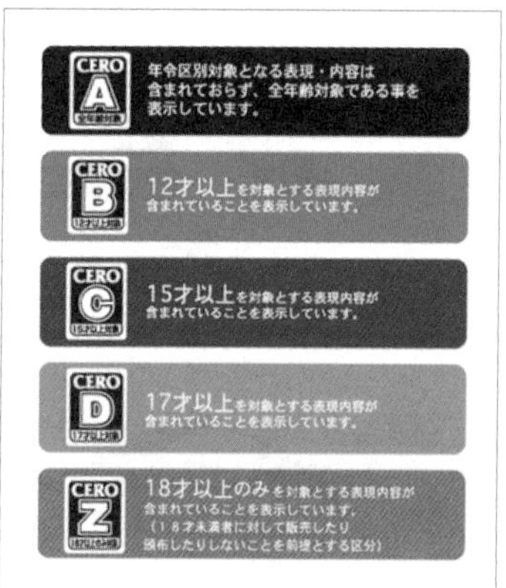

れ

例外処理 *exception handling*

エラーに対する処理。

操作を間違えたときのメッセージ表示やプログラムエラーなど、様々なエラーに対しての処理が行えるように、プログラム設計時に作られます。例外処理が十分でないと、エラーが発生したときにプログラムが暴走してしまうこともあります。**エラーハンドリング**ともいいます。

レイヤー *layer*

■グラフィックソフトやフォトレタッチソフトなどで使用する透明なシートのこと。

1枚ずつに絵（画像要素）を描き、何枚も重ねたり入れ替えたりして、1つの絵として表示させます。

▼レイヤーの概念

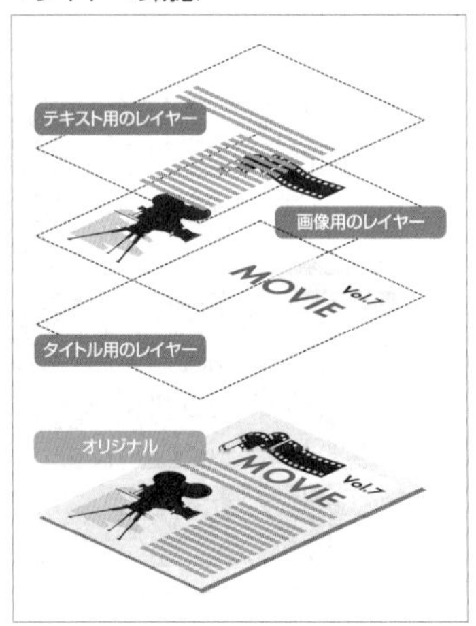

■ネットワークプロトコルの機能を単純化するために整理したモデル層。

OSI基本参照モデルでは7つの階層に分けられます。

レガシーインターフェース *legacy interface*

新しい規格に取って代わられて、ほとんど使われなくなったインターフェースの総称。

周辺機器の接続に使用されていたパラレルポートやシリアルポート、外付けハードディスクなどに使用されたSCSIなどがあります。

レコメンデーション *recommendation*

顧客の好みを分析して、顧客に適した情報を提供するマーケティング手法。

あらかじめ登録してある嗜好（しこう）やECサイト等の購買履歴、検索エンジンの検索履歴をもとに、顧客の好みに合う情報（商品等）を提供するサービスのことです。

レジストリ *registry*

■Windowsで、各種ソフトの設定情報などを保存しているデータベース。

OS側によって用意された場所であり、共通のインターフェースでプログラムからアクセスすることができ、ユーザーも**レジストリエディタ**で設定内容を見ることができます。

れ

■ドメイン名の登録申請や管理、アクセス手段の整備などを行う組織。

トップレベルドメインごとに1つのレジストリがあります。日本を表す「.jp」ドメインを管理しているレジストリは、日本レジストリサービス（JPRS）だけとなっています。一般の個人や企業から依頼を受け、レジストリにドメイン名を登録申請する業者は、**レジストラ**と呼ばれます。

関連▶JPNIC

レスポンス *response*

信号を発信してから、その信号に応答するまでをいう。

応答時間ともいいます。コンピュータの1命令の実行時間や、**トランザクション**（処理すべき仕事）の開始から終了までの時間など、着目する処理によって単位が異なります。

レタッチ *retouch*

絵や写真などを修整すること。

写真などの画像をパソコンに取り込んで、画像に映り込んだゴミや瑕を取り除いたり、色調を変化させたりする**フォトレタッチソフト**などがあります。

連想検索 *associative search*

検索条件の文章に関連する文書ファイルを探し出す検索方法。

文書に含まれる文字の重なりをもとに関連付けられ、従来の単語による検索よりも検索性が高くなるとされます。長い文章を検索条件とすることもできます。

レンダリング *rendering*

■コンピュータグラフィックスで、三次元図形（立体）のモデルデータから画像を描き出すこと。

■インターネットのWebブラウザが、HTMLなどのソースファイルからWebページに表示する画像を作り上げること。

レンタルサーバー *rental server*

関連▶ホスティング

連文節変換 *consecutive clause conversion*

複数の文節にわたって、まとめて漢字変換する機能。

文脈や単語から適した漢字変換を自動的に選択します。

関連▶かな漢字変換

ローカライズ *localize*

外国語で作成されたアプリを、自国のシステム言語や表現に合わせて変更すること。

表示されるメッセージを自国語にするだけでなく、対応した言語の入力を可能にするため、IMEを作成するなどの処理も必要となります。特に日本語環境へのローカライズを**日本語化**といいます。

関連▶**IME**

ロード *load*

磁気ディスクなどの外部記憶装置から、プログラムやデータをメインメモリ上に読み込ませること。

プログラムファイルは、これによって実行できるようになります。

関連▶**実行**

ロードマップ *roadmap*

企業の製品開発予定を時系列に沿って表示した表のこと。

新製品の開発スケジュールを確認することができます。

関連▶**ベータ版**

ローマ字入力 *Roman letters input*

読みの「かな」をアルファベットキーを使ってローマ字つづりで入力すること。

日本語入力システムで自動的に「かな」に変換されます。ただし、拗音(ようおん)、促音、撥音(はつおん)の入力の仕方は、日本語入力システムによって異なる場合があります。

関連▶**かな入力**

▼ローマ字入力

ローミング *roaming*

1つの端末が複数のアクセスポイントやネットワークを利用する場合でも同じようにネットワークサービスを提供すること。

インターネットのローミングサービスでは、契約しているプロバイダの海外拠点のアクセスポイントや、海

ろ

外提携先のアクセスポイントを利用することで、自国と同じようなサービスを実現しています。また、スマートフォン／携帯電話では、契約した通話会社以外のサービス提供地域で利用できるようにすることをいいます。

ログ *log*

システムの利用状況や通信の記録をとること。または記録（ログファイル）そのものを指す。

システムでは、どの端末（誰）がどの時刻にどんな作業をしたかが記録されます。ログを参照することで、利用者ごとの課金情報を作成したり、障害発生の原因を調査することができます。

関連▶**履歴**

ログイン *log in*

自分の端末とホストコンピュータを接続して、データのやり取りができる状態にすること。

ログオンとも呼びます。ログインに対して、ホストコンピュータと切り離すことを**ログアウト**、または**ログオフ**といいます。端末とホストの通信を開始することは**アクセス**といいますが、ログインはアクセス後にシステムの選択、IDの確認、パスワードの確認などのユーザー認証手続きを行って、ホストコンピュータと接続することを指します。ログアウトの際には、サービス終了の手続きをします。ログアウトしてもアクセスは切らずに、別のシステムを選択してログインすることもできます。

関連▶**アクセス**

ロングテール *long tail*

商品別売上（降順）のグラフで、ニッチな商品が恐竜の長いしっぽのように見えることから命名された現象。

一般の店舗なら、在庫スペースの問題や売上頻度の問題で商売につながらないニッチ商品が、インターネットショップなどでは、長い期間をかけて無視できない量で売上を伸ばす現象のことをいいます。米Wired誌編集長のクリス・アンダーソンが提唱しました。

関連▶**Amazon.com**

論理フォーマット *logical format*

記憶媒体のフォーマットを行う際に、各ファイルシステムに応じたデータ管理用の情報を書き込む作業。

OSごとに、管理できる容量や管理方法には相違があります。OS上のデータをファイルとして扱えるように準備する作業を論理フォーマットと呼んでいます。

関連▶**物理フォーマット**

ろ

ワークグループ
working group

Windowsネットワークで用いられる、多数のユーザーがデータを共有する環境。

データや複数のユーザーのアカウント名、パスワードなどが保存された情報ファイルを共有することができます。

関連▶アカウント

ワープロ
word processor

電子タイプライター機能と、文章の入力編集機能を持つソフトウェア、あるいは専用機の総称。

ワードプロセッサの略称です。文章を入力してファイルに保存し、編集、印刷することができます。特に、日本語の編集を主な目的とするワープロを**日本語ワープロ**といいます。かつては専用のマシンが用意されていました。

関連▶一太郎／Word

ワーム *worm*

コンピュータウイルスの一種。

ネットワークを使ってコンピュータを次々に感染させ、自己増殖していくものをいいます。ワーム自身が独立したプログラムであり、感染する宿主を必要としない点で、狭義のコンピュータウイルスとは区別されます。

関連▶ウイルス

ワイヤレス給電
wireless power supply

コンセントのような接点などを必要とせず、非接触での電力供給を可能にする技術。Qi（チー）規格のこと。

ワイヤレスパワーコンソーシアム（Wireless Power Consortium; WPC）が策定した国際標準規格で、スマートフォンなど15W以下の低電力規格が定められています。**非接触電力伝送**ともいい、「電磁誘導方式」「電波方式」「電磁界共鳴方式」の3つが現在の主流となっています。専用の装置に乗せるだけで給電ができます。防水の必要のある電気シェーバー、電動歯ブラシなどから採用が始まり、近年はスマートフォンでも採用例が増えています。

関連▶Qi

ワイヤレスマウス
wireless mouse

パソコン本体とマウスの間を、赤外線や電波を利用してコードを使わずに接続するマウス。

わ

パソコン本体には赤外線や電波の受信機を接続し、マウスとの間で通信を行います。マウス本体は電池によって電源を供給します。

関連▶マウス

ワイヤレスUSB *WUSB ; Wireless USB*

USB機器を無線で使えるようにしたもの。

通信方式としてIEEE 802.11やBluetoothが使用されていますが、統一された規格ではないため、周辺機器同士の互換性は保証されていません。通常の機器をワイヤレス化するハブなどもあります。

関連▶IEEE 802.11／USB

ワイルドカード *wild card*

Windowsなどで、任意の文字列を指す記号として利用できる「?」「＊」などの特定の文字をいう。

もともとは、トランプのジョーカーにあたる「万能札」のことですが、この場合、「?」は任意の1文字を、「＊」は任意の文字列を表します。COPYやDELなどのコマンドを実行する際に、名前にワイルドカードを利用することで、ファイルをまとめて指定することができます。また、文字列を検索する際などにも利用します。

関連▶下表参照

ワトソン *Watson*

IBMが開発した人工知能(AI)のこと。

メディアでは「AI(人工知能)」として紹介されていますが、開発元のIBMは「質問応答システム・意思決定支援システム」と定義しています。2011年に米国のクイズ番組に出演して優勝しています。このときには、本や百科事典をデータとして取り込み、自然文として与えられるクイズの文章を文脈を含めて理解して解答しました。また、2016年8月には、人間であれば2週間かかっていた白血病患者の診断をわずか10分で行い、適切な治療法を導き出したとして、大きく報道されました。日本でも、銀行のコールセンター業務の支援システムとして導入されています。

関連▶ディープラーニング／AI

▼ワイルドカードの例

例	意味
＊	任意の文字列を示す
ABC.＊	ファイル名ABCのすべてのファイルを示す
＊.DEF	拡張子DEFのすべてのファイルを示す
?	任意の1文字を示す
ABC.???	ファイル名がABCで拡張子が3文字のファイルを示す
A??.DEF	ファイル名の先頭がAで後ろに2文字が続く、拡張子DEFのファイルを示す

わ

ワンクリック詐欺
one-click fraud

Webページにアクセスしたり、ページ中の画像などをクリックしただけなのに、料金を不正に請求してだまし取るネット詐欺の手法。

ワンクリック料金請求、**ワンクリック架空請求**とも呼ばれます。例えば、無差別、大量に送信される勧誘メールからサイトにアクセスした際に突然、「登録が完了しました。料金をお支払いください」というメッセージと共に金額と振込先が表示される、といった手口があります。複数回クリックすることで料金不正請求などにあうものは**ツークリック詐欺**と呼ばれます。

ワンセグ *1 seg*

地上デジタル放送（地デジ）におけるモバイル機器向けのテレビ（TV）放送。

320×240（もしくは320×180）ドットの映像を**H.264**という動画の圧縮方式によって符号化して放送しています。地デジの1チャンネルに割り当てられた13セグメントのうち、1つのセグメントを使って放送されるので、「ワンセグ」と呼びます。

▼ワンセグ

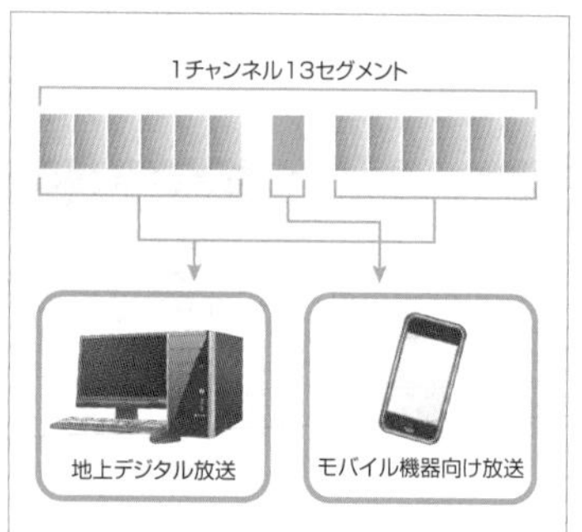

関連▶**携帯電話**／**地上デジタル放送**

ワンタイムパスワード
OTP ; One Time Password

一度しか利用できないパスワードを利用した認証方式。使い捨てパスワードとも呼ばれる。

パスワードの生成には、単位時刻ごとにパスワードを生成する時刻同期タイプ、古いパスワードから関数などを用いて新しいパスワードを生成する**数学的アルゴリズム**、一度に複数のパスワードを生成・印刷し、一度使用したパスワードをその都度消していく**リストタイプ**など、様々な方法があります。数字や文字を格子状にランダムに配置し、特定の位置に表示される文字を入力する方法を**マトリックス認証**といいます。

関連▶**パスワード**

わ

A判 (エーばん) *a-size*

JIS規格による用紙寸法の1つ。ドイツで提唱された国際規格。

基本となるA0判の面積は1m²(841×1189mm)です。用紙を長辺の中央で折るごとに面積は1/2となり、それぞれ「A1」「A2」…と呼びます。

関連▶**用紙寸法／B判**

▼A判の寸法と呼称

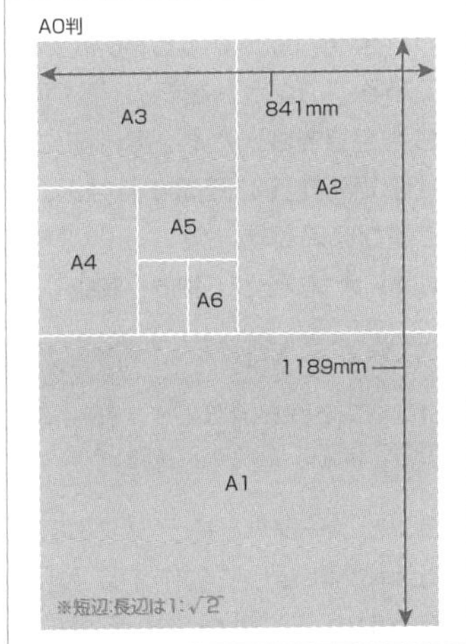

AAC
Advanced Audio Coding

楽曲(音声データ)のファイル形式を圧縮(エンコーディング、符号化)する方法の1つ。

MPEG-2 Audioの拡張符号化方式で、ISOの作業部会(**MPEG**)によって標準化されました。iTunes Storeの楽曲に用いられており、地上波デジタル放送、BSデジタル放送にも採用されています。

関連▶**MPEG**

AACS
Advanced Access Content System

ブルーレイディスクで使われている、映像の違法コピーを防止するための規格。

米国IBM、Intel、マイクロソフト、Walt Disney、Warner Brothers、日本のソニー、パナソニック(当時・松下電器産業)、東芝の8社が共同で設立した「AACS LA」によって策定されました。AACSでは、ブルーレイディスクソフトによって、プレイヤーやレコーダーのバージョンアップが行われます。

関連▶**ブルーレイディスク**

abuse (アビューズ)

ネットワーク上の迷惑行為、悪用行為のこと。

不正な方法によってオンラインゲーム内の仮想通貨、ポイントなどを獲得する行為を指します。複数のプレイヤーによる談合や、個人が複数のキャラクターを操作して行うことを指す場合が多いです。ゲームの運営側がこのような行為を禁止しているケースも多く、該当すると判断されるとアカウント停止などの措置がとられることもあります。「アビューズ行為」ともいわれます。

関連▶**チートツール**

Access (アクセス)
Microsoft Access

米国マイクロソフト社が販売するWindows版の**データベースソフト**。

最新バージョンは「**Access 2019**」です。

Acrobat (アクロバット)
Adobe Acrobat

米国アドビ社が開発した**PDF**という形式のデータファイルを作成、表示、加工、印刷するソフトウェア。

OSやシステム環境を問わず、どんなアプリケーションソフトの文書ファイルも、オリジナルの体裁を保持したままPDFファイルに変換できるソフトウェアです。PDFに変換したデータは、あたかも紙の書類のように、どのような環境でも同じように再現できます。さらに、スキャナーから紙の書類を取り込んだり、Webページを直接PDFに変換するなど、オフィスにある様々な文書をPDFにして共有する機能もあります。PDF形式のファイルの表示、印刷だけを可能とするソフトウェアは**Acrobat Reader**（アクロバットリーダー）といい、アドビ社より無償配布されています。

関連▶**PDF**

ActiveX (アクティブエックス)

米国マイクロソフト社が開発したオブジェクト指向技術。

標準では対応していない音声や映像データを、ブラウザ上で自動的に再生するための技術です。Internet Explorerで採用されています。ActiveXでは、プラグインに相当する部分のダウンロード、設定が自動で行われます。簡便である一方で、悪意のあるプログラムを読み込む可能性も否定できないため、実行前に認証機能で開発元を確認するなど、自衛措置が必須です。

関連▶**オブジェクト指向**／**認証**

ACアダプタ *AC adapter*

コンセントから流れてきた交流電源を直流電源に変換する装置。

コンピュータなどのデジタル機器は直流電源によって動作する仕組みであるため、コンセントから得られる交流電源を直流電源に変換する必要があります。そのための装置がACアダプタです。大型機器では本体に組み込まれていることが多く、小型機器では電源コードの途中にあるのが一般的です。

A/Dコンバータ
Analog to Digital converter

アナログ信号からデジタル信号へ変換するためのチップ。

A/D変換器ともいいます。モデムやサンプリングカードに内蔵されています。

関連▶**A/D変換**

A/D変換
Analog to Digital conversion

アナログ信号からデジタル信号への変換。

例えばサンプリングカードで音声をパソコンに取り込んだりすることをいいます。この変換作業の核になっているのが**A/Dコンバータ**（**A/D変換器、A/D変換チップ**）で、通常は、電圧や電流をデジタル値に変換します。A/D変換の機能は分解能と速度で決定されます。分解能はビット値で表され、ビット値が大きいほど精度が高いといえます。また、速度はサンプリングの周波数で表され、1kHzは1秒間に1000回変換が行われることを意味します。また、A/D変換では、信号が有限桁数の数値に正規化されてしまうため、**量子化ノイズ**と呼ばれる誤差が避けられません。

関連▶**次段図参照／サンプリング／D/A変換**

▼A/D変換と量子化ノイズ

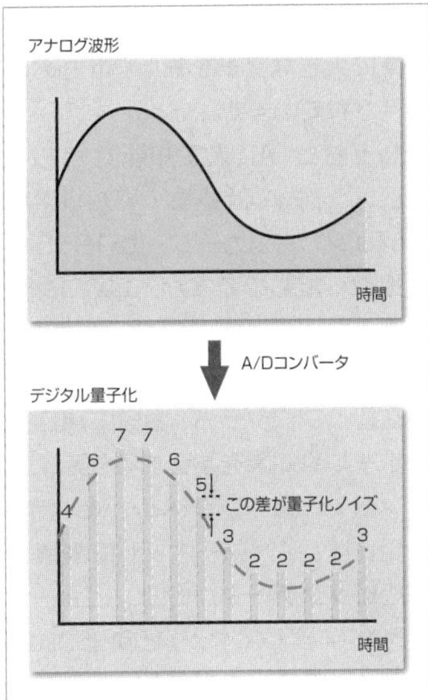

Adobe CC

関連▶**CC**

AI *Artificial Intelligence*

認知や推論などの人間の知的能力をコンピュータで実現する技術。**人工知能**ともいう。

AI（人工知能）はインターネットの各種サービスをはじめ、様々な製品やサービスに組み込まれ活用されています。インターネットの検索エンジンやスマートフォンの音声応答システムなどはその代表的なものです。今後は、画像認識とビッグデータの解析による自動運転車や、雑誌、論文、臨床の知見を取り込み医学的根拠を学習した支援システムなど、より高度な利用が見込まれ、社会や産業に大きな変革をもたらすものと期待されています。

もともと「AI（人工知能）」という用語は、米国の計算機・認知科学者のジョン・マッカーシーが1955年に提案したものですが、エアコンや洗濯機などの制御プログラムから、大量の知識ベースをもとに推論や探索を行うプログラム、さらにAI自らがルールや知識を学習する検索エンジンまで、様々なレベルがあります。

現在は、インターネットに蓄積された**ビッグデータ**からコンピュータ自身が学習して能力を向上させる、**ディープラーニング**という手法での利用が注目されています。

ところで、これまでAIには3つのブームがありました。1950年代後半から60年代にかけての第一次ブームは、コンピュータの推論や探索の能力を利用したもので、自然言語処理による機械翻訳などが研究されました。これは特定の問題の解を求めるもので、現実的な課題を解くまでには至らず、ブームは終息しました。

1980年代から90年代半ばまでの、推論機能を使う**エキスパートシステム**による第二次ブームでは、専門分野での推論を実現しましたが、膨大な専門知識をコンピュータが理解できるように記述しなくてはならず、そのことが限界となりました。

そして、2000年代から現在まで続いている第三次ブームでは、ビッグデータからコンピュータ自身が知識を獲得する**機械学習**という手法を採用しています。ニューラルネット

▼AIをめぐる基礎技術

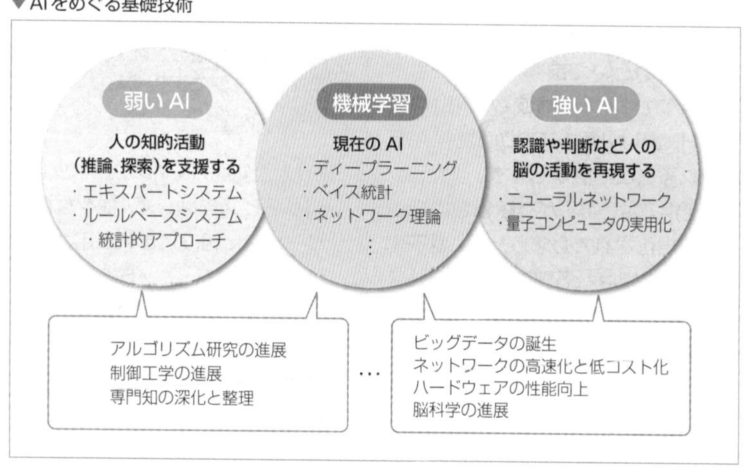

ワークを用いた機械学習の一手法であるディープラーニングが登場したことで、一気に実用化の可能性が開けてきました。人間が知識を与えなくても認知や推論に至る学習をする点、自ら「概念」を獲得する点などが、これまでのAIと大きく異なります。なお、2045年にはコンピュータが全人類の知能に追い付き（これを**シンギュラリティ**：**技術的特異点**と呼ぶ）、その高い学習能力から全人類を一気に追い越すという、文明史的危機を訴える説もあります。

関連▶**前ページ下図参照／シンギュラリティ／ディープラーニング／ビッグデータ**

AirPlay（エアプレイ）

米国アップル社が提供する、動画などのマルチメディアデータをストリーミング再生する技術。

動画、静止画、音楽などをiPhoneやiPadなどのiOS／iPadOSデバイスや、Apple TVといったAirPlay対応機器に無線で伝送することができます。iPhoneで撮影した画像をテレビ画面で見ることもできます。

関連▶**ストリーミング（配信）**

AIアシスタント
AI assistant

ユーザー（話し手）の音声を認識し、自然言語処理により命令を理解して処理を実行するソフトウェアやサービスのこと。

バーチャルアシスタント、**仮想アシスタント**ともいいます。

AIスピーカー
AI speaker

対話型の音声操作によって情報を検索したり、連携している家電の操作を行うスピーカーのこと。

海外ではスマートスピーカー（smart speaker）といいます。
主な製品として、Amazon Echo（アマゾンエコー）、Google Home（グーグルホーム）、HomePod（ホームポッド）、CLOVA WAVE（クローバ・ウェーブ）、Invoke（インヴォーク）があります。

関連▶**AIアシスタント**

AI翻訳
AI translation

コンピュータの機能により外国語を翻訳する機能。

深層学習の発達により、自然な翻訳が可能となってきています。**google翻訳**や**DeepL翻訳**が有名です。

関連▶**ディープラーニング**

Ajax（アジャックス）
Asynchronous JavaScript + XML

FlashやJavaを使わずにWebブラウザ上にメールソフトや地図ソフトのような高度なアプリを構築する技術。

Googleマップ（グーグルマップ）な

どの米国グーグル社製Webアプリケーションに採用されて注目を浴びました。**ダイナミックHTML**と、**JavaScript**による**XML**の非同期通信を利用したものとなっています。

関連▶**Googleマップ**／**XML**

AlphaGo（アルファご）

人工知能を活用した、囲碁を指すプログラム。

2015年10月のトッププロとの対局で4勝1敗と勝ち越したことで話題となりました。従来のAIプログラムと異なる特徴として繰り返し学習を採用しており、対局を繰り返すことで自ら効果的な打ち方を学習します。米国グーグル社の関連会社である**DeepMind社**によって開発されました。

関連▶**機械学習**／**ディープラーニング**

▼AlphaGoのロゴ

© 2017 DeepMind Technologies Limited

Altキー（アルトキー／オルトキー）
Alternate key

パソコンのキーボードにあるキーの1つ。

正確には**アルタネート**（**オルタネート**）**キー**と呼びます。キー自体に独立した機能はなく、他のキーと同時に押すことで、割り当てられている特定の処理が実行されます。Windowsでは各アプリケーションのメニューを開くように作られています。

関連▶**キーボード**

▼Altキー

日本マイクロソフト（株）提供

Amazon.com（アマゾン・ドット・コム）

インターネット上で運営されている、世界最大のショッピングサイト。

米国シアトルに本社を持つアマゾン社が運営する世界最大の通販サイトです（1995年に創業）。オンライン書店からスタートし、現在では書籍のほか、音楽や映画、電化製品、玩具などを扱う総合ショッピングサイトとなっています。「実店舗ではあまり売れないので陳列されない商品が、ネット店舗では欠かせない収益源となる」という**ロングテール**理論を実践した例として知られています。

Amazon Web Services（アマゾン ウェブ サービス、AWS）

アマゾン社が提供するクラウドコンピューティングサービスの総称。

インターネットを通して、サーバーやストレージ、データベース等のサービスが利用できます。このサービスを使うとシステムの増減が容易であり、使用した分だけの料金設定であるため低コストで運用できます。**AWS**と略記されます。SaaS、PaaS、IaaSなどをサービスとして提供しています。

関連▶下図参照／AWS認定資格

AWS認定資格

アマゾン社が提供するクラウドサービスAmazon Web Services(AWS)の資格試験のこと。

その中でも人気の資格としては、基礎レベルのクラウドプラクティショナー(Cloud Practitioner)、AWS利用によるクラウド構築などの経験を1年ほど有する開発者（アソシエイトレベル）を対象とする①設計者向けのソリューションアーキテクト(Solutions Architect associate)、②運用担当者向けのSysOpsアドミニストレーター(SysOps Administrator)、③開発者向けのデベロッパー(Developer)などがあります。

関連▶Amazon Web Services

AMD
Advanced Micro Devices, Inc

Intel(インテル)互換プロセッサやGPU、フラッシュメモリなどを手がける米国の半導体開発・製造会社。

1969年に設立されました。**Athlon(アスロン)**、**Opteron(オプテロン)**などのCPUや、GPUのRadeon(レイディオン、ラデオン)で知られています。米国Intel(インテル)社のx86シリーズ互換のプロセッサメー

▼クラウドサービスの構成要素(Amazon Web Services)

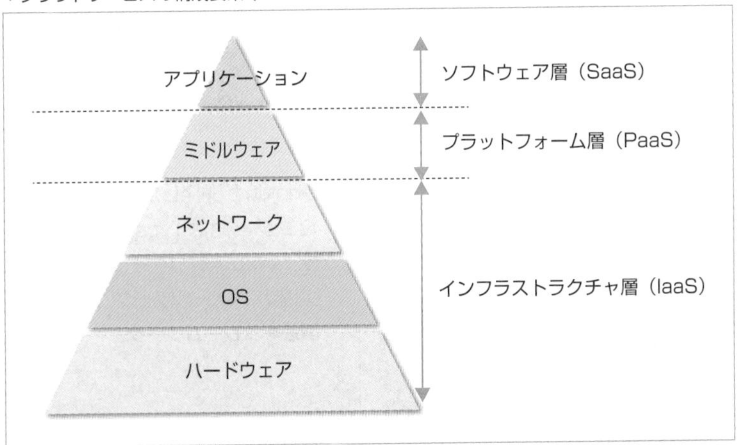

カーとして唯一、ハイエンドからのラインナップを揃えています。

Anaconda (アナコンダ)

Pythonと機械学習等で必要なライブラリやツールをひとまとめにしたもので、Pythonを利用する環境を容易に構築できる。

関連▶機械学習/Python

AND検索

複数のキーワードを使って、それらの単語すべてを含むファイルやWebページを検索すること。

キーワード1つでは莫大(ばくだい)な検索結果が出てきてしまう場合に、絞り込みを行うのがAND検索です。通常は、複数の単語の間にスペースを挿入して検索することで、AND検索が行えます。例えば、「和菓子店　渋谷」と入力してAND検索をすれば、「和菓子店」と「渋谷」の両方を含むファイルやページを検索することができます。逆に**OR検索**では、どちらか一方を含む単語を検索できます。「コンピュータ OR パソコン」と検索すれば、「コンピュータ」もしくは「パソコン」という単語を含む文字列を検索できます。

関連▶検索

Android (アンドロイド)

米国Google社が開発しているモバイル向けOS。スマートフォンやタブレットPCだけでなく、様々なモバイル機器のOSとして使用されている。

Linuxをもとに作成されています。スマートフォンやタブレットPCのオペレーティングシステム(OS)、ユーザーインターフェース(UI)、ミドルウェア、主要アプリケーションソフトなどのソフトウェアを含んでいます。開発者は自由にアプリケーションソフトを開発することが可能で、Androidに対応した端末にダウンロードして動作させせることができます。多数のアプリがGoogle Play(旧Android Market)で提供されています。もともとはAndroid社が開発していたものを2005年にグーグルがAndroid社ごと買収し、開発を引き継いだものです。米国グーグル社は、通信キャリアや端末機器メーカーなど数十社と共同でOHA(Open Handset Alliance)という業界団体を設立し、関連技術の開発や普及の推進を図っています。

関連▶Google Play

Angular (アンギュラー)

Webアプリケーションを開発するためのTypeScriptフレームワークのこと。

Googleが開発したもので、プログラミング言語はTypeScriptを使います。Webアプリケーション開発では主流のフレームワークです。

関連▶フレームワーク

ANSI (アンシー)
American National Standards Institute

米国規格協会。

工業分野での国際競争力の強化と規格の統一を目的として1918年に設立されました。日本の**JISC**(日本工業標準調査会)に相当します。

Apache (アパッチ)

世界的に最もよく使われているWebサーバーソフトウェア。

UNIXをはじめ、Mac、Windowsの各プラットフォームでも動作し、モジュールの追加と削除により、手軽に各種機能が利用できます。市販品に勝るとも劣らない機能が無償で提供されています。

APK *application package*

Google社によって開発されたAndroid専用アプリのフォーマットファイル。

API
Application Programming Interface

OSやミドルウェアとその上で稼働するアプリケーションとのインターフェース規定のこと。

ウィンドウの表示やマウスの動作の検出など、OSやミドルウェアが提供している機能をアプリケーションから呼び出すために使用されています。UNIXなどのシステムコールに相当するもので、汎用性の高いAPIを利用すると、機種互換性、アプリケーション互換性の実現が容易になります。

Apple (アップル)
Apple Inc.

1977年に「Apple Computer, Inc.」として設立された、米国のデジタル製品関連メーカー。

同社は、1977年に発売したパソコン「Apple II」により、世界的に認知されるようになりました。先進的なテクノロジーの導入に積極的で、オブジェクト指向とマルチメディア分野を強化したパソコンの先駆けとして、特に**Macintosh**(**Mac**)シリーズは世界中に根強いファンを持っています。スティーブ・ジョブズとスティーブ・ウォズニアックによって設立されましたが、1985年にジョン・スカリーに経営権を奪われ、両者共に退社しました。その後、経営者の度重なる交代や経常赤字などに見舞われましたが、1997年のMac OS 8の発表とスティーブ・ジョブスの復帰、さらに1998年8月のiMacの発売で同社の業績は回復しました。2001年3月にはMac OS Xを発売しました。現在では、iPodシリーズの携帯オーディオプレイヤーやiPhoneシリーズのスマートフォンなども製造、販売しています。

関連▶**次ページ写真参照**/**Macintosh**

▼Apple Ⅱ

Apple Japan提供

Appleキー *Apple key*

Macのコマンドキー。

近年は**コマンドキー**ともいわれています。単独で利用するというより、アルファベットキーやシフトキーと同時に使うことで、特定の機能を素早く実行するためのショートカットキーに用います。

関連▶ **コマンドキー／ショートカットキー**

▼Appleキー

Apple ID (アップルアイディー)

アップル社の製品やサービスを利用するためのユーザーID。

アプリや音楽を購入するためのApp StoreやiTune Storeで必要となるほか、文章や画像ファイルをインターネット上の倉庫であるクラウドスペース（iCloud）に保管する際の管理番号などとしても利用されます。

App Store (アップストア)

米国アップル社のiPhone、iPad、iPod touch用のアプリケーションを配信する、専用のサービスのこと。

App Storeは、アップル社およびサードパーティによるアプリケーションを配信する唯一の窓口となっています。iPhone 3Gの発売と共にサービスを開始し、携帯電話、Wi-Fiによる無線通信にも対応しています。提供されるアプリケーションは有償のものからフリーウェアまであり、種類もゲーム、ビジネス向けツール、地図、ショッピング関連など多様です。

Apple TV (アップルティーヴィー)

米国アップル社が開発、販売するセットトップボックス（STB）。映像や音楽をテレビ（TV）で再生できる。

ネットワークメディアプレイヤーとして、パソコンにインストールされたiTunesから、無線LANや有線LANを通じてデータを取得し、テレビ（TV）に映し出すことができます。コンテンツはiTunes Storeで購入することができます。

関連▶ **セットトップボックス**

▼Apple TV

Apple Japan提供

Apple Watch
(アップルウォッチ)

米国アップル社から販売されている腕時計型ウェアラブルコンピュータ。

基本的にiPhoneと連携した利用を前提に開発されており、内蔵されたGPSや加速度センサー、ジャイロスコープ、心拍センサーによって、身体の状態や運動時の健康管理など、ユーザーの生活をアシストしてくれ

▼Apple Watch

Apple Japan提供

ます。ディスプレイには**Retinaディスプレイ**が採用されており、小さい画面でも見やすくなっています。

関連▶ウェアラブルコンピュータ

AR (エーアール、オーギュメンテッドリアリティ) *Augmented Reality*

視覚や聴覚など現実の世界に人工的な情報を付与する技術。**拡張現実**ともいう。

デバイスを通して目の前の人や物、建物などを見たとき、現実の視覚情報に加えて、名称や歴史などの情報を表示したり、その場にはない映像を表示させて実際の風景に組み合わせることができます。スマートフォンを通して映し出された現実の風景にキャラクターが登場する「Pekémon Go」もAR技術を利用したものです。メガネ状の専用デバイスにマニュアルや作業工程を映し出したり、プレゼンなどのビジネスへの活用も期待されています。

関連▶Pekémon GO

Arduino (アルドゥイーノ)

AVRマイコン、入出力ポートを備えた基板と、Sketch言語実装の開発環境（Arduino IDE）から構成されるシステム、または電子工作キット。

オープンソースとして提供されています。ユーザーがArduinoに関するノウハウなどを共有できる場として、Arduino Playgroundが用意されています。

A

ARM (アーム) *ARM Ltd.*

英国のRISCプロセッサメーカーの企業名、および同社のモバイル用32ビット組み込みRISCプロセッサシリーズのアーキテクチャ名。

ARM社はアーキテクチャの開発のみを行い、ライセンス供与を受けた米国アップル社やMarvell社など数十社が製造しています。小型、高性能、低消費電力などの特徴があり、PDAや携帯電話/スマートフォンなどの携帯端末用として使われています。

ASCIIコード (アスキーコード) *American Standard Code for Information Interchange*

■アルファベットや数字をはじめとした、1バイト文字について定めたコードのこと。

情報交換用米国標準コードの略で、1962年、ANSI(アンシー:米国規格協会)が定めた文字表示のためのコードです。128種類の文字(英数字、記号、コンピュータ用制御記号など)を7ビットで表し、さらに1ビットのパリティビットを付けて8ビットで構成されます。現在、多くのパソコンで使われています。JIS X 0201の7単位コード左半分は、ASCIIとほぼ同じで、「¥」と「~」が異なるだけです。

関連▶**JISコード**

ASMR (エーエスエムアール/アスマー/アズマー) *Autonomous Sensory Meridian Response*

人の視覚や聴覚などが「心地よい」「脳がゾワゾワする」と感じる反応や感覚のこと。

睡眠への導入やリラックス効果を目的として、音声や映像を使った動画が投稿されています。このようなASMR動画を作成する人を「ASMRIST(**アスマーリスト**)」と呼びます。

ASP (アクティブサーバーページ) *Active Server Pages*

米国マイクロソフト社の提供する、Webサーバー用ページ生成アプリケーション。

アクティブサーバーページともいいます。Internet Information Server (IIS) 3.0以降で動作するスクリプト開発用のパッケージで、Windows ServerやWindowsの一部に付属しています。用意されたサーバーコンポーネントを、スクリプトとHTMLだけでコントロールします。ブラウザを通して送られたユーザー(クライアント)からの要求をサーバー側で処理し、結果をHTMLファイルで返します。背景にある技術は異なりますが、仕組み自体はCGIやJSPと似ています。

関連▶**スクリプト/CGI/JSP**

ASP
(アプリケーションサービスプロバイダ)
Application Service Provider

アプリケーションをインターネット経由で提供、貸与するサービス、事業の総称。

ユーザーは低コストでアプリケーションを利用でき、インストールやアップデートにかかる時間と費用を軽減することができます。米国マイクロソフト社も、「Microsoft .NET」において、ASP事業を展開しています。

▼ASPの仕組み

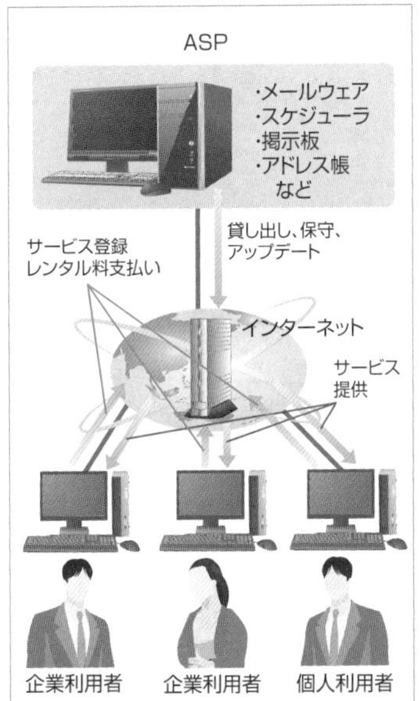

Asterisk (アスタリスク)

米国Digium(デジウム)社が開発した、IP電話への接続のために使用されるオープンソースのソフトウェア。

IP網を利用して電話網を格安で構築できます。IP電話だけでなく、アナログ回線やISDNなどの公衆電話網、内線電話にも対応が可能です。

関連▶**IP電話**

ATOK (エイトック/エートック)
Automatic Transfer Of Kana-kanji

ジャストシステム社が開発した日本語入力システム。

ベストセラーとなったワープロソフト「一太郎」の日本語入力システムを独立させたものがルーツです。Windows、macOS、Linux、iOS、iPadOS、Androidなど、各OS用が

▼ATOK for Android

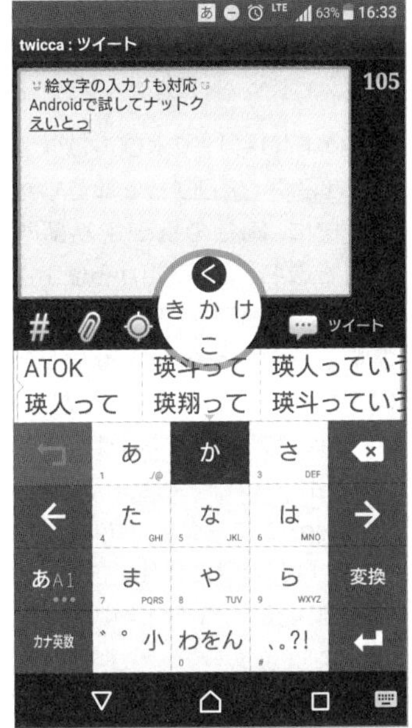

用意されています。

関連▶一太郎／IME

AT&T
American Telephone and Telegraph Company

米国の世界最大の電話会社。

電話を発明したグラハム・ベルが設立したベル電話会社が母体となっています。独占禁止法違反で、1984年にAmeritech（アメリテック）社やBell South（ベルサウス）社など7つの電話会社と、新AT&Tに分割されました。新AT&Tに引き継がれた**ベル研究所**は、現在でも民間最大の研究機関です。

au（エーユー）

KDDI社と沖縄セルラー社のスマートフォン／携帯電話の全国統一ブランド。

2000年10月1日のKDD、DDI、IDOの3社合併でKDDI社を設立したことを機に、同社の携帯電話部門を「au」と改名、同年7月から使用されました。名称の由来は、移動体通信事業の方向性を象徴する「Always（いつも）」「Amenity（快適に）」「Access（アクセスする）」などの頭文字「a」と、「Universal（世界で）」「Unique（ユニークな）」「User（ユーザー）」などの頭文字「u」を組み合わせたものといわれています。

AVCREC（エーブイシーレック）

DVDなどにデジタルハイビジョン映像を記録するための規格のこと。

著作権保護機構に対応しています。仕様は非公開。AVCREC形式で記録することで、ハイビジョンの映像をそのままの画質でDVDに記録することができます。

関連▶ブルーレイディスク

B判（ビーばん）*b-size*

JIS規格による用紙寸法の1つ。江戸時代の公用紙であった美濃紙の規格がもとになっている。

基本となるB0判は1.5m²の面積となっています。用紙を長辺の中央で折るごとに面積は1/2になり、「B1」「B2」…と呼びます。

関連▶**用紙寸法／A判**

▼B判の寸法と呼称

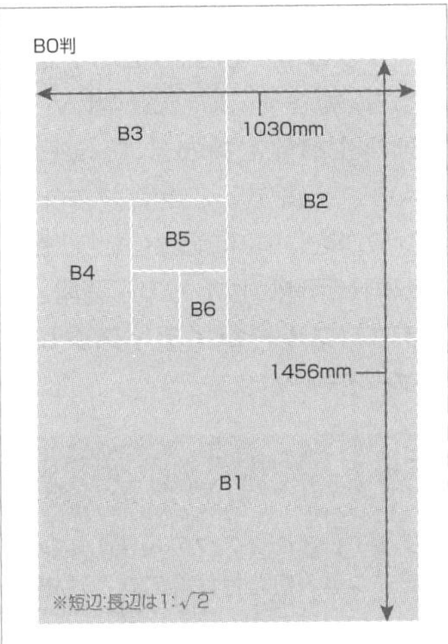

BASIC（ベーシック）*Beginner's All-purpose Symbolic Instruction Code*

FORTRAN（フォートラン）をベースに教育用に開発した逐次手続き型高級言語。

1960年代前半、米国ダートマス大学のJ.G.ケメニーとT.E.カーツによって開発されました。1975年、ビル・ゲイツとポール・アレンが米国MITS（ミッツ）社のパソコンAltair（アルテア）用に移植し、その後、2人が設立した米国マイクロソフト社の製品として各種パソコンに搭載され、1980年代にはパソコン用の主力言語となり、一般にも広く普及しました。当時のBASICはインタープリタで、言語としてだけでなく、ファイルやプログラムを管理する基本ソフトとしての性格も併せ持っていました。その後、Windowsなどの開発環境となって、コンパイラ型のものや、構造化プログラミング機能を持たせたものへ発展しています。1984年には、**minimal BASIC**（ミニマルベーシック）として国際規格となりました。

関連▶**インタープリタ**

B

BATH（バス）

中国を代表するIT企業4社の総称のことで、各社の頭文字を組み合わせたもの。

①Baidu（百度、**バイドゥ**）、②Alibaba（阿里巴巴集団、**アリババ**）、③Tencent（騰訊、**テンセント**）、④Huawei（華為技術、**ファーウェイ**）があります。いずれの会社もアジアのシリコンバレーと呼ばれる深圳（シンセン）を拠点としています。中国版GAFAといえる存在です。

関連▶**GAFA**

B-CASカード（ビーキャスカード） *BS-Conditional Access Systems*

B-CAS（ビーキャス）社が発行する接触式ICカードのこと。テレビを見る際に必要。

デジタル放送受信機に同梱（どうこん）されており、デジタル放送の有料放送、自動表示メッセージ、番組の著作権保護、データ放送の双方向サービスなどで利用されています。BSデジタル放送、110度CSデジタル放送、地上デジタル放送の共用受信機に対応している「赤カード」、無料放送のみに対応している「青カード」、ケーブルテレビ（CATV）用セットトップボックスに対応している「オレンジカード」などがあり、視聴の際には受信機に合わせたカードが必要となります。

関連▶**セットトップボックス／地上デジタル放送／デジタル放送／BSデジタル放送／110度CSデジタル放送**

BCC *Blind Carbon Copy*

同一の電子メールを複数の利用者に送信するときに、受取人以外のアドレスをわからないように送信する機能。

そのための制御ヘッダーを指すこともあります。受信者は、ほかにも同じメッセージを受け取った人がいることに気が付きません。

関連▶**電子メール（システム）／CC**

BDレコーダー *Blu-ray Disc Recorder*

記録型ブルーレイディスクを使って映像を記録するための録画機。

通常、デジタル放送と同じ形式でそのまま録画します。HDDを搭載するものが多く、また記録型DVDの録画再生機能を持ちます。MPEG-4 AVCで圧縮することで、ハイビジョン放送をDVDに記録したり、長時間録画を可能にしたものも登場しています。**ブルーレイディスクレコーダー**ともいいます。

BD-R *Blu-ray Disc Recordable*

ブルーレイディスクの規格の1つで、データを一度だけ記録できる規格。

メディアには片面1層のものと**BD-R DL**といわれる片面2層のものがあります。記憶容量は、1層のものが25GB、2層のものが50GBです。このほかにも、書き換え可能な規格としてBD-RE、読み取り専用の規格としてBD-ROMがあります。

関連▶DVD

BIツール
Business Intelligence tools

蓄積されたデータを分析して企業の意思決定を助けるツール。

基幹システムで生成されたデータを抽出、加工してシミュレーションや意思決定に利用します。

BIGLOBE（ビッグローブ）

ビッグローブ株式会社が運営するインターネットサービスプロバイダおよび、格安SIM、スマホのこと。

BIOS（バイオス）
Basic Input-Output System

キーボードやマウスなど、接続されている基本的な入出力装置の制御を行うプログラム。

あらかじめ、キーボードやディスク装置のような入出力装置のBIOSを規格化しておくと、様々なコンピュータ環境で同一のプログラムを動作させることができます。また、周辺機器などの構成が異なったコンピュータ間でも、その違いをBIOSで吸収することで動作させることができます。一般にBIOSは、ROMやOSの一部としてコンピュータに組み込まれています。

▼BIOSの設定画面

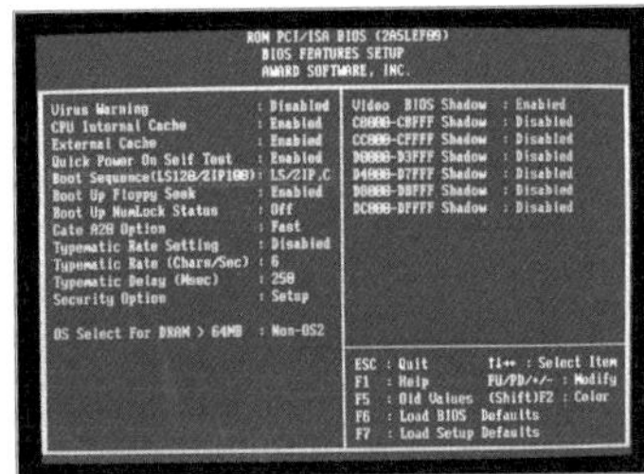

bit *binary digit*

関連▶ビット

Bluetooth（ブルートゥース）

デジタル家電やパソコン、スマートフォンなどを無線でつなぐ、短距離通信の世界共通規格。

スウェーデンのEricsson（エリクソン）社、米国のIBM社、Intel（インテル）社、フィンランドのNokia（ノキア）社、東芝社の5社が提唱した、無線パーソナルエリアネットワーク技術で、現在では国際規格IEEE 802.15.1として採択されています。IrDAやUSBの代替として、ノートパソコンやPDA、スマートフォンだけでなく、デジタルカメラやAV機器、ヘッドセットやマイク、マウス、キーボードといった各種入力装置など、様々な機器同士を無線接続することができます。最新のバージョン5では、利用する周波数帯は2.4GHz帯。通信距離は最大約100mで、2Mbps程度でデータの送受信が可能です。類似した無線ネットワーク技術にはIEEE 802.11（**Wi-Fi**）があります。

関連▶**無線通信**／**Wi-Fi**

▼Bluetooth

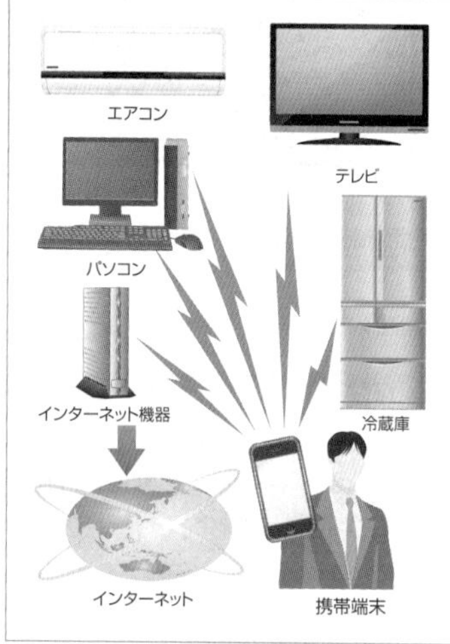

Boot Camp（ブートキャンプ）

Mac上で、Windowsを利用できるようにするソフトウェア。

米国Intel（インテル）社のCPUを採用したMacで使えます。Windowsのインストールや設定などをすることができます。Boot Campを導入し、Windowsをインストールした Macで　は、macOSとWindowsを切り替えて利用することができるようになります。ただし、インストールするWindowsは、Boot Campとは別に用意する必要があります。

関連▶**macOS**

bps *bit per second*

通信回線で、1秒間に送ることができるデータ量（ビット数）を示す単位。

通信速度を表すために用いられます。bps値が高いほど単位時間あたりに送信できるデータ量は多く、高速になります。2400bpsとあれば1秒間に2400ビット送れることを意味します。

関連▶**ビット**

Breakキー（ブレークキー） *Break key*

キーボード上に［Break］と表示されたキー。

［Pause］と同じキーになっていることが多いです。操作中断などの機能を持ちますが、現在のWindowsアプリケーションでは同じ機能をEscキーで行うことが多く、Breakキーを使うことは少なくなっています。

関連▶**キーボード**

BS *Broadcasting Satellite*

放送衛星のこと。

一般には静止衛星を使用したテレビ（TV）や音声、データ放送をいいます。これに対し、中継機能を持った人工衛星（**通信衛星**）を**CS**といいます。

関連▶**衛星放送**／**BSデジタル放送**

BSキー (バックスペースキー)
BackSpace key

カーソルを、現在位置から1文字ぶん前の位置に戻すキー。

ワープロやエディタなどの文字入力をするソフトウェアでは、カーソルを1文字ぶん前の位置に戻し、そこにある文字を消去するときに使います。

関連▶**キーボード**

▼BSキー

日本マイクロソフト(株) 提供

▼BSキーの使用例

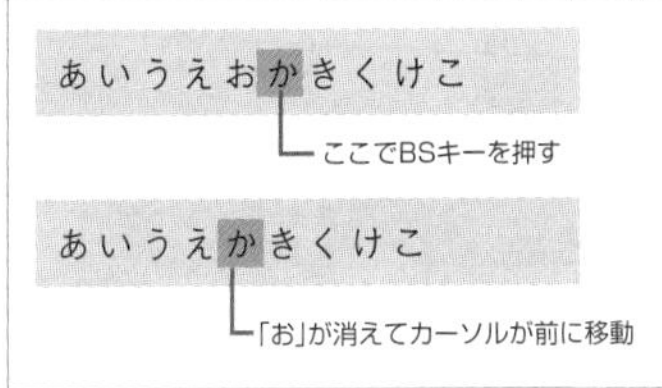

BSデジタル放送
BS digital broadcasting

放送衛星を経由したデジタル放送サービス。

2000年12月に本格的に放送が開始されました。受信にはパラボラ型などのアンテナとデジタルチューナーが必要となりますが、BSデジタル放送の特徴である高画質映像を楽しむには、さらにハイビジョンテレビやD端子の付いた**プログレッシブテレビ**が必要となります。映像と音声に加え、データ放送や、視聴者が電話回線を用いてデータを送信し、テレビ番組に参加することも可能となります。配信の際の動画圧縮技術には**MPEG-2**が利用されており、データ放送用のデータ記述言語としては、XMLをもとにした**BML**が使用されています。

関連▶**次ページ下図参照／ハイビジョン／BS**

BSD
Berkeley Software Distribution

米国カリフォルニア州立大学バークレー校 (UCB) で改良されたUNIX。

BSD UNIXともいいます。米国AT&T社が開発したUNIXは、各地の大学や研究室で改良されていきましたが、UCBの**ビル・ジョイ**(通称)らによって改良されたものは大変使いやすく、**バークレー版UNIX**と呼ばれ、大学や研究室に広く普及しました。現在のインターネットを支えている技術の多くはここから生まれています。

関連▶**UNIX**

B

B to B (ビーツービー)
Business to Business

インターネットを通じて行われる、オンラインでの企業間電子商取引。

B2Bとも表記されます。

関連▶B to C

B to C (ビーツーシー)
Business to Consumer

企業と消費者（個人）との間で行われる、インターネットを通したオンラインでの電子商取引。

B2Cとも表記されます。通販などのほか、個人向けのコンテンツ配信事業やネットトレーディングサービスも含まれます。

関連▶B to B

▼BSデジタル放送

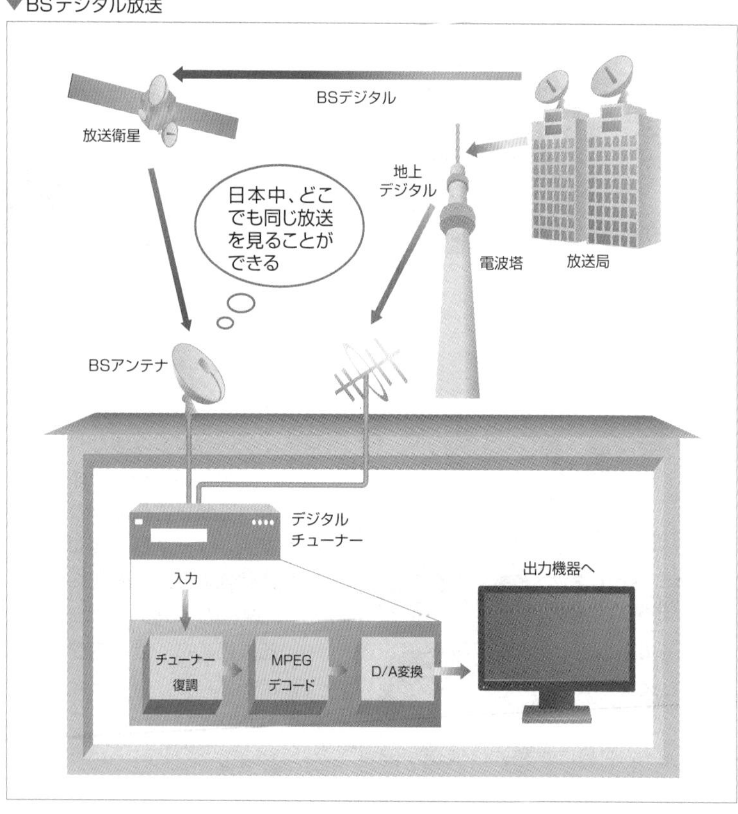

B to E（ビーツーイー）
Business to Employee

従業員向けの社内システム、または企業向けのポータルを中心としたビジネスの問題を解決するためのサービス。

B2Eとも表記されます。これを実現するのが**EIP**（Enterprise Information Portal）と呼ばれている企業向けのポータルサイトです。EIPでは、一般のポータルサイトと同様にわかりやすいインターフェースで情報の所在が整理され、求める情報に簡単にアクセスできたり、社内の様々な事務手続きをWeb上で実行できたりします。

関連▶B to B／B to C

B to G（ビートゥージー）
Business to Government

企業と政府や自治体との間で行われるインターネットを通じたオンラインでの電子商取引。

B2Gとも表記されます。

bug（バグ）

関連▶バグ

C言語 *C language*

構造化、手続き型言語の1つで、手続き（処理手順）がすべて関数で記述される高級言語。

1972年初頭、米国AT&Tベル研究所のD.M.リッチーがUNIX OSを作るために、B言語の影響を受けて開発したプログラミング言語です。リッチーと**B.W.カーニハン**が、『The C Programming Language（プログラミング言語C）』を出版（1978年）して一般に広まりました。同書によるCの言語仕様は通称**K&R仕様**などとも呼ばれます。C言語は、**システム記述言語**と呼ばれることもあります。制御文と演算子によって関数を構成し、関数の集合としてプログラムを作るようになっています。アセンブラ言語と比べると処理系に依存しない部分が多いので、移植性の高いプログラミングが可能です。また、基本処理をライブラリ化してそれらを再利用できるために、開発効率が高くなります。C言語は本来、コンパイラ言語であり、その処理系を**Cコンパイラ**といいます。

関連▶ **次ページ図参照**／**高級言語**／**コンパイラ**

CAD（キャド） *Computer Aided Design／Computer Aided Drafting*

コンピュータを用いた設計、製図支援システム。

機械製図作業だけにとどまらず、部品データベース機能、動作シミュレーション機能、原価計算機能など、設計やデザインの作業を多方面から支援するもので、電子回路、機械、建築、土木、服飾などの分野で利用されています。近年では、従来の二次元CADから発展した、三次元的に表示・操作する三次元CAD（3D CAD）も普及が進んでいます。

関連▶ **次々ページ下画面参照**

CakePHP（ケイクピーエイチピー）

PHP言語を使ってWebアプリケーションを開発するためのフレームワークのこと。

PHPの機動性とRuby on Rails流の高速に開発する仕掛けにより、小規模や中規模の開発に適しているため人気があります。

関連▶ **フレームワーク**

CATV
CAble TeleVision／Community Antenna TeleVision

有線テレビ放送。

ケーブルテレビともいいます。本来は、電波の届きにくい難視聴区域で、共同アンテナから有線で各家庭に配信するものでしたが、地域密着型のミニコミTVや有料の番組放送をするものへと変化していきました。ケーブルテレビは地上波よりもたくさんの情報を送れるため、有料・無料を含め、多数のチャンネルが放送されています。近年は、CATVのケーブルを使用して、常時接続で高

▼C言語の系列と拡張（C言語）

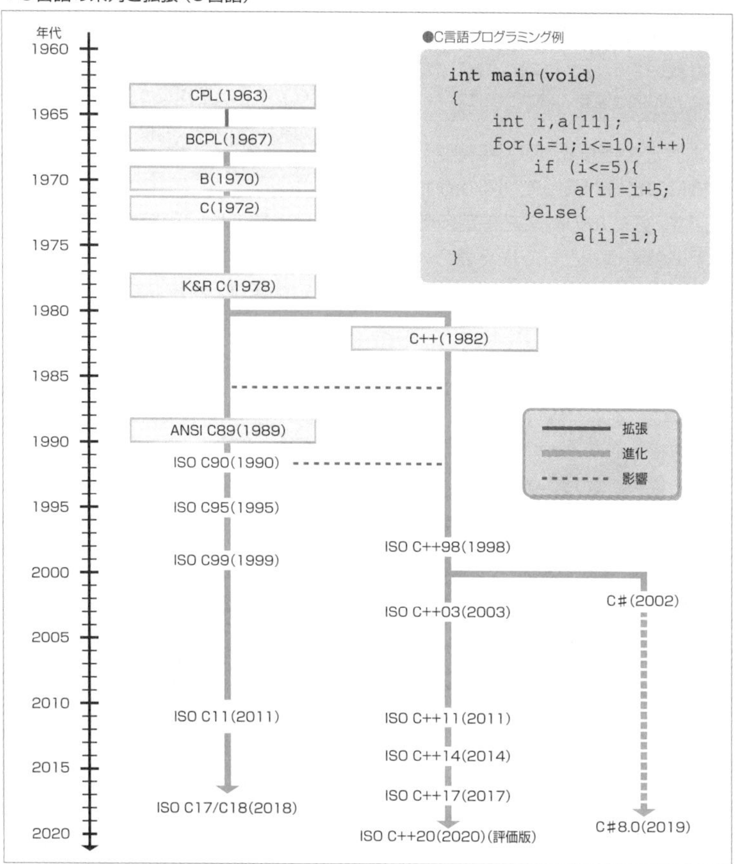

速なインターネット接続サービスを提供しているCATV局が増えています。CATVインターネットは、ホームターミナル／STB（セットトップボックス）にケーブルモデムを併設するだけで手軽に利用できます。配信用には光ファイバーや同軸ケーブルを使用し、高品質な映像が受信できます。また、双方向性メディアとしても活用されています。

CC *Carbon Copy*

複数のアドレスに同じ内容の電子メールを送信する機能の1つ。

すべての送り先が文中に明記され、誰にコピーが渡っているかがわかります。メールの同文を特定多数の相手に参考情報として送る場合などによく使われます。**カーボンコピー**ともいいます。

関連▶**電子メール（システム）／BCC**

CC *Creative Cloud*

アドビ社のアプリケーションシリーズおよびそれを使うサービスのこと。

Photoshopや**Illustrator**など映像や画像処理ソフトで有名なアドビ社が提供するアプリを使うためのシステムです。アプリごとに月額使用料を支払うかたちで利用します。

CCD *Charge Coupled Device*

光を電気信号に変換する半導体の一種。

日本語では**電荷結合素子**と呼ばれ、コンデンサが並んだような構造をしています。直線状の一次元型CCD

▼CAD「T-FLEX CAD」

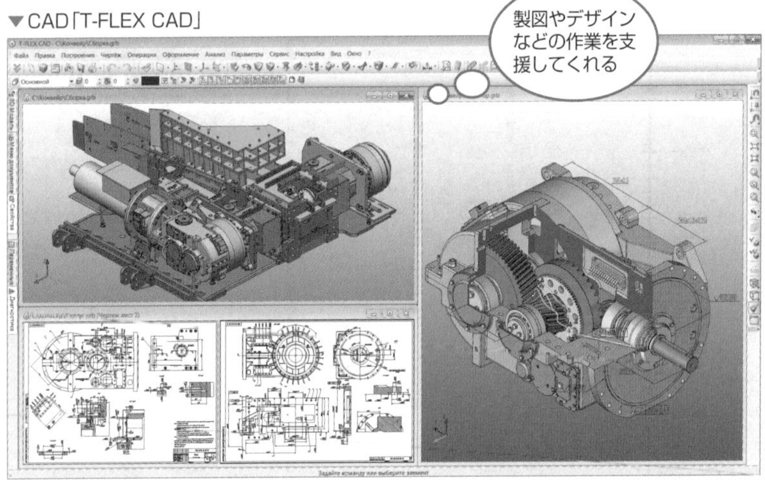
製図やデザイン
などの作業を支
援してくれる

by Top Systems LTD

は、イメージセンサーとしてFAXやスキャナーに使われています。面状の二次元型CCDは、デジタルビデオカメラやデジタルカメラなどに使われています。データの取り出し方が直列となっている点が特徴です。

関連▶**デジタルカメラ**

CD *Compact Disc*

光ディスクの一種で、直径12cmまたは8cmの円盤に音や画像をデジタルデータで記録したもの。

コンパクトディスクともいいます。1981年にソニー社とオランダPhilips（フィリップス）社が共同で公開し、基本特許を持ちます。記憶容量は約640MB。特に音楽専用を指す場合は**CD-DA**（Digital Audio）といいますが、一般に音楽専用はCD、コンピュータのデータ用は**CD-ROM**と呼ばれています。また、この規格の延長上に**CD-G**（Graphics）、**CD-EG**（Extended Graphics）、**CD-V**（Video）、**CD-MIDI**などがあります。論理フォーマットは、1988年にISOで承認された**ハイシエラフォーマット**を用いています。**レッドブック**などと規格書の表紙の色が規格の通称となっています。

関連▶**CD-R／CD-ROM／DVD**

CDMA *Code Division Multiple Access*

拡散符号と呼ばれる信号を利用して複数の通信を1つにまとめる通信技術。

符号分割多重接続の略です。受信者側では、合成された音声信号／データから、会話中の発信者の拡散符号を使って、必要な音声信号／データのみを復元します。スマートフォン／携帯電話や衛星通信のほか、軍事用の暗号通信にも使われています。

CD-R *CD-Recordable*

オレンジブックと呼ばれている規格書で規定されている、データの書き込みが一度だけ可能なCD。

オレンジブックで定義されている追加仕様としては、何度でも書き込み消去が可能な**CD-RW**、一度だけ書き込み可能で、消したり追加したりはできない**CD-WO**（write once）**シングルセッション**、何度でも追記が可能な**CD-WOマルチセッション**の3種類があります。さらに、CD-WOマルチセッションの追加仕様として**フォトCD**があります。

関連▶**CD／CD-ROM／CD-RW／DVD**

CD-ROM（シーディーロム） *CD-Read Only Memory*

コンピュータのデジタルデータを記録するための読み出し専用の記録メディアとしてCDを使ったもの。

その規格は、**レッドブック**（1981年）と呼ばれている音楽用CDの規格を一部拡張・変更した**イエローブック**（1985年）で決められています。当初、イエローブックによって定められたものは物理フォーマットのみだったので、特定の機械専用のディスクとしてしか利用できませんでしたが、イエローブックの追加分として論理フォーマットが定められ、**ハイシエラフォーマット**が**ISO 9660**として規格化されました。これによって、少なくとも文字情報は、どの機械でも読めるように標準化されました。現在、CD-ROMドライブを搭載したパソコンの多くは、このISO 9660に対応しています。また、CD-ROMの規格だけでなく、**CD-DA**（**Digital Audio**）にも対応しているものがほとんどで、さらに**CD-ROM XA**に対応しているドライブもあります。

関連▶CD／DVD

CD-RW（シーディーアールダブリュ）
CD-ReWritable

記録と消去を繰り返せるCDのこと。

オレンジブックPartIIIで規格化されています。DVD-RAMと同じく相変化記録方式を採用しています。

関連▶CD／DVD

CentOS（セントオーエス）

Linuxディストリビューションの1つである、Red Hat Enterprise Linuxの互換OS。

米国Red Hat社が公開しているRed Hat Enterprise Linuxのソースコードから商標部分などを取り除き、再構成したものです。Red Hat社のサポートは受けられませんが、同等の機能を持っています。

関連▶Linux／Red Hat Enterprise Linux

CGI
Common Gateway Interface

Webサーバーで外部プログラムを利用するためのインターフェース。

Webサーバー上に置かれたCGIスクリプトがURLで指定されると、CGIアプリケーションが実行され、その出力結果がHTML形式や画像データとしてクライアントのブラウザに送られます。

Chromecast（クロームキャスト）

HDMI端子を介してWi-Fi接続することで、スマートフォンやタブレット、パソコンの画面をテレビに表示できる小型端末。

スマートフォンで写真や動画、Google Chromeなどを利用する際に、テレビなど大画面のモニタに表示して楽しむのが一般的な用途です。

▼クロームキャスト

Google提供

Android端末だけでなく、iPhoneなどのiOS／iPadOS端末でも利用することができます。Google社から販売されています。

CMスキップ *CM Skip*

録画した番組のCMを飛ばして見ること、またはその機能。

民放の番組を録画する際に、CMの部分を飛ばすことのできる機能を備えたHDDレコーダーなども登場しています。**CMカット**ともいいます。

CMYK *Cyan/Magenta/Yellow/Key tone*

インクを合成する際の4原色。シアン(C)、マゼンタ(M)、イエロー(Y)、ブラック(K)の略。

シアン(Cyan：青)、マゼンタ(Magenta：赤)、イエロー(Yellow：黄)の3色だけで黒を表現することもできますが、きれいな黒色を出すためにブラック(Key tone：黒)を別に用意します。また、モノクロ印刷を簡便化することもできるため、家庭用プリンタでも黒を別に使用しています。

関連▶**色分解／三原色**

CODEC (コーデック) *COder-DECoder*

音声や動画のデータをデジタル信号に変換（復元）する処理、または、そのための装置や回路。

音声信号のデジタル符号器（coder）と、デジタル復号器（decoder）の合成語です。アナログ音声信号をデジタル信号に変換（A/D変換）し、デジタル信号をアナログ音声信号に変換（D/A変換）します。動画データの場合も同様です。

Cookie (クッキー)

HTTPにおいてWebサーバーとブラウザの間で状態を管理するためのプロトコルのこと。

Webサイトを訪れたユーザーのブラウザにWebサーバー側から情報を送って保存することで、次回に同じWebサイトを訪問した際に、前回入力したメールアドレスやパスワードなどの情報をあらかじめ表示したり、ページを素早く開くことができるようになります。ネットショッピングや会員サイトでのパスワードや名前の入力をしなくて済むなど便利な半面、メールアドレスなどの個人情報収集の目的で悪用されることもあります。

関連▶**クライアント／サーバー**

copyleft (コピーレフト)

著作物やその改良物を著作権フリーにするための手法。

GNU（グニュー）が推奨する、フリーソフトの使用や著作権に関する考え方の1つです。copyrightが無断コピーを禁止しているのに対して、著作権は保証されるが使用は自由にできるということから命名されました。

一般に公有使用許諾を併せて表記します。「放置する」という意味のleftと、「左」を意味するleft（right：右の逆）をかけています。

関連▶**クリエイティブ・コモンズ**

C

copyright（コピーライト）

著作権。

著作者が独自に創り出した作品に対しての権利（right）で、複写や転載などを禁じています。「©」で表記されます。

関連▶**copyleft**

Cortana（コルタナ）

Windows 10で追加された音声応答システムのこと。

タスクバーに表示された検索ボックスから利用します。iPhoneの「Siri」のように、音声で検索や様々な設定を行うことができます。

関連▶**Siri**

▼Cortana

CPRM
Content Protection for Recordable Media

記録メディアに対して採用されているデジタルコンテンツの著作権保護技術の1つ。

CPRM対応メディアには、1枚ごとに固有の「メディアID」および一定の生産枚数ごとに変更される情報「MKB」（Media Key Block）が記録されています。メディアへのコンテンツ記録時には、この2つと録画機器のデバイスキーを利用して暗号化を行います。すると、このコンテンツをさらにコピーしても、MKBとメディアIDはコピーできないので復号・再生できないという仕組みです。

関連▶**コピープロテクト**

CPU
Central Processing Unit

コンピュータの核となる中央処理装置のこと。

MPU（Micro Processing Unit）と呼ぶ場合もあります。また、コンピュータ本体の意味で**プロセッサ**と同義に使われることもあります。コンピュータは演算装置、主記憶装置、制御装置、入出力装置などから構成されていますが、そのうち演算装置と制御装置を合わせた部分がCPUにあたります。主記憶装置までを含めてCPUということもあります。CPUの機能を1つの**LSI**（**大規模集積回路**）にまとめたものを**マイクロ**

プロセッサといいます。

関連▶**プロセッサ**

▼CPUの例

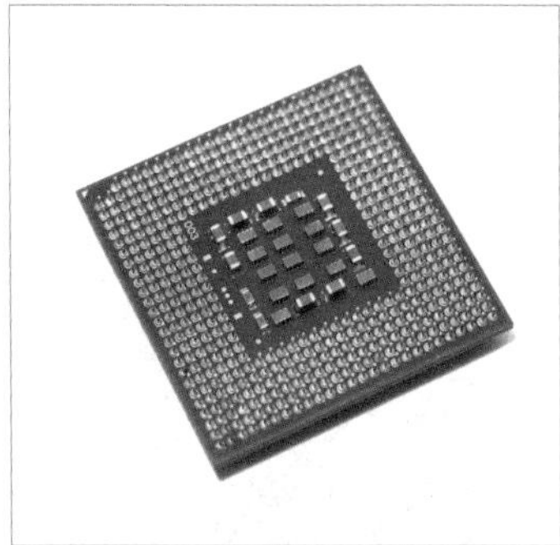

CRキー
CR key/Carriage Return key

復帰改行(復改)キー、キャリッジリターンキー。

リターンキーと呼ばれていたものですが、近年は**Enterキー**と呼んでいます。カーソルを現在行の次の行に移し(**改行**)、さらにその行の先頭にカーソルを移動します(**復帰**:Carriage Return)。

関連▶**改行/キーボード/Enterキー**

▼CRキーの操作例

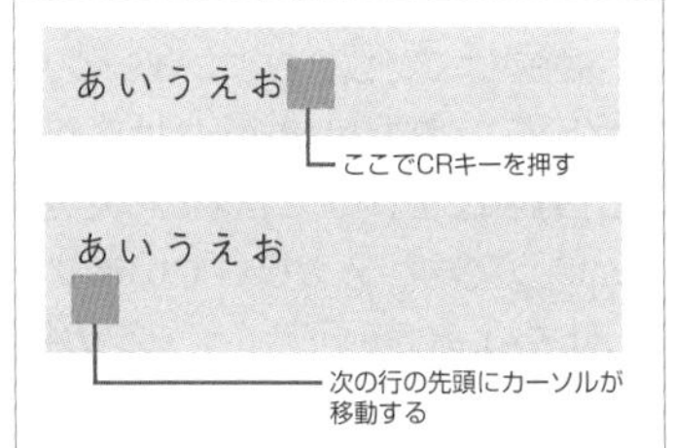

▼Enterキー(CRキー)

日本マイクロソフト(株)提供

CSデジタル放送
CS digital broadcast

通信衛星を利用した放送サービス。

1989年に、番組供給をする「委託放送事業者」と、CS(通信衛星)を持つ「受託放送事業者」に分ける制度ができたことがきっかけで、放送が開始されました。放送に使用しているCSには東経124度、128度、110度の3基があります。日本ではCS放送よりもBS放送が先行していましたが、1996年に日本初のデジタル放送として、CS放送のパーフェクTVが開始しました。パーフェクTV(現スカパーJSATグループ)はサービス全体を管理するプラットフォーム事業者であり、そのもとで番組供給事業者が約250チャンネルの番組を流しています。

関連▶**110度CSデジタル放送**

C

C

CSR（シーエスアール）（企業の社会的責任）
Corporate Social Responsibility

企業が本来の活動のほかに、環境活動やボランティア活動、寄付活動などを通して社会貢献に取り組むことをいう。

企業ごとに担うべき責任や役割、影響力が異なるため、各企業は自ら課題を設定して対応します。

CSS（カスケードスタイルシート）
Cascading Style Sheet

HTMLで作成されたWebページに、レイアウトやデザインなどの表示方法のルールを追加するための規格。

正確には、カスケードスタイルシートといいます。HTMLソースの中に混在する情報部分とレイアウト制御部分を分離することができるため、ドキュメントの保守が容易になります。W3コンソーシアム（W3C）で仕様が策定されました。

C to C
Consumer to Consumer

インターネットを通じて行われる、オンラインでの消費者同士の電子商取引。

C2Cとも表記されます。企業間の取引は**B to B**（**B2B**）、企業と一般消費者の取引は**B to C**（**B2C**）といいます。

関連▶**B to B／B to C／eコマース**

Ctrlキー（コントロールキー）
CTRL ; ConTRoL key

他のキーと同時に押すことで、割り当てられている特定の機能を実行できるキー。

関連▶**キーボード**

▼Ctrlキー

日本マイクロソフト（株）提供

C++（シープラプラ／シープラスプラス）

C言語にオブジェクト指向をとり入れた手続き型言語。

米国AT&T社のベル研究所のB.ストラウストラップが、イベントドリブンなシミュレーションをプログラミングするため、C言語に「Simula（シミュラ）67」という言語のオブジェクト指向の考え方を取り込んで拡張し、1983年にさらに機能拡張が行われて「C++」となりました。名前の由来は、変数Cを1つインクリメント（一定量だけ増加）させるというC言語風表記で、「C言語に1を足す」という意味が込められています。ソフトウェアの部品化、データの抽象化が可能で、大規模なプログラムの開発に向くとされます。C言語と比較して、C++はオブジェクト指向に対応しただけでなく、コメントの記述方法、定数の扱い、関数プロトタイプ、可変個数の引数の許容、デフォルト引数、インライン関数、型チェックの厳密化、参照引数、動的なメモリ確保など、多くの点で機能変更や拡張がなされています。

関連▶.NET

C# (シーシャープ)

米国マイクロソフト社が2000年6月に提唱したオブジェクト指向プログラミング言語。

同社の次世代コンピューティング構想「Microsoft. NET」(**.NET**) の一環として、C++をもとに拡張、簡略化したものですが、C言語との互換性はありません。また、Javaを意識した仕様も多く組み込んでおり、ネットワーク上での運用を視野に入れて作成されています。2002年に**Visual C#**として製品化されました。C#という名前の由来については諸説ありますが、#という文字が+記号4つから構成されているようにも見え、C++を++(拡張) するという意味でC#と名付けられた、という説もあります。

関連▶ **プログラミング言語/C++/.NET**

D

D/A変換
Digital to Analog conversion

デジタル信号からアナログ信号に変換すること。

このための機器、または回路を**D/Aコンバータ**（**D/A変換器**）といいます。デジタル信号でコンピュータ内部に記録された音声データを、実際の音声に変換するときなどに必要になります。反対に、アナログ信号からデジタル信号に変換することを**A/D変換**といいます。

関連▶**A/D変換**

DDoS攻撃（ディードスコウゲキ）
Distributed Denial of Service attack

ネットワークを通じた攻撃手法の1つ。

複数のマシンから第三者のコンピュータに大量の処理負荷を与え、サービス機能停止状態にします。サービス妨害攻撃、あるいはサービス不能攻撃とも呼ばれます。大量のデータや不正パケットを送り付けるなどの攻撃を指します。DDoS攻撃は、クラッカーなどによってコンピュータに不正に仕掛けられたプログラム（**トロイの木馬**）が、対象を一斉に攻撃するという特徴があります。

関連▶**DoS攻撃**

DDR SDRAM
（ディーディーアールエスディーラム）
Double Data Rate Synchronous Dynamic RAM

CPUとメモリなどをつなぐバスと呼ばれる部分が、立ち上がりと立ち下がりに同期してデータ転送を行うRAM。

立ち上がりに同期してデータ転送を行うものを**SDR-SDRAM**もしくは単に**SDRAM**といいます。DDR SDRAMはSDRAMの2倍の転送レートがあります。さらに高速化したDDR2、DDR3規格もあり、現在はDDR3の2倍の速度を誇る**DDR4**が登場しています。

Deleteキー（デリートキー）
DEL ; DELete key

カーソルの現在位置にある文字を消去するキー。

アクティブになっているもの（ファイル名やグラフなど）を削除する場合にも使います。

関連▶**次ページ図参照**／**キーボード**

▼Deleteキーの操作例

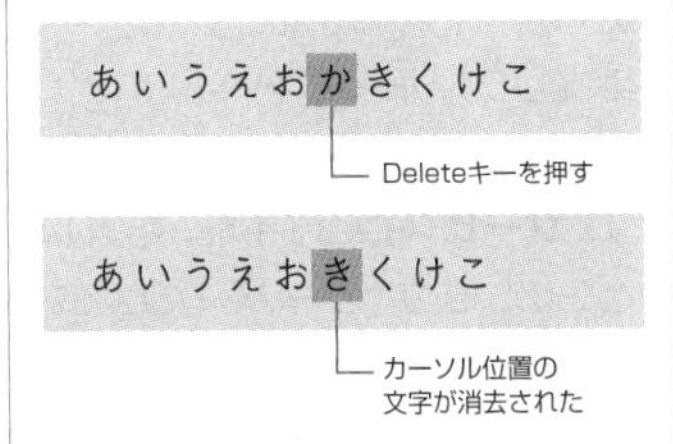

▼Deleteキー

日本マイクロソフト（株）提供

DirectX（ダイレクトエックス）

米国マイクロソフト社が提供するAPIのこと。

3Dグラフィック処理や3Dゲームなどで利用されます。現在の最新版は2015年11月に発表されたDirectX12.0。なお、DirectX10.0からはWindows Vista以降対応で、Windows XP以前のWindowsでは利用できません。

DisplayPort（ディスプレイポート）

映像出力インターフェースの規格の1つ。

DVIよりも小型で低コストのインターフェースとして策定されたデジタル接続端子です。標準のものと、より小さいMini DisplayPortの2種類のコネクタが定義されています。

関連▶**デジタル接続**／**DVI**／**Thunderbolt**

Django（ジャンゴ）

Python言語を使ってWebアプリケーションを開発するためのフレームワークのこと。

複雑なデータベースのWebサイトの構築を容易にします。

関連▶**フレームワーク**／**Python**

DNS *Domain Name Service*

Webサイトなどの場所を示す「123.123.123.123」などの数字を「shuwasystem.co.jp」などの文字に変換するデータベース。

インターネット上のコンピュータには、それぞれ決まった**IPアドレス**という数字が割り当てられています。これを人間がわかりやすいように決まったルールに従って文字に変換する機能のことです。**ドメインネームシステム**の略称です。DNSのおかげで、ブラウザにURLを入力するとWebサイトにアクセスしたりできます。

関連▶**ドメイン名**／**IPアドレス**

Docker（ドッカー）

Docker社が提供する技術により、仮想化を実現する管理用ソフトウェアのこと。

従来の仮想マシンのように、CPUや

メモリ等の資源を分割してそれぞれの仮想サーバーで機能させるのではなく、**コンテナ**（仮想技術）と呼ばれるアプリケーションの実行環境によって独立したサーバーのように使えるため、軽量で高速に起動・停止することができます。

関連▶**コンテナ型仮想化**

DoS 攻撃（ディーオーエスこうげき）
Denial of Service attack

ネットワークを通じた攻撃手法の1つ。

サーバーに処理能力を超える大量のリクエストを送信し続けて飽和状態に陥らせ、一般からのアクセスを遮断します。あるいは、サーバーのセキュリティホールを突いて、サービスを提供できなくする行為のことです。**サービス拒否**（不能、妨害）**攻撃**ともいいます。サーバーだけでなく、ルータやハードウェアスイッチを攻撃対象にすることもあります。また、DoS攻撃を複数のコンピュータから実行することを、**DDoS**（Distributed Denial of Service）**攻撃**、あるいは**分散DoS攻撃**といいます。

▼DoS攻撃

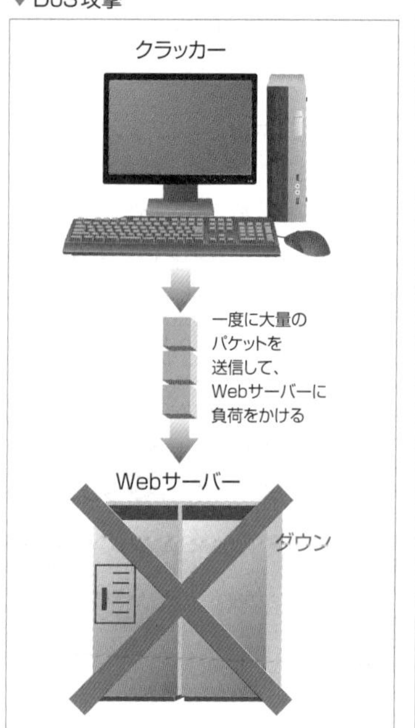
クラッカー
一度に大量の
パケットを
送信して、
Webサーバーに
負荷をかける
Webサーバー
ダウン

dpi *dot per inch*

1インチの直線をいくつのドット（点）で表現するか、の単位。

印刷や画面表示の解像度を表す単位として使われます。例えば、1440 dpiのプリンタであれば、1インチあたり1440の点で印刷します。また、スキャナーで600dpiといえば、読み取り時の解像度を示します。一般にdpiが大きいほど精細な文字や画像となりますが、そのぶんデータも大きくなります。

▼低dpiの画像

解像度

▼高dpiの画像

解像度

関連▶解像度／ドット

DRDoS攻撃
(ディーアールディーオーエスこうげき)
Distributed Reflection Denial of Service attack

DDoS攻撃の変型の1つ。

単純なDDoS攻撃と異なり、各ホストに侵入せず、トロイの木馬などのソフトもいっさい仕掛けない素の状態で攻撃するのが特徴です。インターネットに接続されているほとんどのホストが攻撃ノード（端末）となりうる上、現状では根本的な対策も存在しません。2002年1月に米国のコンピュータソフト会社、Gibson Research（ギブソンリサーチ）社のWebサイトがこの攻撃にさらされ、詳細な経過報告を行ったことから知られるようになりました。

関連▶**DDoS攻撃／DoS攻撃**

DRM (ディーアールエム)
Digital Rights Management

デジタル著作権管理。音楽、動画、画像などデジタル情報のための著作権保護システムの総称。

DRMによって保護されたデータは、再生のカギとなるデータと紐付け(ひもづ)され、そのデータと対応付けられた特定のハードウェア、もしくはソフトウェアでしか再生できなくなるなど、複製や移動を制限されます。また、これらの制限のかかっていないものを**DRMフリー**と呼びます。

関連▶**ダビング10**

Dropbox (ドロップボックス)

米国Dropbox社が提供している、オンラインストレージサービス。

クラウドベースの同期型ストレージサービスです。専用ソフトウェアをインストールすることで作成される専用フォルダにデータを保存すると、データがオンラインストレージと同期されます。これにより、専用フォルダに文書をドラッグ＆ドロップすると、共有設定を行ったパソコン間で自動的にファイルを共有したり、更新したりすることができます。

関連▶**オンラインストレージ／クラウドコンピューティング**

DTP
DeskTop Publishing

書籍や新聞などの紙面制作作業をパソコン上で行うこと。

デスクトップパブリッシング、**電子編集システム**ともいいます。文字組みの詰めの調整やレイアウトの編集など、商業印刷物の制作作業をパソコン上で行うことをいいます。

関連▶**次ページ図参照**

DVD *Digital Versatile Disc*

デジタルバーサタイルディスクの略称。

1995年9月に松下電器産業（現パナソニック）、ソニー、東芝など10社により組織された**DVDフォーラム**が

▼DTPの流れ（DTP）

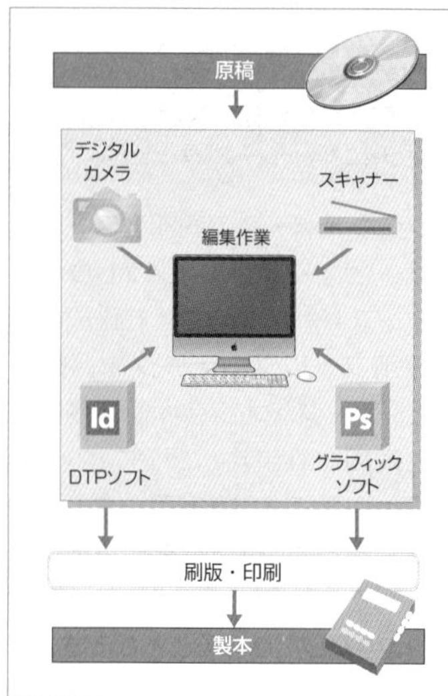

統一規格化しました。ソニー社はのちに開発から撤退しています。基本としては、直径12cm、厚さ0.6mmのディスクを2枚貼り合わせ、信号変調方式はEFM Plus、映像信号圧縮方式はMPEG-2を採用しています。CDと見かけは変わりませんが、読み取りや書き込みのレーザー光の波長を短くすることで、記録密度を向上させ、大容量の記憶を可能にしています。通常のDVDである**DVD-ROM**のほかに、一度だけ書き込みができる**DVD-R**、**DVD+R**、**DVD-R DL**、**DVD+R DL**、複数回の書き込みができる**DVD-RW**、**DVD+RW**、**DVD-RAM**などがあります。ただし、DVD-RAMは記録方式が異なっているため、対応するドライブが限定されます。記録型のDVD-RAMやDVD-RWでは相変化記録方式を用いています。デジタル放送の普及に伴い、映像録画用途としては著作権保護規格である**CPRM**に対応したDVD-RやDVD-RAM、DVD-RW、DVD+R DLなどが主流になっています。

▼DVD-ROMの層構造

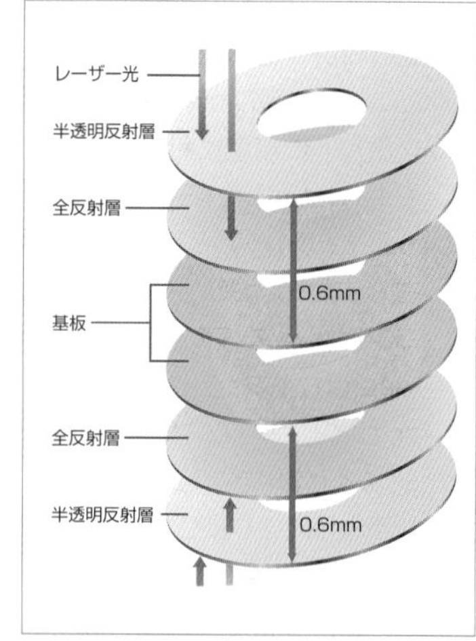

DVDレコーダー
DVD recorder

記録型DVDを用いて映像を記録する装置。

テレビ（TV）放送を録画する装置としてVTRに取って代わりました。対応する記録メディアにより、DVD-R/RWレコーダーとDVD-R/RAMレコーダーに大別されます。ハードディスクを内蔵した**ハイブリッドレコーダー**と呼ばれる製品もあります。記録フォーマットにはDVD-Video Recording（DVD-RAM/RW）を利用するものや、DVD-Video（DVD-R/RW）フォーマットを利用するものがあります。デジタル放送のコピー制限機能により、DVD-VRフォーマットの著者権保護規格**CPRM**（Content Protection for Recordable Media）対応がほぼ必須となっています。

DVI *Digital Visual Interface*

デジタルディスプレイとグラフィックカードを接続するインターフェース規格の1つ。

デジタル信号のみを扱う**DVI-D**とアナログ信号も扱える**DVI-I**の2種類があります。DVI-Dで接続すると信号の劣化がないためクリアな画像が得られます。

関連▶DisplayPort／HDMI

D

▼主要な記録メディア（DVD）

種類	規格	記録タイプ	記録方式	面/層	容量
CD	CD（-ROM）	再生専用	---	---	720MB
	CD-R	追記のみ	色素変化	---	720MB
	CD-RW	書換可能	相変化	---	720MB
DVD	DVD（-ROM）	再生専用	---	片面1層	4.7GB
				片面2層	8.5GB
				両面1層	9.4GB
				両面2層	17GB
	DVD-R	追記のみ	色素変化	---	4.7GB
	DVD-RW	書換可能	相変化	---	4.7GB
	DVD+R	追記のみ	色素変化	---	4.7GB
	DVD+RW	書換可能	相変化	---	4.7GB
	DVD-R DL	追記のみ	色素変化	片面2層	8.5GB
	DVD+R DL	追記のみ	色素変化	片面2層	8.5GB
	DVD-RAM	書換可能	相変化	片面	4.7GB
				両面	9.4GB
BD	BD（-ROM）	再生専用	---	片面1層	25GB
				片面2層	54GB
	BD-RE	書換可能	相変化	片面1層	23GB
		書換可能	相変化	片面1層	25GB
	BD-RE DL	書換可能	相変化	片面2層	50GB
	BD-RE XL	書換可能	相変化	片面3層	100GB
	BD-R	追記のみ	相変化	片面1層	25GB
		追記のみ	色素変化	片面1層	25GB
	BD-R DL	追記のみ	相変化	片面2層	50GB
		追記のみ	色素変化	片面2層	50GB
	BD-R XL	追記のみ	相変化	片面3層	100GB
		追記のみ	相変化	片面4層	128GB

DX
(デジタルトランスフォーメーション)
Digital transformation

関連▶デジタルトランスフォーメーション／ICT

D2C (ディーツーシー)
Direct to Customer

自社で企画・製造した商品を独自の販売チャネル(ECサイトや店舗)で直接消費者に販売する商取引のこと。

D to Cともいいます。卸売業者や小売店を通さないためコストを削減できるほか、消費者のニーズを直接知ることができ、より個人の要望に合わせた商品を出すことができます。SNSにより直接関係を構築できるようになり、注目されるようになりました。

関連▶B to C

eコマース（イーコマース）
EC ; Electronic Commerce

インターネットなどのネットワークを通じた、商品の売買やビジネス情報の交換などの商行為、経済行為。

電子商取引ともいいます。コンピュータネットワークを活用して、企業が商品やサービスを提供し、消費者が直接購入して、決済も銀行口座からの自動引き落としにするといったシステムをいいます。**オンラインショッピング**などが代表的。このとき、企業（Business）と消費者（Consumer）との商取引を**B to C**、企業間取引を**B to B**と呼びます。一般には、B to BよりもB to Cのほうが大規模な取引となります。

関連▶下図参照／オンラインショッピング／B to B／B to C

eスポーツ *electronic sports*

コンピュータゲームをスポーツの一種とした呼称。

現在、格闘ゲームや**FPS**（一人称のシューティング）ゲーム、**RTS**（リアルタイムの戦略ゲーム）などがeスポーツとして世界で注目されています。大会によっては賞金が発生するものもあり、eスポーツを職業とするプロのプレイヤーもいます。日本ではウメハラ（梅原大吾）などが有名です。eスポーツをプレイせずに、動画配信サイトで観戦のみを行うという人もいます。

▼eコマース

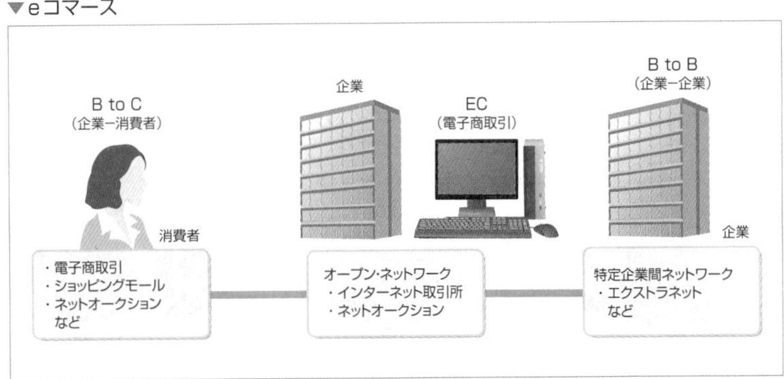

eBay（イーベイ）

1995年に開設された、米国eBay社が運営する世界最大のネットオークション、ネット通信販売サービス。

2007年12月には、Yahoo! Japanと提携し、相互に出品、落札ができるようになりました。

関連▶Yahoo!オークション

EC *Electronic Commerce*

関連▶eコマース

Edge（エッジ）

関連▶エッジ

EDI *Electronic Data Interchange*

商品の受発注や見積書など、企業間取引を電子化し、ネットワークを通じて決済すること。

電子データ交換の意味で、事務作業の手間を軽減するために利用されます。なお、1988年に米国と欧州が採択した標準EDIプロトコルを**EDIFACT**（エディファクト）といいます。近年はインターネットを利用した**Web-EDI**（**ウェブEDI**）が普及しています。

EFI *Extensible Firmware Interface*

OSとハードウェア、ファームウェアを仲介するもの。

同様のものに**BIOS**があり、置き換えが進められています。米国Intel（インテル）社が「Intel Boot Initiative」として開発、改称したもので、現在はUEFI（Unified Extensible Firmware Interface）フォーラムが開発を行っています。詳細な電源管

▼EDI

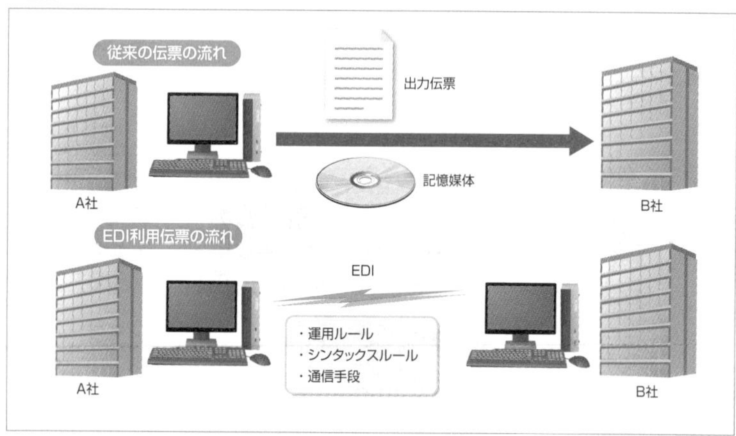

理やGPTなどを簡単に扱うために必要です。**UEFI**ともいわれます。

関連▶**GPT**

EL
Electronic Luminescence (backlight)

液晶パネルなどのバックライト用の照明。

ELバックライトともいいます。蛍光体が電界によって発光する現象である**電界発光**を利用した技術で、ノートパソコンのバックライトなどに使われます。

関連▶**バックライト**

Enterキー (エンターキー)
Enter ; Enter key

実行キー、復改キー、リターンキー、キャリッジリターン(CR)キーのこと。

基本的な機能はCRキーと同じですが、正確には、キーボードからの入力内容を確定したり、コマンドなどの機能を実行するキーとして位置付けられます。

関連▶**CRキー**

▼Enterキー

日本マイクロソフト(株)提供

EOF *End Of File*

コンピュータに関して、ファイルの終わりを示す特殊な記号のこと。

この記号がある地点が、ファイルの最後ということになります。**エンド・オブ・ファイル**ともいいます。

EPUB (イーパブ)

電子書籍のファイル形式の1つ。

IDPF(米国の電子出版業界標準化団体)が策定した、電子書籍用の世界標準のオープンフォーマットです。XMLをベースとした規格で汎用性が高く、多くのデバイスに対応しています。日本語も表示できます。専用のビューワをインストールすることで、パソコンやスマートフォンで電子書籍を読むことができます。

関連▶**ビューワ**

ERPソフト
Enterprise Resources Planning Software

企業内の経営管理、在庫管理、生産管理といった業務処理を統合し、企業活動を円滑に行うためのソフトウェア。

統合業務パッケージ、**ERPパッケージ**とも呼ばれ、SAP社(ドイツ)のSAP R/3などがあります。このソフトウェアを利用すれば、企業内業務の無駄を省くことができ、効率向上に寄与します。

E

eSATA (イーサタ)

パソコンにシリアルATA対応の外付けハードディスクなどを接続するための、インターフェース規格。

シリアルATA規格の1つで、ハードディスクや光学ドライブをパソコンに外付け接続できます。USB 2.0よりも高速で最高150MB/sの通信が可能です。

Escキー (エスケープキー)

ESC ; ESCape key

主にアプリケーションの中でメニューを呼び出したり、処理を中断させるために用いられる特殊キー。

関連▶**キーボード**

▼Escキー

日本マイクロソフト(株)提供

ETC

Electronic Toll Collection System

有料道路自動料金収受システムの略。

自動車に設置されたETC車載機に、クレジットカード会社から発行された専用ICカード(ETCカード)を挿入して利用します。料金所では、専用のゲートをくぐることで、ノンストップでの通過が可能。このとき、ETC車載機と料金所は、無線で通信を行い課金します。さらに、車載機とETCカードを分離することで、車両の所有者と料金の支払い者を区別でき、レンタカーなどにも適用できるのが特徴です。

関連▶**ICカード**

Evernote (エバーノート)

米国エバーノート社が提供しているオンラインメモツール。

Windows、Mac、iPhone、Android端末などから利用することができます。テキスト以外にも画像やPDFなど、多様な情報を容易に取り込んだ上で、様々なデバイス、プラットフォームからアクセスすることができます。

Excel (エクセル)

Microsoft Excel

米国マイクロソフト社が販売する、代表的な**表計算ソフト**。

「Word(ワード)」と共に、同社の**オフィス**(office)**スイート**の中核をなします。最新バージョンは「**Excel 2019**」です。

関連▶**次ページ画面参照/スイート/office**

▼Microsoft Excel 2019(Excel)

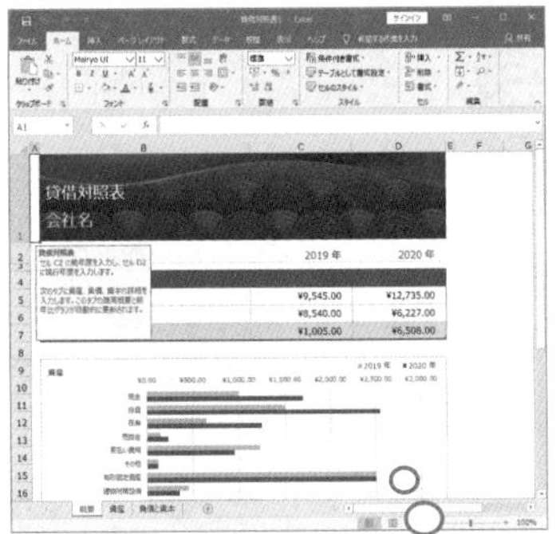

EXEファイル (エグゼファイル)

Windowsでアプリやサービスを開始するための実行可能形式のファイル。

実行ファイルともいいます。データファイルとは異なり、この形式のファイルを指定すると、プログラムが読み込まれ、実行されます。ファイルの拡張子は「**.exe**(エグゼ)」です。

Exif (イグジフ)

Exchangeable Image File Format

電子情報技術産業協会(JEITA：ジェイタ)が制定した、デジタルカメラのデータ記録フォーマット。

現在、スマートフォン内蔵のカメラも含めた多くの製品が対応しています。Exifは基本的にJPEGに準拠した画像フォーマットで、これに加え、サムネイル画像や撮影情報などのデータがファイル中に埋め込まれています。最新版のExif 2.2は通称**Exif Print**(イグジフプリント)と呼ばれ、撮影時の設定情報をプリンタドライバに渡すことで、印刷時の色の補正などが自動的に行われます。

関連▶**デジタルカメラ**／**JPEG**

E

F値（エフち）*F-number*

カメラにおいて、焦点距離÷レンズ口径（絞り口径）で求められる、レンズの性能を表す数値の1つ。

F値には絞りを全開にした「開放F値」と、絞り込んだときの値である「絞りF値」の2種類があります。このうち、カタログに記載されるのは開放F値です。F値が小さいほど全体的に明るく撮影できます。一方で、F値が大きくなるとピントの合う距離の範囲が広がります。**被写界深度**が深くなるともいいます。

FA *Factory Automation*

組立ロボットや自動搬送ロボットによって、工場の生産活動を人手を使わずに自動的に行うこと。

ファクトリーオートメーションの略です。工場の生産管理や在庫管理などの業務を、コンピュータで自動化したものも含まれます。

Facebook（フェイスブック）

世界最大のSNSサービス。

2004年に学生専用として開設され、2006年に一般にも開放されました。アクティブユーザー数が20億人を超えています。実名で登録するのが特徴で、同級生や会社の同僚、サークルなど、実際に交流のある人同士でやり取りすることに向いています。

関連▶SNS

FAQ（エフエーキュー）*Frequently Asked Questions*

インターネットのサポートサイトなどで頻繁に寄せられる、同じような質問への回答集。

定期的に記事として投稿されたり、Webページ上で公開されています。最近は、メーカーのサポート用Webページでも、問い合わせに対する回答の作業量の削減などを目的に用意されています。

FAT（ファット）*File Allocation Table*

Windowsでディスク管理に使う**ファイル管理情報テーブル**のこと。

FATを用いたファイルシステムを指すこともあります。可変長のファイルシステムでは、1つのファイルが連続した領域に書き込まれるとは限りません。FATには、管理の単位であるクラスタの使用／未使用、1つのファイルを構成する**クラスタ**の連鎖の情報が記録されています。また、

FATの各エントリーのデータ長を32ビットに拡張し、扱えるディスク容量やファイル数を増やしたものが、**FAT32**と呼ばれるものです。

Fedora (フェドラ)

米国Red Hat(レッドハット)社が無償公開していた「**Red Hat Linux**(レッドハットリナックス)」の後継バージョン。

2003年に、ビジネス的なメリットがなくなってきた無償公開版の扱いを検討していたRed Hat社がスポンサーとなって、W.トガミ(**Warren Togami**)氏が中心となって活動しているFedora Projectに移管されたものです。現在の最新版は2020年に公開された**Fedora 32**です。Linux上でマシンの仮想化を行い、複数のOSの動作を可能とする**Xen**(ゼン)やGCCなどが搭載されています。

関連▶**ディストリビューション/Red Hat Enterprise Linux**

FeliCa (フェリカ)

ソニーが開発した、非接触式ICカード技術方式の1つ。

電子マネー、交通機関の乗車券、IDカードなどに利用可能で、JR東日本の「Suica(スイカ)」、JR西日本の「ICOCA(イコカ)」などに採用されています。小型ICチップとアンテナが搭載され、電磁波によりリーダー/ライターと無線通信を行うことで、端末にカードをかざすだけで処理できます。また、暗号化などのセキュリティ機能を備え、セキュリティ評価基準の国際標準ISO/IEC 15408 EAL4の認定を受けています。

FinTech (フィンテック)

ICT技術を使った金融技術サービスの総称のこと。

ファイナンスとテクノロジーを合わせた造語です。株などの金融商品の売買についてアドバイスをくれたり、実際の売買を代行してくれる人工知能、指紋認証でネットワーク上の口座から代金を支払うサービスなどがあります。

FileMaker (ファイルメーカー)

クラリス社が開発しているカード型のデータベースのソフトウェアである。

MacのほかWindowsでも利用できます。

Firebase (ファイヤーベース)

米国Google社が提供するWebアプリケーションのバックエンドサービスのこと。

開発者はアプリケーションの開発に専念でき、バックエンドで動くサービスの作成や管理が不要となります。そのためサーバーサイドの開発費を抑えられ、工数もかかりません。

Firefox (ファイアフォックス)

Mozilla Foundationが開発するオープンソースのWebブラウザ。

ブラウザの機能を自由に拡張できるアドオンが豊富で、Internet Explorerを狙った攻撃を無効化できるなどのメリットを持つことから、ユーザー数を増やしています。

Flash (フラッシュ)

米国アドビ社が開発した、動画などを扱うための規格。

Flashの再生に必要なプラグイン名やデータ形式も指します。2020年12月に配布を終了する予定です。

Flickr (フリッカー)

写真や動画をネットワーク上に保存し、共有できるオンラインコミュニティサイト。

大量の写真をタグで整理できる(**タギング**)機能により人気を博しており、20億を超える写真が登録されています。

関連▶**クリエイティブ・コモンズ**

FM音源 *Frequency Modulation oscillator*

ヤマハ社が開発した、周波数を変調することで様々な音色を作り出す装置。

比較的簡単な回路で、複雑な高周波成分を作ることができます。パソコンでは、PCM音源と並んで広く採用されていて、ゲームの効果音やテーマ曲に使われています。多くの周波数成分を混ぜることで、楽器音だけでなく自然音などの擬音を合成することや、人間に近い音声で話させることもできます。

関連▶**PCM音源**

FreeBSD (フリービーエスディー)

ビル・ジョイが開発した386BSDと4.4BSDをもとに、機能向上と改良を施したUNIX系のOSの一種。

Linuxに次いで利用者の多いPC-UNIXです。

関連▶**BSD/UNIX**

FSF *Free Software Foundation, Inc.*

無料で使えるソフトの配布や管理をする団体。

誰もが無料で使用することができるUNIXなどのソフトウェアの作成を目的に、テキストエディタEmacsの作者でもあるR.ストールマンが設立しました。GNUソフトの作成をはじめ、マニュアルの配布なども行っています。代表的なプロジェクトに**GNU(グニュー/グヌー)**があります。

関連▶**GNU**

FTP *File Transfer Protocol*

インターネットで使われる、ファイル転送のためのルール。

Webサイトやブログなどで画像やテキストファイルを送受信するための通信規格です。これを利用することで、通常よりも大きなファイルを高速で送ることができます。**ファイル転送プロトコル**ともいいます。なお、手元のパソコンからサーバー上にデータを送ることを**アップロード**といいます。

関連▶**プロトコル／TCP/IP**

FTTH
(ファイバー・トゥ・ザ・ホーム)
Fiber-To-The-Home

一般家庭まで光ファイバー回線を敷設したもの。

高速大容量の光ファイバー網の全国整備を2005年に完成させようと、郵政省（現総務省）の調査会である電気通信局により、「FTTHの実現に向けたネットワーク展望と課題」で提唱されました。当初は、電話、動画、データ通信を多重化する構想でしたが、インターネットの急速な普及に伴い、データ通信回線上にマルチメディア情報を多重化するスタイルに変化しました。

Fuchsia (フクシア)

米国Google社が開発中のモバイルや組み込み系のOS（オペレーションシステム）である。

Chrome OSやAndroid等 のOSで使われているLinuxカーネルを採用しておらず、新規のマイクロカーネルであるZircon（ジルコン）を採用しています。

関連▶**スマートフォン／OS**

Fw *Forward*

受信した電子メールを別のメールアドレスに転送（フォワード）する際、タイトルの先頭に付けられる記号。

F

G

G検定
G Test

日本ディープラーニング協会(JDLA)が提供する非エンジニア向けの資格試験で、事業に活用する人材(ジェネラリスト)向けの資格となる。

人工知能の基礎知識と、適切に事業に応用する能力が問われます。年に数回実施されます。エンジニア向けには、E資格があります。

関連▶**機械学習／ディープラーニング**

GAE *Google App Engine*

開発者が製作したWebアプリケーションをGoogleと同じインフラ上で動かせるプラットフォーム。

Google社が2008年5月に公開しました。プログラムコードを一度記述すると、GAEがすべてのプラットフォームで作動するように処理します。また、他のGoogleのサービスにも容易に統合可能なのが特徴です。GAEのソフトウェアはLinuxベースで、その他無償のオープンソース・ソフトウェアを活用しながら、Google社の自社開発ソフトウェアを組み合わせた構成になっています。2009年4月には、開発言語としてPython以外に、Javaにも対応したと発表されました。

GAFA (ガーファ)

Google社、Amazon社、Facebook社、Apple社のIT企業4社を指す。

GAFAの概念は、エリック・シュミットやフィル・サイモン、スコット・ギャロウェイらによって、著しく成長するIT関連企業4社の総称として提唱されました。

GAP *Generic Access Profile*

Bluetoothで用いられる通信プロファイルの1つ。

汎用アクセスプロファイルと訳されます。接続に必要な最も基本的なプロファイルで、すべてのBluetooth機器に実装されます。

関連▶**Bluetooth**

Galaxy (ギャラクシー)

韓国サムスン電子社が製造するAndroid OS搭載端末のブランド名。

スマートフォンおよびタブレット端末のシリーズ名称で、日本ではNTTドコモ、ソフトバンク、auから発売されています。

GB (ギガバイト) *Giga-Byte*

関連▶**ギガバイト**

GIF（ジフ）
Graphics Interchange Format

256色カラー静止画像の圧縮形式で、元画像をそのいずれかの色に置き換える方式。

米国CompuServe（コンピュサーブ）社が策定した標準的な画像形式の1つです。拡張子は「**.gif**」です。可逆圧縮であるため、圧縮解除（デコード）後も圧縮前と同じ品質の画像が得られます。GIF規格は、1987年に策定されたGIF87aと、1989年に策定された**GIF89a**とがあり、GIF89aでは特定色を透明色に指定できる**透過GIF**、モザイク状の表示を徐々に細部まで表示する**インターレースGIF**、また、複数のGIFファイルを動画化する**アニメーションGIF**などをサポートしています。

関連▶ファイル形式／PNG

Gimp（ギンプ）
GNU Image Manipulation Program

もともとは、X Window System上で動作する画像処理用フリーソフトの名称。

Windows版もあります。

Git（ギット）

プログラムなどのソースコード管理を行う、分散型バージョン管理システム。

Linuxカーネルのソースコード管理を目的として、Linuxカーネルの開発者でもあるLinus Torvaldsが開発しました。この開発では動作速度に重点が置かれていますが、作業中にサーバーへのアクセスが途切れた場合でも、ワーキングディレクトリがリポジトリのすべての履歴を含んでおり、リビジョン間の履歴を調査することが可能、という特徴を持ちます。

関連▶Linux

GM規格 *General MIDI*

MIDI（ミディ）音源の標準規格。

GM規格に対応した音源は、メーカーの違いやサンプリングなどで使用した音色のニュアンスの違いに関係なく、同じ演奏を聴くことができます。ただし、GM規格は仕様に曖昧な部分が多く、完全な再現性を得られないため、ローランド社はさらに詳細な**GS規格**を、同様にヤマハ社は**XG規格**を提唱しています。

関連▶MIDI

Gmail（ジーメール）

米国グーグル社が無料で提供しているウェブメールサービス。

ウェブメールとPOP3、SMTP、IMAPに対応しています。GB単位の大容量メールボックス、迷惑メールのフィルタリング機能、スター表示やグループ化といった管理機能などがあります。また、IM（インスタントメッセンジャー）の機能も統合されており、同時にオンライン状態にある相手とリアルタイムに連絡をとることができます。Gmailアカウントは、Googleの多様な機能を利用するにあたってのID（Googleアカウント）としても利用されています。

GNU（グニュー/グヌー）

UNIXのようなOSをフリーソフトとして開発、配布するプロジェクト。

Google（グーグル）

インターネットの検索エンジンの1つ。また、そのサービスの提供会社名。

1998年9月、米国スタンフォード大学の大学院生L.ペイジ（Larry Page）とS.ブリン（Sergey Brin）によって設立されました。多くの良質なWebページからリンクされているページを重要度の高いページと考える**PageRank**（ページランク）**技術**によって、検索速度や精度、検索結果の豊富さを向上させています。検索エンジン以外にも地図やニュース、メール、動画、ブログなど、多くのサービスを提供しています。

Google Analytics（グーグルアナリティクス）

米国グーグル社が提供する、Webサイトのアクセス分析サービス。

自分のWebサイトに、何人が、どのような言葉を検索して、どこから来たかを集計して解析してくれます。アフィリエイトや集客数の増加に役立ちます。Googleアカウントを取得することで、月間アクセス500万ページビューまで無料での利用が可能です。

関連▶**アフィリエイト**

Google Apps（グーグルアップス）

米国Google社が無料で提供しているクラウドサービスの総称。

Gmail、Googleドライブ、Googleカレンダーなどがあります。また、有料サービスのG Suiteもあります。

Google Apps Script（GAS）

米国Google社が提供しているJavaScriptベースのスクリプト言語。

プログラミングによってGoogleが提供している様々なサービスと連携し、便利なWebアプリを作ることができます（連携できるサービス：Googleドライブ、Googleドキュメント、Googleスプレッドシート、Gmail、Googleカレンダー、Googleマップ、Google翻訳など）。

Google Chrome（グーグルクローム）

米国グーグル社が開発したWebブラウザの名称。

軽量でシンプルなデザインを持ち、他のブラウザよりも高速に動くブラウザです。Webkitと呼ばれるオープンソースのエンジン利用して開発されており、いち早く**HTML5**に対応しました。

関連▶HTML5

Google Cloud Platform (GCP)

米国Google社が提供するクラウドコンピューティングサービス。

IaaS(Infrastructure as a Service)やPaaS(Platform as a Service)、サーバーレス・コンピューティングなどの環境を提供します。現在も成長しており、新たなサービスを提供し続けています。

Google Earth (グーグルアース)

米国グーグル社が提供する、世界中の衛星・航空写真を閲覧しながら、あたかも地球儀を表示する感覚で扱える3D地図ソフトウェア。

米国グーグル社が無償で配布しており、同社サイトから誰でも自由にダウンロードできます。日本語版も配布されています。2016年11月には、VRに対応した**Google Earth VR**が無償で公開されています。

関連▶Google／Googleマップ

Googleマップ (グーグルマップ)
Google Maps

米国グーグル社が提供している地図サービス。

お店やサービスの場所とレビュー、乗換案内の検索や、衛星写真、**ストリートビュー**のなどの機能を持っています。**Ajax**の機能を全面に取り入れたことで話題となりました。

関連▶Ajax／Google

Google Play (グーグルプレイ)

米国グーグル社が提供するコンテンツ配信サービス、アプリケーションストアの名称。

▼Google Apps Scriptのサービス

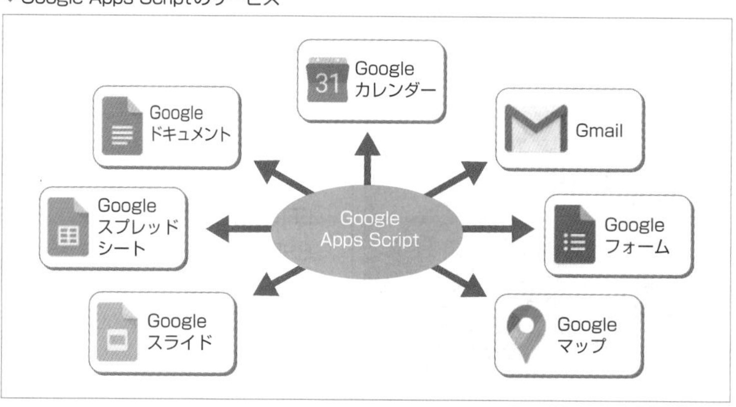

お気に入りの映画や、アプリ、ゲームがすべて1つのサイトにまとめられ、Android搭載端末などからアクセスします。また、購入コンテンツはクラウド上で保存、管理されており、同じGoogleアカウントを使用する複数のAndroid端末で共有できます。2012年3月　に**Android Market**から名称が変更されました。

関連▶**アプリ**

GoPro（ゴープロ）

アクティブスポーツなど激しい動作を撮影することに特化した小型のカメラ。防じん、耐水性能が非常に高い。

撮影者の頭部などに装着し、臨場感のある動画を撮影することができます。カメラが激しく揺れていたり、水の中にいても、きれいな映像を撮影することができます。現在、用途に合わせて、様々な機種が販売されています。身に着けるタイプのカメラのことは、**アクションカメラ**や**ウェアラブルカメラ**と呼びます。

▼GoPro装着例

GPS
Global Positioning System

米国陸軍の30個の衛星と地上の制御局を利用して、ユーザーの位置を測定するシステム。

全地球測位システムともいいます。4つ以上の衛星からの、電波の到着時間の差によって位置を測定することで、メートル単位での測定が可能です。本来は軍事用に開発されたシステムですが、最近では地学の研究や、自動車のナビゲーションシステム、スマートフォンの地図アプリなどにも用いられています。

関連▶**次ページ下図参照**／**ナビゲーションシステム**

GPT
GUID Partition Table

ハードディスクのフォーマットや分割に関する規格の1つ。

GUIDパーティションテーブルの略。**GUID**とも呼ばれます。Windowsで2TB以上のハードディスクを使用するためには、この規格でフォーマットする必要がありますが、Windows XPなどの古いOSでは対応していません。また、起動ドライブとするには、64bit版WindowsなどのOSとEFIの対応が必要です。Linux、FreeBSDではBIOS搭載のコンピュータからでも起動できるソフトウェア（**ブートローダー**）があります。

関連▶**EFI**

GPU
Graphic Processing Unit

主に画像表示をするための演算処理を行うコンピュータの部品のこと。

1998年に発売されたNVIDIA社のグラフィックカードGeForce 256からGPUという言葉が使われるようになりました。3DゲームやCADなどの三次元処理を行う際にこの部品が必要です。

関連▶CAD

GREE（グリー）

グリー社が提供しているSNSサービスのこと。

基本機能として日記、プロフィールなどがあります。無料で遊べるゲームやアバターが人気を得ています。

関連▶ソーシャルゲーム／SNS

G Suite（ジー・スイート）

Googleによるクラウドコンピューティングのグループウェア、およびソフトウェアのこと。

主なサービスとして、Gmail、Googleカレンダー、Googleドライブ、Googleドキュメント、Googleスプレッドシート、Googleスライドなどは無償で一般ユーザーに提供されるが、有償で企業向けのソリューションも提供されています。

GUI（グイ）
Graphical User Interface

視覚的な要素を多用して、直観的な操作を可能にするユーザーインターフェース。

G

▼GPSシステムのイメージ（GPS）

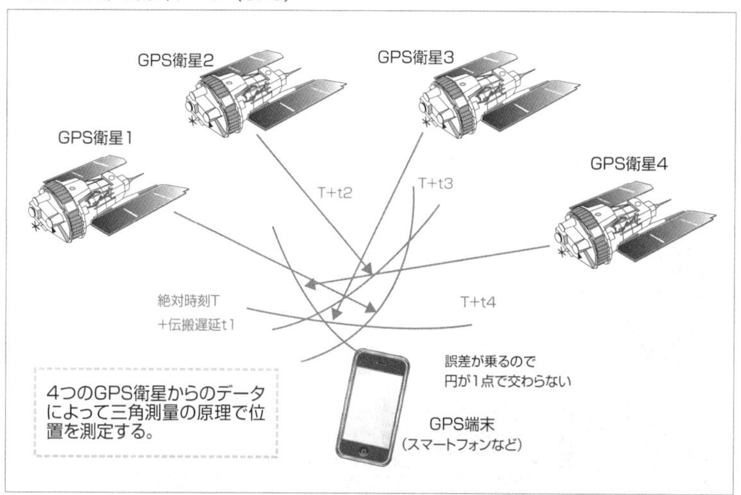

グラフィカルユーザーインターフェースの略。一般には、アイコンとマウスを使ったインターフェースを指します。パソコンにおけるGUIの代表例であるmacOSやWindowsでは、マウスポインタを使い、ファイルを表すアイコンをディレクトリ（フォルダ）を示すアイコンにドラッグすることで、ファイルの移動やコピーができます。また、アプリケーションソフトの操作では、作業目的に合わせてデザイン化されたツールボタンなどをマウスでクリックすることで、複雑なメニューやコマンドを使わずに処理を実行できます。これに対し、コマンドプロンプトのように文字のみで入力や表示を行う操作系を、**CUI**（Character User Interface）と呼ぶ場合もあります。

関連▶**下画面参照／コマンドプロンプト／ユーザーインターフェース**

マウスで簡単に
操作ができる

▼GUIの画面例（GUI）

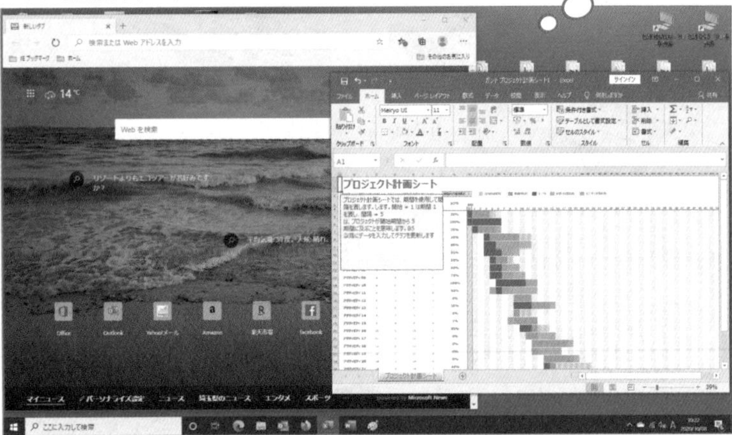

HaaS（ハース）
Hardware as a Service

情報システムに必要な機器を、インターネット上のサービスとして利用できるようにしたもの。

サーバー、ストレージ、ネットワーク機器といったハードウェアを所有することなく、必要なときにだけ利用できます。

関連▶SaaS

HD *High Definition*

ハイビジョンなどの高精細動画。

High Definition（ハイデフィニション）の略です。**ハイデフ**ともいわれます。かつてのアナログ放送並みの画質であるSD（Standard Definition、640×480ピクセルなど）よりも解像度が高い、という意味です。特に1920×1080ピクセルの解像度を持つ動画は**フルHD**と呼ばれます。

関連▶ハイビジョン

HDDレコーダー
HDD recorder

ハードディスクを用いて映像を記録する装置。

テレビ（TV）放送を録画する装置として利用されています。他の媒体へ書き出す機能を持たないタイプと、ブルーレイディスクなどの媒体への書き出しが行える**ハイブリッドレコーダー**があります。近年では、テレビ（TV）にハードディスクと録画機能を搭載した商品もあります。

関連▶ホームサーバー／DVDレコーダー

▼HDDレコーダー

（株）バッファロー提供

HDMI
High-Definition Multimedia Interface

パソコンやAV機器、家電向けの、デジタル音声・映像などを入出力するインターフェース規格。

「高品位マルチメディアインターフェース」ともいいます。パソコンとディスプレイの接続のほかに、チューナーやHDDレコーダーなどとテレビ（TV）とを接続するためにも用いられます。音声と映像を1本のケーブルで伝送することから、

H

ケーブルの取り回しが容易になります。データを非圧縮で伝送することでデコーダ用のハードやソフトが不要な点も特徴です。さらに、HDMIはかつてパソコンで多く使われていたDVIと比べてコネクタのサイズが小さく、薄型ノートに搭載することもできます。

HDTV
High Definition Television

高品位テレビ(TV)のこと。

かつてのアナログテレビ(TV)放送に比べて高品質な映像と音声が送受信できる放送規格の総称です。

関連▶**ハイビジョン**

HMD *Head Mounted Display*

ヘッドマウントディスプレイの略称。

頭部に装着して利用する、ウェアラブルコンピュータの一種です。一般的には、「PlayStation VR」のように、VRを楽しむために利用されています。代表的なものに、Oculus社が発売しているVR向けヘッドマウントディスプレイ**Oculus Rift**などがあります。HMDの精度によりVR世界のリアルさ(没入感)が大きく左右されますが、近年は嗅覚や味覚も含めた製品が開発されつつあります。

▼Oculus Riftのホームページ

関連▶**プレイステーション**

HTML
HyperText Markup Language

インターネットのページを作成するためのハイパーテキスト記述言語。

タグを使って文字の大きさや色、貼り込む画像ファイル、リンク先のWebページなどを指定します。HTMLファイルそのものは簡単なテキスト形式ですが、ブラウザソフトで読み込むと、タグの指定どおりに表示されます。情報と表示形式が混在していること、タグによって制御される範囲がわかりにくいことから、XMLの文法を厳密に適用した**XHTML**への移行が進んでいます。

関連▶**次ページ下画面参照/タグ**

HTML5 (エッチティーエムエルファイブ)

HTMLの5回目の改定版。

Web上で使用される各種技術の標準化を推進するため作られたW3Cが、2014年に勧告した、HTMLの大幅な改定版です。動画や音声の再生、レイアウト、文章の構造化などの機能が強化されています。またドラッグ&ドロップをはじめとして、いくつものAPIが追加されています。

関連▶**HTML**

Hyper-V（ハイパーブイ）

米国マイクロソフト社が開発したWindows用の仮想化ソフトウェアで、1台のコンピュータ上に複数の仮想機械を実現させる。

Windows Server 2008 R2に搭載され、Windows 8以降のPro/Enterpriseにも含まれます。

関連▶ **次段図参照／仮想化**

▼Hyper-Vの仕組み（Hyper-V）

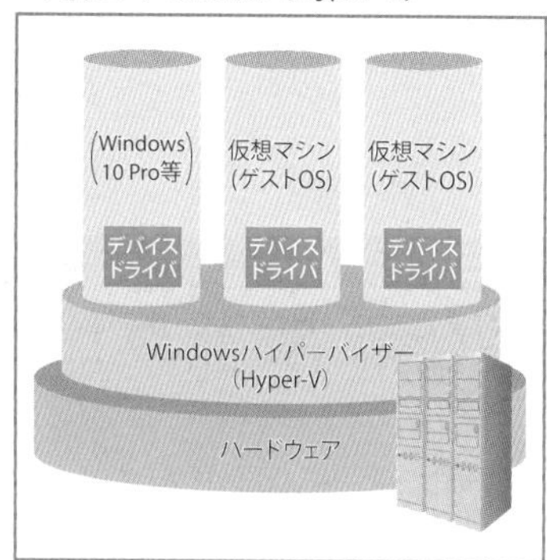

Hz（ヘルツ）

関連▶ **ヘルツ**

タグを使って
ホームページを
レイアウトする

▼HTML記述例（HTML）

http://www.shuwasystem.co.jp/ - 元のソース

ファイル(F)　編集(E)　書式(O)

```
<!DOCTYPE html PUBLIC "-//W3C//DTD XHTML 1.0
 Transitional//EN" "http://www.w3.org/TR/xhtml1/DTD/xhtml1-transitional.dtd">
<html xmlns="http://www.w3.org/1999/xhtml"><!-- InstanceBegin
 template="/Templates/top.dwt" codeOutsideHTMLIsLocked="false" -->
<head>
<meta http-equiv="Content-Type" content="text/html; charset=utf-8" />
<!-- InstanceBeginEditable name="doctitle" -->
<title>秀和システム：あなたの学びをサポートするIT・ビジネス出版社です</title>
<link rel="alternate" type="application/rss+xml" title="ROR" href="sitemap.xml" />
<meta name="keywords" content="秀和システム,本,書籍,はじめての,パーフェクトマスター,図解
 入門,ビジネス書,プログラミング,vba,Linux,excel," />
<meta name="description" content="秀和システムはコンピュータ、パソコン書籍の出版社です。発
 刊数約3000点。Word,Excel,Access,PowerPoint,Linux,Javaなどの解説書や問題集、初心者から上
 級者までシリーズを取り揃えています。図解入門など、理工書やビジネス書も充実。" />
<META name="y_key" content="b3c870afd6eede14" >
<!-- InstanceEndEditable -->
<link href="css/common.css" rel="stylesheet" type="text/css" />
<link href="css/menu.css" rel="stylesheet" type="text/css" />
<link href="css/top.css" rel="stylesheet" type="text/css" />
<link href="css/print.css" rel="stylesheet" type="text/css" media="print" />
<link href="http://www.shuwasystem.co.jp/images/favicon.ico" rel="shortcut icon">
<script src="js/mmswap.js" type="text/javascript"></script>
<!-- InstanceBeginEditable name="head" --><!-- InstanceEndEditable -->

</head>

<body onload="MM_preloadImages
 ('images/ni1b.jpg','images/ni2b.jpg','images/ni3b.jpg','images/ni4b.jpg','images/n
 i5b.jpg')">
```

iモード *i-mode*

NTTドコモが提供する、携帯電話向けブラウザフォンサービスの名称。

情報サイトへのアクセスと、インターネットにも接続された「iモードメール」の2つのサービスが提供されています。1999年2月にサービスが開始されました。近年ではスマートフォンの利用者が増え、使われる機会が減りました。そして、2016年12月、らくらくホンを除くiモード対応フィーチャーフォンの出荷を終了しました。

関連▶NTTドコモ

IaaS *Infrastructure as a Service*

情報システムの稼働に必要な機材やネットワークなどのインフラが、インターネット上のサービスとして提供される形態のこと。

利用するユーザーが自由にスペックを決めることができます。主なサービスとして、Google Compute Engine（GCE）やAmazon Elastic Compute Cloud（EC2）、Microsoft Azureがあります。「Infrastructure as a Service」の頭文字をとった略語で「イアース」あるいは「アイアース」と読みます。

IBM *International Business Machines*

米国にある世界最大級のコンピュータメーカー。

1911年に設立された**CTR**社が前身で、1924年から現在の社名となりました。事業規模でも技術面でも、コンピュータ業界のトップに立つ企業です。1952年に、初の量産コンピュータ「IBM 701」を発表してコンピュータ事業に進出しました。現在のパソコンの多くは、IBM PCの仕様を受け継いでいます。System/360ファミリー、/370ファミリーによって、汎用大型機での現在の地位を確立し、さら

▼日本IBM本社　日本アイ・ビー・エム（株）提供

に1981年には、IBM PCでパーソナルコンピュータ市場にも参入を果たしましたが、2005年にパソコン事業を中国Lenovo社に売却、撤退しました。

ICカード
Integrated Circuit card

プラスチック製のカード内部にICを組み込んだもの。

インテリジェントカードともいいます。大きく分けると、CPUとICメモリを組み込んだICカード、外部とのデータの送受信が可能な**ワイヤレスICカード**、大容量のLSIメモリを組み込んだ**ICメモリカード**の3つがあります。単に磁気テープを貼った通常のカードに比べ、記憶容量が格段に大きいため偽造しにくいのが特徴です。また、磁気によるデータの変化がないといった利点もあります。ただし、通常の磁気カードに比べて製造コストは高くなります。実用化されているものには**スマートカード**があります。CPUを内蔵し、高度なセキュリティシステムを誇り、フランスの地下鉄や米国のCATVのデコーダー用のキー、インテリジェントビル内での**IDカード**などに広く使われています。

関連▶**非接触式ICカード**／Suica

ICタグ
Integrated Circuit tag

物品識別用に開発された微小無線チップ。

RFID（Radio Frequency IDentification）ともいわれます。電池を搭載する**アクティブ型**と外部から電源を供給されたときだけ動作する**パッシブ型**があります。電源供給用のアンテナとチップをシールに加工し、物品に貼り付けることによって、梱(こん)包(ぽう)や包装の中にあっても読み取れることから、バーコードの代わりに、また万引き防止などに使われています。**Edy**（エディ）や**Suica**（スイカ）などの非接触式ICカードも同じパッシブ型RFIDです。

関連▶**非接触式ICカード**／Suica

▼Suica

東日本旅客鉄道（株）提供

iCloud（アイクラウド）

米国アップル社が提供するクラウドサービス。

複数のiOS／iPadOSデバイスやmacOSで、音楽、画像などを自動的に共有する機能があります。例えば、「iTunes」で購入した音楽をiPhoneやiPod touchなどに自動的に同期させたり、iPhoneで撮影した写真をiPadなど複数のiOS／iPadOSデバイスに自動的にコピーする、といったことができます。また、iPhone、iPadなどのデバイスが同一のWi-Fiネットワーク上にあれば、iTunesとそれらをWi-Fi経由で同期するといったこともできます。

ICT
Information and Communication Technology

情報通信技術のこと。

ITとほぼ同義ですが、通信に比重が置かれています。国際的にもITからICTへの言い換えが進んでいます。

関連▶IT

iD（アイディー）

NTTドコモのクレジットカードと連動した電子マネーサービス。

ソニー社の**FeliCa**と呼ばれる非接触式ICカードを利用したサービスで、クレジットカード情報を設定したカードや携帯電話／スマートフォンの**おサイフケータイ**に登録して利用します。支払いはクレジットカードで行われるため、事前にチャージなどをしておく必要がありません。

関連▶非接触式ICカード

ID
IDentification (number)

複数のユーザーが利用するコンピュータシステムで、利用者を識別するための番号（文字列）。

アカウントともいわれます。社内ネットワークや会員制サイトなどでは、部外者の利用を制限したり、利用状況を管理するために、利用者ごとに識別番号を発行します。このIDのないユーザーはシステムを利用することができませんが、IDがなくてもシステムの一部の機能だけ利用できる、ゲスト用のIDが用意されている場合もあります。**パスワード**と共に用いられるのが一般的で、パスワードによって利用者本人を認証します。

関連▶アカウント／パスワード

IEC
International Electrotechnical Commission

国際電気標準会議。

1906年に設立され、主に電気部品や電気製品といったハードウェアの規格化を推し進めています。本部はスイスのジュネーブに置かれています。

関連▶ISO

IEEE 802.11

無線LANに使用される無線通信規格の1つ。

使用周波数や最大転送速度によって複数の規格があります。IEEE 802.11nは、正式に勧告される前のドラフト版の時点で製品化されたため、最高転送速度が規格より低いものがあります。

関連▶次ページ下表参照／無線LAN

IEEE 1394

シリアルSCSI拡張規格の名称の1つで、中速から高速向けのデータ転送を可能としたもの。

P1394とも呼ばれ、一般に400/800Mbpsのデータ転送が可能ですが、最大3200Mbpsまで規格化されています。この規格を実装したものにソニー社の**i.Link**があります。また、米国アップル社の商標では**FireWire**（ファイアワイヤ）といいます。

▼主なIEEE 802.11規格

規格名	周波数帯	公称最大速度	チャンネル幅
IEEE 802.11a	5.15-5.35GHz 5.47-5.725GHz	54Mbps	20MHz
IEEE 802.11b	2.4-2.5GHz	11Mbps/22Mbps	22MHz
IEEE 802.11g	2.4-2.5GHz	54Mbps	20MHz
IEEE 802.11n	2.4-2.5GHz 5.15-5.35GHz 5.47-5.725GHz	65-600Mbps	20/40MHz
IEEE 802.11ac	5.15-5.35GHz 5.47-5.725GHz	292.5Mbps- 6.93Gbps	80/160MHz
IEEE 802.11ad	57-66GHz	4.6-6.8Gbps	最大 9GHz
IEEE 802.11ax	2.4/5GHz	9.6Gbps	20/40/80/ 80+80/160MHz

▼無線LANの規格（5GHz）

規格名	周波数帯	通信速度（最大）
IEEE 802.11ax	2.4/5GHz帯	9.6Gbps
IEEE 802.11ac	5GHz帯	6.9Gbps
IEEE 802.11n	5GHz帯	300Mbps
IEEE 802.11a	5GHz帯	54Mbps

▼主なIEEE802.11伝送方式と策定時期

規格名	伝送方式	策定時期
IEEE 802.11a	OFDM	1999年
IEEE 802.11b	DSSS	1999年
IEEE 802.11g	OFDM	2003年
IEEE 802.11n	OFDM/MIMO	2009年
IEEE 802.11ac	OFDM/MIMO	2014年
IEEE 802.11ad	シングルキャリヤ/OFDM	2013年
IEEE 802.11ax	OFDMA	規格策定中

Illustrator（イラストレーター）

米国アドビ社のドロー系グラフィックソフトの商品名。

関連▶CC

IME *Input Method Editor*

アプリケーションとOSが提供する文字入力システム間のインターフェースとなるプログラム。

かな漢字変換の日本語入力システムなどのことです。

関連▶ATOK

iMovie（アイムービー）

米国アップル社のムービー作成、編集ソフト。

iMacの一部やPowerMac G4以降の機種にプリインストールされていました。現在はmacOS用のもののほか、iOS／iPadOSデバイス向けのiMovieも提供されています。

InDesign（インデザイン）

米国アドビ社の業務用DTPアプリケーションソフト。

商業出版のレイアウトデザインにフォーカスし、機能を充実させています。同社の「Photoshop」や「Illustrator」と連携し、操作性の統一を図ると共に、データをそのまま取り込めるようになっています。現在では、商用DTPの標準的なソフトウェアとなっています。

関連▶CC／DTP

Insertキー（インサートキー）
INS ; INSert key

文字入力の**挿入モード**と**上書きモード**の切り替えに用いられるキー。

インサートは「挿入」を意味します。**INSキー**ともいいます。挿入モードでは、文字と文字の間に新しい文字が入力され、上書きモードでは、いまある文字を消してその位置に新しい文字が入力されます。

関連▶**キーボード**

▼Insertキー

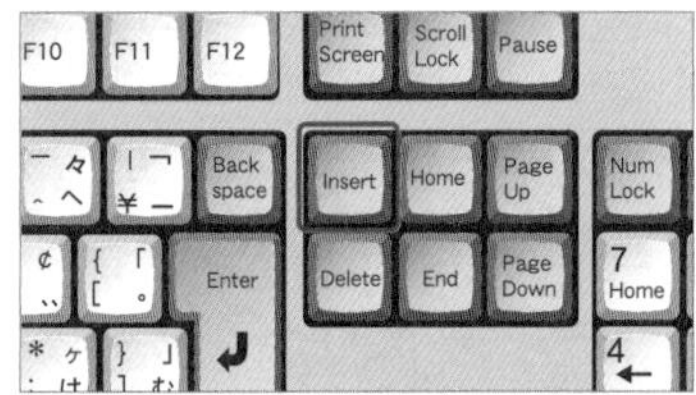

Intel（インテル）*Intel Corp.*

ロバート・ノイス、ゴードン・ムーアらが、1968年に創立した米国の半導体メーカー。

X86系のCPUで知られています。1972年に市場に送り出した8008（8ビットCPU）が、マイクロコンピュータの誕生のもとになりました。その後、16ビットCPUの8088がIBM PCに採用されたことで、パソコン用CPUのトップメーカーへと成長しました。現在では、パソコン用CPUで8割以上の市場占有率といわれています。1990年代後半には、米国マイクロソフト社がOS市場を、Intel社がCPU市場をそれぞれほぼ独占していたことから、**Wintel**（Windows+Intel）という言葉も生まれました。

▼Intel米国本社　インテル（株）提供

Internet Explorer（インターネットエクスプローラー）

米国マイクロソフト社製のWebブラウザ。

無料配布とWindowsへの最適化によって最大シェアへと成長しました。その一方で、OSとの抱き合わせによる独占禁止法違反を問われました。最新版では、Webページのレンダリングや画面表示を、より標準仕様に近い状態にすることが可能になりました。HTML5への準拠により、新しく追加されたAjax向け機能も利用可能になり、JavaScriptなどのスクリプトを実行するパフォーマンスも改善されました。Windows 10では新たに**Edge**というブラウザが提供され、徐々に切り替わっています。しかし、一部の公的なサイトなどではInternet Explorerにしか対応していないことがあります。

関連▶Ajax／JavaScript

iOS（アイオーエス）

米国アップル社が開発したiPhone、iPod touch、およびiPadに搭載される組み込みOSの名称。

マルチタッチや加速度センサーなどの独自UIを持ったOSで、iPhoneの登場と共に注目を集めました。iOS 4でマルチタスク処理、iBooksをサポートするなど機能が追加されています。以前は「iPhone OS」の名称で提供されていました。2019年9月からはiPad向けのOSとして、iPad OSがiOSと分かれて提供されています。

IoT（アイオーティー）
Internet of Things

モノとインターネット、またインターネットを介してモノ同士を接続して、相互に通信し合う仕組み。「**物のインターネット**」ともいう。

モノに属性や状態などのデジタル情報を与え、インターネットに接続することで、インターネットとモノ、およびインターネットを介してモノとモノを有機的につないで情報交換や制御をすること、およびその仕組みをいいます。ここでモノとは、機械や電化製品のみならず、建造物や場所、人や動物、またデータやプロセスなどの実体のないものも含まれます。このため、モノやコトをすべてインターネットにつなげるものとして、より広く**IoE**（Internet of Everything）という概念も提唱されています。もともとは**ユビキタスコンピューティング**の後継といえる概念ですが、すべてのモノにインターネットへの通信機能を持たせることで、自動認識や遠隔操作ができるようにするものです。ウェアラブルデバイスによる体調管理、生産から流通に至るまでの全工程の管理、自動車や交通信号などをインターネットとつなげて、速度や車間距離の制御、渋滞や事故の防止などへの利用も考えられています。

関連▶**ウェアラブルコンピュータ／ユビキタス**

▼IoTの活用例

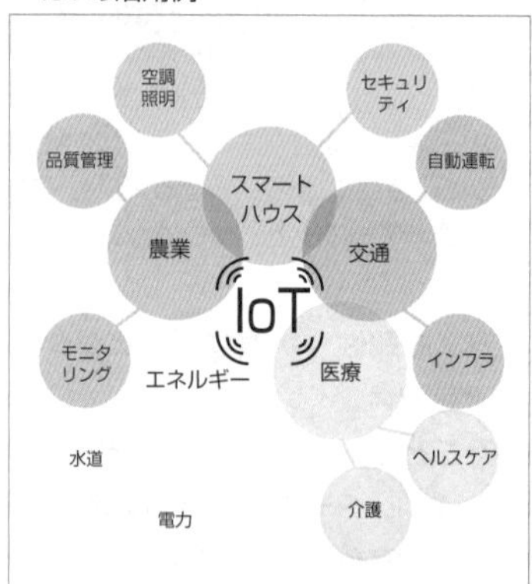

IP *Internet Protocol*

インターネットを構成するレイヤー3（ネットワーク層）プロトコルで、TCP/IPの基本となるプロトコル。

送達確認をしないコネクションレスのパケット交換方式でデータを転送します。

関連▶**IPv4／IPv6／TCP/IP**

IPアドレス
Internet Protocol address

IPによるネットワークで使われるID番号。

IPv4では32ビットで表現できる番号で、ネットワーク上の各コンピュータに割り当てられています。IPアドレスの一元的な管理は国際組織である米国**IANA**（アイアナ：Internet Assigned Numbers Authority）が行い、日本では**JPNIC**がアドレスの割り当て管理を行っています。IPアドレスの枯渇が深刻化したことから、主流となっていたIPv4という規格からIPアドレスの多いIPv6への移行が進んでいます。IPv6では、JPNICではなくAPNICが割り当て管理を行っています。

関連▶**IPv4／IPv6／JPNIC**

IP電話（アイピーでんわ）
Internet Protocol phone

IPネットワーク技術を使った方式の電話サービス。

VoIP（Voice over IP）とも呼ばれています。IP電話では、1つの回線を複数人が共有できるため、従来の電話よりも低コストでサービスを提供できます。また、音声以外に画像などのデータも送受信できる、一定の音声品質を維持することが容易、といった特徴があります。IP電話は、ネットワークの一部、または全部でIPネットワーク技術を使っていますが、独自のIPネットワーク網を構築し、高品質なサービスを提供する方法や、インターネットを使用してコストダウンを図る**ベストエフォート型**の方法があり、通常は両方の方式が混在しています。電話番号とIPアドレスの交換を行う**ゲートキーパー**と呼ばれるサーバー、および従来の電話網と相互接続するゲートウェイを備えたサービスを狭義の**IP電話**と呼び、インターネット内に閉じたサービスを**インターネット電話**と呼んで区別することもあります。

関連▶**下図参照／インターネット電話／ベストエフォート型／IP**

iPad（アイパッド）

米国アップル社の、7.9～12.9インチのタッチパネルを搭載したタブレット型端末。

▼IP電話のイメージ（IP電話）

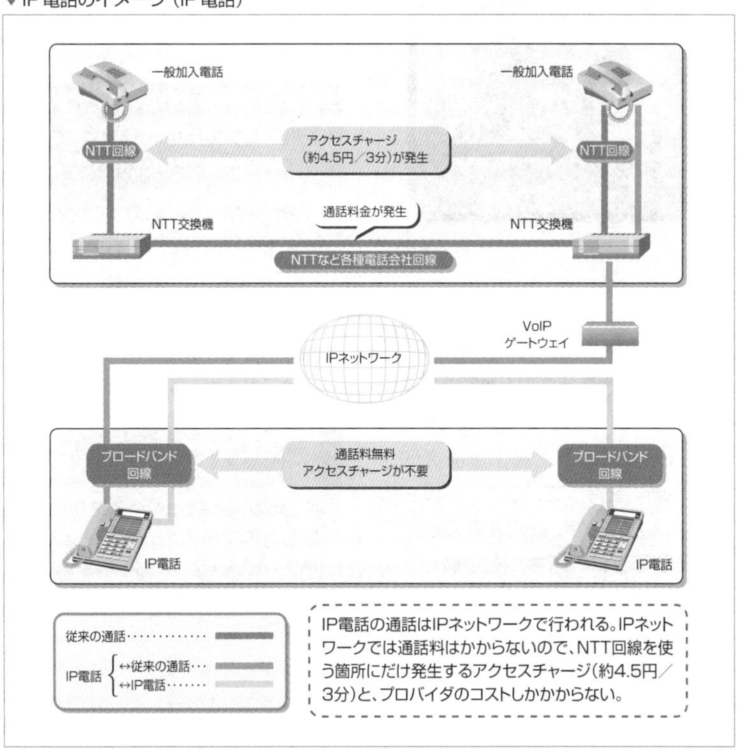

2010年4月に発売されました。ノートパソコンとスマートフォンの中間的なデバイスです。それ以来、様々なモデルが販売されており、マルチタッチ対応ディスプレイを本体前面に搭載し、ディスプレイ上でソフトウェアキーボードが利用できます。ソフトウェアでは、ブラウザ「Safari」、iPod touchと同様の写真、ビデオ、音楽再生機能、電子書籍リーダー機能を標準装備しています。

▼iPad

Apple Japan提供

iPhone (アイフォーン)

米国アップル社が製造・販売するスマートフォン。

iPodの機能と電話機の機能を融合した機能を持っています。機械式のボタンを使わず、画面を直接触って操作する**タッチパネル**を搭載しています。2020年8月現在の最新版は**iPhone 11**です。

関連▶ **次段写真参照／スマートフォン／iPod**

▼iPhone 11

Apple Japan提供

iPod (アイポッド)

米国アップル社から発売されている、携帯型音楽・映像プレイヤー。

MacやWindowsパソコンとUSBでの接続が可能となっています。フラッシュメモリを搭載し、画面に直接触れて操作するタッチパネルを搭載した**iPod touch**が発売されています。

IPTV
Internet Protocol TeleVision

IP(Internet Protocol)を用いて映像などのマルチメディアコンテンツをテレビ、パソコン、携帯端末などに提供するサービス。

インターネットを利用して番組を配信します。サービスには、時間割に沿った番組放送のチャンネルに加え、VOD(ビデオオンデマンド)、ダウンロードサービスがあります。アクトビラ(日本の電機メーカー6社が設立したテレビポータル)対応のデジタルテレビには、ブロードバンド回線とダイレクトに接続可能な機能が搭載され、ネットワークに接続するとVOD、さらに機種によってはYouTubeの視聴も可能です。

関連▶**YouTube**

IPv4
Internet Protocol ver.4

従来のインターネットプロトコル規格。

近年、インターネットを利用する人が全世界で爆発的に増えたので、IPアドレスの枯渇など、設計当初に想定していなかったいろいろな問題を抱えることになりました。現在、次の規格であるIPv6への切り替えが進んでいます。

関連▶**IPアドレス/IPv6**

IPv6
Internet Protocol ver.6

TCP/IPのアドレス空間の枯渇に備えて考案されたインターネットプロトコル。

古い規格であるIPv4は、パソコンなどの端末を32ビットのアドレスで識別していますが、これを128ビットのアドレスを使用するように拡張したものです。IPアドレスの枯渇問題を解決できるだけでなく、一意なローカルアドレスや移動体通信、セキュリティにも対応しているため、デジタル家電を利用した新しい通信技術への応用も可能で、世界的にインフラ整備が進んでいます。また、IPv6の携帯端末版であるモバイルIPv6では、端末が移動しても同一のIPアドレスを利用できるなどの移動端末向けの機能が追加されています。

関連▶**IPアドレス/IPv4**

ISDN
Integrated Services Digital Network

音声、画像、その他のデータすべてをデジタル信号化し、配信する通信サービス。

統合サービスデジタル通信網と訳します。1980年、**CCITT**(現**ITU-TS**;**国際電気通信連合電気通信標準化セクター**)が提唱したデジタル通信網です。64kbps、384kbps、1.536Mbpsの伝送が可能です。現在はADSL、FTTHが利用できない地域で、一部の企業などに利用されています。2024年にサービス終了の予定です。

ISO (アイエスオー/アイソ/イソ)
International Organization for Standardization

国際標準化機構。

国際的な流通を容易にする目的から、各種規格の国際標準化を推進する機関です。1926年に創立された

万国規格統一協会（ISA）を母体として、1947年に発足しました。日本では1952年に**日本工業標準調査会**が加入しました。**TC**（Technical Committee）と呼ばれる多くの専門委員会で構成され、それぞれ専門分野の標準化を担当します。また、TCの下部には**SC**（Sub Committee）、**WG**（Working Group）と呼ばれる組織があります。

関連▶**IEC／ITU／JIS**

IT *Information Technology*

情報（関連）技術の総称。

コンピュータなどのソフトウェア、ハードウェアの利用技術からインフラとしての情報通信技術全般まで、幅広い意味を持っています。最近では**ICT**（Information and Communication Technology）と呼ばれています。

関連▶**ICT**

ITパスポート *IP ; Information Technology Passport Examination*

関連▶**情報処理技術者試験**

ITU *International Telecommunication Union*

国際電気通信連合。

1932年に発足し、1947年に国連の専門機関となりました。下部機関として、無線通信における周波数の分配を行う**無線通信セクター**（ITU-RS）、電気通信における技術や料金体系を標準化する**電気通信標準化セクター**（ITU-TS）、技術開発を行う**開発セクター**の3つがあります。

iTunes（アイチューンズ）

米国アップル社が開発、配布するmacOS用、およびWindows用の音楽管理ソフトウェア。

MP3とMPEG-4 AAC（Advanced Audio Coding）に対応しており、音楽用CDの楽曲の取り込みから管理、再生までを行います。同社の携帯オーディオプレイヤー**iPod**（アイポッド）へ楽曲の転送も容易に行えます。iTunes Store（アイチューンズストア）で楽曲や映画などをオンライン購入することも可能です。日本では2005年8月にサービスが開始されました。

関連▶**iPod／iTunes Store**

iTunes Store（アイチューンズストア）

iPod、iPhone向けの音楽やアプリケーションを中心としたコンテンツ提供サービス。

米国アップル社が2003年に開始したサービスです（日本では2005年8月）。iTunes Storeで購入した楽曲やコンテンツはそのままiPodやiPhone、iPadに転送でき、アップル社製品との親和性が高いのが特徴です。当初は音楽販売だけのサービスで、iTunes Music Storeという名称でしたが、ゲームなどのアプリケーションや動画コンテンツの提供開始に伴いiTunes Storeと名称を変更しました。なお、iOS／iPadOSデバイスではアプリなどを専門にするApp Storeとに分かれています。

関連▶**iTunes**

iTunes Store
は音楽の聴き方
を変えた

▼iTunes Store

Apple Japan提供

J

JAN（ジャン）
Japanese Article Number

1978年、JISが制定したバーコード規格の一種。

POS用に食料品や日用雑貨などで使われています。また、この規格のバーコードを**JANコード**といいます。一般的な日用雑貨用の**標準JANコード**、書籍用の**書籍JANコード**などがありますが、コードの構造は同じです。

関連▶**バーコード**

JASRAC（ジャスラック）
Japanese Society for Rights of Authors, Composers and Publishers

音楽著作権の管理委託を受け、集中管理事業を行う一般社団法人日本音楽著作権協会のこと。

1939年設立の大日本音楽著作権協会を前身とし、作詞者、作曲者、音楽出版者などの音楽に関する権利者から、録音権、演奏権などの著作権の信託を受けています。音楽の利用者に対して利用許諾を与え、利用料を徴収します。そして、これを権利者へ分配しています。また、著作権侵害の監視、著作権侵害者に対する法的責任の追及なども併せて行っています。2001年に著作権等管理事業法が施行されてからは、JASRAC以外の著作権管理団体が複数設立されました。

Java（ジャバ）

1995年に、米国サン・マイクロシステムズ（Sun Microsystems）社が開発したオブジェクト指向プログラミング言語。

言語の仕様は、C++を基本に、セキュリティやネットワーク機能を強化しており、マルチスレッド機能にも対応しています。Javaによるプログラムは、仮想コンピュータ（JVM）用に一度コンパイルされた中間コード（バイトコード）によって供給される仕組みとなっています。仮想コンピュータ上のJavaインタープリタ、または各機種への再コンパイラを通すことで、機種やOSに依存しないプログラミングが可能です。身近な例では、Internet Explorerなどのブラウザ上で、**アプレット**と呼ばれる小プログラムを実行させる例があります。「Java」とは、コーヒーの品種である「ジャワ」から命名されました。

関連▶**オブジェクト指向プログラミング／Oracle**

Javaアプレット
(ジャバアプレット) *Java applet*

Javaによるプログラムの一種。

インターネットを介して配布され、Javaに対応したWebブラウザで読み出し、実行できるJavaプログラム。

関連▶Java

Java仮想マシン
Java Virtual Machine

関連▶Java VM

JavaScript (ジャバスクリプト)

Webブラウザで動作するオブジェクト指向のスクリプト言語の一種。

Java言語とは異なり、コンパイルする必要はなく、HTMLに直接コードを書き込むだけでプログラミングできるので、Webページによく使用されます。米国ネットスケープコミュニケーションズ(Netscape Communications)社の「**LiveScript**(ライブスクリプト)」をもとに、1995年に同社と米国サン・マイクロシステムズ(Sun Microsystems)社が共同で開発しました。

関連▶下図参照／オブジェクト指向

Java VM (ジャバブイエム)
Java Virtual Machine

Javaで作成したプログラムを解釈、実行するソフトウェア的な実行環境。

JVM、**Java仮想マシン**ともいいます。Java言語で記述したプログラムは、Javaコンパイラによって中間コード(バイトコード)に変換し、それを実行するかたちで動作します。そのためのソフトウェアがJava VMで、パソコンにインストールして使用します。

関連▶Java仮想マシン

▼JavaScript実行の流れ

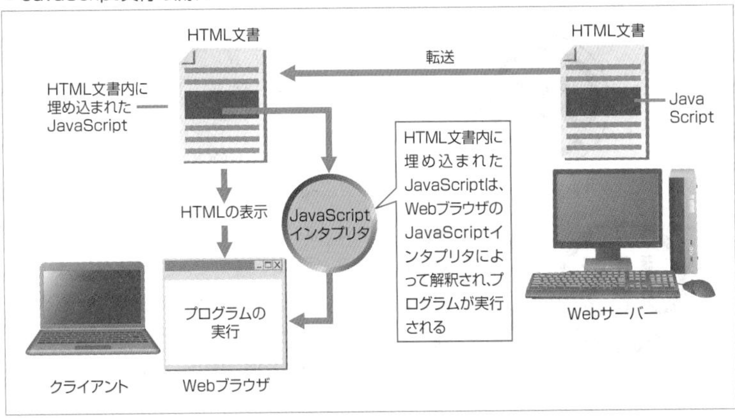

Jimdo (ジンドゥー)

インターネット上で使えるWebページ作成サービス。

日本ではKDDI関連会社がサービスを提供しています。レイアウトをマウスで選択するだけで簡単に素早くWebページを作成でき、HTMLやCSSでさらに自由にカスタマイズできるため、幅広く使われています。

JIS (ジス)
Japan Industrial Standards

国内の工業製品に対する国家規格。

日本工業規格ともいいます。1949年に制定された工業標準化法（2019年に産業標準化法に改題）に基づいて定められ、2002年には約9000の規格を制定しています。このうち、約800品目についてJISマーク表示制度を設け、中小企業の信頼性の確認と取引円滑化などに貢献しています。情報処理関係では、一般（情報処理用語、フローチャートなど）、キャラクタセット、文字認識、入出力媒体、プログラム言語、データ通信、データコードの7分野で規定されています。5年ごとに内容が見直されます。

▼JISマーク

JIS漢字コード
JIS kanji character code

JISで定めた漢字の規格。

正しくは、**JIS X 0208**に含まれる漢字符号系の漢字の集合をいいます。旧JIS C 6226。X 0208は通常の国語表記で用いられる図形文字の集合で、漢字以外にも英数字、カナ、かな、記号、図形文字などが含まれます。JIS漢字は使用頻度によって、**JIS第一水準**と**JIS第二水準**に分けられています。JIS第一水準は基本的な漢字から構成され、一般の文書のほとんどはこれで足ります。JIS第二水準は人名、地名などの特殊な固有名詞中の漢字や旧漢字が含まれます。1990年には、**新漢字コード体系**（JIS X 0212）が定められましたが、通産省（現経済産業省）は、2000年に正規の**JIS第三水準**、**JIS第四水準**にあたる4344字を制定しました（JIS X 0213）。これによって、丸付き文字や単位記号のように各機種まちまちの**外字**扱いだった文字も統一されました。

関連▶**新漢字コード体系**

JISコード *JIS code*

日本語データを表すためのデータ形式の1つ。

1バイトの英数字は**JIS X 0201**、2バイトの漢字は**JIS X 0208**によって表します。データの最上位ビットの値は常に0のため、7ビットのみを通す旧式のネットワークでも、日本語が文字化けしないことから、電子メールや電子掲示板などのインターネットでは、JISコードを用いることがデファクトスタンダード（通称、ISO-2022-JP）となっています。

関連▶**JIS漢字コード**

JPEG（ジェイペグ） *Joint Photographic Experts Group*

カラー静止画の標準的なファイル形式。

1986年、カラー静止画像の圧縮方式を検討するためにISO（国際標準化機構）とITU-TS（国際電気通信連合電気通信標準化セクター）が共同で設立した団体が定めました。圧縮方式には、データの損失が発生しない**可逆圧縮**と、データは多少失われるが高圧縮率の**非可逆圧縮**とがあります。非可逆圧縮では、圧縮率を任意に設定することが可能で、複雑な画像でも最小で10%程度にまで圧縮できるという利点があり、現在、流通しているJPEG画像のほとんどは非可逆圧縮で圧縮されています。圧縮に長時間を要するので、動画用には**MPEG**（エムペグ）という圧縮方式が開発されています。

関連▶**MPEG**

JPNIC（ジェーピーニック） *Japan Network Information Center*

日本国内のインターネットに関する登録などを行う団体。

IPアドレスの申請などを行います。1991年に発足したJNICをベースに1993年3月に設立されました。

関連▶**NIC**

jQuery（ジェイクエリー）

Webページにアニメーションなどの処理を組み込むことができるJava Scriptのライブラリ。

各種APIを利用することで豊富な機能を簡易な記述で使用できます。また、jQuery UIと呼ばれるユーザーインターフェースも用意されており、カレンダーを表示するといったような複雑な処理を1行で記述できます。

JSP *Java Server Pages*

サーバー上でJavaプログラムを動作させる機能。

サーブレットと同様に応答コンテンツを動的に作るもので、出力する内容を、HTMLを書くようなイメージで記述できます。

関連▶**サーブレット／ASP**

Jupyter Notebook

ブラウザ上で動作するプログラム対話型の実行環境。

ノートブックと呼ばれるファイルにPython言語などのプログラムを入力すると、直後に実行結果が表示されます。すぐに状態が確認でき、データ分析ができます。

関連▶機械学習／Python

J

KB (キロバイト) *Kilo-Byte*

関連▶キロバイト

KDDI
KDDI CORPORATION

2000年10月に発足した情報通信サービス企業。

KDD(国際電信電話会社)、DDI(第二電電)、IDO(日本移動通信)の3社が、1998年にKDD法が廃止されたことを契機に、DDIを存続会社として合併して誕生しました。当初の社名は「(株)ディーディーアイ」でしたが、2001年4月、ロゴマーク(**KDDI**)と同じ「ケーディーディーアイ(株)」に変更しました。インターネットプロバイダau one net(旧DION)や、携帯電話サービスのauなど、様々な通信事業を行っています。KDD社は1953年に電電公社から国際電気通信部門が独立して発足しました。DDI社は1984年に第二電電企画として設立、IDO社は1987年に設立されました。

Keras

Pythonで作られ、TensorFlowまたはCNTK、Theano上で実行可能なニューラルネットワークライブラリ。

比較的短いソースコードで数学的理論の部分を記述することができます。

Kickstarter (キックスターター)

2009年に設立された米国の民間営利企業。自社のサイト上で、ユーザーのプロジェクトに向けて、クラウドファンディングによる資金調達を行う手段を提供している。

商品やサービスを実現するために、不特定多数のユーザーから少額ずつの出資を募ることができるWebサービスです。一般的には、**クラウドファンディング**と呼ばれており、出資者は投資した金額に応じて、プロジェクトが実現した際に見返りを得ることができます。

▼Kickstarterのホームページ

Kindle (キンドル)

関連▶キンドル

K

Kotlin（コトリン）

ジェットブレインズ社が開発した、静的型付けのオブジェクト指向プログラミング言語。

Androidアプリ開発を主なターゲットとしています。Java仮想マシン（Java VM）上で動きます。

関連▶ **プログラミング言語／Android**

L

LAN（ラン）
Local Area Network

オフィスや建物内のような、比較的狭い範囲内で構築するネットワークのこと。

ローカルエリアネットワークの略で、**構内ネットワーク**（**通信網**）ともいいます。OA（Office Automation）やFA（Factory Automation）の現場で利用されており、パソコン程度の端末が複数あれば、各パソコンにネットワークOSやネットワークアプリケーションを搭載し、LAN接続ボードと回線を接続するだけで、ネットワークを構築することができます。回線への接続方式によって**リング型ネットワーク**、**バス型ネットワーク**、**スター型ネットワーク**などのネットワークに分類できます。また、アプリケーションやデータ共有方式によって、**ホスト端末一極集中型**、**ピアツーピア型**、**クライアントサーバー型**などのネットワークに分類することもできます。また、有線で接続するLANのほかに、無線で接続する無線LANがあり、無線LANには複数の方式があります。

関連▶**次ページ図参照／スター型ネットワーク／ピアツーピア方式**

LD *Laser Diode*

電流を流すと内部で光学的な発振を起こし、**コヒーレント光**（空間的、時間的に位相の揃っている光）を出す半導体デバイス。

レーザーダイオードともいいます。基本的な構造や発光原理はLEDと同じですが、光線の直進性が強く、光が拡散しにくいのが特徴です。LANやWANの長距離高速通信、ビームスポット径を絞るページプリンタやCD、MO、DVDなどのピックアップに利用されています。

LED（エルイーディー）
Light Emitting Diode

発光ダイオードのこと。

電流を流すと光を出す半導体のことです。一般にはGa（ガリウム）を主体にした化合物や混晶（化学的な結合はせずに、ただ混ざって結晶化したもの）でできており、成分や組成比、**ドープ**（人工的にあとから混ぜる不純物）の材料や量によって光の色や輝度が変化します。低電圧、小電流で動作し、消費電力も少ないという特徴があります。また、電球に比べて寿命が長く、フィラメントを持たないため振動にも強いというメリットを持っています。一方、ある程

▼データ共有方式による分類（LAN）

ホスト端末一極集中型

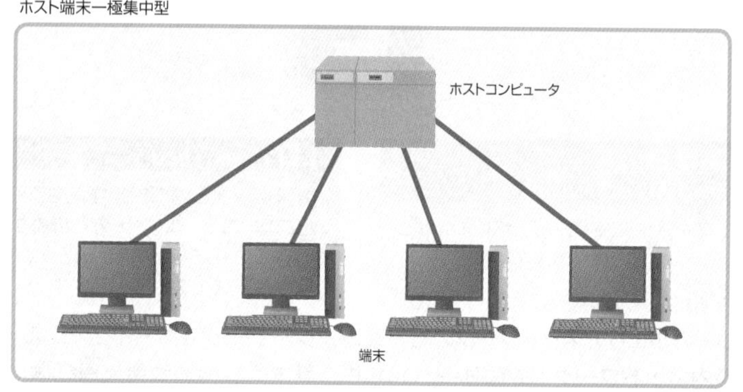

クライアント／サーバー型

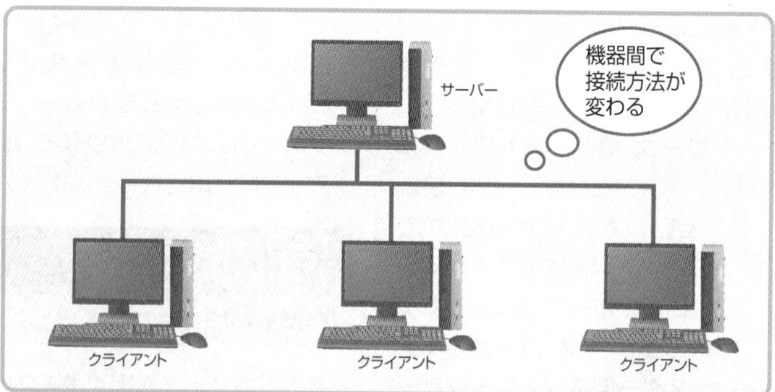

ピアツーピア方式

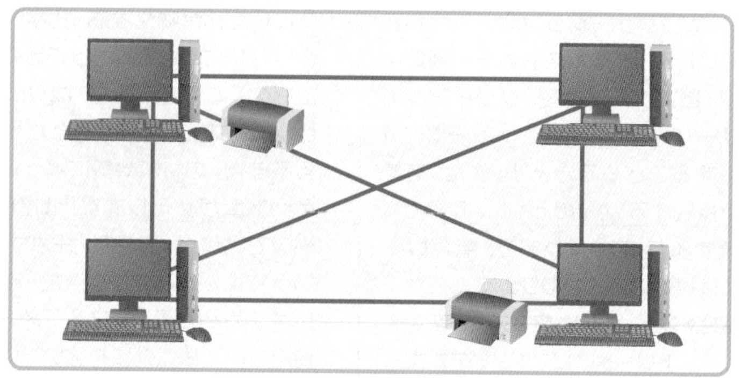

度以上電流を流しても光量が変わらない点発光であるため、液晶表示のバックライトのように光量が必要とされるものには適していません。LEDは、LEDプリンタや光ファイバーを使う**光通信**にも利用されています。

関連▶**ダイオード**

Libra（リブラ）

Facebook社が開発したブロックチェーンベースの暗号資産の名称。

Libraの発行・管理は非営利団体のLibra協会が行います。2020年にはテストネット版からメインネット版へ移行することが発表されています。

関連▶**暗号資産／ブロックチェーン**

LINE（ライン）

NHN Japan社（現LINE社）が開発したコミュニケーションアプリ。

グループや一対一で5000種類以上のスタンプを使用したメッセージを送ることができるSNSの代表的なサービスです。キャリアに関係なく、スマートフォンやPCからインターネット電話をかけることもできます。

LINEゲーム

LINEアプリと連携して遊ぶことのできるゲームアプリ。

LINEに登録している友だちと協力したり、進行状況を共有できる機能が備わっているものもあります。「ディズニーツムツム」や「バブル2」など、30種類以上のLINEゲームが配信されています。基本プレイは無料で、ゲーム内アイテムの購入時に料金が発生します。LINEアプリで友だちになっている人と一緒に遊ぶことができます。

▼LINEゲームの例

LINEスタンプ

コミュニケーションアプリ「LINE」のテキストメッセージに挿入できるイラストのこと。

感情や心境を表現したイラストが多く、テキストメッセージに添えることで、送信者の感情をイメージで伝えられます。

関連▶**スタンプ**

LinkedIn (リンクトイン)

2003年5月にサービスを開始した、ビジネス特化型のSNS。全世界で約7億人が登録している。

勤務先の企業やキャリア、スキルなどビジネスに関する情報に特化したSNSです。仕事の依頼や営業などの交流が主になります。

▼LinkedInのアプリ

Linux (リナックス)

インターネットなどでフリーで配布されているUNIX系のOS。

本来はカーネル部のみを指しますが、これにコマンドやツールなどをセットした**ディストリビューション**と呼ばれるOSの総称として用いられます。マルチタスク、マルチユーザー、サーバー機能を持ちます。フィンランドのヘルシンキ大学の学生だったL. B.トーバルズがOSの核になるカーネル部を一から作成し、開発中のバージョンをインターネット上で公開したのを契機に、世界中の研究者やプログラマーからの熱狂的な支持を獲得しました。これら国籍の異なる無数の支持者が、機能の追加やデバッグ作業に参加することによって、**Linux**はその機能を充実させていきました。ちなみに、日本では**リナックス**と呼ばれることが多いですが、米国では**ライナックス**、ヨーロッパでは**リヌクス**と呼ばれたりします。呼び名を一律に決めないのも、トーバルズ氏の意向といわれています。Linuxを利用したものにはCentOSやVine Linux、Fedoraなどのディストリビューションがあり、Android OSもLinuxで作成されています。

関連▶**ディストリビューション**

lpi *line per inch*

印刷密度などを表すのに使われる単位。

1インチあたりの線数を表すもので、印刷やスキャン操作の精度を表します。数が大きいほど精細ですが、データ量は増えます。

関連▶**dpi**

LPIC (Linux技術者認定試験)
Linux Professional Institute Certification

Linux Professional Institute(LPI)が運営するLinux技術者の認定資格であり、Linux技術者としての技術力を認定する資格のこと。

LPICの種類(グレード)は3種類あります(簡単なほうから「LPIC-1」「LPIC-2」「LPIC-3」)。

LSI
Large Scale Integration circuit

大規模集積回路の略。

特に規格があるわけではありませんが、1個の半導体チップの上に数千個以上のトランジスタが集積されている、大規模な集積回路のことをいいます。

関連▶**集積回路**

LTE *Long Term Evolution*

携帯電話の高速なデータ通信仕様の1つで、第3.9世代携帯電話の代表的な通信規格、方式。

第3世代携帯電話方式W-CDMA(NTTドコモなどが採用)を、さらに進化させたものです。W-CDMAの標準化団体3GPPが標準化を進め、オフィスや家庭で行われている大容量データの送受信、映像コンテンツの受信などが、携帯電話やスマートフォンでもできます。**4G**に分類されることもあります。

LZH

アーカイバのLHAで圧縮されたファイルの形式。

拡張子は「**.lzh**」。

Macintosh（マッキントッシュ）

米国アップル社が1984年から発売しているパーソナルコンピュータの総称。

通称**Mac**。当初からアイコンとウィンドウを使用したGUI環境で、ユーザーはマウスによる指示だけで、ほとんどの作業ができるようになっていました。古くからデザイン・音楽制作・映像制作分野で使われてきており、マルチメディア制作では高いシェアを持っています。Windowsパソコンとは異なる、独自の世界を切り拓いています。1998年からは一体型のiMacを発売し、またノート型のパソコンとしては、MacBookシリーズを発売しています。

▼Mac Pro

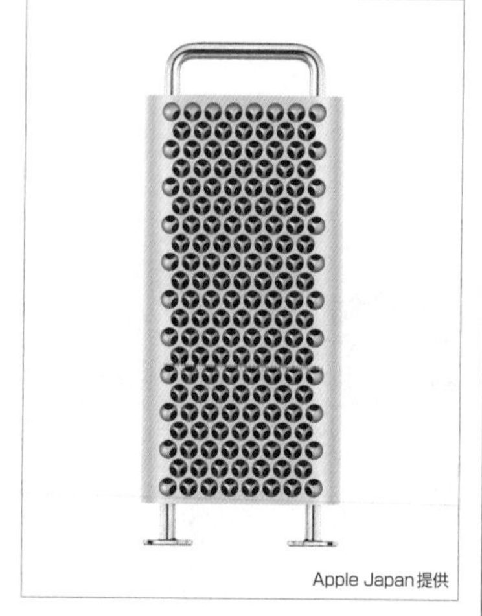

Apple Japan提供

関連▶Apple／macOS

macOS（マックオーエス）

米国アップル社のコンピュータで利用されているOSのこと。

Mac OS X➡OS Xと名称が変更され、2016年にmacOSになりました。アップル社が提供しているiPhoneやiPadなどのスマートフォンやタブレットで使われている**iOS／iPadOS**との連携が強化されていて、お互いに音楽・画像ファイルなどを簡単にやり取りできます。音声応答システムSiriも搭載されました。その他、Apple WatchやiCloudともデータ共有ができます。

▼macOS

Apple Japan提供

MATLAB（マトラボ／マトラブ）
MATrix LABoratory

数値計算に特化したソフトウェア。

数値計算、データ解析、CGを用いてデータを視覚化するビジュアライゼーション、プログラミング機能などを統合した、行列計算をベースとするソフトウェアです。米国MathWorks社が開発しました。行列やベクトルの演算、グラフ化や三次元表示といった豊富なライブラリを持ち、電気工学、機械工学や自動車、航空、制御などの産業分野で活用しています。

Maya（マヤ）

アニメーションツールと直感的なワークフローを可能とした、米国Autodesk社が提供する高機能インタラクティブ3Dレンダリングソフト。

スクリプト可能な統合コマンド言語**MEL**（Maya Embedded Language）により、内部機能のすべてにアクセスでき、高水準のビジュアルエフェクトで、驚異的な視覚効果が得られます。

関連▶**レンダリング**

MCP
Microsoft Certified Professional

米国マイクロソフト社のOSやサーバー類、アプリケーションに関する知識やスキルについて、身に付けていることを証明する資格。

マイクロソフト認定プロフェッショナルともいわれます。5つの分野が、それぞれ4つのレベルに分かれています。かつてのトレーナー用の資格**MOT**（Microsoft Official Trainer）も、**MCT**（Microsoft Certified Trainer、MCPの上位資格）として統合されています。1つの資格を取得するために複数の科目に合格する必要があります。

関連▶**MOS**

Media Player
（メディアプレイヤー）
Windows Media Player

米国マイクロソフト社が提供しているマルチメディア再生ソフトウェア。

MP3やMPEG-4など、様々なファイル形式の音楽や動画を再生できるだけでなく、インターネットラジオなどのストリーミング再生にも対応しています。その他、インターネットを使った情報の収集、マルチメディアデータの圧縮や整理といったことも可能です。

関連▶**ストリーミング（配信）**／**MPEG**／**MP3**

microSDカード
（マイクロエスディーカード）

SDメモリカードの中で最も小さいメモリカード。

サイズは11×15×1mm、容量は256MB～2GBとなっています。容量の大きい「microSDHCカード」

M

(4〜32GB) や「microSDXCカード」(64GB〜) は、使用機器側の対応が必要です。スマートフォンや携帯オーディオプレイヤーなどに採用されていて、変換アダプタを利用することでSDメモリカード用のドライブでも使用できます。

関連▶**SDメモリカード**

▼microSDカード

Microsoft (マイクロソフト)

Microsoft Corporation

世界最大手の米国のコンピュータソフトウェアメーカー。

1975年に**ビル・ゲイツ**が友人P.アレンと共に創設しました。同社製のOSである**Windows**シリーズは、パソコン利用者の約8割が使用しているといわれています。1995年に発売されたWindows 95は、操作や処理方法をアイコンで表示する機能(**GUI**) や、複数の機能を同時に動作させる機能 (**マルチタスク**) などを搭載、その後、Windows 98、Windows Me、Windows XP、Windows Vista、Windows7/8/10へと発展しました。ネットワーク分野でもWindows Serverによりシェアを伸ばしています。同社では、ほかにも「Word」「Excel」「Visual Basic」「SQL Server」、さらには家庭用ゲーム機「Xbox」といった製品をリリースしています。また、同社とIntel(インテル) 社の協力関係が密接なことから、この両社を「**Wintel** (ウィンテル)」と呼ぶこともあります。

関連▶**次ページ下写真参照**/**Intel**

Microsoft Azure
(マイクロソフトアジュール)

マイクロソフト社が提供するクラウド・コンピューティングサービス。提供する主なサービスはIaaSとPaaSで、コンピューティングやデータベース、レンタルサーバー、仮想マシンなどのサービスがある。

その他、AIやブロックチェーン、IoTなどに関する多数のクラウドサービスあります。サポートしているプログラミング言語はC#、JavaScript、Java、Pythonなどです。

Microsoft Edge
(マイクロソフト エッジ)

Internet Explorerの後継であり、Windows 10の標準Webブラウザとして提供されている。

マイクロソフト社のサービスであるCortanaやOneDriveなどが利用できます。

M

Microsoft IME
（マイクロソフトアイエムイー）

米国マイクロソフト社の提供する日本語入力システム。MS-IMEともいう。

Windowsに標準でインストールされています。マイクロソフト社のIMEにはほかにOffice製品に同梱されているOffice IMEもあります。

関連▶**ATOK**

Windows Defender
（ウィンドウズディフェンダー）

米国マイクロソフト社が提供する無料のウイルス対策ソフト。

無料で使用することができ、ウイルス対策に必要な基本的な機能を備えています。個人ユーザーだけでなく、中規模なオフィスなどでも無料で使うことができます。以前はMicrosoft Security Essentialsと呼ばれていました。

関連▶**ウイルス対策ソフト**

Microsoft Update
（マイクロソフトアップデート）

米国マイクロソフト社製のWindowsやOffice、ドライバなどを最新の状態に更新するためのプログラム。

米国マイクロソフト社が提供するソフトウェアのアップデートプログラムです。従来の**Windows Update**の対象はWindowsを中心としたものでしたが、Microsoft Updateでは、Microsoft Office等のマイクロソフト社製の他のアプリケーションも一括して最新の状態に保つことができます。

Microsoft 365

米国マイクロソフト社が提供するMicrosoft Office製品の月額課金型（サブスクリプション）サービス。

Word、Excel、PowerPoint、Outlook

▼マイクロソフト米国本社

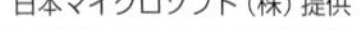
日本マイクロソフト（株）提供

Microsoft
本社は米国
ワシントン州
レドモンドに
ある

などが利用でき、利用者の規模に応じて提供される内容が異なります(家族向け、一般法人向け、大企業向けなどがある)。個人を対象とした場合は、「Microsoft 365 Personal」で、Word、Excel、Power Point、OneNote、Outlook、Access、Publisherなどのアプリがあり、One DriveやSkypeも利用できます。

MIDI (ミディ)
Musical Instrument Digital Interface

電子楽器同士、または電子楽器とコンピュータとの間でデータを伝送するための国際標準規格。

シンセサイザー同士での演奏情報の伝達方式を統一するため、日本のローランド、ヤマハ、カワイ、コルグの各社を中心に、米国からはSequential Circuit(シーケンシャルサーキット)社、Oberheim(オーバーハイム)社が参加して、1982年秋に制定されました。基準となる規格は**GM**と呼ばれています。MIDI規格対応のアプリケーションも多く発売されています。2001年1月に、**XG**(ヤマハ)、**GS**(ローランド)の両独自拡張フォーマットをオープン化し、1998年に制定された**GMレベル2**をサポートすることで、XG、GS、GMレベル2の3つのフォーマットをカバーするものを標準とすることが決められました。

関連▶**GM規格**

▼MIDI音源(SD-50)

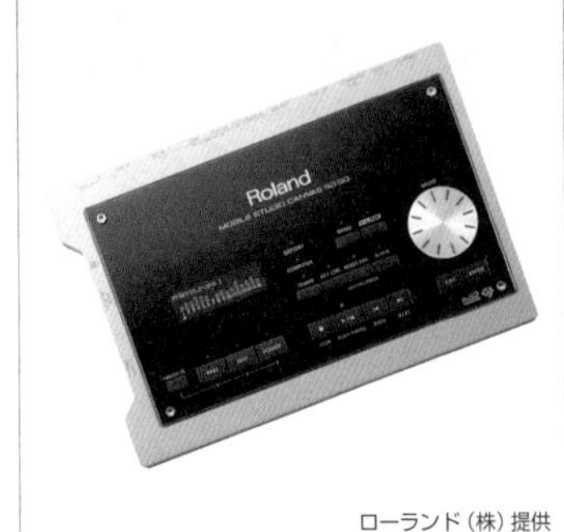

ローランド(株)提供

Minecraft (マインクラフト)

ブロックを地面や空中に配置して、自由に建造物や仕掛けを作るゲーム。

マイクラとも略されます。ゲームの世界が正六面体のブロックで構成されていて、プレイヤーはこのブロックを生成したり破壊したりして、様々なものを作ることができます。小中学生から大人まで、幅広い年齢層に支持されており、パソコンやスマートフォン、家庭用ゲーム機で遊ぶことができます。

▼Minecraft

M

MIPS (ミップス)
Million Instructions Per Second

コンピュータの処理速度を表す単位。1秒間に実行できる命令の個数を100万単位で表す。

ミップスと読みます。コンピュータの性能を示す1つの目安になります。なお、1秒間に実行できる命令の個数を1000単位で表すことを**KIPS**(キップス)といいます。

関連▶**処理速度**

MIPS (ミップス)
MIPS Technologies, Inc.

高速RISCのRシリーズで知られる米国の半導体メーカー。

米国SGI社の傘下企業で、主にワークステーション向け製品を製造しています。R2000Aから始まった同社のMIPS64 20Kcは、2.4GFLOPSもの処理能力を誇ります。また、R3000およびR4000シリーズが日本の主要ゲーム機のCPUに採用されていました。2018年にWave Computing社に買収されました。

mixi (ミクシィ)

ミクシィ社が運営するSNS。

2004年2月にサービスを開始しました。現在はスマートフォンゲーム「モンスターストライク」や「チケットキャンプ」など幅広い事業を展開しています。

関連▶**SNS**

MOOC (ムーク)

インターネット上から無料で大学の講義を受けられるサービス。

サービスを提供している米国のコーセラは、ハーバード大学やマサチューセッツ工科大などと提携しており、実際の単位も取得できます。無料でインターネット上に講義を公開することで、世界中のどんな環境にいる人でも勉強するチャンスを得られ、大学側も多くの受講者から優秀な人材を集めることができます。

MOS (マイクロソフト オフィス スペシャリスト/モス)
Microsoft Office Specialist

米国マイクロソフト社が認定するパソコンエンドユーザー向け資格試験。

同社製品「Microsoft Office」の利用能力の認定を行っています。試験では実際にアプリケーションを操作し、各アプリケーションごとに決められた操作ができるかどうかで合否の判定がなされます。

関連▶**MCP**

MPEG (エムペグ)
Moving Picture Experts Group

ISO/IEC JTC 1の下部組織であり、カラー動画像の圧縮方式の標準化を目的とした団体。

この団体で定められた圧縮方式もMPEGと呼ばれます。MPEGの規格には、CD-ROMなどで利用されている転送速度1.5Mbps以下の**MPEG-1**と、DVDやデジタル放送に利用されている転送速度2～30 Mbpsの**MPEG-2**、インターネット配信などで使われている**MPEG-4**などがあります。

MP3
MPEG-1 Audio Layer-3

音楽再生を目的とするMPEGの規格。正式名称はMPEG-1 Audio Layer-3。

人間に聞こえにくい周波数帯の音を圧縮することで、音声や音楽をパソコンで扱いやすいサイズにします。MPEG Audio規格は音声情報圧縮技術の規格であり、Layer-1で4分の1、Layer-2で8分の1、そしてLayer-3では最高12分の1の圧縮率を得ることができます。音楽CD並みの音質を保ったまま、データ量を圧縮することができるため、小型再生装置を利用した商用コンテンツで利用されています。

関連▶**MPEG**

MR（複合現実）*Mixed Reality*

仮想世界（デジタル空間）に、カメラなどを通して現実世界の情報を反映させる技術。ARの場合と逆になる。

MS漢字コード
MicroSoft kanji encording

アスキー社とマイクロソフト社が作った**シフトJISコード**のこと。

文字セット切り替えのために、パソコンから送られる制御コードである**エスケープシーケンス**を使うJIS漢字コードを簡便に処理するため、海外の1バイトコードを前提に作られていた8ビットコード体系の中で、使われていない領域に先頭バイトが来るようにシフトさせたものです。

関連▶**エスケープシーケンス／漢字コード／シフトJISコード**

MVNO
Mobile Virtual Network Operator

NTTドコモなどから通信回線を借り、安価にサービスを提供している移動体通信事業者のこと。

実際の通信経路を持たないため、設備投資費がかからず、通信速度や容量を制限することで、低価格を実現しています。イオン社など異業種からの参入も増えています。

関連▶**格安SIM**

NAS(ナス)
Network Attached Storage

ネットワークに直接接続して共有のストレージ機能を提供する装置。

ネットワークアタッチトストレージともいいます。単独のファイルサーバーと同じように使用できます。なお、サーバーの処理を高速化するため、Fibre Channel(ファイバーチャネル)のような高速通信インターフェースを用いて、複数のディスク装置をサーバーに接続するためのネットワークを**SAN**(サン)と呼んでいます。

関連▶**サーバー**

NFC
Near Field Communication

デジタル機器同士が10cm程度の近距離で通信を行うための規格。

NFCに対応した端末を対応機器にかざすだけで、だれでも簡単に通信を行うことができます。例として、スマートフォンをかざして、写真をテレビに映し出したり、機器のBluetoothペアリングを瞬時に完了させたりすることができます。

関連▶**Bluetooth**

NIC(ニック)
Network Information Center

インターネット学会の下部組織で、インターネットのIPアドレスやドメイン名を管理し、割り当てを行う組織。

日本では、**JPNIC**がこれにあたります。IPv6についてはアジアを管轄するAPNICが管理しています。

関連▶**IPv6**／**JPNIC**

NIC *Network Interface Card*

LANで利用するカード類の総称。

PCIバス用、PCカード用などがこれにあたります。

Nintendo Switch
(ニンテンドースイッチ)

任天堂株式会社が開発・販売する携帯型のゲーム機(据置型ゲーム機として利用することもできる)。

Switchは据え置きでも携帯でもプレイでき、3つのプレイモード(TVモード、テーブルモード、携帯モード)があります。Joy-Con(ジョイコン)というコントローラを本体から分離・接続することで、プレイモードを切り替えることができます。Nintendo Switchドック(ニンテンドースイッチドック)に本体を接続するとTVモードでプレイでき、本体とJoy-Conの充電もできます。

Node.js

サーバー上でプログラムが実行できるように設計されたJavaScript実行環境のこと。

Webブラウザではなく、サーバーサイドで動作します。ブラウザGoogle Chromeのために開発されました。

Nokia (ノキア)

フィンランドに本社を置くモバイル関連企業。

世界130カ国以上で販売活動を行っています。携帯端末やセキュリティ製品の製造、インフラ整備などを主な事業とし、日本では、1989年にノキア・ジャパン社が設立されました。

ns (ナノセカンド)

関連▶**ナノ秒**

NTFS *NT File System*

Windows標準のファイル管理方式。

大容量ディスクの管理に容量上の制限や転送速度面の課題がある**FAT**方式の弱点を補った方式です。さらにセキュリティ保護、ファイルの断片化の起こりにくさなどの面でもFAT方式より優れています。Windows 2000以降での標準ファイルフォーマットとなっています。

関連▶**FAT**

NTT
Nippon Telegraph and Telephone corp.

1985年4月、**日本電信電話株式会社法**によって、**日本電信電話公社**が民間の株式会社となってからの新しい名称。

第一種電気通信事業者としては日本有数の企業体です。1999年7月には、純粋持株会社によるグループ運営を図り、持株会社であるNTT(日本電信電話)を筆頭に、NTT東日本(東日本電信電話)、NTT西日本(西日本電信電話)、NTTコミュニケーションズ(エヌ・ティ・ティ・コミュニケーションズ)などの各株式会社に再編されました。

関連▶**NTTドコモ**

NTTドコモ
(エヌティーティードコモ)
NTT DOCOMO, INC.

日本の携帯電話会社の1つ。

日本政府が日本電信電話株式会社(当時)について「移動体通信業務の分離」との方針を出したため、1991年にNTT移動通信企画株式会社として設立されました。その後、1992年にNTT移動体通信網株式会社として自動車・携帯電話、ポケットベル(現クイックキャスト)のサービスを開始しました。1998年にはPHSもサービス内容に加えました。ブランド名としてNTT DoCoMoを使用していましたが、2000年4月1日に、社名も株式会社エヌ・ティ・ティ・ドコモに変更しています(現在はNTTドコモ)。ドコモグループは計9社で構成されていましたが、2008年8月、ブランド表記をNTT docomoに変更すると共に1社に統合されました。

関連▶**電話会社**/**NTT**

NUMキー (ナムキー)
NUMerical Lock key

テンキーもしくは数値入力をONにする機能切り替えキー。

正式には**Num Lock**(ナムロック)キーといいます。NUMキーがOFFのときにテンキーを押すと、カーソルやページの移動ができます。

関連▶**キーボード**

▼NUMキー

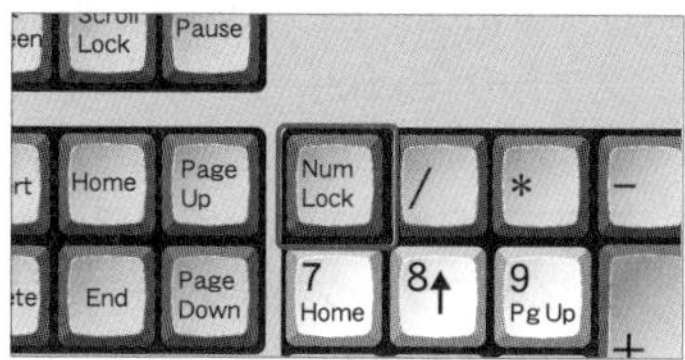

N

OA
Office Automation

事務部門の業務を様々な情報機器によって合理化し、業務効率を上げること。

オフィスオートメーションの略です。伝票処理をはじめとして、文書、資料などの広範囲な事務処理や事務機器をシステム化したものを指します。コピー、ファクシミリ、ワープロ程度のものから、インターネットやLANを使ったネットワークまで、企業の業務には、何らかのかたちで情報機器が介在しています。

ODF
OpenDocument Format

XMLをベースとするファイル形式の1つ。

国際標準化機構(ISO)などによって標準規格として認定されたオフィススイートの汎用ファイル形式です。**OOXML**に先駆けて開発されました。

OEM
Original Equipment Manufacturing

他社製造の製品を自社ブランドで販売すること。

他社ブランド名の製品を製造することともいいます。販売ルートを持たない開発・製造元と、開発・製造部門を持たない販売元の双方にメリットがあります。また、メーカー間で、不得意部門を相互にOEMとする例や、まったく同じ製品が、ブランド名だけ変えて複数の会社から販売されるケースもあります。

関連▶**ファブレス**

Office (オフィス)

■米国マイクロソフト社が販売する統合パッケージソフト「Microsoft Office」のこと。

ワープロソフトの「Word」、表計算ソフトの「Excel」、データベースソフトの「Access」などが統合されており、OLE機能を通じてアプリケーション間でデータを共有できます。

関連▶**Microsoft**

■データベースや表計算ソフトなど、業務用ソフトウェアを統合し、パッケージ化したものの総称。

Apache OpenOffice (StarSuite)、**WPS Office**(旧KINGSOFT Office)など、各社の製品があります。また、こうしたコンセプトのソフトを**オフィス製品**、**オフィススイート**などともいいます。

O

Office.com（オフィスドットコム）

Microsoft Officeユーザー向けの公式Webサイト。

それぞれのOffice製品向けの情報やマニュアル、更新プログラムの提供、クリップアートやテンプレートのダウンロードサービスなどを行っています。

OLE
Object Linking and Embedding

あるアプリケーションで作成したデータを別のアプリケーションのデータの一部として連結、埋め込む機能。

埋め込まれたデータを更新すれば、連結先のデータも自動的に最新のものになるほか、埋め込まれたデータから作成元のアプリケーションを呼び出すこともできます。ただし、活用にはアプリケーションがOLE対応であることが条件となります。

OneDrive（ワンドライブ）

マイクロソフト社が提供するオンラインストレージサービス。正式名称はMicrosoft OneDrive。旧名称はMic rosoft SkyDrive。

Windows 10にあらかじめインストールされており、同じMicrosoftアカウントでログインしたパソコンやスマートフォンでファイルのデータの共有ができます。ビジネス向けにセキュリティなどが強化されたOneDrive for Businessもあります。

▼外出先でファイルを利用できる

OneDrive
クラウドストレージサービスに保存した
ファイルを外出先で利用できる

OneNote（ワンノート）

米国マイクロソフト社が販売する電子ノートソフト。

手書きのノートのように自由にメモができるソフトウェアです。キーボード入力だけでなく、閲覧中のWebページを切り抜いて貼り付けたり、音声や手書き情報を加えたりと、様々な情報の整理をすることができます。2020年現在、最新のバージョンはOneNote 2019です。

関連▶次ページ下画面参照

OpenGL
Open Graphics Library

3Dグラフィックスのためのプログラムライブラリ、およびそのインターフェースの1つ。

SGI社が自社のワークステーションで使用していたシステムをもとに開発し、公開したものです。現在はOpenGL ARB WG（OpenGL ARB

Working Group）が管理しています。UNIXで広く利用されているほか、Windows、macOS、携帯電話などでも使用できるクロスプラットフォーム規格です。

OpenTypeフォント（オープンタイプフォント）

OpenType font

米国アドビ社と米国マイクロソフト社が開発したアウトラインフォント規格の1つ。

競合する規格だったTrueTypeフォントとPostScriptフォントを統合したものです。同じフォントでもTrue TypeフォントとOpenTypeフォントがあるものでは、一般にTrue Typeフォントのほうが低価格です。

関連▶ **アウトラインフォント／TrueTypeフォント**

Optionキー（オプションキー）

Option key

Macの機能付加キー。

他のキーとの組み合わせで、欧文の特殊記号を入力できます。

関連▶ **キーボード**

▼Optionキー

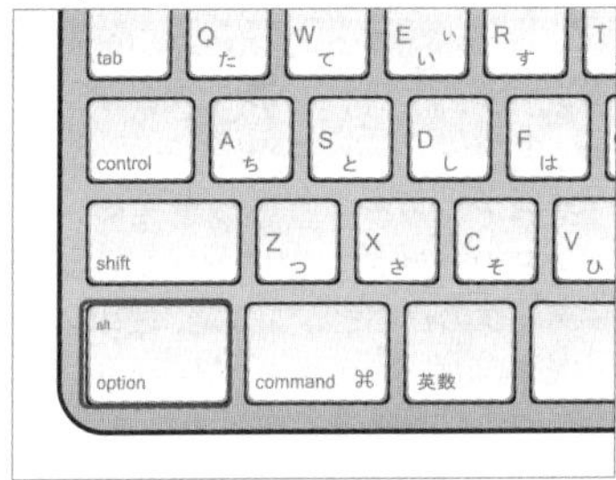

Oracle（オラクル）

米国に本社を置く世界最大のデータベースソフトウェアメーカー。

▼OneNote

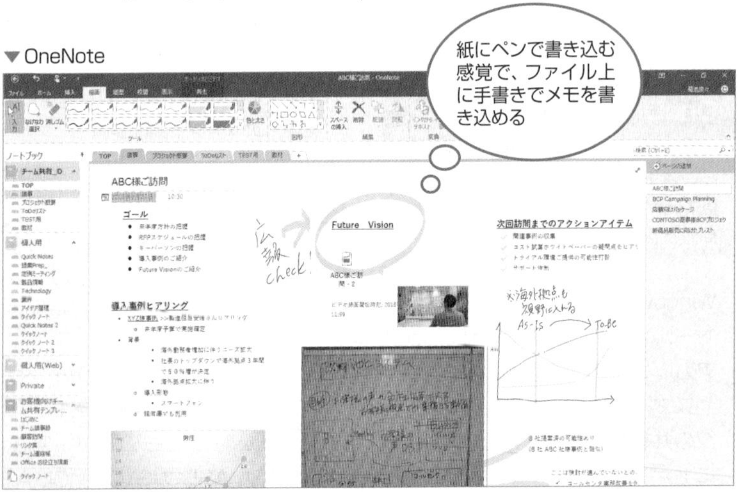

紙にペンで書き込む感覚で、ファイル上に手書きでメモを書き込める

同社が販売するデータベースの商品名も指します。1977年に創業され、以後、特にデータベースの開発などにおいて、幅広い企業ユーザーの支持を受けています。2010年1月、Javaを開発した米国サン・マイクロシステムズ社を買収しました。

O2O（オーツーオー）
Online to Offline

オンライン（Webサイト）からオフライン（店舗）へ購買活動を誘導するマーケティング手法の1つ。

OS（オーエス）
Operating System

コンピュータのハードウェアとソフトウェアを総合的に管理するソフトウェアで、**基本ソフト**ともいう。

一般的には**OS（オペレーティングシステム）**といい、本書でも「OS」と表記しています。パソコン用のOSとしては、32ビット、64ビットパソコン用の「**Microsoft Windows**」が有名です。パソコンではハードディスクを記憶装置として備えているものが多く、それらのディスクを中心にしたシステム管理という意味で、特に**DOS**（ドス：**Disk Operating System**）と呼ばれています。また、Windowsなどの普及から、OSも絵やアイコンを用いた**グラフィカルユーザーインターフェース**（**GUI**：グイ）に移行しました。**macOS**は、当初からGUIを採用しています。

関連▶**基本ソフト**／**GUI**／**Windows**／**macOS**

▼OS（オペレーティングシステム）の概念

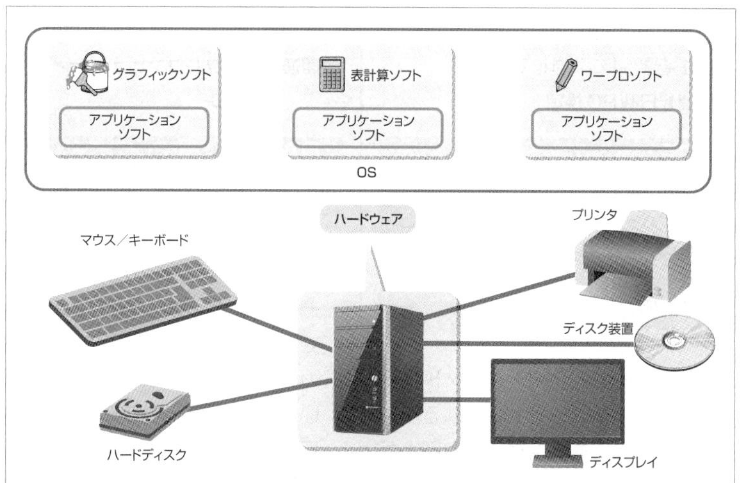

P検（ピーケン）
ICT Proficiency Assessment

ICT（情報通信技術）プロフィシエンシー検定試験の略称。

ICTプロフィシエンシー検定協会が主催する、ICT活用能力を測定する検定試験。初心者が対象の5級から、情報システム環境の構築・運用ができる程度の1級まで6段階の試験のほか、企業、学校などでのパソコン教育担当者向けの「インストラクター」試験があります。受験資格は、2級までは制限がありませんが、1級は2級合格が条件です。5級試験はWebサイト上から無料で受験することが可能です。文部科学省の学習指導要領に準拠しています。

関連▶**日商PC検定**

P2P（ピア・ツー・ピア／ピーツーピー）
Peer to Peer

コンピュータ同士のネットワーク上での接続において、個々のコンピュータが対等になる関係で接続し合う形態。

P2Pの利点は、クライアントサーバー方式と異なり、中心となるサーバーがなくてもコンピュータ同士が直接、自由にデータの送受信を行えることです。インターネット上で利用されるBitTorrentなどのファイル交換システムが代表例です。ただ、公開予定でない情報の漏洩（ろうえい）発生防止など、セキュリティ面での注意は必要です。

関連▶**ピアツーピア方式**

PaaS *Platform as a Service*

インターネット上のサービスとして、サーバー群を使えるようにするサービス。

SaaSがソフトウェアをサービスとして使用できるのに対して、PaaSのサービスではサーバー群と開発環境をまとめてサービスとして利用できます。

関連▶**クラウドコンピューティング／SasS**

PASMO（パスモ）

パスモ社が発行する、非接触式ICカード方式の鉄道・バス乗車カード。

自動改札機に触れるだけで改札を通過できます。また、電子マネーとしても利用できるほか、クレジットカード一体型PASMOも発行されています。JR東日本の**Suica**やJR西日本のICOCAなど**交通系**といわれるICカードと相互利用サービスを行っています。2007年3月にサービスを開始しました。

関連▶**非接触式ICカード／Suica**

PayPal（ペイパル）

インターネット決済サービスの1つ。

取引相手にクレジットカード番号や銀行口座番号を教えずに決済することができます。手数料が安いことなどから、米国を中心として普及しています。1998年12月に設立されました。

米国の大手オークションサイトであるeBayが親会社となっています。

関連▶**電子マネー**

PC
Personal Computer／IBM PC

広義にはパーソナルコンピュータの略称。

本来はIBM PCの略称でしたが、IBM PC/AT互換機を含め、Macに対するDOS/VやWindows、PC-UNIXが動作するコンピュータの総称として呼ばれています。

PCメガネ
glasses for PCs

パソコンでの作業時に、画面の光から目を保護し疲労を軽減するメガネの総称。

パソコン用メガネともいいます。可視光線の中でも波長が短い、380〜495nmの**ブルーライト**と呼ばれる光成分を低減します。メーカーによって呼称やブルーライトの低減方法、効果が異なります。

PCI Express
（PCIエクスプレス）

PCI-SIGが2002年に策定した拡張バス（伝送路）の1つ。

データを1ビットずつ順番に送るシリアルインターフェースを採用したことで、高クロック化によって1レーン（回路）5Gbpsという高転送レートが実現されました。また、複数のレーンを束ねることで、簡単に転送レートを増やすことができ、グラフィックボード用には16レーンのものが使用されます。

関連▶**バス**

PCM音源
PCM tone generator

PCM（パルス符号変調）方式により録音、デジタル化した音声データを、アナログ変換して再生する音源装置。

パルス符号変調とは、アナログ信号をA/D変換によりデジタルデータにすることです。

PDF
Portable Document Format

Adobe Acrobat（アドビアクロバット）のファイル形式。

米国アドビ社が開発した、異なるOS間で文書ファイルをやり取りするための、文字フォントや画像形式に関するフォーマットです。同社のオン

P

ライン文書作成ソフトAcrobatで作成されます。印刷物の新しい配布形態としてWWW上で活用されています。

関連▶ **下図参照／Acrobat**

Perl (パール)
Practical Extraction and Report Language

L.ウォールが開発したテキスト処理用のプログラミング言語（スクリプト言語）。

もともとはUNIX用でしたが、Windowsなどにも移植されました。Webページの CGIプログラムに現在でも多く使われています。Perl用のモジュールを集めた**CPAN**（シーパン／クパン）**ライブラリ**が有名です。

関連▶ **CGI**

PHP
PHP ; Hypertext Preprocessor

HTMLファイルに直接記述するスクリプト言語の一種。

構文の多くは、C言語、Java、およびPerlから引用されていますが、独自に拡張されているものもあります。開発が比較的容易であり、入力したデータをもとにリアルタイム（動的）にWebページを生成するのに優れています。CGIとして使用することもできますが、データベースを取り扱う強力なツールを備えているため、データベースを使ったWebサイトの構築に多く使われています。オープンソースとして、プログラムなどは無償で入手することができます。

関連▶ **スクリプト言語**

▼PDFのイメージ

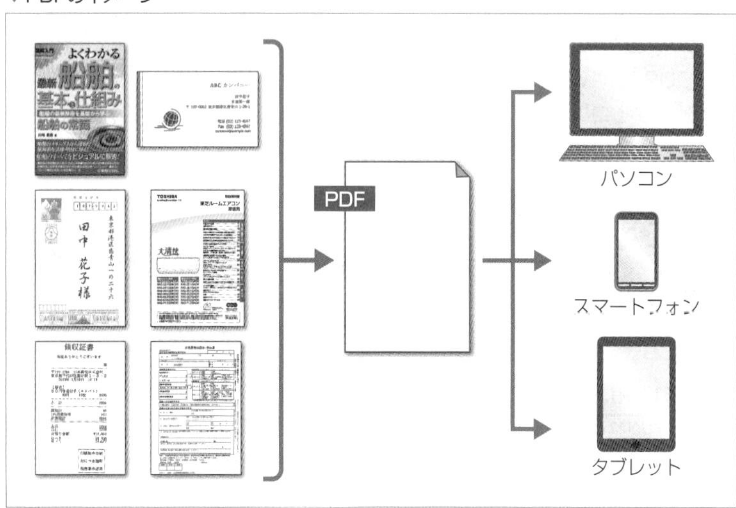

Photoshop（フォトショップ）

アドビ社が提供する写真編集ソフトのこと。

撮影した写真を自由に加工し、不要な建物などを削除したり、明るさや色を変更したり、文字を組み合わせたりすることができます。ポスターやWebページを作成するデザイナーが使用していましたが、スマートフォンやデジタルカメラが普及したことで、一般人の趣味としての写真の編集にも広く使われるようになっています。

関連▶**CC／Illustrator**

PiTaPa（ピタパ）

関西圏で利用されている、非接触式ICカード方式の鉄道・バス乗車カード。

IC乗車カードとしては世界初の後払い（**ポストペイ**）方式を採用しています。そのため、発行に際しては、クレジットカードなどと同様の与信審査があります。また、支払い方法が異なるために、他の交通系カードとの相互運用に制限があります。なお、PiTaPaは「Postpay IC for "Touch and Pay"」の略です。

関連▶**Suica**

pixel（ピクセル）

ディスプレイ上の画面を構成する最小単位の点。

画素（**受光素子**）と同じ意味です。画面の横方向をX、縦方向をYとして、碁盤の目のように区切り、XとYに整数の番号を付けて、一つひとつのピクセルを取り扱います。各ドットが階調を持つ場合にはpixelとdot（ドット）は同じ意味になりますが、プリンタのように階調が限られる、もしくはない場合には複数のdotで階調を表し、1つのpixelに対応させます。

関連▶**画素**

▼pixel

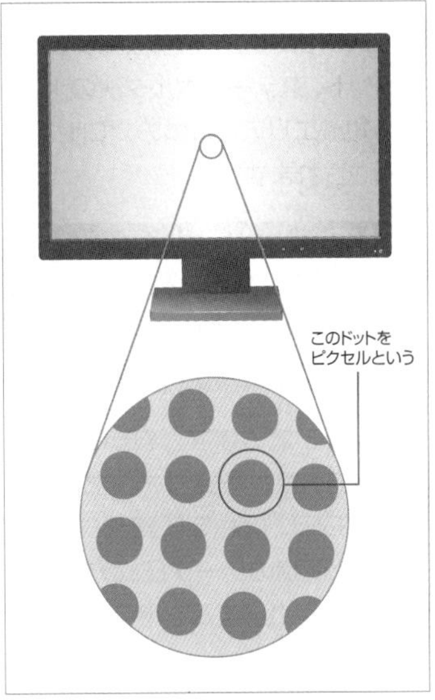

pixiv（ピクシブ）

ピクシブ社が提供しているイラストの投稿、閲覧が行えるSNS。

イラストは関連付けられたタグによって分類、表示されます。会員登録をすれば誰でも利用できます。

P

PMBOK（ピンボック）
Project Management Body of Knowledge

米国の非営利団体PMI（Project Management Institute）が提唱するプロジェクトマネジメントの考え方。

世界中から広く受け入れられています。PMBOKは、スコープ（開発の目的とその範囲）、タイムスケジュール、コスト管理、品質管理、人的リソースの管理、コミュニケーション、リスク管理、調達管理、統合マネジメント、ステークホルダーの10項目の知識エリアと5つのプロセスから構成されます。

PNG
Portable Network Graphics

GIFの代替形式として開発された画像ファイル形式。

ピングと読みます。米国Unisys（ユニシス）社が特許料を請求した圧縮形式GIFに代わる圧縮形式として、ZIPと同様のデータ圧縮方式による圧縮アルゴリズムを用いて開発されました。

関連▶**GIF**

PnP *Plug and Play*

関連▶**プラグ＆プレイ**

Pokémon GO（ポケモンゴー）

スマートフォンの位置情報機能を利用したAR対応のゲーム。

ナイアンティックと株式会社ポケモンによって共同開発されたスマートフォン向け位置ゲームアプリです。プレイヤーはポケモンと呼ばれるキャラクターを集めるために、現実世界を実際に歩いて探索し、ポケモンの収集、育成を楽しむことができます。ポケモンの捕獲の際にカメラを使うことで、現実世界の風景に重なって表示されたポケモンを捕まえることができます。配信直後から、全世界で社会現象となり、老若男女問わず幅広い世代に支持されています。

関連▶**位置ゲー**

▼ゲーム画面（Pokémon GO）

POP（ポップ）
Post Office Protocol

電子メール用のメールサーバーにアクセスして、電子メールを受信するためのプロトコル。

電子メール用のソフトウェアで、利用者が自分のPOPサーバー名を設定しておくと、接続時に自分宛のメールを受け取ることができます。通常、サーバー間の電子メールの送受信は**SMTP**を使いますが、クライアントの端末では、受信にPOP、またはIMAPを使うのが普通です。

関連▶**SMTP**

PostScript（ポストスクリプト）

米国アドビ社が開発した**ページ記述言語**。

作図ソフトの多くが、出力ファイル形式の1つとしてポストスクリプトを採用しています。この言語のインタープリタを内蔵したポストスクリプトプリンタは、DTP（デスクトップパブリッシング）の分野での標準的なプリンタになっています。

関連▶**DTP**

PowerPoint（パワーポイント）

米国マイクロソフト社のプレゼンテーション用アプリケーション。

Officeシリーズの1製品で、充実し

▼Microsoft PowerPointの画面例（PowerPoint）

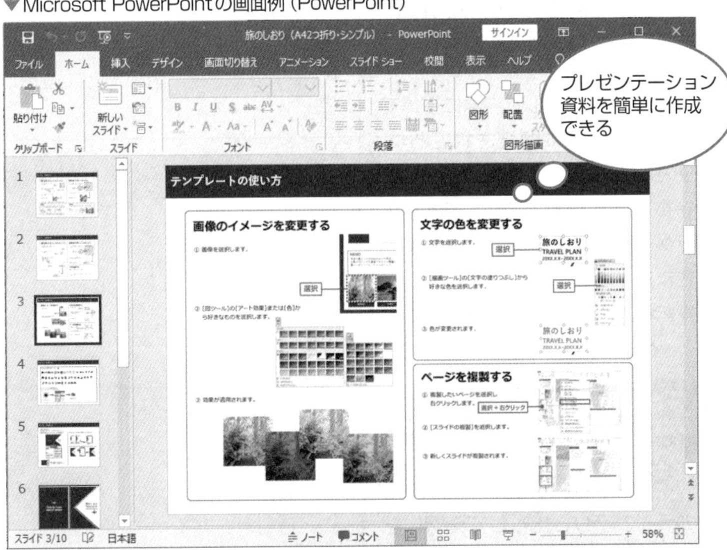

日本マイクロソフト（株）提供

たテンプレート、ウィザード機能を利用して簡単に企画説明（プレゼンテーション）が行えます。

関連▶前ページ画面参照／Office

ppm *page per minute*

1分間にプリンタがプリントできる枚数を示す単位。

プリンタの性能を表現するために用いられます。文字だけの場合と画像を含む場合では、印字速度が大幅に異なります。

PS4（ピーエスフォー）

関連▶プレイステーション

Python（パイソン）

1990年頃よりオランダのGuido van Rossum(グイド・ヴァン・ロッサム)氏により開発されている、オブジェクト指向インタープリタ言語。

言語仕様がシンプルで容易に習得できることを目標に開発されており、簡便さなどのスクリプト言語としての特徴を強く持ちつつ、本格的なアプリケーション開発の用途にも使用できます。

関連▶オブジェクト指向プログラミング／スクリプト

PyTorch（パイトーチ）

Python向けオープンソース機械学習ライブラリのこと。

他のライブラリと比較して簡潔に記述することがでさます。機械学習では必須となるNumPyと類似しているため、短時間の学習で理解できます。また、機械学習や人工知能などの最先端の研究者たちがPyTorchを使うケースが増えています。

関連▶ライブラリ／Python

Qi (チー)

関連▶ワイヤレス給電

QRコード *QR code*

バーコードに代わる二次元のマトリックス式コード（情報を白黒のモザイク状で表示したもの）の1つ。

携帯電話に採用されたことで、日本で最も普及している二次元コードです。名前の由来は“Quick Response”だといわれています。1994年に自動車部品メーカーのデンソー社が開発しました。現在はデンソーウェーブ社がライセンスを管理しています。白と黒の棒を並べて一方向のみに情報を保持する一次元のバーコードに対して、小さな正方形を縦横に並べて情報を保持する二次元方式であるため、記録密度が約10倍と、はるかに多くの情報を記録できます。正方形の数が縦横それぞれ21個のバージョン1、25個のバージョン2から、117個並べたバージョン40（記録容量約23kビット）まで規定されています。

関連▶バーコード

QuickTime (クイックタイム)

米国アップル社による、ビデオ、サウンド、アニメーションなどを統一的、総合的に扱えるようにするための標準規格。

ファイルフォーマットの統一以外にも、各種のデータ圧縮機能やソフトウェア間のインターフェースがあります。QuickTimeでは、特別なハードウェアを必要としないで映像や音声を扱うことができます。**Movie**というマルチメディアフォーマット上では、文書、静止画、音声などはもちろん、アニメーションなどの動画も編集することができます。三次元的映像を見ることができる「**QuickTime 3D**」や「**QuickTime VR**」もあります。

Quit (クイット)

使用中のソフトや通信サービスの終了を意味する。

Windowsのショートカットキーでは Ctrl + Q キー。Macでは ⌘ + Q キー。

関連▶キーボード

Q

Q&Aサービス
Question and Answer Service

Web上で質問を行い、回答してもらえるサービスのこと。

Q&Aサイトともいわれます。質問や回答を行うには会員登録が必要なことが多く、役に立った回答などに対して、ポイントを付加し、そのポイントはサイト内の別のサービスなどで使用できます。日本の大手Q&Aサービスとしては、2000年に開始されたOKWAVEをはじめ、Yahoo!知恵袋などがあります。

関連▶**キュレーション**

R（アール）言語 *R language*

統計解析向けのプログラミング言語。

JavaやC#のような汎用的な言語ではなく、データ分析や統計解析に特化している。円グラフ、棒グラフなどの様々なグラフを出力する機能があります。

radiko（ラジコ）

ラジオ放送をインターネットで同時に配信するサービスの1つ。

IPサイマルラジオという形態のサービスの名称です。地形の関係による難聴地域の存在や、高層建築物の建設などによる受信環境の悪化、若年層のラジオ離れなどへの対策を目的として、2010年3月に東京と大阪のラジオ局13社がIPサイマルラジオ協議会を設立し、**radiko**の名称でネット上で地上波放送の試験配信を始めました。現在地によって聴取できる番組が異なりますが、有料会員に登録すると日本全国のラジオが聴き放題になります。

▼radiko

関連▶**インターネットラジオ**

RAM（ラム） *Random Access Memory*

任意の番地について任意の順序でデータの読み書きが可能なメモリ。

一般に電源を切るとデータは消えてしまいます（**揮発性**）。データの保持方式や構造の違いで**DRAM**と**SRAM**の2種類がありますが、機能は同じです。また、このほかにも、デュアルポートと呼ばれている読み書き用のポートを2つ持つもの、もう1つ増設用の端子に同じRAMをつないで、お互いのデータを共有できるものなどがあります。

関連▶**次ページ上図参照**

Raspberry Pi（ラズベリーパイ）

学校教育用に開発され、ARMのプロセッサを搭載したシングルボードの小型コンピュータ。

人気がある理由は、①コンピュータの世界を理解しやすい、②プログラミングを学びやすい、③ソフトウェアの追加やネットワーク接続などが容易である、④様々なアイデアで工

▼RAMとROM

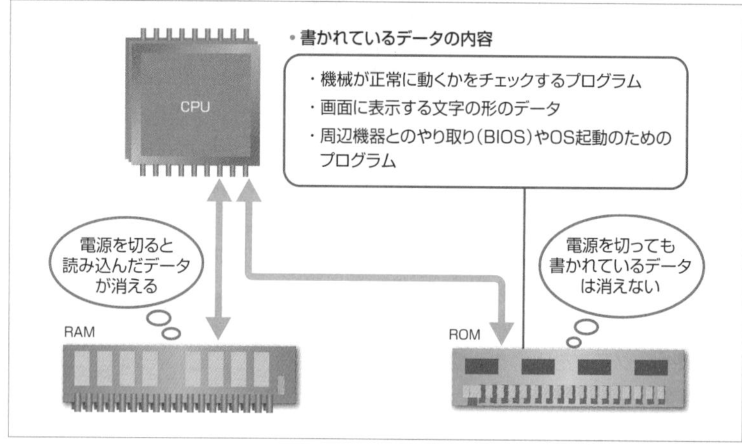
CPU
・書かれているデータの内容
・機械が正常に動くかをチェックするプログラム
・画面に表示する文字の形のデータ
・周辺機器とのやり取り(BIOS)やOS起動のためのプログラム
電源を切ると読み込んだデータが消える
電源を切っても書かれているデータは消えない
RAM
ROM

作ができる、などです。なお、モニタやキーボード、マウスなどを接続すれば普通のコンピュータとして利用できます。

▼Raspberry Pi本体

RAWデータ

デジタルカメラなどで撮ったままの状態で保存された画像のファイル形式のこと。

明るさや色の調整を行わず、デジタルデータとしてファイルサイズを小さくする圧縮なども行っていないため、ファイルサイズは大きくなりますが、きれいで高品質な写真として保存することができます。画像データとして代表的なJPEGとの違いは表のとおりです。

関連▶**次ページ上表参照**

RCA *RCA connector*

家庭用ビデオやオーディオの外部入力端子などで一般的な、プラグとジャックの規格。

もともとは、米国の家電メーカーRCA社の採用する端子の規格を意味していました。

Re:

電子メールにおける返信の記号。ラテン語に語源を持つ英語の前置詞。

▼RAWとJPEGの違い（RAWデータ）

	RAW形式	JPEG形式
メリット	細かな設定を後回し（パソコンで調整）にできるため、撮影に専念できる。	ファイル容量が小さいので、連続撮影枚数や連射枚数が多く、レスポンスがよい。
デメリット	ファイル容量が大きく、連射や連続撮影が苦手。大容量メモリカードも必要。	露出やホワイトバランスなどを、イメージに合わせて適切に調整しなければならない。
ファイル容量	大	小
色数	RGBがそれぞれ12bit以上で約6872万色以上。	RGBそれぞれが8bitで約1677万色。
扱いやすさ	パソコンで表示するためには、RAW形式に対応したソフトが必要になるため面倒。	どんなパソコンやスマートフォンでも表示できるため、写真が手軽に扱える。
おすすめの被写体	風景や小物のように、じっくりと対峙（たいじ）して撮影できる被写体。	スナップやスポーツなど、素早い対応が必要な被写体。

手紙で「～について」という意味で使われていたものが、そのまま電子メールやネットニュースで使われるようになりました。「Regard-to」や「Response」、「Reply」の略ではありません。

関連▶**返信アドレス**

README（リードミー）

最初に読んでほしい説明文が入っているテキストファイルのファイル名。

Red Hat Enterprise Linux（レッドハットエンタープライズリナックス）

米国Red Hat（レッドハット）社が製品化し、販売するLinuxのディストリビューション。

関連▶**ディストリビューション／Linux**

reload（リロード）

再読み込み機能。

最近では、インターネット上の表示ページの再読み込みのことを意味しています。動画配信サービスなどで、番組などが止まったときにリロードを行うと、読み込みが再開されます。

関連▶**ロード**

RFID

Radio Frequency IDentifier

関連▶**無線ICタグ／ICタグ**

RGB（信号）

Red Green Blue signal

カラーディスプレイなどの映像、画像デバイスを接続するインターフェース。

加法混色の三原色である赤（Red）、緑（Green）、青（Blue）を個別の信号線で接続することから、こう呼ばれています。

関連▶**三原色**／**デジタル接続**／**CMYK**

▼RGBの例

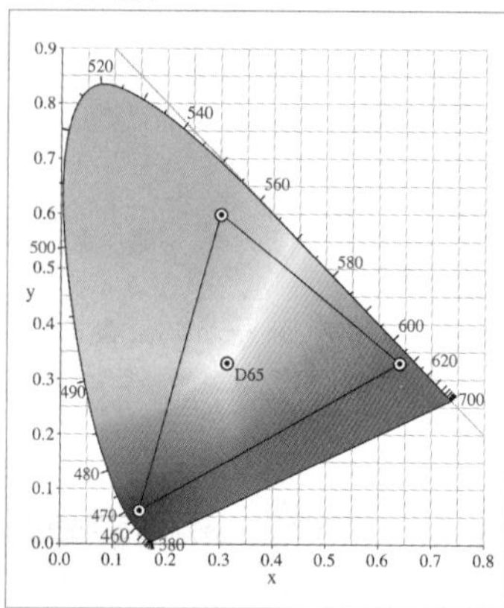

RMT *Real Money Trade*

オンラインゲームで使用されるアイテムやゲーム内通貨を、現実世界において現金で売り買いすること。

日本国内のRMT市場は、数百億円にのぼるとの見方もあります。詐欺行為が行われたり、ゲームバランスが崩壊してしまう可能性があるため、多くのオンラインゲーム運営会社はRMTを禁止しています。一部の運営会社では、厳しい制限のもとで公式にRMTを認めています。

関連▶**オンラインゲーム**

ROM（ロム） *Read-Only Memory*

書き込みができず、読み出しだけが可能な記憶装置。

一般には**半導体ROM**を指しますが、CDやDVDのような記憶媒体を指すこともあります。半導体ROMには、**マスクROM**（工場での製造時に内容が書き込まれているROM）、**PROM**（ROMライターによりデータを書き込めるROM）の2種類があり、PROMにはさらに、データの消去と再書き込みが可能な**EPROM**と**EEPROM**、**フラッシュメモリ**などがあります。RAMと異なり、電源が切られてもデータは消えません。コンピュータの電源を入れたとき一番最初に起動するプログラムである**IPL**（Initial Program Loader）などの、パソコン起動時に必要なプログラムが焼き付けられています。

関連▶**フラッシュメモリ**／**RAM**

RPA（ロボットによる自動化） *Robotic Process Automation*

ソフトウェア型ロボットによって業務の自動化をする取り組みのこと。

RPAツールとも呼び、狭義のRPAと定義されます。**デジタルレイバー**（Digital Labor）は**仮想知的労働者**ともいい、従来、人間が行ってきた業務を、アプリケーションもしくはそれを搭載したロボットに行わせることを指します。また、RPAツールに限らず業務の自動化や変革を指して、広義のRPAと呼ばれることもあります。RPAが代行する業務には、class1：RPA（Robotic Process Automation）、class2：EPA（Enhanced Process Automation）、class3：CA（Cognitive Automation）までの3段階があり、対応できる業務内容や範囲に違いがあり、クラスが上がるほど複雑な作業が可能となります。RPAツールには、Automation Anywhere、Blue Prism、BizRobo!、NICE Robotic Automation、UiPath、WinActor等があります。対応できる業務内容は、class1のRPAでは、単純作業の定型的な事務・管理業務や、販売管理、経費処理など。class2のEPAでは、アンケートの集計やログ解析、売上予測といったデータ収集や分析など。class3のCAでは、プロセス分析や意思決定までの自動化などがあります。

▼人の作業とRPAの違い（RPA）

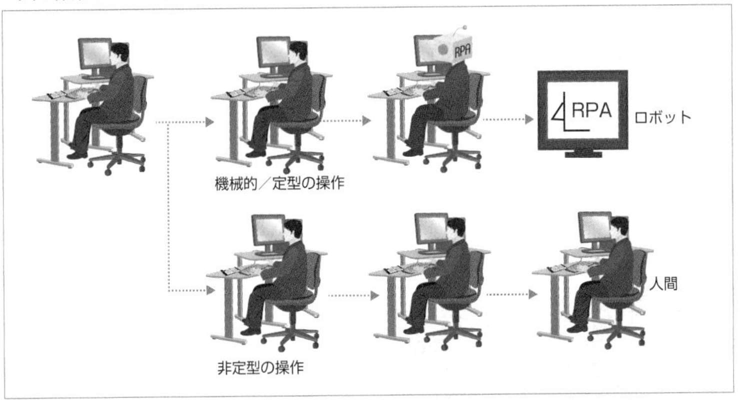

▼RPAツールの種類

RPAツール	ソフトハウス	日本語	無料版	特徴
UiPath	UiPath	対応	○	デスクトップ／サーバー型
WinActor	NTTデータ	対応	ー	デスクトップ／サーバー型
BizRobot!	RPAテクノロジーズ	対応	○	デスクトップ／サーバー型
Blue Prism	Blue Prism	対応	○	サーバー型
Automation Anywhere Enterprise	Automation Anywhere	対応	○	デスクトップ／サーバー型
NICE Robotic Automation	NICE	未対応	ー	デスクトップ／サーバー型

R

RPG *Role Playing Game*

プレイヤーが主人公となって、その役（role）を演じる（play）ようにして進行するゲーム（game）の頭文字をとった名称。

ロールプレイングゲームともいいます。最も人気のあるゲームジャンルの1つ。ストーリー性があるのが特徴で、1974年に発表されたボードゲームの「**ダンジョンズ＆ドラゴンズ（D&D）**」によりRPGのシステムが確立され、その後、パソコン用の「**Wizardry（ウィザードリィ）**」や「**Ultima（ウルティマ）**」が発表されました。ゲーム専用機用の「**ドラゴンクエスト**」シリーズ、「**ファイナルファンタジー**」シリーズが発表されたことで急速に普及しました。

関連▶**ゲームソフト**

▼RPG「Kingdom Come Deliverance」

by BagoGames

Ruby（ルビー）

フリーソフトのオブジェクト指向スクリプト言語。手軽で強力なオブジェクト指向プログラミングの実現を目的にしている。

シンプルな文法で学びやすく、テキスト処理能力にも優れています。また移植性も高く、様々なプラットフォームで利用可能です。まつもとゆきひろ氏が開発しました。2011年3月にJIS規格が制定（JIS X 3017）されています。2012年4月には日本発のプログラミング言語として初めて「ISO/IEC 30170」として承認されました。

関連▶**オブジェクト指向**／**プログラミング言語**

Ruby on Rails（ルビーオンレイルズ）

Rubyで記述された、Webアプリケーション作成のためのフレームワーク。

Model View Controllerの構造を持ちます。「設定の上に規約」と「同じことを繰り返さない」という2つの哲学のもとに設計されていることが特徴です。

関連▶**フレームワーク**／**Ruby**

S

SaaS (サース)
Software as a Service

ユーザーが、必要な機能のみを選択して利用し、そのぶんだけの料金を支払う形態のこと。

必要な機能をローカルマシンにダウンロードして使用するタイプと、サーバー上で動作するソフトウェアの機能をネットワーク経由で利用するタイプがあります。SaaSを提供する企業としては、1999年に設立された米国salesforce.com社が有名です。

SAP *Service Access Point*

OSI参照モデルで用いられるネットワーク層やトランスポート層において提供されるサービスポイントの識別子で、他のLANなどのアドレスに相当するもの。

ISDNのDチャネルなどで使われています。

関連▶**アドレス**

SAP
SAP SE

クライアントサーバー型の統合業務アプリケーション「R/3」の開発元。

1972年に旧西ドイツで創業されました。ソフトウェアの名称は「SAP R/3」ですが、「SAP」とだけ呼ばれたり、データベースサーバーのインターフェースを「SAP」と呼んだりします。

Scratch (スクラッチ)

子供向けの学習用プログラミング言語の一種。

米国MIT(マサチューセッツ工科大学)が開発したもので、ブロックを組み合わせることで、目で見て直感的にプログラムを作成することができます。コードの読み書きを覚える前にプログラミングを感覚的に学ぶための言語で、小学生が対象となっています。

▼Scratchの操作画面

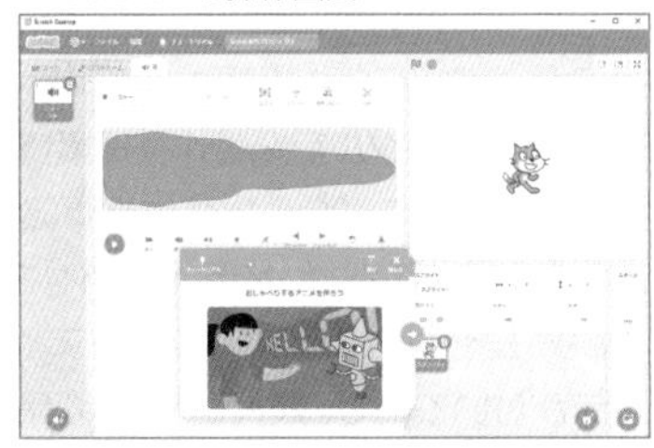

SD画質 (エスディーがしつ)
Standard Definition image quality

映像の解像度・画質の水準を示す用語または画像解像度規格の1つ。

SDとはStandard Definitionの略で、旧来のアナログテレビの標準解像度に相当します。SD画質によるデジタルテレビ放送は、**SDTV**あるいはSD放送とも呼ばれます。画素数は、おおよそ640×480ピクセル前後、あるいは720×480ピクセル前後になります。SDに対し、高解像度を持つものは**HD**と呼ばれ、これはハイビジョン品質を持つ映像のことです。

関連▶**ハイビジョン**

S

SDメモリカード
Secure Digital memory card

米国SanDisk（サンディスク）と松下電器産業（現パナソニック）、東芝の各社が共同開発した小型メモリカード、およびその規格。

SDカードともいわれます。サイズは縦32×横24×厚さ2.1mm。携帯オーディオプレイヤー、デジタルカメラ、携帯端末（PDA）、スマートフォンなどで利用されています。**SDMI（デジタル音楽著作権保護協議会**）の規格に適合した著作権保護機能を搭載しており、メディア自体には誤消去を防止するプロテクトスイッチが付いていて、最大2GBの製品があります。現在では携帯機器の小型化に伴って、より小さな**miniSD**（ミニSD）や**microSD**（マイクロSD）が作られています。上位規格として2006年1月に32GBまで対応した**SDHCメモリカード**、2009年4月に2TBまで対応した**SDXCメモリカード**がそれぞれ発売されています。

関連▶**メモリカード**／**microSDカード**

▼SDカード

(株)アイ・オー・データ機器提供

SDGs（エスディージーズ）
Sustainable Development Goals

「持続可能な開発のため」の国際目標で、2030年に向けた国際目標のこと。

「持続可能な開発のための2030アジェンダ」に記載された17のゴール、169のターゲット（達成基準）

で構成され、地球上の「誰一人取り残さない(leave no one behind)」ことを誓っています。2015年9月に国連サミットで採択されました。先進国だけでなく、発展途上国も取り組むもので、日本の民間企業が積極的に取り組んでいます。

▼SDGsの17の目標

SEO
Search Engine Optimization

製品やサービスの名称を検索エンジンで検索した際に、自分のサイトが上位に表示されるようにするための技術。また、その作業のこと。

検索(サーチ)エンジン最適化と訳されます。かつての検索エンジンの多くは、単純に特定のページにどのくらい該当単語が含まれているかだけを基準としていたため、こうした作業はそれほど必要とされませんでしたが、Google(グーグル)のように、PageRank(ページランク)などの新しい基準を利用してページの順位付けを行う検索サイトが増加し、多くのユーザーが精度の高い検索結果に依存し始めたため、SEOのような技術が注目されるようになりました。ただし、検索エンジンの中には、不当に検索順位を上げる行為を不正行為(**スパミング**)と見なして、検索結果から排除するものもあります。

関連▶Google

Serial ATA
(シリアルアタ/シリアルエーティーエー)

パソコンとハードディスクを接続するATA規格。

データ伝送をシリアル化することでクロック周波数の大幅な向上を実現し、最大転送レートが向上したものです。

関連▶eSATA

S

Shiftキー (シフトキー)

関連▶キーボード

SHOWROOM (ストリーミングサービス)

スマートフォンやPCからライブ配信、および視聴を行えるストリーミングサービス。

SHOWROOM株式会社が運営しています。視聴者からコメントを送れるほか、投げ銭にも対応しています。

関連▶投げ銭

SIer (エスアイアー)

ユーザーの要望や問題に合わせた情報システムについて、設計・開発から保守・管理まで一括して行う業者。

SIerは**システムインテグレーター**の略です。様々なハードウェアやソフトウェアを組み合わせて、1つのシステムとして運用できるようにします。日本IBMや富士通などコンピュータメーカーから派生した業者や、逆にCSKなどソフトメーカーからの業者、大塚商会など事務系の業者、野村総合研究所など自社のシステム部門から発展した業者など、多彩な業種からの参入が行われています。

SIMカード (シムカード)
Subscriber Identity Module Card

携帯電話やスマートフォンの電話番号などを識別するためのID番号が登録されたカードのこと。

SIMカードをスマートフォンなどに差し込むことで電話番号や利用者情報が読み込まれ、通信機器として利用することができます。通信会社が別の端末に移すことができないように、本体から外せないようにしているものを**SIMロック**といいます。これに対してSIMカードを取り外して別の端末に差し替えることができるものを**SIMフリー**といいます。SIMロックのものは価格が高く保証が手厚く、逆にSIMフリーのものは価格が安く保証がないものが多くあります。SIMフリーのスマートフォンで使われるSIMカードは**格安SIM**がほとんどです。GSM方式を採用してる各国では、携帯電話端末本体の購入とキャリアとの契約はそれぞれ独立しています。キャリアと契約すると、課金のために必要な契約者IDを識別するSIMカードが発行されます。SIMカードはGSM方式の携帯電話であれば、基本的にどの端末に差し込んでも利用できるため、1つの端末を複数の契約で利用したり、逆に複数の端末を1つの契約で利用するといったことが可能となります。

関連▶格安SIM／スマートフォン

SIMフリー (シムフリー)
sim lock free

関連▶格安SIM

SIMロック *SIM lock*

特定のSIMカード以外は利用できないように制限する、電話機側に施された機能。

SIMロックがかかっていないことを**SIMロックフリー**、**SIMフリー**といいます。キャリアや携帯電話メーカーと総務省は、SIMロックの解除について2010年4月、基本的に合意しました。

関連▶**SIMカード**／**SIMロックフリー**

SIMロックフリー *SIM lock free*

SIMカードを利用する携帯電話機やスマートフォンなどで、本体にSIMロックをかけずに販売すること。

SIMフリーともいいます。SIMロックフリー端末の場合、通信方式と周波数帯が同じキャリアのSIMカードに自由に挿し替えることができます。大手キャリアのスマホに格安SIMをセットすることで、より柔軟な料金体系を選べるようになります。その半面、キャリアのサポートは受けられなくなります。

関連▶**SIMカード**／**SIMロック**

Siri（シリ）

iPhoneなどのアップル社端末に搭載された音声応答システムのこと。

自然な口調で話しかけるだけで、声を使ってメッセージを作成したり、電話をかけるなど、様々な操作が行えます。音声は一度アップル社のサーバーに送信されて処理されます。

関連▶**次ページ上写真参照**／**音声応答システム**／**Cortana**

▼SIMロックの解除（SIMロックフリー）

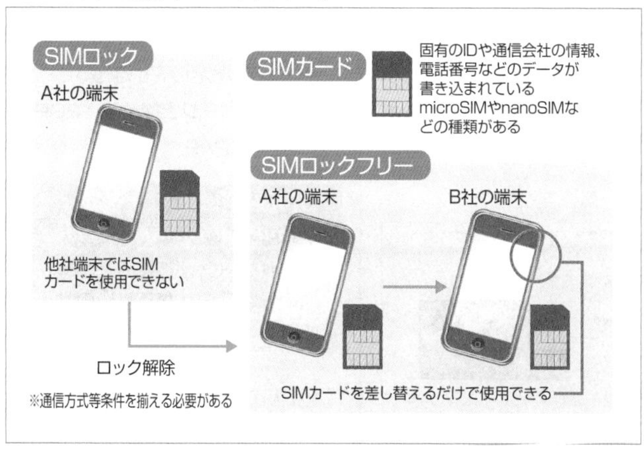

▼Siriの起動アイコン

Skype（スカイプ）

米国マイクロソフト社の提供するインターネット電話サービス、および無償公開しているVoIP(音声通話)ソフトウェア。

P2P技術を基にしているため、SIPやH.323によるVoIPと異なり**ゲートキーパー**と呼ばれるサーバーが不要であることと、ファイアウォール、NAT越しにも通話できることが特徴です。音声データは暗号化されています。IP電話同士の通話は無料。有料サービスのSkypeOutを利用することで、固定電話や携帯電話とも通話できますが、国や相手先ごとに決められたレートの通話料が必要となります。ファイル交換ソフト「Kazaa」の開発者として知られるNiklas Zennstrom氏とJanus Friis氏が開発しました。

▼Skype

関連▶**インターネット電話／P2P**

Slack（スラック）

米国Slack Technologies社が開発して運営するSaaS型のビジネスチャットツール。

参加しているメンバーでグループ（チャンネルと呼ぶ）を作り、グループでのやり取りが基本となります。個人間のやり取りは、ダイレクトメッセージを使います。

SMTP
Simple Mail Transfer Protocol

電子メールをコンピュータから他のコンピュータへ転送する際に用いる、メールサーバーの基本的なプロトコルの1つ。

このサーバーを**SMTPサーバー**ともいいます。TCP/IP下のアプリケーションプロトコルの一種で、電子メールを転送するための制御メッセージを規定しています。

関連▶**次ページ上図参照／POP／TCP/IP**

SNS
Social Networking Service

ネットワーク上で人と人が趣味や共通の話題でつながるためのサービスやコミュニケーションツール。

「友人の友人はまた友人」というポリシーを基本としていて、人を介して

▼SMTPサーバーの役割（SMTP）

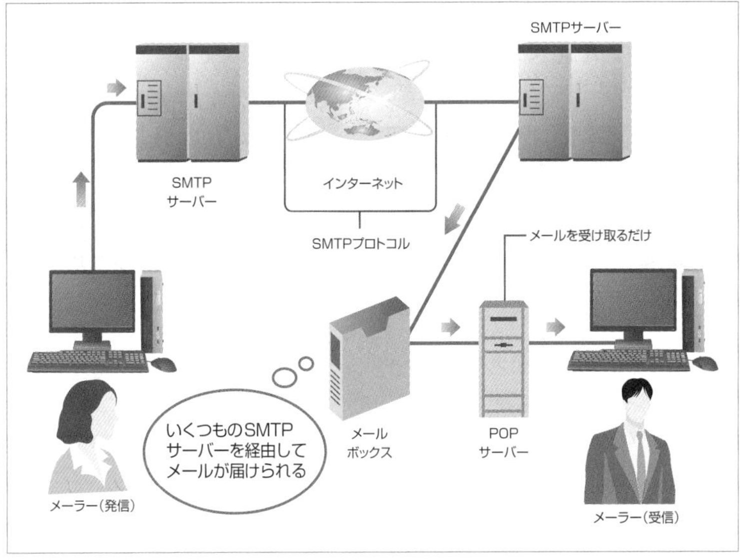

人と人を結び付ける、リアルワールドの人脈を広げるサービスです。**ソーシャルネットワーキング**ともいいます。匿名性を旨とする出会い系サイトとは対照的に、コミュニティ内では、名前、趣味、プロフィールなどを公開します。加入には紹介者が必要という場合もあります。サイトによって提供されるサービスは統一されていません。発端は、Google（グーグル）のオークット（Orkut）氏が始めたOrkutが広がったといわれています。**Facebook**、**ツイッター**、**インスタグラム**、**mixi**や**GREE**が知られています。

関連▶**ソーシャルネットワーキングサービス**

SOHO（ソーホー）
Small Office/Home Office

コンピュータネットワークを利用することにより、自宅や小規模な事務所で会社の業務を行うこと。

インターネットの普及によって、自宅と会社をネットワークでつないで、自宅にいながら会社と同じ仕事ができるとされています。

SPA
Software Process Assessment

ソフトウェアを開発する組織が自己のSPI(ソフトウェアプロセス改善)を進めるために行う、自己組織の現状調査および評価。

また、ソフトウェアを調達する組織

がプロジェクトのリスクを軽減するために行う、ソフトウェアの発注先についてのプロセス成熟度評価のこともいいます。

S

SPI
Stateful Packet Inspection

ファイアウォール構築技術の1つ。ファイアウォールを通過するパケットを監視して、通過を動的にコントロールする。

かつてのパケットフィルタリングでは、通信をポート単位や相手先単位で一律に開放ないし遮蔽するという方法をとってきました。しかしながら、途中から通信を乗っ取るような方法の攻撃にはあまり効果がありませんでした。SPIでは、通信の状態を見て、本来ありえない要求や応答を含んだパケットを遮断し、通信の乗っ取りを防ぐことができます。

関連▶**ファイアウォール／フィルタリング**

Spyder（スパイダー）

Python言語で科学計算等のプログラミングを行うことを目的として作られた、オープンソースでクロスプラットフォームな統合開発環境。

SQL（エスキューエル）

IBM社が開発した、リレーショナルデータベースを管理するめの言語。

データベースにデータを追加したり削除したり、移動したりすることができます。事実上の業界標準として広く使われています。

関連▶**リレーショナルデータベース／Oracle**

SQLインジェクション
SQL Injection

アプリケーションにパラメータとしてSQL文の断片を与えることにより、本来想定されていないSQL文を発行させ、データベースを攻撃する手法。

また、その攻撃を許す脆弱(ぜいじゃく)性のことです。インジェクションは「注入」という意味。HTMLのリクエストにSQL文を「注入」することからこう呼ばれます。Webサイトへの攻撃手法として多く使われます。

SR
Substitutional Reality

実験段階の技術で、人間の認知や心理に関わることに活かせると予想されている。

ヘッドマウントディスプレイを活用し、現実世界に過去の映像を差し替えて投影し、昔の出来事があたかも現在、目の前で起きているかのような錯覚を引き起こします。**代替現実**と訳されます。

SSD *Solid State Drive*

フラッシュメモリを利用した、ハードディスクの代わりとして動作する記憶装置。

ハードディスクと比べて消費電力が

少なく、データの読み書きが速く、軽量で、耐衝撃性にも優れます。**フラッシュメモリドライブ**ともいいます。フラッシュメモリの低価格化を受け、主に携帯用のノートパソコンなどでハードディスクの代わりに使われるケースが増えています。

関連▶**USB**

SSID
Service Set IDentifier

無線LAN(IEEE 802.11シリーズ)のアクセスポイントを指定するための識別名。

複数の無線LANアクセスポイントがある際、混信を避けるため、接続するアクセスポイントを指定するときに利用します。無線LANのアクセスポイントと各端末にSSIDを設定すれば、SSIDが同じ端末とのみ通信するようになります。SSIDがわからない場合でも、SSIDはアクセスポイントから定期的に発信されているので、どのアクセスポイントに接続すればよいかがわかります。

関連▶**ホットスポット**

STB *Set Top Box*

関連▶**セットトップボックス**

Steam (スチーム)

PCゲームやソフト、ストリーミングビデオのダウンロード販売と、ハードウェアの通信販売を行うサービス。

パソコンで遊ぶゲームソフトなどをデータで購入できる手段の1つです。米国Valve社が運営していますが、日本の家庭用ゲームなども多く配信されており、一度購入すれば、同じアカウントでログインしたパソコンで利用することができます。割引販売があったり、インターネットを通じての通信プレイができる点が特徴です。

▼Steam画面例

Suica (スイカ)
Super Urban Intelligent CArd

JR東日本が開発した非接触式ICカード、および**非接触型自動改札システム**の名称。

「Suica定期券」、「My Suica(記名式)」、「Suicaイオカード」の3種類と、携帯電話を利用した「モバイルSuica」があります。非接触式のため、パスケースに入れたままでの改札通過、紛失時の再発行(定期券やMy Suica)、および改札機の可動部を減らしてトラブルを減少できる、などの利点があります。また、Suicaカードは、残高を追加(チャージ)することが可能です。同様のものに、JR西日本が開発したICOCA（イコカ）などがあります。

関連▶下図参照／プリペイドカード

Surface（サーフェス）

正式名称はMicrosoft Surface（マイクロソフト サーフェス）。現在まで複数回のマイナーチェンジが行われている、タブレットパソコン。

Windowsもしくは、タブレット用に簡略化されたWindows RTが搭載されたモデルが販売されています。専用のキーボードをマグネットで着脱することができ、閉じることでカバーの役割を果たします。現在、最新機種としてはSurface Pro 7が販売されています。

▼Surface

日本マイクロソフト（株）提供

▼Suicaの利用イメージ

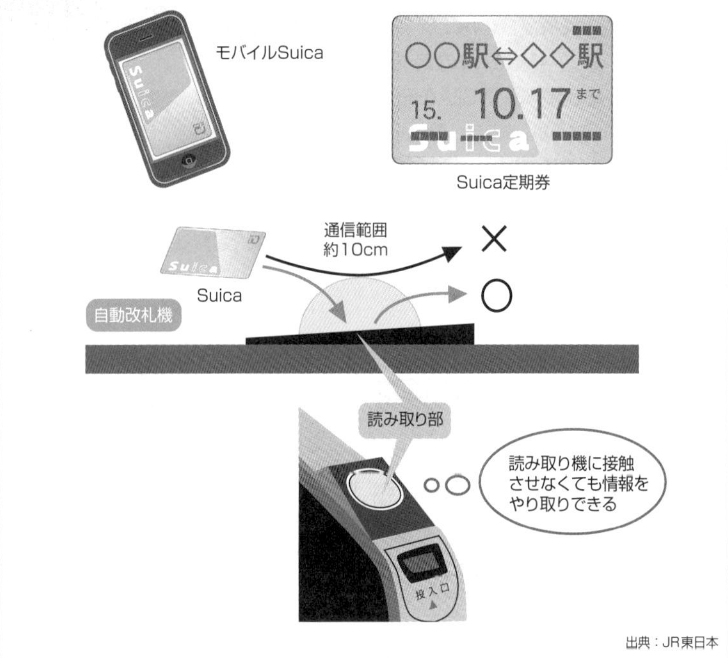

モバイルSuica

○○駅⇔◇◇駅
15. 10.17まで
Suica定期券

通信範囲
約10cm
×
○
Suica
自動改札機
読み取り部
読み取り機に接触させなくても情報をやり取りできる
投入口

出典：JR東日本

Swift (スイフト)

アップル社のiOS／iPadOSやmacOS、Linux等で利用できるプログラミング言語。

iPhoneやiPad、Mac、Apple Watchなどで動くソフトを作成することができます。日本語で「アマツバメ」を意味しています。
従来のObjective-C言語よりも安全に変数やメモリ管理が行われます。また、クロージャやタプル、ジェネリックプログラミングやOptional型の採用など、モダンなプログラミングができます。また、マルチパラダイムのコンパイラ型のプログラミング言語でありながらも、インタラクティブにデバッグすることができます。
関連▶macOS

T

Tabキー（タブキー）
TAB／TAB key

カーソルを次のタブ位置、または次の入力フィールドに移動するためのキー。

ワープロなどの文字入力においては、あらかじめ設定した位置（**タブ位置**）にカーソルを移動させます。この場合、各行とも同じ位置に揃えて文字が入力できるため、文書の整形に便利です。通常は先頭から8文字ごとに設定されており、文書の頭揃えをしたりプログラムにインデントを付けるために用いられています。また、表計算ソフトやデータベースソフトの入力などで、次項目へ簡単に移動できる機能もあり、アプリケーションによってはタブ位置を任意に設定できるものもあります。

関連▶**インデント／キーボード**

▼Tabキー

日本マイクロソフト（株）提供

Tableau（タブロー）

Tableau Software社が提供するデータ可視化ツール。

BI（ビジネスインテリジェンス）に特化し、プログラミングをすることなくドラッグ＆ドロップで容易にインタラクティブにデータ分析をすることができます。顧客の数や売上等のデータを集計してグラフにしたり、商品データを絞り込んで瞬時に再計算することができます。

関連▶**BIツール**

TCP/IP（ティーシーピーアイピー）
Transmission Control Protocol／Internet Protocol

ネットワークプロトコル群の1つ。

米国が軍事目的で開発したアーパネット（**ARPANET**）で使用していたプロトコルで、1983年に実用化されました。UNIXでは標準プロトコルになっており、コンピュータネットワークのプロトコルとして広く採用されています。

関連▶**次ページ上表参照／プロトコル／IP**

▼TCP/IP プロトコル群

階層	プロトコル	
アプリケーション層	Telnet	
	Rlogin	Remote Login
	FTP	File Transfer Protocol
	SMTP	Simple Mail Transfer Protocol
	BootP	Bootstrap Protocol
	TFTP	Trivial File Transfer Protocol
	SNMP	Simple Network Management Protocol
	DNS	Domain Name System
	RIP	Routing Information Protocol
	OSPF	Open Shortest Path First
	EGP	Exterior Gateway Protocol
	BGP	Border Gateway Protocol
トランスポート層または サービス層	TCP	Transmission Control Protocol
	UDP	User Datagram Protocol
ネットワーク層または ルーティング層	IP	Internet Protocol
	ARP	Address Resolution Protocol
	RARP	Reverse Address Resolution Protocol
	ICMP	Internet Control Message Protocol
ネットワークアクセス層または 物理層	イーサネット	−
	トークンリング	−
ネットワークアクセス層	FDDI	Fiber Distributed Data Interface
	PPP	Point to Point Protocol

Teams (チームス)

マイクロソフト社が提供するチャットツールです。

チャット／テレビ会議／通話ができるほか、Word／PowerPoint／Excelなどのファイルにリアルタイムにアクセスして共有や共同編集ができます。また、SharePoint、OneDrive、Planner、OneNoteなどと連携することもできます。正式名称は、**Microsoft Teams**です。

TensorFlow (テンソルフロー)

グーグル社が開発しているディープラーニング向けのフレームワークで、最もシェアがある機械学習フレームワークといわれる。

ニューラルネットワークを使った機械学習を行うための機能が提供されています。TensorBoardという学習可視化ソフトを使うことで、画像認識、音声認識等の機械学習ができます。

関連▶**機械学習**

TFT（カラー）液晶ディスプレイ
Thin Film Transistor color liquid crystal display

液晶のドットごとに駆動トランジスタが付いている**アクティブマトリクス方式（駆動方式）**を使用したカラー液晶ディスプレイ。

TFT液晶は、ラインごとにトランジスタが付いているSTNやDSTNなどの単純マトリクス方式の液晶に比べ、画質が均一でムラのない大画面が得られます。特にカラー化されたものは、従来に比べて、コントラストなどの点で優れています。近年は、より優れた特性を持つ**ポリシリコン（p-Si）TFT**も実用化されています。

▼従来型TFTとポリシリコン（p-Si）TFT

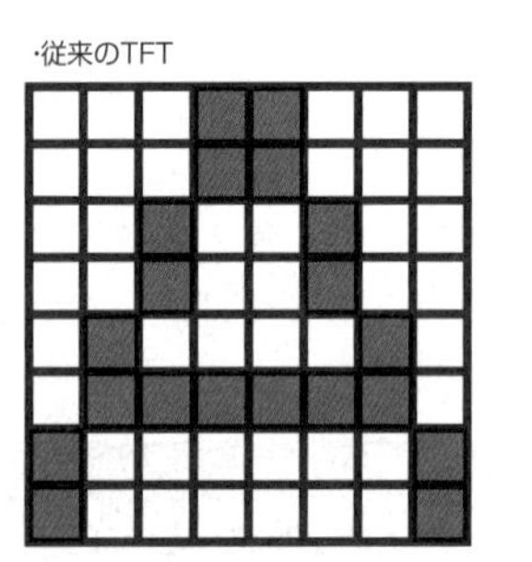

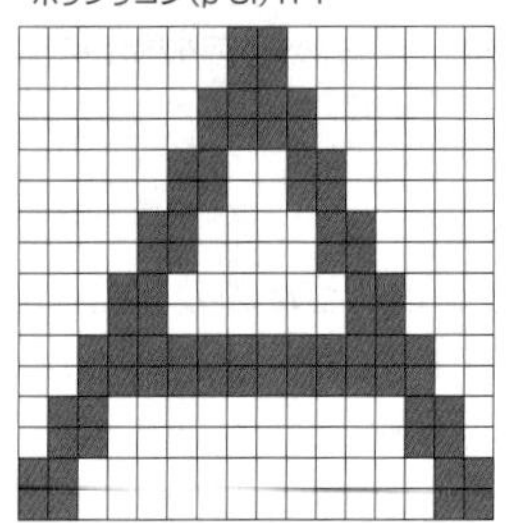

従来型に比べ画素数が多く、光の透過面積が広いため、明るい。

関連▶**液晶ディスプレイ**

Thunderbird
（サンダーバード）

オープンソースで開発された無料メールクライアント。

高機能なスパムメール対策機能を備えています。迷惑メールを手動で処理していると、フィルタが、その操作をもとに「削除するメールの基準」を学習する機能があるため、迷惑メールを効果的に除去できます。Mozillaから派生したプロジェクトであり、FireFoxと同じタイミングでバージョンアップが行われます。

Thunderbolt
（サンダーボルト）

米国インテル社と米国アップル社が共同開発したデータ伝送技術、および規格。

主にMacBookなどのアップル社製品で使われています。プロトコルにPCI ExpressとDisplayPortを使用し、インターフェースにもMini DisplayPortと同じコネクタが採用されています。Thunderbolt 3では、USB Type-Cコネクタが採用されています。Thunderbolt 4で はUSB4をサポートしています。現在のデータ転送速度は10Gbpsですが、将来的には1Tbpsを目指しています。

関連▶**DisplayPort／PCI Express**

T

TikTok (ティックトック)

ByteDance社が開発・運営するモバイル端末向けのショートビデオプラットフォーム。

15秒〜1分程度の動画を作成して投稿できます。肌を修正したり、動画にBGMを追加したりすることができ、音楽聴き放題サービスもあるため、若年層を中心に人気があります。

▼TikTokの操作画面

TIFF (ティフ)
Tag Image File Format

米国Aldus（アルダス）社と米国マイクロソフト社が開発した画像データのファイル形式。

他機種へのデータの移植性が考慮されており、Windowsで使われるTIFF形式ファイルをMacアプリケーションで読み込むことができます。TIFFにはMac型とIBM型があります。また、画像データを圧縮している**LZW**（Lempel-Ziv-Welch : Compression）**型**と、圧縮していない**無圧縮**（No Compression）**型**に分かれます。

関連▶**ファイル形式**

TransferJet
(トランスファージェット)

機器同士をかざすことによりデータのやり取りを可能にする無線転送技術。

TransferJetには発信側と受信側の関係がなく、デジタルカメラ間の直接通信なども可能となっています。モバイル端末を中心とした機器間で音楽、画像などのデータを、実効レートで300Mbps以上の高速でやり取りするためのインターフェースとして期待されています。

関連▶**ICカード**

TrueTypeフォント
(トゥルータイプフォント)
TrueType font

米国アップル社と米国マイクロソフト社が開発した、アウトラインフォント規格の1つ。

米国アドビ社のPostScript（ポストスクリプト）に対抗して開発したも

ので、MacやWindowsで文字の表示印刷機能に採用されています。アウトラインフォントによって、文字の画面表示と印刷をします。OSの機能として実現しているので、プリンタの性能やアプリケーションの種類にかかわらず、アウトラインフォントが利用できます。TrueTypeフォントとPostScriptフォントを統合したものに、**OpenTypeフォント**があります。

関連▶**アウトラインフォント／フォント**

Tumblr (タンブラー)

米国タンブラー社が提供しているブログサービス。

ブログとミニブログ、ソーシャルブックマークをミックスしたサービスです。2007年にDavidville社（現タンブラー社）がサービスを開始しました。**ダッシュボード**と呼ばれるメイン画面から、文字、画像、ハイパーリンクなどを使った投稿ができます。投稿は、ブラウザのブックマークレット、メール、スマートフォンなどを使って行うこともできます。2013年に米国Yahoo!社に買収されています。

TVチューナーボード (テレビチューナーボード) *TV tuner board*

コンピュータ上でテレビ（TV）放送を見るためのハードウェア。

電波を受け取るチューナーが内蔵されています。テレビ（TV）やビデオの動画を、コンピュータにファイルとして取り込む**ビデオキャプチャーボード**と組み合わせることで、テレビ放送の映像をコンピュータに取り込むことも可能となります。

▼TVチューナーボード

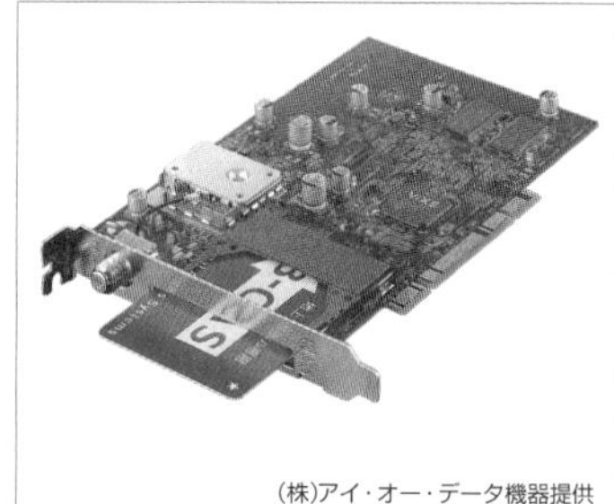

(株)アイ・オー・データ機器提供

Twitter (ツイッター)

関連▶**ツイッター**

typo (タイポ)

入力ミス、タイプミス、印刷物における誤植のこと。

英語の「typographic error」を略した言葉です。もともとは印刷業界の業界用語でした。広くパソコンが使われている今日では、日本語の変換ミスを「タイポ」と呼ぶこともあります。

Ubuntu (ウブントゥ)

Linuxディストリビューションの1つ。

Debian GNU/Linuxをベースとし、ドライバやアプリケーションが充実した、WindowsやmacOSの代替OSとしても使いやすいディストリビューションを目指しています。2004年10月にリリースされました。Ubuntuとは、南アフリカのバンツー諸語で「他者への思いやり」という意味です。

関連▶Linux

UDF *Universal Disk Format*

CD-R/RWのパケットライト方式やDVDに採用されている標準ファイルフォーマット。

OSに依存せず、汎用的に利用できます。光ディスクの業界団体**OSTA**（オスタ：Optical Storage Technology Association）により提案され、ISO（国際標準化機構）、**ECMA**（European Computer Manufacturers Association：ヨーロッパ電子計算機工業会、現Ecma International）で標準化されました。

関連▶DVD／ISO

UI *User interface*

ユーザーインターフェースの略称。

UiPath (ユーアイパス)

UiPath社が開発するRPAツール。

ドラッグ&ドロップによるわかりやすいインターフェースでロボットの動作を指定し、自動化させることができます。開発、実行、管理統制の3つの機能があり、それぞれにツールが用意されています。

UML *Unified Modeling Language*

米国Rational Software（ラショナルソフトウェア）社が提唱したオブジェクト指向ソフトウェア開発用モデリング言語。

米国のオブジェクト指向技術の標準化団体である**OMG**が1997年に標準として認定しました。ソフトウェア仕様の決定、体系化、文書化の方法を規定するもので、大規模で複雑なシステムエンジニアリング手法をもとに作成されました。米国Hewlett-Packard（ヒューレットパッカード）社、米国Oracle（オラクル）社などと共同提案、仕様を公開しています。

U

関連▶**オブジェクト指向**

UMPC *Ultra-Mobile PC*

通常のノートPCに対して、より小さいサイズのモバイル用PC。

2006年3月に米国マイクロソフト社やIntel(インテル)社が中心となって提唱した規格Intel Ultra Mobile Platform 2007に基づくものです。**ウルトラモバイルPC**ともいいます。消費電力が小さいCPUの搭載、9インチ以下の液晶パネル、1kg以下の重量などの仕様を満たしたものをUMPCと呼びます。同様のコンセプトであるネットブックを含めて、ミニノートPCというジャンルでまとめられることもあります。

関連▶**ネットブック**

Unicode (ユニコード)

文字や記号をコンピュータで扱うために、文字や記号に対して割り振られた数値である文字コード体系の1つ。

各国の文字を、統一した2バイトの文字コードで表現します。米国アップル、IBM、マイクロソフトの3社が中心となって提唱しました。Windows XP/2000の内部コードに採用されたり、ISO規格の一部として使用されています。ASCIIコードでは、1バイト文字を用いるため256文字までしか扱えません。一方で、各国独自の規格が入り乱れ、混乱が生じていました。このコードを統一しようというのがUnicodeで、アルファベット、漢字、かなをはじめ、キリル(ロシアなど)、アラビア、サンスクリット(インド)、ハングル(韓国)文字などがすべてサポートされます。ISO 10646として策定された**UCS**(Universal multi-octet coded Character Set) はUnicodeの上位互換を持つ文字符号化体系です。

関連▶**新漢字コード体系**

Unity (ユニティ)

WindowsでもmacOSでも動くゲームを開発するための環境のこと。

2Dゲームと3Dゲームを開発するツールであり、**ゲームエンジン**とも呼ばれます。スマートフォンを中心としたゲーム開発に利用されることが多いです。プログラミングの知識がなくても、Unityだけの機能でゲーム開発ができます。プログラミング言語はC#、JavaScriptが利用できます。2Dゲームだけでなく、3Dゲームの開発も可能です。アセットと呼ばれるゲームの部品のようなテクスチャー、3Dモデル、スクリプトなどを追加することができます。パソコン用のゲームだけでなく、PlayStation、Xbox、Wiiなど様々なハードで動くゲームを作成できることから、人気となっています。

UNIX (ユニックス)

コンピュータ向けマルチユーザーOS。

このソースプログラムは広く公開されたため、様々なコンピュータへ移植され、広まりました。現在ではスーパーコンピュータからパソコン、携帯情報機器に至るまで、多くのバリエーションが存在します。1969年に米国AT&T社ベル研究所のケン・トンプソンが、デニス・リッチーと共同で開発しました。

関連▶BSD／Linux

Unreal Engine
(アンリアルエンジン)

Epic Games社によって開発された3Dゲームエンジン（略してUE)。

コンシューマゲームの開発に利用されることが多いです（PlayStation、Xbox One、Nintendo Switchなど)。パソコンやタブレット、スマートフォン向けのゲーム開発も可能で、Windows、Mac、iPhone、Android用のゲームを開発することができます。

UPnP *Universal Plug and Play*

DVDレコーダー、TV、電話機、パソコンなどの家電機器を接続するための仕様・規格。

例えば、UPnPに対応したパソコンにDVDレコーダーをつなぐだけで、自動的に利用できるように設定を行ってくれます。米国マイクロソフト社が1999年1月に提唱したもので、現在は、700を超える企業が参加しているUPnPフォーラムによって標準化が行われています。

URL
Uniform Resource Locator

インターネット上のWebページなどの場所を示す住所のこと。

使用するプロトコル、サーバーとファイルの所在を記述します。例えば、WWWで「www.abc.ac.jp」というサーバー上の「welcome.html」へのアクセスは、「http://www.abc.ac.jp/welcome.html」(アクセス方法：//ドメイン名/ディレクトリ名/ファイル名）と記述します。

関連▶下画面参照／ドメイン名

USB *Universal Serial Bus*

現在のパソコンにおいて、様々な周辺機器と接続するためのインターフェース規格。

ユニバーサルシリアルバスの略です。米国Intel（インテル）社や米国マイクロソフト社などによって1996

▼URLの表示画面

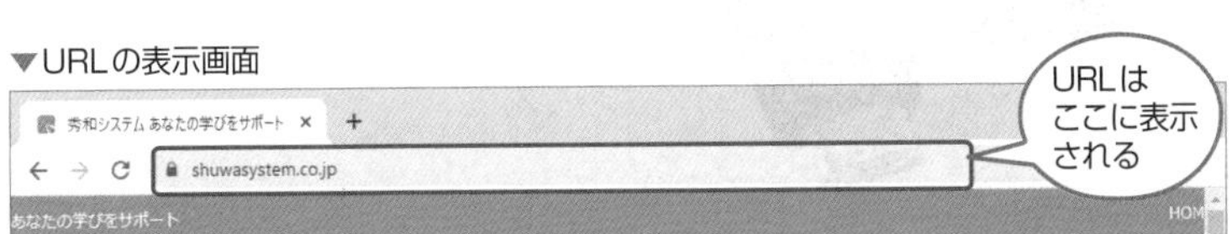

年に最初のバージョンとなるUSB 1.0が発表され、1998年にこれを改良した**USB 1.1**が発表されると爆発的に普及しました。1つのバス（伝送路）で最大127台まで周辺機器（マウス、キーボードからプリンタなどまで）をつなぐことができます。USB 1.1の転送速度は最高12Mbpsとあまり高速ではないため、後継規格として、最高480Mbpsの転送速度を実現する**USB 2.0**が2000年に登場しました。4.8Gbpsの高速転送速度を実現した**USB 3.0**は2008年に正式な仕様となっています。2013年にUSB 3.1、2017年にUSB 3.2が登場しています。最新バージョンは2019年にリリースされたUSB4で、Thunderbolt 3をベースとしています。

▼USB規格のハブ

（株）バッファロー提供

▼USB Type-C

関連▶**インターフェース**

USB Type-C

USB 3.1として制定された小型24ピンの新しいコネクタの規格です。上下左右が対称でどちら向きでも自由に差し込むことができます。

UX（ユーザーエクスペリエンス）
User eXperience

人が製品やサービスに触れたりすることで得られる体験や経験。

UXと略され、「ユーザー経験」「ユーザー体験」と訳されます。

U

VBA
Visual Basic for Applications

米国マイクロソフト社製のWindowsビジネスアプリケーション用マクロ言語。

同社製品の「Visual Basic（ビジュアルベーシック）」をベースとし、マクロ言語を汎用化、共通化したものです。Excel 5.0に初めて搭載され、現在ではWord、Accessなど、ほとんどのビジネスアプリケーションが対応しています。

関連▶**マクロ言語**／**Visual Basic**

Visual Basic（ビジュアルベーシック）

米国マイクロソフト社が開発した、Windows上で動作するBASIC。略して**VB**という。

ウィンドウやツールボックスを使ったビジュアルな環境でのプログラム作成が可能です。ツールボックス上のアイコン（**コントロール**と呼ぶ）に割り当てられた機能を、台紙状のフォームに貼り付けるようにしてプログラムの設計ができます。コントロールの機能には、文字や絵の表示、ディレクトリの選択などがあります。無料で使用できる**Express**や**Community**といったエディションもあります。

関連▶**BASIC**

Visual C++
（ビジュアルシープラスプラス）

米国マイクロソフト社が提供するWindows用アプリケーション開発環境。

CやC++（シープラスプラス）を使ってWindowsソフトの開発を行うものです。.NET構想により、.NET FrameWork上で、他の言語で開発されたプログラムを相互に呼び出し可能となりました。

Visual Studio
（ビジュアルスタジオ）

米国マイクロソフト社の統合開発環境で、開発用ソフトウェアをまとめたパッケージソフト。

各開発言語とデバッガなどのツールが1つの商品として提供されています。開発するシステムの規模や対象の違いに対応し、データベース関連モジュールや上流工程設計ツールの有無により、「Enterprise Architect Edition」「Enterprise Developer Edition」「Professional Edition」の3種類があります。ソフトウェアやWebサイトの作成に使用します。**Visual C++**、**Visual C#**、**Visual**

Basic、Visual Web Developer、**MSDNライブラリ**が含まれています。

関連▶**C#／Visual Basic／Visual C++**

VPN
Virtual Private Network

自社専用のネットワーク(プライベートネットワーク)を導入せずに、公衆回線を利用することで、専用線の機能を提供するサービス。

V

仮想私設網ともいいます。オープンなネットワークをあたかも閉じた通信網のように利用することができます。インターネットを使った**IP-VPN**では、通信先との間に仮想的なプライベートネットワークが作られ、本来ならインターネットを経由できないプライベートアドレスや、TCP/IP以外での通信も可能です。このIP-VPNのことをそのままVPNと呼ぶのが一般的です。一般の電話回線に比べ料金も安く、NTT社などの電話会社がメンテナンスを行うため、専用回線より導入しやすいという特徴があります。

関連▶**下図参照／プライベートアドレス／TCP/IP**

VR
(ブイアール:バーチャルリアリティ)
Virtual Reality

コンピュータを使って工学的に作り出された仮想的な空間、もしくはその技術をいう。仮想現実、人工現実感ともいう。

▼インターネットを利用したVPN

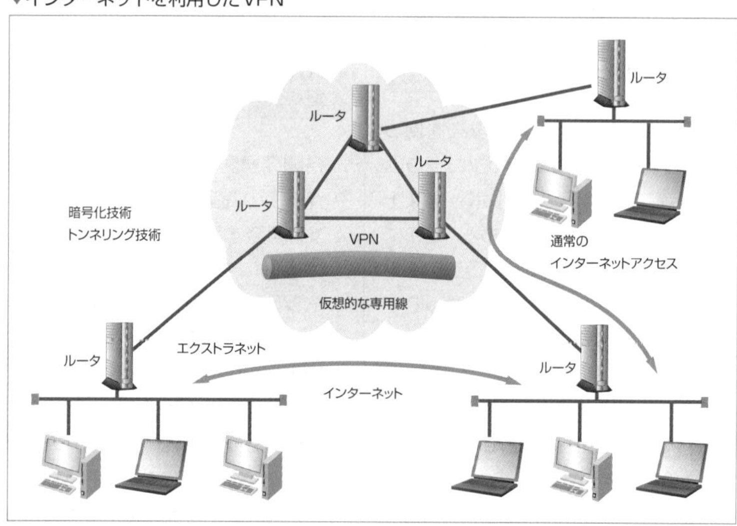

コンピュータ技術を使って視覚や聴覚などの人間の五感に働きかけて作られる人工的な環境のことです。2016年は「**VR元年**」とも呼ばれましたが、PlayStation® VRの発売等、近年はVRによる仮想空間を身近に体験できるようにもなりました。娯

▼PlayStation® VR

by BagoGames

▼VR／AR／MR／SRの比較

	概要	活用例
VR （仮想現実）	・あたかも、現実であるかのように仮想世界が体験できる技術。 ・CGで作成された、あるいは360°カメラで撮影した映像を、VR用のヘッドマウントディスプレイを使って体験でき、どこを向いても仮想空間にいるという没入感を体験できる。	・PlayStation VRなどを使用したゲーム。 ・VR PARK TOKYOなどのアミューズメント施設。 ・研修医実習や患者の心理療法などの医療現場。
AR （拡張現実）	・現実世界に仮想の世界を重ねる技術。 ・スマートフォンやヘッドマウントディスプレイ越しに、自分の部屋などの現実世界に仮想世界の「データ」や「画像」などを「拡張」する。VRと違って、現実世界の映像の上に仮想世界の情報が重なるイメージ。	・「Pokémon GO」「SNOW」などのスマートフォン用アプリ。 ・保守・点検などにおいて、ヘッドマウントディスプレイに点検箇所や手順を示すなどの産業利用。
MR （複合現実）	・仮想世界と現実世界を密接に融合させる技術。 ・ARが現実世界に拡張世界の情報を付加するのに対し、MRは現実と仮想空間が「複合する」のが特徴。 ・現実世界の中に仮想世界の3D映像を浮かび上がらせたり、逆にVRのような仮想世界の中から現実世界をのぞいたりできる。	・アプリで美術展鑑賞などのエンターテイメント利用。 ・建設業の計画・工事・検査の効率化。 ・製品や建物などのデータを3Dで実寸表示させ、検証を低コストでスムーズに行う。
SR （代替現実）	・仮想世界を現実世界に置き換えて認識させる技術。 ・理化学研究所が開発したSRシステムは、ヘッドマウントディスプレイを通して見る現実世界の360°映像を、過去の映像に置き換えることで、過去を現実のように体験させることができる。	・アート・エンターテイメント作品。 ・過去の映像と現実世界を複合させることでPTSDなどの精神障害の治療に使う。

楽の分野だけでなく、防災や医療、建築や土木作業の研修、インテリアからアートまで、その用途には大きな可能性があります。

関連▶プレイステーション／HMD

VTuber（バーチャルYouTuber）

関連▶バーチャルYouTuber

WAN（ワン）
Wide Area Network

遠隔地のLAN同士を電話回線や専用通信回線で結んだネットワーク。

正確には電話回線や専用線の網をWANと呼びます。**広域ネットワーク**ともいいます。最近では、LAN間の接続にデジタル回線やISDNを使用して、より高速で情報量の多い通信を行っています。

関連▶LAN

Web（ウェブ） *World Wide Web*

インターネットに接続されているコンピュータで、情報を誰もが見られるように公開するシステム。

情報のつながり方がクモの巣を連想させるため、World Wide Web（**ワールドワイドウェブ**、世界に広がるクモの巣）と名付けられました。Web、**WWW**（**ダブリュダブリュダブリュ**）、あるいは**W3**と略されることもあります。**HTTP**というプロトコルを使用し、**URL**を指定することで、ユーザーは、世界中のWebサーバーで公開されている情報を受け取ることができます。情報は**HTML**という言語で記述され、文章のみならず、画像や音声をも組み合わせて公開されます。閲覧には「Edge」などのWebブラウザを利用します。

関連▶HTML／URL

Webサーバー *Web server*

WWWに常時接続されているサーバー。

インターネットサーバー、**WWWサーバー**などともいわれます。URL指定に基づき、要求されたファイルを送出します。Webサーバー用のソフトウェアとしては、**Apache**（アパッチ）などが有名です。

関連▶サイト／Apache

Webセーフカラー
web safe color

ブラウザやWeb上で色を再現する際に色調の違いが起きないとされる、6段階のRGBの組み合わせによってできる216（6×6×6）色の基本カラーのこと。

光の三原色を軸に共通色を定め、安定した色の再現を図っています。なお、モニタの個体差やOSによるガンマ値の違い、制作上の環境と実際に閲覧する際の環境の違いなどから、色調の違いを完全になくすことはできません。

▼Webセーフカラーの組み合わせ

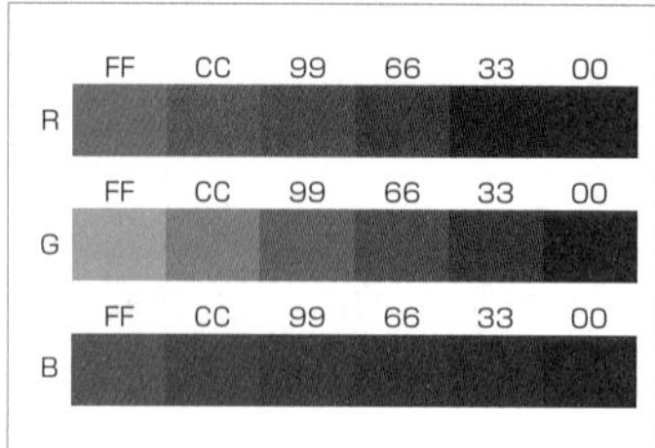

Web API（ウェブエーピーアイ）
Web Application Programming Interface

Webの開発を効率的に行う技術。

Webコンテンツの開発者向けに、Web上のサービスがAPIとして提供されたものです。Web APIには、Webサイト用の高機能なコンテンツを時間をかけずに、より低コストで開発できるというメリットがあります。米国グーグル社や米国アマゾン社などが、様々なWebサービスの**API**を無料で提供しています。

関連▶API

Webスクレイピング
Web scraping

Webサイトから情報を取り出すコンピュタソフトウェア技術のこと。

一般には、**Webクローラ**、**Webスパイダー**とも呼ばれます。Wcbから自動的に情報を収集することができます。商品の販売サイトの情報を集めて価格を比較する、SNSなどでの流行を監視・分析する、その他各種の分析のためのデータを収集する、といった目的で使われます。一方で情報の無断使用などの問題もあり、Webスクレイピングを禁止しているサイトなどもあります。

Web 2.0 ／ 3.0
（ウェブ2.0 ／ 3.0）

米国O'Reilly Media社の創業者ティム・オライリーが提唱した、Webの新しいあり方に関する言葉。

Web 2.0においては、ユーザーはサービスを享受するだけではなく、自らコンテンツを創出し、そのようにして作り出されたコンテンツの集合が大きな意味を持つとされています。一般的に、**SNS**、**ブログ**、**Wikipedia**、**Ajax**などのサービス・技術がWeb 2.0的だと考えられています。さらに**Web 3.0**として、**クラウドサービス**など、インターネット上を巨大なサーバーに見立てて**ビッグ**

▼ティム・オライリー

写真：Robert Scoble 提供

データを活用し、個人がどこにいても好きなときにインターネットにつながり、その人に合わせて抽出された情報を入手できるようになる、という考え方を提唱しました。

Wi-Fi（ワイファイ）
Wireless Fidelity

無線LANの標準規格IEEE 802.11の互換性を保証するために定めたブランド名のこと。

無線LAN規格の普及を目指す業界団体である**Wi-Fi Alliance**（旧WECA）が認定しています。相互接続性テストをパスした製品に与えられます。**ワイファイ**ともいわれます。

関連▶**無線LAN／IEEE 802.11**

Wikipedia（ウィキペディア）

非営利団体である米国Wikimedia Foundation, Inc.（ウィキメディア財団）が運営している、Wikiを用いた多言語のフリー百科事典。

サイトにアクセス可能な誰もが記事を無記名で執筆、編集できるようになっています。そのため分野ごとに記事の内容量や質に偏りがあり、情報を取捨選択する必要があります。290以上の言語のサービスがあり、日本語版は120万語以上を収録しています。

WiMAX（ワイマックス）
Worldwide interoperability for Microwave Access

IEEE（電気電子学会）標準規格802.16eをもとに規格化された、最大75Mbpsの高速ワイヤレスインターネットの愛称。

WiMAXは、高速無線MAN（Metropolitan Area Network）の規格で、固定通信用と移動通信用の2つがあります。後者は**モバイルWiMAX**と呼ばれます。カフェなどのスポットで利用される従来の無線LANと異なり、広いエリアで利用可能です。したがって、外出先や移動中でも高速インターネットを利用することが可能になります。後継規格に、固定と移動通信を合わせ160Mbps以上に高速化された**WiMAX2**、LTEと互換性のある**WiMAX2+**があります。

WinActor（ウインアクター）

NTTアドバンステクノロジ株式会社が開発している純国産のRPAソフトウェア。

Windowsのアプリケーションの操作手順をシナリオとして学習し、自動化を実現するソフトウェア型ロボットのことです。プログラミングの知識がなくてもシナリオファイルを容易に作成できます。

Windows（ウィンドウズ）

米国マイクロソフト社が開発したグラフィカルユーザーインターフェース（GUI）OSの名称。

正式にはMicrosoft Windowsといいます。1986年にVer.1.0、1989年にVer.2.1、そして1991年のVer.3.0とリリースを重ね、1993年のWindows 3.1で本格的に普及が始まりました。1995年11月にはWindows 95が、さらに1998年にはActive Desktopを搭載したWindows 98、2000年にはレガシーフリー対応のWindows Me、2001年にWindows XPが、2006年12月にWindows Vistaが、さらに2009年9月にはWindows 7が、2012年10月にはWindows 8が、2015年7月にはWindows 10が発売されています。

関連▶Microsoft／GUI

Windows Media Player
（ウィンドウズメディアプレイヤー）

Windowsに標準搭載されているマルチメディア再生ソフトウェア。

MP3やMPEG-4など、多くのファイル形式を再生できるだけでなく、インターネットラジオなどのストリーミング再生にも対応しています。また、インターネットを使った情報の収集、マルチメディアデータの圧縮や整理といったことも可能です。最新版はバージョン12となっています。

関連▶ストリーミング／MPEG

Windows Server
（ウィンドウズサーバー）

米国マイクロソフト社が開発したサーバー向けOS。Windows NTの後継製品。

▼基本ソフト（OS）がすべてを管理

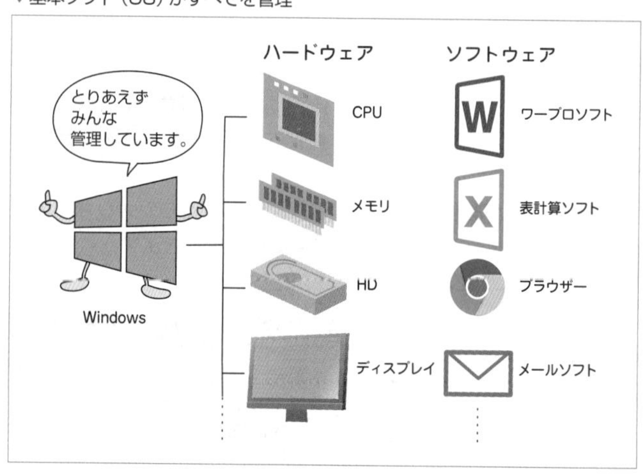

米国で2018年10月に販売を開始したWindows Server 2019が最新バージョンです。

関連▶サーバー

Windows 10
(ウィンドウズ テン)

2015年7月より販売が開始されたWindows OSの最新版。

販売開始から1年間はWindows 7 SP1/8(8.1)からは無償でアップデートすることができました。前バージョンの8(8.1)から9を飛び越えて10になっています。スタートボタンの復活など、従来のWindowsユーザーに配慮したインターフェースが特徴です。

関連▶下画面参照

WMA
Windows Media Audio

楽曲(音声データ)を圧縮、伸長する方法の1つ。

米国マイクロソフト社が開発した、同社製品の標準音声圧縮方式であり、Windowsなどに搭載されているマルチメディア技術を構成する技術の1つです。WMAにより圧縮変換した音楽ファイルには「.wma」の拡張子が付きます。

関連▶AAC/MPEG

WMV
Windows Media Video

米国マイクロソフト社が開発した動画ファイル形式。

パソコンで再生するための動画形式として、比較的よく使われています。MPEG-4の技術を応用したWMV9

▼Windows 10のデスクトップ　　日本マイクロソフト(株)提供

Modern UI Design
のスタート画面には
様々な情報が表示
されている

W

は、低ビットレートでも比較的高画質を保つことができます。デジタル著作権管理（DRM）やストリーミングにも対応しています。

関連▶DRM／MPEG

Word（ワード）
Microsoft Word

米国マイクロソフト社が販売するワープロソフト。

Excelと共に、同社のオフィススイートの中核をなします。最新バージョンは**Word 2019**。スペルチェックやWebページ作成機能など、豊富な機能を誇っています。

関連▶**ワープロ**

▼Microsoft Word 2019

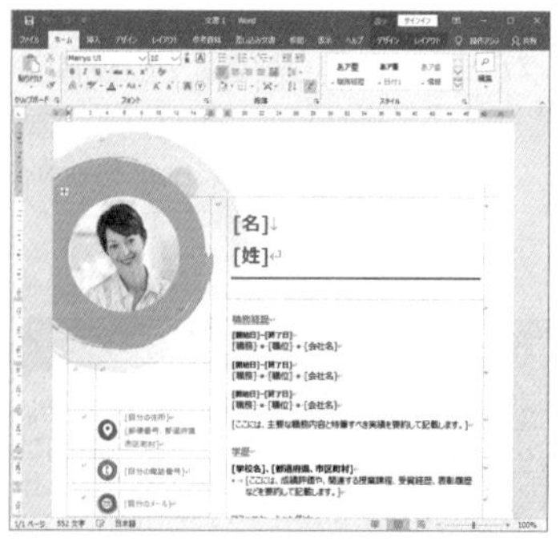

WordPress（ワードプレス）

PHPで開発された、オープンソースのブログ作成・管理ソフトウェア。

オープンソースのため、プログラミングの知識があれば新しい機能を追加することもできます。管理画面からコンテンツを一括で追加したり修正したりする**コンテンツ・マネジメント・システム**（**CMS**）の一種でもあります。簡単なブログから、ネットショップのような高機能のサイトまで、レベルに合わせて自由に作成できることから高い人気を誇ります。

関連▶**ブログ**

WWW（ダブリュダブリュダブリュ）
World Wide Web

関連▶Web

WYSIWYG
（ウィズィウィグ／ウィジウィグ）
What You See Is What You Get

画面で見たものがそのまま印刷されること。

DTPソフトなどで作成した文書やグラフなどの書体や文字の大きさ、飾りなどが、画面表示のまま、実際に印刷されるようなシステムのことで

▼WYSIWYGのイメージ（DTP）

W

す。厳密には文字の大きさも含め、画面と印刷結果が同一でなくてはなりませんが、画面と印刷結果が完全に一致するとは限りません。

関連▶DTP

W3コンソーシアム
(ダブリュスリーコンソーシアム)
World Wide Web Consortium

WWWの規格化を行い、HTMLの仕様決定などを行う団体で、W3C(ダブリュスリーシー)ともいう。

1994年10月に発足しました。ホスト機関として、マサチューセッツ工科大学計算機科学研究所(MIT/LCS)、慶應義塾大学、欧州情報処理数学研究コンソーシアム(ERCIM)の三者が共同運営しています。

XAI (エックスエーアイ)
Explainable Artificial Intelligence

推論の道筋を説明できる次世代型AI。

ブラックボックスといわれるAIの推論を人間が理解できるように、言葉や画像等を使って説明できるようにしたAIの総称です。

Xbox One
(エックスボックス ワン)

マイクロソフト社が販売する家庭用ゲーム機。Kinect(キネクト)と呼ばれる ジェスチャーや音声認識によって操作ができるデバイスが特徴。

北米で2013年11月(日本では2014年9月)に販売を開始した、Xbox 360の後継機種です。2016年11月末にはさらに小型化され、4K Ultra HDブルーレイドライブを搭載したXbox One Sが発売されました。

▼Xbox One S

日本マイクロソフト(株)提供

Xcode (エックスコード)

米国アップル社が提供する、macOS向けの統合開発環境。

UNIXベースで、アプリケーションを起動しながらコードを記述できます。

関連▶macOS

xDSL
x Digital Subscriber Line

電話線などの従来の金属線を利用して、高速通信を行う技術の総称。

ADSLや**VDSL**、**HDSL**など各種の方式があり、これらをまとめてxDSLと呼んでいます。日本国内で

▼各種xDSL

方式	対称/非対称	伝送速度
ADSL	非対称	512K～5Mbps(Up)　1.5～50Mbps(Down)
HDSL	対称	1.5～2Mbps
SDSL	対称	768K～2Mbps
VDSL	非対称	2～6Mbps(Up)　26～52Mbps(Down)

は、すでに多くの通信事業者がサービスを提供しています。情報伝達量を増やすのに高周波を用いるため、通常の通信に比べて、伝達距離や速度の面で大きな制約があります。

関連▶前ページ下表参照

XML
eXtensible Markup Language

W3C (World Wide Web Consortium) で標準化が進められている、拡張可能なマークアップ言語。

マークアップ言語とは、タグと呼ばれる注釈記号を文書に埋め込むことにより、文書に構造や意味を与える手法の言語です。XMLではユーザーが独自のタグを指定できることから、マークアップ言語を作成するための**メタ言語**ともいわれます。もともと、同じく独自のタグが指定できるSGMLのサブセットとして開発されたもので、異なるコンピュータ同士でのデータの送受信のほか、HTMLと同じ感覚でWWWブラウザで閲覧できることを目標に作成されました。そのため、HTMLなどの他のフォーマットに書式を変換する**XSL**なども用意されています。また、XMLはその性質上、他のマークアップ言語のベースとして使用されることが多く、XMLをベースにHTMLを改良した**XHTML**などもその1つです。

関連▶HTML

XPS
XML Paper Specification

米国マイクロソフト社が開発した電子文書規格。

米国アドビ社の**PDF**形式に対抗する規格となっています。PDFと同様に、閲覧側の環境に関係なく、作成側と同じ文書イメージを表示することができます。Windows VistaおよびOffice 2007から採用されました。

関連▶PDF

Yahoo! (ヤフー)

日本で最も人気のある、ポータルサイト（ナビゲータサイト）の1つ。

かつてはディレクトリ型（項目をカテゴリーごとに分類し、リンクをたどることで検索をする）とロボット型の両方を活用した検索システム（**検索エンジン**）を中心とした**ポータルサイト**（**ナビゲータサイト**）でした（現在はディレクトリ型はサービス終了済み）。もともとは米国スタンフォード大学の学生だったJ.ヤンとD.ファイロの2人が個人的な分類検索用として作ったもので、その後人気が出たため、Yahoo Corporationという会社組織へ改編、1996年には、ソフトバンク社との合弁会社として日本法人**ヤフー**を設立しました。

関連▶**Google**

▼Yahoo! JAPANのホームページ

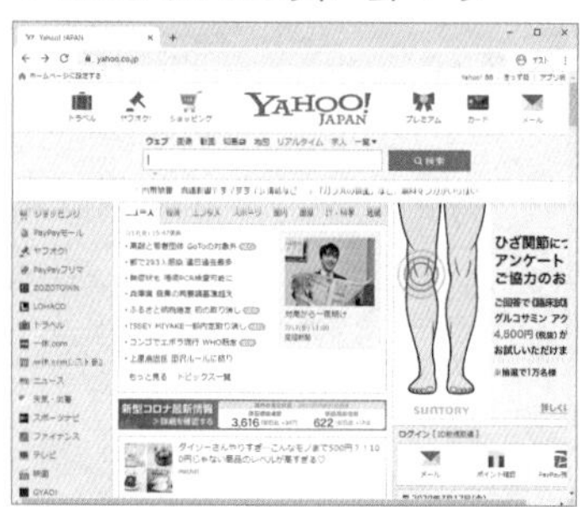

Yahoo!オークション
Yahoo! auction

ヤフー社が運営する国内最大のインターネットオークション（競売）サイト。

オークションへの参加（入札、落札、出品）にはユーザー登録、会員登録が必要です（出品は有料会員のみ）。通常は**ヤフオク**と略して呼ばれます。

関連▶**オークションサイト**

Yahoo! BB (ヤフービービー)

ソフトバンクBB社が運営する、インターネット接続サービス。

関連▶**Yahoo!**

YouTube (ユーチューブ)

インターネット上の動画投稿サイト、および同サイトを運営する企業の名称。

米国PayPal社の社員であったChad Hurley、Steve Chen、Jawed Karimが2005年2月設立、同年12月、正式にサービスを開始しました。サイトに投稿された動画は、Flash Videoに変換されて掲載されます。2006年10月に16億5000万ドルで米国グーグル社に買収され、同社の子会社となりました。

視聴者はチャンネル登録をすることで、そのチャンネルの更新情報の通知を受け取ることができます。

関連▶Web 2.0/3.0

▼YouTube日本語版

誰でも簡単に
動画を投稿
できる

■個人や組織が制作した動画をアップロードできる場所のこと。

YouTuber（ユーチューバー）

YouTubeで独自に制作した動画を継続的に公開している人物や集団のこと。

YouTubeで収益を上げて生活している人のことだと認識されがちですが、継続的に動画をアップロードしている人のことを呼びます。日本では2012年頃から広告収入で生活するYouTuberの存在が報じられるようになりましたが、生計を立てている人はごく少数に限られるようです。その一方で、一部はテレビにも出演するなど人気を得ています。

ZIP (ジップ)

Windowsなどで広く使われているデータ圧縮形式。

Windows XP以降の圧縮フォルダや、macOS(旧Mac OS X 10.3以降)のアーカイブはZIP形式で圧縮されており、事実上の標準形式となっています。拡張子は「.zip」。Windowsやmac OSでは標準で圧縮・解凍が可能です。

関連▶**アーカイブ**

Zoom (ズーム)

Zoomビデオコミュニケーションズ社のWeb会議サービス。

パソコン、スマートフォン、タブレットなどを使い、ビデオ会議や電話会議、チャットなどができます。最大200人が同時参加できるルームを作成可能です。

2進法 *binary notation*

2を基数とする記数法。0と1の2個の数字だけで表記され、10進数で2のとき桁が上がる。

2進法で表現された実数を**2進数**といいます。2進数の1、0で回路のスイッチのON/OFFをそのまま表せるので、コンピュータ内部では2進数が使われています。他の進数と区別するために、$(xxx)_2$などと表記されます。2進法はライプニッツによって確立されました。

関連▶下表参照／10進法

2段階認証 *2-step verification*

二度、認証を行うことをいう。

IDとパスワードを入力して認証したあと、もう一度、指紋やSMSなどを利用して認証することをいいます。

2バイト文字 *double byte character*

日本語などを表示する際に使われる、2バイトを使って表現される文字。

当初、パソコンでは英語のみを扱っていたため、文字を1バイト（256

▼2進法と10進法の対応表

2進数	10進数	2進数	10進数	2進数	10進数
0	0	10000	16	100000	32
1	1	10001	17	100001	33
10	2	10010	18	100010	34
11	3	10011	19	100011	35
100	4	10100	20	100100	36
101	5	10101	21	100101	37
110	6	10110	22	100110	38
111	7	10111	23	100111	39
1000	8	11000	24	101000	40
1001	9	11001	25	101001	41
1010	10	11010	26	101010	42
1011	11	11011	27	101011	43
1100	12	11100	28	101100	44
1101	13	11101	29	101101	45
1110	14	11110	30	…	…
1111	15	11111	31	…	…

▼2段階認証の仕組み

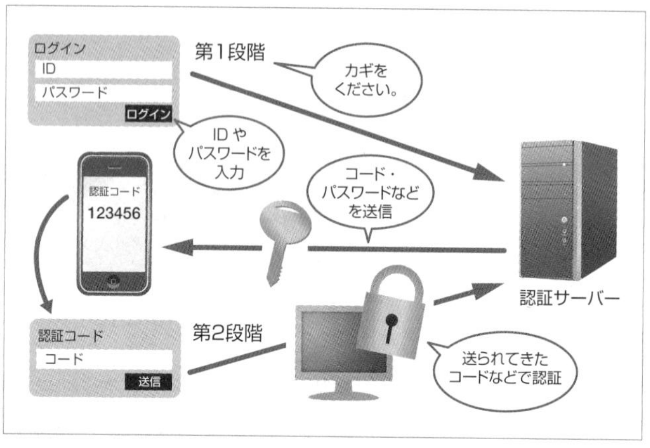

種類）で表示していました。しかし、日本語などの文字を表現するには数が足りないため、2バイト（6万5536種類）を使って表示するようになりました。**全角文字**とも呼ばれます。

関連▶**全角文字／半角文字**

2.4GHz

無線LAN（Wi-Fi）で使用される電波の帯域のうち、標準的な周波数帯域。障害物に強く、遠くまで電波が届く。

様々な製品で使用されるので、電波が混雑し、不安定になります。

▼無線LANの規格（2.4GHz）

無線LAN規格	通信速度（最大）	周波数帯
IEEE 802.11n	300Mbps	2.4GHz帯
IEEE 802.11g	54Mbps	2.4GHz帯
IEEE 802.11b	11Mbps	2.4GHz帯

3眼・4眼カメラ
triple(quadruple)-lens camera

3眼、4眼カメラを持つスマートフォンでは、それぞれのカメラが異なる機能を持つ。

標準の画角に加え、超広角の画角、光学2～3倍相当のズーム撮影が可能です。また、モノクロ撮影やポートレート撮影に対応するものもあります。

▼スマホの3眼カメラの例

数

3D（スリーディー）
three dimensions

三次元のこと。

縦横に加えて高さの情報を表示する立体表示のことです。かつては、ポリゴンで再現したコンピュータグラフィックスのことを指していましたが、3D立体表示に対応したテレビや映画の普及によって、実際に立体に見える状態を3Dと呼ぶことが多くなってきました。CG（コンピュータグラフィックス）を使い、縦・横・高さのある三次元のキャラクター（3Dオブジェクト）をモデリング（三次元モデルを造形）、レンダリング（画像や映像に出力）して、キャラクターの動きをプログラムによって付ける手法のアニメを3Dアニメーションといいます。

3Dグラフ *3D graphs*

立体的なグラフの総称。

米国マイクロソフト社の「Excel」などの表計算ソフトやプレゼンテーション用のソフトウェアには、この機能を備えたものがあります。

▼3Dグラフの例

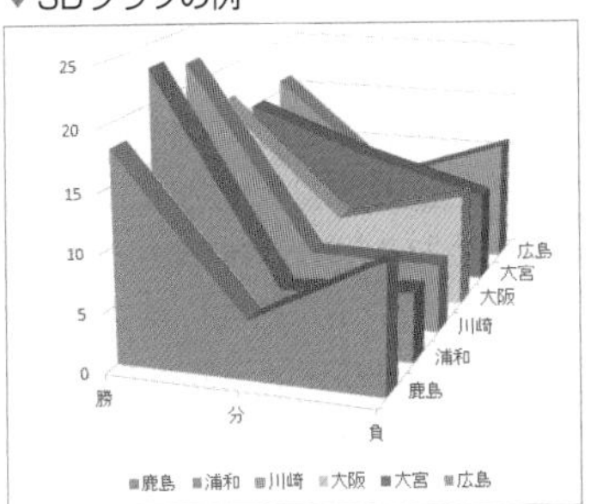

3Dテレビ
three-dimension television

関連▶立体テレビ

3Dプリンタ
（スリーディープリンタ）

3DCGなどのデータをもとに、立体的なオブジェクトを製造する機器の名称。

機種によって仕組みは異なりますが、コンピュータで作った3Dデータを設計図として、その断面形状の層を積み重ねて立体物を作成できます。

関連▶CAD

3Dペイント *3D Paint*

3DのCGに色や模様を付けるためのソフトのこと。

3Dで色や模様を付けるためには、テクスチャーという画像を貼り付けて表現します。このテクスチャー画像を作成するためのソフトを3Dペイントといいます。

3Dモデリングソフトウェア
3D modeling software

2Dデータを使って3Dグラフィックスの形状データを作成する作業を行うソフトウェアのこと。

入門者向けにはTinkercadなどがあります。物体を作りたい場合はShapr3D、キャラクターを作りたい

数

場合はZBrush、ゲームで使うモデルを作る場合はBlendar、テレビや映画などの映像で使うモデルを作る場合はMaya／3ds Max／ZBrushなどがあります。

4G（フォージー）
4th Generation Mobile Communication System

第4世代移動通信システムの略称。

「4G」と単独で使われる場合は、第4世代携帯電話を指すことが多いです。携帯電話では、1G、2Gと進化する中で、特にデータ通信速度の高速化が進みました。3.5Gでは最大速度が14.4Mbpsでしたが、4Gでは100Mbps～1Gbpsのデータ通信速度になっています。また、2020年には通信速度182Mbps～3.4Gbpsの次世代通信**5G**のサービスが開始されました。

関連▶**5G**／**6G**

4K（よんケー）

横約4000×縦約2000ピクセルを持つ、フルハイビジョンの2倍の解像度（4倍の画素数）の映像データおよび表示装置の名称。

後ろに付く**K**はキロ(1000)のことで、解像度の数値を略して**4K2K**ともいわれます。

関連▶**8K**

5G（ファイブジー）
5th Generation Mobile Communication System

第5世代移動通信システムの略称。

高速大容量（下り：目標値20Gbps）、高信頼・低遅延通信（伝送遅延は4Gの10分の1、エッジコンピューティングの活用）、多数同時接続（同時接続台数は4Gの10倍、グラント・フリーの活用）という3つの特徴を持ちます。

関連▶**4G**／**6G**

5GHz

無線LAN（Wi-Fi）で使用される電波の帯域の1つ。

2.4GHzとは異なり、使用する機器がないため混雑しません。障害物に弱く、通信距離が長いと電波が弱くなります。

5ちゃんねる *5-channel*

インターネット上に存在する日本最大級の電子掲示板群。

もともとは「2ちゃんねる」としてスタートしましたが、2017年に名称を変更しました。西村博之氏が個人で1999年5月に開設しました。匿名での書き込みが可能（2003年よりIPアドレスを記録しているため、厳密には匿名ではない）、幅広い話題を扱う多くの掲示板で構成される、活発に議論されている話題のスレッド（一連の議論のつながり）が上位に表示される、などの特徴があります。犯罪予告や不法行為に関する話題、社会の倫理観を逸脱するような話題も見られますが、一方で建設的な議論や創作活動、社会ボランティアな

▼5Gの要求条件

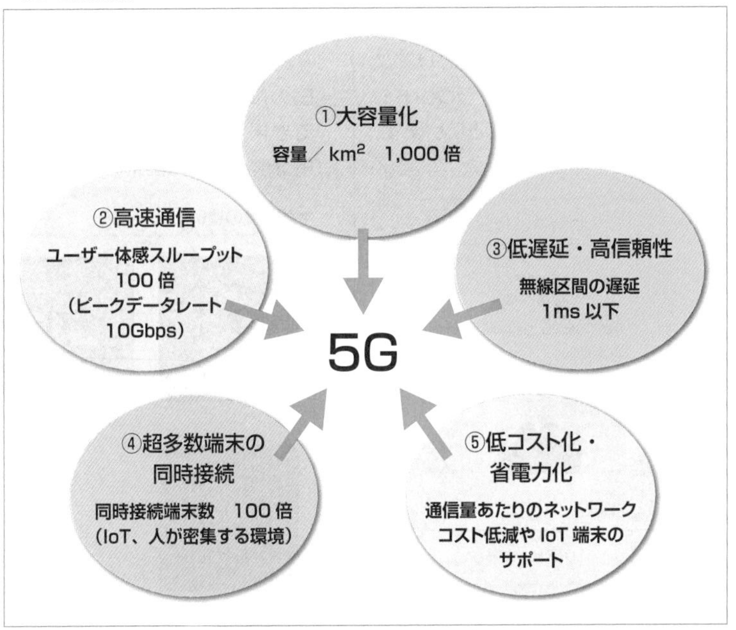

ども行われています。また現在、インターネットで使われているスラングには、2ちゃんねる発や、2ちゃんねるを通して爆発的に広まったものも多くあります。

関連▶**電子掲示板システム**

5.1 チャンネル (ch)
5.1 channel surround

通常の前方左右のスピーカーに加えて、前方正面（センター）、後方左右の計5カ所に、視聴者を囲むようにスピーカーを設置し、これに低音再生専用のサブウーファーを加えたスピーカー環境、およびそのシステムの名称。

このとき、サブウーファーは0.1と数えます。代表的なものに、米国Dolby Laboratories（ドルビーラボラトリーズ）社が1992年に開発した**Dolby Digital**（ドルビーデジタル）があります。また、同様の規格には米国Digital Theater Systems（デジタルシアターシステムズ）社が開発した**DTS**（Digital Theater Systems）があります。なお、映画館の対応音響システムとしてよく見かける**THX**とは、米国THX社が認定する音響システム規格で、制作時と同様の再現性があるかどうかの基準です。しかし、THX対応の機材を揃え

数

ても、再生する場所の条件などにより、基準を満たすとは限りません。なお、5.1チャンネルに後方のリアスピーカーを1つ加えたサラウンドシステムを**6.1チャンネル**といいます。

▼サラウンドシステム構成

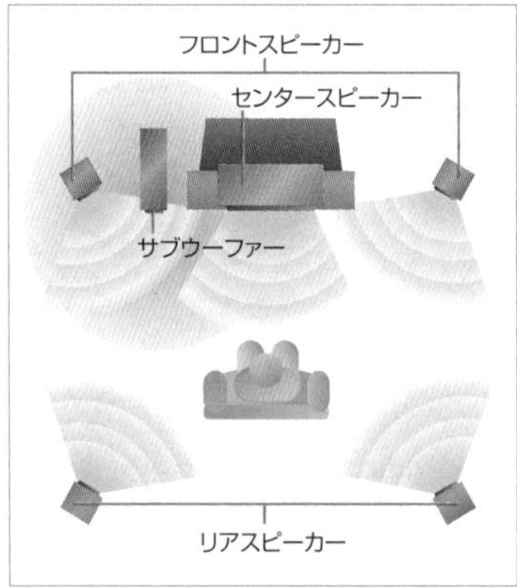

6G (シックスジー)
6th Generation Mobile Communication System

第6世代移動通信システムの略称。

5Gに続くと目される移動体通信規格ですが、2020年現在、標準化や規格化はなされておらず、研究団体や民間企業による取り組みが行われている段階です。

8K (はちケー)

横約8000×縦約4000ピクセルの高解像度の映像データおよび表示装置の名称。

4K2Kと同様に解像度の数値を略して**8K4K**ともいわれます。現行のテレビ(フルHD)の次々世代放送として検討、開発され、「8Kスーパーハイビジョン放送」を実施しており、全国のNHK放送局で視聴することができます。フルHDに比べて4倍の解像度(16倍の画素数)になります。

▼解像度の違い(イメージ)

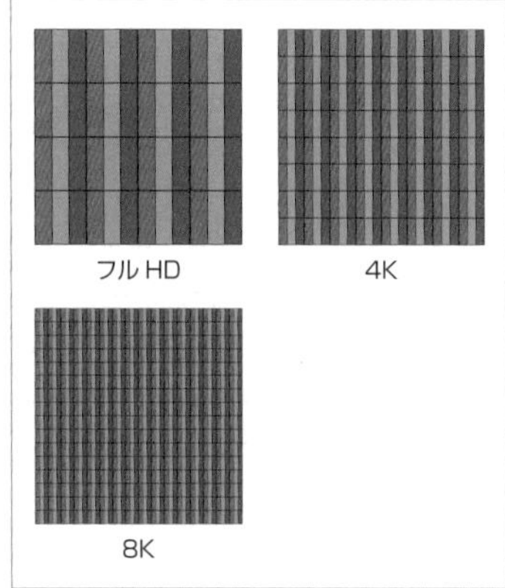

10進法 *decimal notation*

0から9の10個の数字を使って表記される記数法。

時間など一部の表記を除いて、現代人の日常計算で多く使われている数字の表記方法です。

関連▶**2進法**

10BASE-T (テンベースティー)

IEEE 802.3iで標準化された、UTPケーブルを用いた10Mbpsイーサネット規格。

ハブと呼ばれる中継装置にコンピュータをスター型に接続します。

ハブ同士をつなぐカスケード接続で、全体の構造を大きくすることはできますが、ハブとコンピュータ間は100m以下と規定されています。

関連▶**下表参照**

24ビットカラー
24 bit color

赤(R)、緑(G)、青(B)を各8ビット、256段階で表示する方式。

1677万7216色を表現することができます。透過度を表す**アルファチャンネル**を8ビットで表現する32ビットカラーを含めて**フルカラー、トゥルーカラー**とも呼ばれます。32ビットカラーも色の情報は24ビットなので表示できる色数は同じです。

32ビットアドレス方式
32-bit addressing

CPUのバス(伝送路)幅、およびメモリアドレスが32ビットの方式。

1回の処理において32ビットのデータを扱うことができ、最大2^{32}(2の32乗)B(約4GB)のメモリが利用できます。1980年代に登場しました。2000年代半ばからは、より大きな2^{64}(2の64乗)B(約16EB)のメモリを扱うことが可能な、64ビットアドレス方式に移行しました。

64ビットパソコン
64-bit personal computer

64ビットマイクロプロセッサ(プロセッサを集積回路で実装したもの)を搭載したパソコン。

macOSは標準で、Windowsには64ビット版と32ビット版が用意されており、CPUが64ビットに対応していれば64ビット版をインストールすることができます。64ビット対応パソコンは、64ビットOSを使うと高い性能を発揮します。かつての32ビットパソコンはメモリの容量として4ギガバイトまでしか対応していませんでしたが、64ビットパソコンは理論上最大16エクサバイトのメモリを扱うことができます。ただし、OSが扱える最大の容量が16エクサバイトであっても、ハードウェアによってメモリサイズの上限は変わってきます。また、古いソフトウェアが動作しない可能性があります。

数

▼イーサネットの主なの規格(10BASE規格)

規格名	10BASE2	10BASE5	10BASE-T	100BASE-TX	1000BASE-TX	10GBASE-T
ネットワークの最大長	1000m	2500m	500m	—	—	—
セグメントの最大長	185m	500m	100m	100m	100m	100m
ノード数/セグメント	30	100	1個/ケーブル	1個/ケーブル	—	—
ノード間の最低距離	0.5m	2.5m	—	—	—	—

64ビット版Windows

Windowsの64ビット版。

Windowsには、32ビット版と64ビット版があります。64ビット版には、4Gバイト以上のメモリを使える、アプリケーションが高速に動作する、などのメリットがあります。

106キーボード
(いちまるろくキーボード)
106 keyboard

101キーボードを日本語（かな）入力用に改良したもの。

関連▶**下図参照／キーボード**

▼キーボードの種類

106キーボード

109キーボード

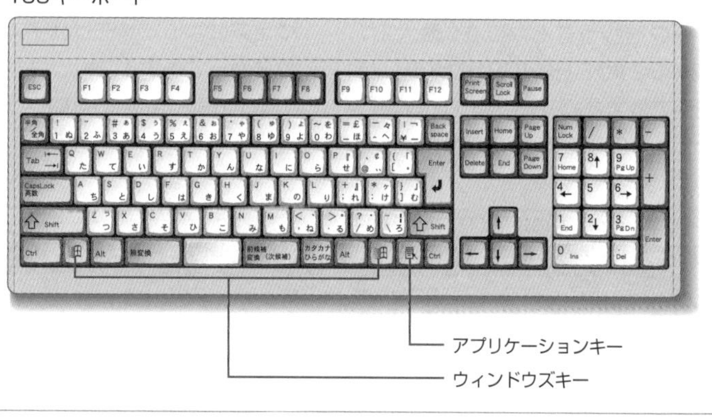

109キーボード
(いちまるきゅうキーボード)
109 keyboard

106キーボードにWindows用の特殊キーを加えたもの。

関連▶前ページ下図参照/キーボード

110度CSデジタル放送
(ひゃくじゅうどシーエスデジタルほうそう)
110 CS Digital Broadcasting

東経110度に打ち上げられた通信衛星を利用するCSデジタル放送。

BS放送と同じアンテナで受信することができます。かつては松下電器産業社と東芝社、日立社などの電機メーカーが設立した**イーピー(ep)**がありました。現在はスカパーJSAT社が運営する**スカパー!**(旧スカパー! e2)があります。

関連▶CSデジタル放送

404 Not found

ブラウザに表示されるエラーメッセージで、該当するページが存在しない場合に表示される。

HTTP通信において、サーバーとの接続は成功したが、該当するファイルが存在しない場合にサーバーは404のエラーコードを表示します。サーバー自体が見付からない場合は、別のメッセージが表示されます。

503 Service Unavailable

ブラウザに表示されるエラーメッセージで、要求したサービスが利用できない場合に表示される。

多くの場合、同じWebサイトを閲覧しようとしてアクセスが集中し、負荷がかかって処理能力を超えた場合に表示されます。また、Webサイトの管理者がメンテナンスを行う場合にも表示することがあります。

1000BASE-T (せんベースティー)

1000BASE規格のうち、ツイストペア(UTP)ケーブルを使用する規格。

カテゴリー6、またはエンハンストカテゴリー5以上のケーブルが使用できます。

1080p

デジタルHDTVにおける放送規格の1つ。

有効走査線1080本(総走査線1125本、アスペクト比16:9のプログレッシブ映像のことです。現在のデジタル映像規格の中でも高解像度で、ブルーレイディスクのほかに、プレイステーション® 4、Xbox Oneなどのゲーム機で採用されています。

関連▶HDTV

数

.NET（ドットネット）

米国マイクロソフト社のアプリケーションを、ネットワーク中心のサービスとして提供するプラットフォーム戦略。

Microsoft .NET戦略の中心となっています。Linuxなど、無償でアプリケーションを配布する動きが活発化したことから、WindowsやOfficeなどの製品を、インターネット上の共通のプロトコルを用いてシームレス（各製品が同一の操作感覚で利用できること）に提供しようというものです。.NETの目指すところは、マルチプラットフォーム（OSやハードウェアに依存せずに動作すること）に対して、複数のツールで開発されたアプリケーションを、統一されたフレームワーク（動作環境）で実行することといえます。

関連▶Visual Basic／Visual C++

BASIC EDITION

オールカラー

最新・基本 パソコン用語事典

［第5版］

［巻末資料］

▼コネクタ一覧

周辺機器接続用コネクタ	
	IEEE1394a 6芯タイプ（左）、4芯タイプ（中）、IEEE1394b 9芯タイプ（右） デジタル機器などの接続に用いられる。電力供給ができる6芯タイプと、できない4芯タイプ、高速伝送が可能なIEEE 1394b 9芯タイプがある。
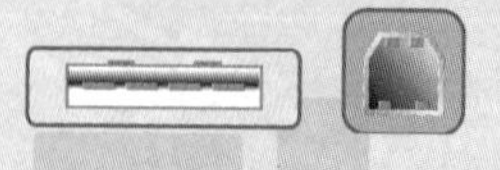	USB 4ピンAタイプ（左）、Bタイプ（右） DOS/V機のUSBポート用コネクタ。Aタイプはマザーボードやハブ側接続用、Bタイプは周辺機器側接続用。
	USB 3.0（SuperSpeed）対応Aタイプ（左）、Bタイプ（中）、マイクロBタイプ（右） Aタイプはパソコンやハブ側接続用、Bタイプは周辺機器側接続用。Cタイプ（下）は表裏がないため、いわゆる逆差しができ、ABタイプと異なりパソコン、周辺機器の両方に使用できる。
	DVI 液晶ディスプレイとの接続に用いられる。デジタル信号専用のDVI-D（右）と、アナログ信号と両方のDVI-I（左）がある。
 	DisplayPort（左）、Mini DisplayPort（右） ノートパソコンにも搭載しやすいよう、DVIコネクタよりも小さいコネクタとして開発された。
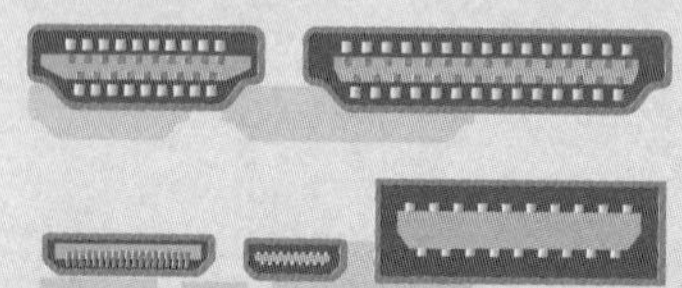	HDMI 主にデジタル家電との接続に用いられる。映像、音声、制御信号の伝送を1本にまとめているため、配線を簡略化できる。なお、コネクタにはタイプA～タイプEまでの5種類あるが、テレビなどはタイプA（上左）、スマホなどにはタイプC（下左：ミニタイプ）、D（下中：マイクロタイプ）などがよく使用される。タイプB（上右）は高解像度対応、タイプE（下右）は自動車用となっている。
D-Sub（上下非対称）コネクタ	
	D-Sub 15ピン（ピン3段） DOS/V機のディスプレイ接続用コネクタ。

RJ コネクタ

RJ-11
アナログ電話およびISDN接続用（U点のみ）コネクタ。信号線の数により、2線式と4線式の2種類がある。

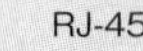

RJ-45
10BASE-T、100BASE-TX、1000BASE-T/TX、10GBASE-T、ISDN基本インターフェース（S/T点）、海外のISDN一次群（1.5Mbps）でも利用されるコネクタ。8線式となっている。

ATA、IDE 関連コネクタ

MIL 40ピン
パソコンに内蔵するIDE機器の接続用コネクタ。差込み方向に注意が必要。

シリアルATA
パソコンに内蔵するシリアルATA機器のコネクタ。逆L字形で差込み方向を間違えない作りになっている。

eSATA
シリアルATAドライブ等を外付けするためのコネクタ。シリアルATAのものとは形状が変更されている。

DIN（ドイツ工業規格）コネクタ

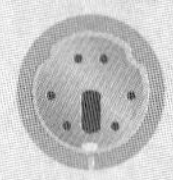

ミニDIN 6ピン
DOS/V機のPS/2接続用コネクタ。マウスコネクタとキーボードコネクタがある。

電源コネクタ

ATX
ATXボード用電源コネクタ。20線式で左右非対称となっている。

▼フェイスマーク（顔文字）一覧

顔文字	意味
(^_^)	うれしいとき（笑顔）
(^^)	
(^o^)	
>^_^<	
(-_-;	冷や汗（苦笑）
(^_^;	
(;^^)	
(・_・;)	
(^^;;	
(^◇^；；	
(T_T)	悲しいとき（泣顔）
(T＾T)	
(;_;)	
(；；)	
(^_-)……☆	ウィンク
(_ _)	謝っているとき
m(_ _)m	
m(__)m	
φ(..)メモメモ	メモしている
(-_-メ	怒っているとき
(-_-#	
(｀^´)	
(;_;)/~~~	バイバイ、さよなら
(^^)/~~~	
(；；)／~	
-_-).｡o○	寝ている
(-_-)zzz	
(>_<)	痛いとき
☆(>_<)☆	
φ(^o^)▽	いただきます
(-｡-)y-°°°	一服しているとき
(°_°)	考えているとき
(°°)	困っているとき
(-_-)	
(^O^)／	やあ、おーい
(^_^)/	こんにちは
(^^)/	
＼(°o＼)(／o°)／	それはおいといて

顔文字	意味
σ(^-^)	ぼく、わたし
σ(・_・)	
(°°)(｡｡)ウンウン	うなずいている
∧(^^∧)(ノ^^)ノ	踊っている
(*_*)	驚いたとき
(+_+)	
(@_@)	
(^O^)／□☆	乾杯
(*^.^*)チュッ	キス
(^.^)チュッ	
(・・)(・・)キョロキョロ	あたりを見回す
(°°;)(;°°)	
☆ミ	流れ星
◇(｡｡)ケシケシ	消している
□P	コーヒー
(・・)	目が点
(・_・)	
(-｡-)フゥ	ためいき
(´_｀)	とほほ
(?_?)	はてな
＼(^o^)／	大喜び（バンザイ）
(´ー`)フッ	ふっ
(^^)v	ブイ、ピース
(^_^)Y	
(#^_^#)	照れているとき
(*^-^*)ポッ	
(*^^*)	
(＾＾ゞ	頭をかいている
(▼-▼)	サングラス

顔文字（米国式）	意味
:-)	うれしいとき（笑顔）
:->	
8-)	
:-(	怒っているとき
:-<	悲しいとき
8-(	
:-P	冗談

▼単位一覧

分類	記号	名称	説明
情報単位	bit	ビット	2進数を表す最小の情報単位。
	byte(B)	バイト	1byte = 8bit。通常使用する情報単位。1octet = 1byte = 8bit。
	octet	オクテット	8bit情報単位の通信分野での名称。
	FLOPS	フロップス	プロセッサの処理能力を示す指標。1秒間に処理可能な浮動小数点演算の回数。
	MIPS	ミップス	プロセッサの処理能力を示す指標。1秒間に実行される命令数。単位は100万。
	bps	ビーピーエス	1秒間に転送できる情報量。bit数で表す。
	baud	ボー	変調速度を示す単位。1秒間に行われる変調の回数を表す。
	Word	ワード	処理装置が1回でアクセスできるデータの単位。語ともいう。
	point	ポイント	文字の大きさを示す単位。1pointは1/72inch。
	Q	キュー(級)	文字の大きさを示す単位。1Qは0.25mm。
	dot	ドット	画像や印刷の解像度を表す最小単位。
	dpi	ディーピーアイ	1インチに入るdot数。画像等のきめ細かさを表す単位。
	lpi	エルピーアイ	1インチに入るスクリーン線数。解像度をはかる単位。
	pixel	ピクセル	単位。dotに同じ。
	PEL	ペル	画素。画像の最小単位。pixelと同じ。
	cps	シーピーエス	プリンタが1秒あたりに印刷できる文字数。
	CPI	シーピーアイ	プリンタが1インチあたりに印字できる文字数。
	BPI	ビーピーアイ	磁気媒体の記録密度を示す単位。1インチあたりのビット数を表す。
	TPI	ティーピーアイ	磁気媒体の記録密度を示す単位。ハードディスクなどの1インチあたりのトラック数を表す。
	rpm	アールピーエム	1分あたりの回転数。ハードディスク等の処理能力を示す指標ともなる。

▼ファイル形式一覧

内容	ファイル形式	拡張子	説明
文書	プレーンテキスト	.txt	テキストのみを記録する基本的なファイル形式。すべてのワープロ、エディタで扱うことができる。
	HTML／HyperText Markup Language	.htm／.html	WWWなどで使われる文書記述言語。文書データ中に、画像や音声へのリンクを組み込める。
	PDF／Portable Document Format	.pdf	米国アドビ社による文書ファイル形式。フォントやレイアウトなども忠実に再現することができる。
	リッチテキスト	.rtf	米国マイクロソフト社による拡張文書ファイル形式。文書に加えて、書式や飾りを保持することができる。
画像	ビットマップ（Bitmap）	.bmp	Windowsで標準の、ビットマップ画像のファイル形式。
	CompuServe GIF／Graphics Interchange Format	.gif	米国CompuServe社の8bit画像ファイル。データ量が比較的小さく、WWW上での画像処理に使用される。
	JPEG／Joint Photographic Experts Group	.jpg／.jpeg	JPEGが定めた画像圧縮、保存用のファイル形式。圧縮量を加減することで画質とデータ量を調節できる。
	PIC／PICT Macintosh PICT	.pic／.pct	Macの標準的な画像ファイル形式。
	TIFF／Tagged Image File Format	.tif／.tiff	米国Aldus社による画像ファイル形式。異機種間での交換を前提としている。圧縮に対応したものもある。
	EPSF／Encapsulated PostScript Format	.eps	米国アドビ社のポストスクリプト言語に対応した画像ファイル。印刷業界での標準形式。
動画	AVI／Audio Video Interleaved	.avi	米国マイクロソフト社の「Video for Windows」で採用された形式。Windowsの標準形式。
	MPEG／Moving Picture Experts Group	.mpg	MPEGが定めた動画ファイル形式。MPEG-1、MPEG-2、MPEG-4の規格が存在する。高画質で商業放送にも用いられる。
	QuickTime Movie	.mov／.qt	米国アップル社による「QuickTime」での動画ファイル形式。Motion JPEG方式を採用しており、Windowsでも対応可能。
	WMV／Windows Media Video	.wmv	米国マイクロソフト社による動画ファイル形式。「Windows Media」で採用され、特にストリーミングで多く用いられる。

▼ファイル形式一覧

内容	ファイル形式	拡張子	説明
動画	RealMedia	.ram／.rm	米国RealNetworks社による動画ファイルの形式。
音声	AIFF／Audio Interchange File Format	.aif／.aiff	Mac用の標準音声ファイル形式。Windowsでの再生には、別途プラグイン等が必要。
	MIDI／Musical Instrument Digital Interface	.mid	電子音源を持った装置に用いられるファイル形式。いわば楽譜のようなもので、データ量は極めて少ない。
	WAVE	.wav	Windows用の標準音声ファイル形式。Macでの再生には、別途プラグイン等が必要。
	MPEG-1 Audio Layer-3	.mp3	MPEG規格による音声ファイル形式。圧縮に対応する一方で、CD並みの音質を維持できる。
	WMA／Windows Media Audio	.wma	米国マイクロソフト社による音声ファイル形式。「Windows Media」で採用され、MP3よりも圧縮効率がよいためWindows上で多く使われる。
表計算	CSV／Comma Separated Value format	.csv	表計算、またはデータベースでのファイル形式。項目間をカンマで区切ったテキスト形式で出力される。
	SYLK／SYmbolic LinK format	.slk	米国マイクロソフト社による表計算用ファイル形式。文字列や数値だけでなく、計算式の保存も可能。
各種ソフト等	一太郎（ver.8以降）	.jtd	ジャストシステム社製ワープロソフト
	Microsoft Word	.doc／.docx	米国マイクロソフト社製ワープロソフト
	Microsoft Excel	.xls／.xlsx	米国マイクロソフト社製表計算ソフト
	Microsoft PowerPoint	.ppt/.pptx	米国マイクロソフト社製プレゼンテーションソフト
	Microsoft Access	.mdb／.accdb	米国マイクロソフト社製データベースソフト
	AutoCAD	.dxf	米国Autodesk社製CADソフト
	LHA形式アーカイバ	.lzh	圧縮ファイル
	ZIP形式アーカイバ	.zip	圧縮ファイル
	Java classファイル	.class	コンパイル済みJavaバイナリコード
	ヘルプファイル	.hlp	Windowsオンラインヘルプ

索引

INDEX

ひらがな／カタカナ

あ・ア

い・イ

う・ウ

え・エ

お・オ

か・カ

き・キ

く・ク

け・ケ

こ・コ

さ・サ

し・シ

す・ス

せ・セ

そ・ソ

た・タ

ち・チ

つ・ツ

て・テ

と・ト

な・ナ

に・ニ

ね・ネ

の・ノ

は・ハ

ひ・ヒ

ふ・フ

へ・ヘ

ほ・ホ

ま・マ

み・ミ

む・ム

め・メ

も・モ

や・ヤ

ゆ・ユ

よ・ヨ

ら・ラ

り・リ

アルファベット

A

D

E

F

G

Q

R

S

T

U

協力者(社)

アークシステムワークス㈱／㈱アイ・オー・データ機器／アドビ㈱／アマゾンジャパン(同)／㈱イーフロンティア／インテル㈱／エプソン販売㈱／オートデスク㈱／ガンホー・オンライン・エンターテイメント㈱／キヤノンマーケティングジャパン㈱／グーグル(同)／グラフテック㈱／㈱グリーンハウス／クリエイティブメディア㈱／クリプトン・フューチャー・メディア㈱／㈱ケイブ／コーレル㈱／サンワサプライ㈱／㈱ノートンライフロック／シャープ㈱／㈱ジャストシステム／SCSK㈱／セイコーエプソン㈱／ソニー㈱／㈱ソニー・インタラクティブエンタテインメント／ソニーマーケティング㈱／通信興業㈱／トレンドマイクロ㈱／日本アイ・ビー・エム㈱／日本電気㈱／日本ヒューレット・パッカード㈱／日本マイクロソフト㈱／日本AMD㈱／ノキア・ジャパン㈱／パイオニア㈱／㈱バッファロー／パナソニック㈱／東日本旅客鉄道㈱／富士通㈱／プラスワン・マーケティング㈱／本田技研工業㈱／㈱マウスコンピューター／レノボ・ジャパン(同)／ローランド㈱／㈱ワコム／Apple Japan(同)／ASUS JAPAN㈱／Blackmagic Design Pty. Ltd.／㈱NTTドコモ／Robert Scoble／VAIO㈱

参考文献

『今すぐ試したい！ 機械学習・深層学習(ディープラーニング) 画像認識プログラミングレシピ』
川島賢著、2019年、秀和システム
『これからはじめる人のプログラミング言語の選び方』 掌田津耶乃著、2019年、秀和システム
『現場ですぐに使える！ Scratch逆引き大全300の極意』
PROJECT KySS著、2019年、秀和システム
『最新 LINE&Instagram&Twitter&Facebook&TikTok ゼロからやさしくわかる本』
桑名由美 小木曽健著、2019年、秀和システム
『事例で学ぶサブスクリプション』 小宮紳一著、2019年、秀和システム
『図解でわかる！仮想通貨』 有限会社バウンド著、2018年、秀和システム
『図解入門 よくわかる 最新 SAP&Dynamics 365』
村上均著、池上裕司監修、2017年、秀和システム
『図解入門 よくわかる 最新スマートデバイスのトレンド予測』
西垣和紀 篠田岬輝著、2019年、秀和システム
『図解入門 最新 IoTがよ～くわかる本』 神崎洋治著、2017年、秀和システム
『図解入門 最新 RPAがよ～くわかる本』 西村泰洋著、2018年、秀和システム
『図解入門ビジネス 最新ITトレンドの動向と関連技術がよ～くわかる本』
小宮紳一監修、2019年、秀和システム
『図解入門ビジネス 最新ネット広告の基本と仕組みがすべてわかる本』
佐藤和明著、2019年、秀和システム

『世界でいちばん簡単な Visual C#のe本[最新第3版]』
金城俊哉著、2017年、秀和システム
『短期トレードからICOまでぜんぶわかる! 仮想通貨投資入門』
金川顕教著、仮想通貨研究会監修、2018年、秀和システム
『何万件ものデータやピボットテーブルで苦しんでいる人のための Excel多量データ整形テクニック』 村田吉徳著、2017年、秀和システム
『入門 仮想通貨の作り方』 松浦健一郎 司ゆき著、2018年、秀和システム
『はじめてのPowerPoint 2019』 羽石相著、2019年、秀和システム
『はじめてのRPA UiPath入門』 吉岡豊著、2020年、秀和システム
『ポケットスタディ ITパスポート頻出・合格用語 キーワードマップ法+公開問題233』
藤崎和子著、2019年、秀和システム
『Amazon Web Servicesアプリ開発運用入門』
株式会社ユニリタ 戊亥稔 上迫淳也 三上大輔 百瀬吉伸著、2019年、秀和システム
『CSSフレームワーク Bootstrap入門』 掌田津耶乃著、2018年、秀和システム
『Google Apps Script Webアプリ開発 超入門』 掌田津耶乃著、2018年、秀和システム
『Google BigQueryではじめる自前ビッグデータ処理入門』
清野克行著、2014年、秀和システム
『ITエンジニアになる! チャレンジ Linux』 高橋隆雄著、2018年、秀和システム
『Javaのオブジェクト指向がゼッタイにわかる本[第2版]』
立山秀利著、2017年、秀和システム
『scikit-learn データ分析 実装ハンドブック』
毛利拓也 北川廣野 澤田千代子 谷一徳著、2019年、秀和システム
『Twitter完全マニュアル』 八木重和著、2019年、秀和システム
『Vue.jsのツボとコツがゼッタイにわかる本』 中田亨著、2019年、秀和システム

イラスト協力:タナカヒデノリ

最新 基本パソコン用語事典［第5版］

発行日　2020年11月 6日　　第1版第1刷

編　著　秀和システム編集本部

発行者　斉藤　和邦
発行所　株式会社　秀和システム
〒135-0016
東京都江東区東陽2-4-2　新宮ビル2F
Tel 03-6264-3105（販売）Fax 03-6264-3094
印刷所　三松堂印刷株式会社　Printed in Japan

ISBN978-4-7980-6217-4 C3055